**WO EINS ZUM ANDERN PASST**

# FÜR ALLE FÄLLE – SSI SCHÄFER

## Komplett einrichten mit System

**FRITZ SCHÄFER GMBH**
Fabriken für Lager-, Betriebs-,
Büroeinrichtungen, Abfalltechnik
und Recycling

Fritz-Schäfer-Straße 20
D-57290 Neunkirchen/Siegerland
Telefon +49 / 27 35 / 70-1
Telefax +49 / 27 35 / 70-3 96

Heinrich Martin

**Praxiswissen
Materialflußplanung**

## Aus dem Programm Maschinenbau

**Fördertechnik**
von H. Pfeifer, G. Kabisch und H. Lautner

**Fördermaschinen – Hebezeuge, Aufzüge, Flurförderzeuge**
von M. Scheffler, K. Feyrer und K. Matthias

**Roloff / Matek Maschinenelemente**
von W. Matek, D. Muhs, H. Wittel und M. Becker

**Transport- und Lagerlogistik**
von H. Martin

## Praxiswissen Materialflußplanung
von H. Martin

**Grundlagen der Fördertechnik: Elemente und Triebwerke**
von M. Scheffler

**Das Techniker Handbuch**
herausgegeben von A. Böge

**Vieweg Lexikon Technik**
herausgegeben von A. Böge

**Atlas der modernen Handhabungstechnik**
von S. Hesse

**Materialflußlehre**
von D. Arnold

vieweg

Heinrich Martin

# Praxiswissen Materialflußplanung

Transportieren, Handhaben, Lagern, Kommissionieren

Mit zahlreichen Planungsbeispielen

Die Deutsche Bibliothek – CIP-Einheitsaufnahme

**Martin, Heinrich:**
Praxiswissen Materialflußplanung: Transportieren, Handhaben, Lagern, Kommissionieren; mit zahlreichen Planungsbeispielen / Heinrich Martin. – Braunschweig; Wiesbaden: Vieweg, 1999
  (Vieweg Maschinenbau)

Alle Rechte vorbehalten
© Friedr. Vieweg & Sohn Verlagsgesellschaft mbH, Braunschweig/Wiesbaden, 1999

Softcover reprint of the hardcover 1st edition 1999

Der Verlag Vieweg ist ein Unternehmen der Bertelsmann Fachinformation GmbH.

Das Werk einschließlich aller seiner Teile ist urheberrechtlich geschützt. Jede Verwertung außerhalb der engen Grenzen des Urheberrechtsgesetzes ist ohne Zustimmung des Verlags unzulässig und strafbar. Das gilt insbesondere für Vervielfältigungen, Übersetzungen, Mikroverfilmungen und die Einspeicherung und Verarbeitung in elektronischen Systemen.

http://www.vieweg.de

Umschlaggestaltung: Ulrike Weigel, Niedernhausen

Gedruckt auf säurefreiem Papier

ISBN 978-3-322-96886-9         ISBN 978-3-322-96885-2 (eBook)
DOI 10.1007/978-3-322-96885-2

# Vorwort

Für Planungen in der innerbetrieblichen Logistik stellt der Materialfluß bei ganzheitlicher Betrachtung den Kristalisationspunkt dar, da der Materialfluß die Verkettung der Gewerke – ebenso der Betriebsmittel – mit Ihrer Versorgung und Entsorgung hat. Dies wird gewährleistet durch die Funktionen :

Transportieren – Handhaben – Lagern – Kommissionieren. sowie Steuern und Informieren.

Die Zielsetzung des vorliegenden Buches ist, dem Planer von Materialflußsystemen sytematisches Vorgehen bei unterschiedlichen Beispielen in verschiedenen Branchen aufzuzeigen und den Ablauf der Systemplanung zu verdeutlichen.

Im Gegensatz zur Arbeit des Architekten, der eine Detaillierung schon bei den Vorentwürfen durchführt, soll der Materialflußplaner frühzeitig in der Grobplanung Entscheidungen treffen, die eine Reduktion möglicher alternativer Lösungen zum Inhalt haben, um Arbeit, Zeit und damit Kosten einzusparen. Dies geschieht durch systematische Lösungsbetrachtung schon vor dem eigentlichen Beginn der Systemplanung.

Aufgrund der Seitenzahlen kann das Buch keine umfassenden Antworten auf alle planerischen –theoretischen und praktischen Fragen geben, aber es vermittelt praktikable Vorgehensweisen und zeigt bei den gegebenen Randbedingungen zweckmäßige Lösungen auf. Es dient somit dem Materialfluß-, Produktions- und Lagerplaner ebenso wie dem Studierenden oder dem Diplomanden.

Hamburg, im Januar 1999 *Heinrich Martin*

# Inhaltsverzeichnis

## A  THEORETISCHE PLANUNGSGRUNDLAGEN

1  Einleitung ............................................................................................. 1

2  Planung ................................................................................................ 3
    2.1    Planungssystem ............................................................................ 3
    2.2    Planungshilfsmittel ...................................................................... 4

3  Materialfluß ......................................................................................... 6
    3.1    Transportsysteme ......................................................................... 7
    3.2    Lager- und Kommissioniersysteme ........................................... 10
        3.2.1    Automatisches Kleinteile- Lager AKL ........................... 14
        3.2.2    Horizontales Umlaufregal: Karussellregal ..................... 18
        3.2.3    Turmregal ....................................................................... 20
        3.2.4    Vertikales Umlaufregal: Paternosterregal ...................... 23
        3.2.5    Vergleich von Turm- und Paternosterregal .................... 25
        3.2.6    Satellitenregal ................................................................. 28
        3.2.7    Rollwagenregal .............................................................. 29
        3.2.8    Doppelt tiefes Palettenregal ........................................... 31
    3.3    Informationssystem ................................................................... 32

4  Weitere Planungsgrößen .................................................................. 36
    4.1    Transport- und Lagerhilfsmittel ................................................ 36
    4.2    Batterie ....................................................................................... 39
    4.3    Vorbeugender Brandschutz ...................................................... 41

## B  PLANUNGSBEISPIELE

1  Systemplanung eines Einheitenlagers für Automobilteile ............ 42
    1.1    Aufgabe: Beschaffungs- und Produktionslager für DIN-Paletten ... 42
    1.2    Grundriß Lagerhalle ................................................................. 44
    1.3    Erarbeitung alternativer Lagersysteme .................................... 44
    1.4    Lösungsmöglichkeiten alternativer Lagersystemplanungen .... 48
        1.4.1    Alternative Ia: Bodenlager mit Elektro-Deichsel-Stapler ... 48
        1.4.2    Alternative Ib: Bodenlager mit Schubmaststapler ......... 50
        1.4.3    Alternative IIa: Palettenregal mit Schubmaststapler ..... 52
        1.4.4    Alternative IIb: Palettenregal mit Hochregalstapler ...... 54
        1.4.5    Alternative IV: Verschieberegal mit Schubmastsapler .. 58

# Inhaltsverzeichnis

| | | |
|---|---|---|
| 2 | Systemplanung eines Kommissionierlagers für Frisch- und Konservenware | 62 |
| | 2.1 Aufgabe: Planung eines Distributionslagers mit Versand | 62 |
| | 2.2 Beschreibung des Istzustandes | 62 |
| | 2.3 Planungsprämissen und Planungssolldaten | 64 |
| | 2.4 Lösungsmöglichkeiten alternativer Transport- und Lagersysteme | 66 |
| | 2.4.1 Sonderlager | 66 |
| | 2.4.2 Frischwarenkommissionierung | 67 |
| | 2.4.3 Transportalternative I: Gabelstaplertransport | 68 |
| | 2.4.4 Transportalternative II: Rollenförderertransport | 69 |
| | 2.4.5 Transportalternative III: Verschiebewagentransport | 70 |
| | 2.4.6 Lageralternative I: Palettenregal - Einplatzprinzip | 71 |
| | 2.4.7 Lageralternative II: Palettenregal - Mehrplatzprinzip | 72 |
| | 2.4.8 Lageralternative III: Durchlaufregal | 73 |
| | 2.4.9 Lageralternative IV: Paletten- und Durchlaufregal | 74 |
| 3 | Systemplanung eines Einheitenlagers für Langgut | 76 |
| | 3.1 Aufgabe: Planung eines Produktionslagers mit Fertigungsbereich | 76 |
| | 3.2 Planungsprämissen und Planungssolldaten | 76 |
| | 3.3 Lösungsmöglichkeiten alternativer Transport- und Lagersysteme | 78 |
| | 3.3.1 Alternative I: Bodenlagerung in Stapelgestellen | 78 |
| | 3.3.2 Alternative II: Mannbediente Kragarmregallagerung | 82 |
| | 3.3.3 Alternative III: Automatische Kragarmregallagerung | 85 |
| | 3.3.4 Alternative IV: Wabenregallagerung | 88 |
| | 3.4 Bewertung: Flächen, Höhen- und Raumnutzungsvergleich | 91 |
| 4 | Planung des Informationssystems mit belegloser Kommissionierung | 92 |
| | 4.1 Planung der Ablauforganisation in einem Distributionslager | 92 |
| | 4.2 Beschreibung des Istzustandes | 92 |
| | 4.3 Planungsprämissen | 98 |
| | 4.4 Lösungsmöglichkeiten Ablaufsteuerung und Informationsfluß | 98 |
| 5 | Optimierung der Vorlager- und Kommissionierzone eines Hochregallagers | 102 |
| | 5.1 Aufgabe: Beseitigung von Engpässen im Ein- und Auslagerungsbereich eines Hochregallagers | 102 |
| | 5.2 Beschreibung des Ist-Zustandes | 102 |
| | 5.3 Problemstellung | 104 |

## 5.4 Lösungsmöglichkeiten alternativer Ausführungsplanungen ... 105
### 5.4.1 Alternative I: Zusätzlicher Verteilerwagen ... 105
### 5.4.2 Alternative II: Änderung der Einlagerung ... 107
### 5.4.3 Alternative III: Mobile Kommissionierplätze ... 109
## 5.5 Vergleich der Lösungsvorschläge ... 110

# 6 Systemplanung zur Lagerung von Papierrollen ... 111
## 6.1 Aufgabe: Lager- und Transportplanung eines Papierrollenlagers ... 111
## 6.2 Beschreibung des Ist-Zustandes ... 111
## 6.3 Lösungsmöglichkeiten alternativer Systemplanungen ... 114
### 6.3.1 Alternative I: Bodenlagerung mit liegenden Rollen ... 114
### 6.3.2 Alternative II: Bodenlagerung mit stehenden Rollen ... 116
### 6.3.3 Alternative II a: Lagerbedienung durch Brückenkran mit Vakuumheber ... 117
### 6.3.4 Alternative II b: Lagerbedienung durch Brückenkran mit Spreizdorn ... 120
### 6.3.5 Alternative II c: Lagerbedienung durch Stapler mit Rollenklammer ... 120
## 6.4 Vergleich der Alternativen ... 123

# 7 Planung eines Kommissionierlagers mit statischer Bereitstellung ... 125
## 7.1 Aufgabe: Personalberechnung in einem Kommissionierlager ... 125
## 7.2 Beschreibung des Ist-Zustandes ... 125
## 7.3 Lösungsmöglichkeit für Personalberechnung ... 129
### 7.3.1 Alternative I: Abdeckung durch eigene Mitarbeiter ... 130
### 7.3.2 Alternative II: Abdeckung durch Überkapazitäten und Überstunden ... 130
### 7.3.3 Alternative III: Abdeckung durch nur für die Einlagerung zuständige Teilzeitarbeiter ... 131
## 7.4 Ergebnis ... 131

# 8 Systemplanung einer Paketsortieranlage ... 133
## 8.1 Aufgabe: Planung eines Distributionslagers für 100.000 Pakete pro Tag ... 133
## 8.2 Lösungsmöglichkeiten alternativer Systemplanungen ... 136
### 8.2.1 Alternative I: Kippschalensortierer ... 136
### 8.2.2 Alternative II: Quergurt-Sortierförderer ... 136
### 8.2.3 Alternative IIa ... 141
### 8.2.4 Alternative II b ... 142
### 8.2.5 Alternative III: Tragplattensortierförderer als Hauptsortierer ... 143

| | | | |
|---|---|---|---|
| 9 | Transportmittelvergleich | | 146 |
| | 9.1 | Aufgabe: Vergleich zwischen Treibgas- und Elektrostapler für einen Einsatz im Wareneingang | 146 |
| | 9.2 | Anforderungen, Randbedingungen, Vorgaben | 146 |
| | 9.3 | Staplerdaten aus Angebot | 147 |
| | | 9.3.1 Elektro-Stapler | 147 |
| | | 9.3.2 Treibgas- Stapler | 148 |
| | 9.4 | Lieferung / Kosten, Finanzierung | 148 |
| | 9.5 | Ergebnis des technischen und wirtschaftlichen Vergleiches | 150 |
| 10 | Systemplanung Einheitenlager für Tiefkühlartikel | | 151 |
| | 10.1 | Aufgabe: Planung eines Distributionslagers mit Wirtschaftlichkeitsvergleich | 151 |
| | | 10.1.1 Statische Planungsdaten | 151 |
| | | 10.1.2 Dynamische Planungsdaten | 154 |
| | | 10.1.3 Lösungsmöglichkeiten alternativer Systemplanungen | 155 |
| | | 10.1.4 Zeichenerklärung für alle Planungskonzepte | 157 |
| | 10.2 | Alternative A1: Palettenregallager mit Regalbediengerät | 157 |
| | | 10.2.1 Lageraufbau | 157 |
| | | 10.2.2 Materialfluß | 165 |
| | | 10.2.3 Ablauforganisation | 168 |
| | | 10.2.4 Vorbeugender Brandschutz | 169 |
| | | 10.2.5 Kennzahlen | 172 |
| | 10.3 | Alternative B2: Satellitenregallager mit verketteten Förderern | 173 |
| | | 10.3.1 Lageraufbau | 173 |
| | | 10.3.2 Materialfluß | 182 |
| | | 10.3.3 Ablauforganisation | 183 |
| | | 10.3.4 Vorbeugender Brandschutz | 184 |
| | | 10.3.5 Kennzahlen | 184 |
| | 10.4 | Alternative C2: Rollwagen-Plaettenregallager mit verketteten Förderern | 186 |
| | | 10.4.1 Lageraufbau | 186 |
| | | 10.4.2 Materialfluß | 192 |
| | | 10.4.3 Ablauforganisation | 193 |
| | | 10.4.4 Vorbeugender Brandschutz | 195 |
| | | 10.4.5 Kennzahlen | 195 |
| | 10.5 | Darstellung ermittelter Abmessungen und Kennzahlen | 196 |
| | 10.6 | Beurteilung der alternativen Planungskonzepte | 197 |

| | | | |
|---|---|---|---|
| 11 | | Optimierung des Kommissionierlagers eines Buchgroßhändlers ............ | 210 |
| | 11.1 | Aufgabe:Planung eines Kommissionierlagers mit belegloser Kommissionierung ................................................................ | 210 |
| | 11.2 | Lösungsmöglichkeiten alternativer Sortier- und Kommisionierungssysteme ................................................................... | 215 |
| | | 11.2.1 Alternative I: Stahlband mit Ausschleusern und Kommissionierliste ................................................................ | 215 |
| | | 11.2.2 Alternative II: Kippschalensorter und belegloses Kommissionieren ........................................................ | 217 |
| | | 11.2.3 Alternative III: Klappschalensorter und belegloses Kommissionieren ........................................................ | 220 |
| 12 | | Systemplanung des Kommissionierlagers eines Pharmagroßhändlers ............... | 222 |
| | 12.1 | Aufgabe: Planung eines automatischen Kommissioniersystems für Artikel mit hohem Umschlag ................................................... | 222 |
| | | 12.1.1 Aufgabenstellung ................................................................ | 222 |
| | | 12.1.2 Lösungsmöglichkeiten mittels verschiedener Kommissioniersysteme ........................................................... | 226 |
| | 12.2 | Alternative I : Durchlaufregale mit Zonenbildung ............................. | 227 |
| | 12.3 | Alternative II: Kommissionierroboter ................................................ | 230 |
| | 12.4 | Alternative III: Datamobil ................................................................ | 233 |
| | 12.5 | Alternative IV : Schachtkommissionierer .......................................... | 236 |
| | 12.2.5 | Alternative V : Spezial-Schachtkommissionierer ............................. | 240 |
| 13 | | Systemplanung eines Reife- und Distributionslagers ................................... | 245 |
| | 13.1 | Aufgabe: Planung alternativer Lagersysteme mit Wirtschaftlichkeitsvergleich ......................................................... | 245 |
| | 13.2 | Alternative 1: Doppelt tiefes Palettenregal ....................................... | 248 |
| | | 13.2.1 Konzeption ........................................................................... | 248 |
| | | 13.2.2 Grobdimensionierung des Lagersystems ............................. | 249 |
| | | 13.2.3 Investition ............................................................................. | 251 |
| | | 13.2.4 Betriebskosten ..................................................................... | 251 |
| | 13.3 | Alternative 2: Doppelt tiefes Palettenregal mit Umsetzer ................ | 253 |
| | | 13.3.1 Konzeption ........................................................................... | 253 |
| | | 13.3.2 Grobdimensionierung des Lagersystems ............................. | 254 |
| | | 13.3.3 Investition ............................................................................. | 256 |
| | | 13.3.4 Betriebskosten ..................................................................... | 256 |

| | 13.4 | Alternative 3: Satellitenregal mit Blocklagerung | 257 |
|---|---|---|---|
| | | 13.4.1 Konzeption | 257 |
| | | 13.4.2 Grobdimensionierung des Lagersystems | 258 |
| | | 13.4.3 Investition | 260 |
| | | 13.4.4 Betriebskosten | 261 |
| | 13.5 | Wirtschaftlichkeitsvergleich | 262 |

## C  Planungsunterlagen

| 1 | Planung | 266 |
|---|---|---|
| 2 | Materialflußsystem | 273 |
| 3 | Transportsystem | 274 |
| 4 | Lager- und Kommissioniersystem | 287 |
| 5 | Informationssystem | 295 |
| 6 | Weitere Planungsgrößen | 298 |
| 7 | Firmenverzeichnisse | 301 |
| | 7.1  Produkt - Lieferanten - Matrix | 301 |
| | 7.2  Firmenanschriften | 302 |
| 8 | Literaturverzeichnis | 304 |
| 9 | Quellemnachweis für Bilder aus Büchern | 305 |
| 10 | Quellennachweis für überarbeitete Beispiele, Bilder und Tabellen aus Studien- und Diplomarbeiten | 305 |

# A  Theoretische Planungsgrundlagen

## 1  Einleitung

Um das vorliegende Buch optimal nutzen zu können, ist es sinnvoll, den zugrunde liegenden Aufbau zu kennen und zu verstehen. Das Buch ist in drei Hauptbereiche gegliedert:

- Teil A: theoretische Planungsgrundlagen
- Teil B: praxisorientierte Planungsbeispielen
- Teil C: diverse Planungsunterlagen

In den *Planungsgrundlagen* soll theoretisches Basiswissen für die praktische Handhabung aufbereitet, ein Überblick über die wichtigsten Grundlagen durch Strukturbilder, Text und Einteilungsmöglichkeiten gegeben und eine Reihe von Informationen grundlegender Art für Materialfluß- und Fabrikplanung aufgezeigt werden.

Mit den *Planungsbeispielen* wendet sich das Buch sowohl an Studierende wie auch an Praktiker bzw. Planer. Die Beispiele stellen einen Querschnitt der Aufgaben in der innerbetrieblichen Logistik dar und gliedern sich generell

- in eine umfangreiche Aufgabenstellung und
- in einen Lösungsteil mit alternativen Ergebniskonzepten.

In der Mehrzahl der Beispiele handelt es sich um Systemplanungen (Grobplanungen). Da in der Praxis bei einer Reihe von Projekten System- und Ausführungsplanungen parallel durchgeführt werden, finden sich bei den Beispielen auch solche Fälle wieder. Alle aufgeführten Beispiele sind aus der Praxis gegriffen.

Die Aufgabenstellung enthält die Planungs-Solldaten, entspricht also dem Ergebnis einer Analyse einschließlich Prognosedaten. Im Lösungsteil werden für die Aufgabenstellung mehrere Lösungen erarbeitet, wie es sich immer ergeben wird, wenn die Randbedingungen, Anforderungen und Restriktionen nicht null gesetzt werden. Grundsätzlich wurde Wert gelegt auf die Entwicklung mehrerer Alternativen. Die Vorgehensweise bei der Lösungsfindung ist leicht nachzuvollziehen. Durch den Beispielaufbau sind verschiedene Arbeitsmöglichkeiten mit dem Buch gegeben.

So kann z. B. in einem Seminar oder im Selbststudium die Aufgabenstellung durchgeführt und ohne das Buch die Lösungen entwickelt werden. Anschließend ist ein Vergleich mit den aufgezeigten Lösungen gegeben. Es ist aber auch möglich, eine ganze Aufgabe durchzuarbeiten und die Vorgehensweise bei der Lösungsfindung nachzuvollziehen. In der Matrix der Tabelle 1 kann der Planer sich gezielt ein Beispiel für ein anstehendes Problem auszusuchen.

*Planungsunterlagen* gehören zu dem Planungsinstrumentarium eines Planers, es ist sein „Handwerkzeug", das er in Form von Verfahren und Methoden bei Datenaufnahme, Datenverarbeitung und Datendarstellung benötigt, aber auch bei der Systemfindung und Entscheidungsvorbereitung einsetzt. Zu den Planungsunterlagen sind auch Hilfsmittel im Informations- und Koordinationsbereich zu zählen und werden hier in Form von Tabellen, Diagrammen, Übersichten und Datenblättern von Firmen als Unterlagen für Planungen zusammengestellt, um die für die Bearbeitung erforderlichen quantitative Daten und Informationen zu erhalten. Verzeichnisse

| Lfd. Nr. | Planungsmerkmal | 1 | 2 | 3 | 4 | 5 | 6 | 7 | 8 | 9 | 10 | 11 | 12 | 13 |
|---|---|---|---|---|---|---|---|---|---|---|---|---|---|---|
| 1 | **Planungsart** | | | | | | | | | | | | | |
| | Neubau | | | | | | X | | X | | X | X | | X |
| | Rationalisierung | X | X | X | X | X | | X | | | | | X | |
| 2 | **Planungsbereich** | | | | | | | | | | | | | |
| | Transportplanung | | X | X | | | X | X | | X | X | | X | X |
| | Lagerplanung | X | X | X | | | | X | X | | | X | | X |
| 3 | **Planungsschritt** | | | | | | | | | | | | | |
| | Systemplanung | X | X | X | | | X | X | | X | | X | X | X |
| | Ausführungsplanung | | | | | | | | | | X | | | |
| 4 | **Lagerfunktion** | | | | | | | | | | | | | |
| | Beschaffungslager | X | | | | X | X | | | | | | | |
| | Produktionslager | X | | X | | | | | | | | | | |
| | Distributionslager | | X | | X | | X | X | | | X | X | X | X |
| 5 | **Lageraufbau** | | | | | | | | | | | | | |
| | Einheitenlager | X | X | X | X | | | X | | | X | | | X |
| | Kommissionierlager | | X | | | | | | X | | | X | X | |
| 6 | **Gebäudeart** | | | | | | | | | | | | | |
| | Flachbau | | | | | X | | | | | X | X | | |
| | Hallenbau | X | X | X | X | | X | X | X | | | X | | X |
| | Silobauweise | | | | | | | | | | X | | | |
| 7 | **Unternehmensart** | | | | | | | | | | | | | |
| | Produktionsbetrieb | X | X | X | X | X | | X | | | | | | X |
| | Handelsunternehmen | | | | | | X | | X | | X | X | X | |
| 8 | **Lagerungsart** | | | | | | | | | | | | | |
| | Bodenlagerung | X | | X | | | X | X | | | | | | |
| | Regallagerung | X | X | X | | | | X | | | X | | X | X |
| | Blocklagerung | X | X | X | | | X | | | | | | | X |
| | Linienlagerung | X | X | | | | | | | X | | | | |
| 9 | **Regalart** | | | | | | | | | | | | | |
| | Fachbodenregal | | | | | | | X | | | | | | |
| | Palettenregal | X | X | | | | | | | | X | | | X |
| | Kragarmregal | | | X | | | | | | | | | | |
| | Durchlaufregal | | X | | | | | | | | | X | X | |
| | Verschieberegal | X | | | | | | | | | | | | |
| | Satellitenregal | | | | | | | | | | X | | | X |
| | Rollwagenregal | | | | | | | | | | X | | | |
| | Wabenregal | | | X | | | | | | | | | | |
| 10 | **Regalbediegeräte** | | | | | | | | | | | | | |
| | manuell | X | X | X | | | X | X | | | X | | | |
| | automatisch | X | | | | | | | X | | X | X | | X |
| | Ablauforganisation | | | | X | X | | | | | | | | |
| 11 | **Lagerhilfsmittel / Lagereinheit** | | | | | | | | | | | | | |
| | Palette / Behälter | X | X | | | X | | | | | X | | | X |
| | Kasette / Kasten | | X | | | | | | | | X | | | |
| 12 | **Transport- / Lagergut** | | | | | | | | | | | | | |
| | Langgut (L) / Blech (B) | | B | | | | | | | | | | | |
| | Apothekengut (A) / Bücher (B) | | | | | | | | | | B | A | | |
| | Lebensmittel | | X | | | | | | | | X | | | X |
| | Diverse Güter / Papierrollen | X | | | | X | X | X | X | | | | | |
| 13 | **Transportmittel** | | | | | | | | | | | | | |
| | Gurtförderer | | X | | | | | | X | | X | X | | |
| | Rollen- / Kettenförderer | X | X | | | X | | | X | | X | X | X | |
| | Vertikalförderer, Krane | | X | | X | X | | | | | | | | |
| | Stapler, Wagen | X | X | | X | X | X | | X | X | | | | X |
| 14 | **Sonstiges** | | | | | | | | | | | | | |
| | Brandschutz | | | | | | | | | | X | | | |
| | Wirtschaftlichkeitsrechnung | | | | | | | | | | X | | X | |
| | Vergleich / Nutzwertanalyse | | X | | X | | X | | X | X | | X | X | |

Tabelle 1  Bearbeitung von Planungsmerkmalen

von Industrie- und Handelsfirmen in Matrix- und Anschriftenform sowie Anzeigen ergänzen die Planungsunterlagen, um einmal Hersteller für gesuchte Systeme zu erhalten und zum anderen für Anfragen Anbieter von Systemen zur Erlangung eines Angebotes zu finden.

Eine besonders hilfreiche Unterstützung für die Bearbeitung einer gestellten Aufgabe bzw. eines Planungsbeispieles stellt das Buch *Transport- und Lagerlogistik* [11] dar.

## 2 Planung

Die folgenden Ausführungen dienen als Basisinformationen für die möglichst selbständige Bearbeitung der im Kapitel Planungsbeispiele gestellten Aufgaben. Aufgrund der Zielsetzung dieses Buches werden die Ausführungen in **diesem** Kapitel nicht besonders ausführlich, umfangreich und umfassend sein, aber sie sollen vor allem durch spezifische Erklärungen die einzelnen Materialflußfunktionen

- im Überblick darstellen und strukturieren
- die sinnvolle Auswahl von Lösungselementen ermöglichen und
- die Auswahl von Lösungsalternativen beschränken.

Ein Unternehmen ist ein offenes System, d. h. es hat Schnittstellen zum Umfeld wie z. B. Absatz- und Beschaffungsmarkt, Behörden und Technologie. Nur wenn ein Unternehmen durch Planung den Randbedingungen und Vorgaben der Schnittstellen gerecht wird, kann es im harten Wettbewerb bestehen. Diese externen Vorgaben sowie internen Ursachen wie z. B. Erweiterung des Produktionsprogramms, hohe Personalkosten, große Lagerbestände oder schlechte Auslastung der Transportmittel machen Planungen erforderlich.

Unter Planen ist die vorausschauende Festlegung zukünftiger Strukturen zu verstehen, d.h. Planen will die Zukunft aktiv beeinflussen mit dem Ziel, die beste Alternative im Sinne der Planungsaufgabe zu entwickeln. Mit Planung werden einmal die erforderlichen Planungsarbeiten für eine Planungsaufgabe bezeichnet, zum anderen auch das Ergebnis des Planens. Eine Planung muß Merkmale wie systematisch, flexibel, iterativ, vollständig, eindeutig und zukunftsorientiert aufweisen. Planung beinhaltet die Erstellung und Bewertung von Alternativen und dient dem Auftraggeber als Entscheidungsgrundlage. Zu unterscheiden sind Neubau-, Umbau-, Erweiterungs-, Einrichtungs-, Sanierungs- und Rationalisierungsplanungen. Planungsaufgaben sind Fabrik- und Materialflußplanungen mit dazugehörenden Transport-, Lager-, Kommissionier- und Fertigungsplanung. Weiter ist zu differenzieren, ob es sich um eine Systemplanung = Grobplanung oder um eine Ausführungsplanung = Feinplanung handelt.

### 2.1 Planungssystem

Die Aufgabe eines Planungssystems besteht in der Angabe einer Vorgehensweise zur Lösung einer gestellten Aufgabe z. B. von der Zielvorstellung bis zur Ausführungsreife, von einer eine Planung auslösenden internen Ursache (Schwachstelle, Rationalisierung) oder externen Ursache bis zu ihrer Beseitigung durch ein Lösungskonzept oder – wie hier – bei der Ausarbeitung der Grobplanungsphase „Entwicklung von Systemalternativen" im Rahmen des Planungsschrittes Systemplanung. In der Praxis sind häufig z. B. aus Zeitgründen parallele Bearbeitung von Grob- und Feinplanung, von Systementwicklung gleichzeitig mit detaillierter Layoutdarstellung oder zeitgleicher Bearbeitung von Planung und Ausschreibung zu finden.

Aufgaben der Langfristplanung sind z. B. Leitlinien festlegen, Rahmenbedingungen vorgeben und strategische Entscheidungen vorbereiten. Die Planungsschritte der Kurzfristplanung sind Systemplanung, Entscheidung, Ausführungsplanung, Ausführung und Projektkontrolle (siehe [11, S. 367]), wobei die Systemplanung als kreativster Planungsschritt die Planungsphasen besitzt:

- Vorbereitung
- IST-Zustands-Analyse
- Verabschiedung der Analyse
- *Systemfindung, Entwicklung von Systemalternativen*
- *Beurteilung der Alternativen*
- *Ermittlung der optimalen Alternative.*

Die letzten drei Planungsphasen werden in diesem Buch behandelt. Den Schwerpunkt stellt das Finden von Lösungen und das Erarbeiten von Systemalternativen als kreativste Phase des gesamten Planungsablaufes dar und basiert auf den in Bild 1 wiedergegebenen Handlungsgrößen.

Die Projektorganisation ist zuständig für die Durchführung der Planung. Sie besteht aus dem Projektleiter und dem Planungsteam mit seinen interdisziplinären Fachprojektleitern und Sachbearbeitern. Der Projektleiter, der z. B. für Koordination, Terminverfolgung und Kostenkontrolle zeichnet, ist einem Entscheidungsausschuß oder Auftraggeber verantwortlich.

## 2.2 Planungshilfsmittel

Zum Handwerkszeug des Planers gehören eine ganze Reihe von Planungshilfsmitteln wie z.B.

- Koordinationsmittel: hierzu zählen das Planungsteam als wichtigstes Koordinationsmittel; der Netz- und / oder der Balkenplan in erster Linie für die Terminplanung; das Projektbuch sowie Aktenordnung und Aktennotizen als Organisationsmittel.

- Informationsmittel: externen Ursprungs sind Fach- und Sachbücher, Zeitschriften- und Prospektsammlungen; internen Ursprungs sind Erfahrungs- und Planungsberichte sowie Zeichnungen aus Projekten, aufgebaute und zusammengestellte Dia- und Fotokartei, Zeichnungs- und Berichtearchiv, Mikrofilme. Der Planer ergänzt sein Wissen ständig durch Besuch von Seminaren, Vorträgen, Betriebsbesichtigungen und Messen.

- Methoden zur Aufnahme des IST-Zustandes: in Form von Kurzzeitaufnahmen (Multimomentverfahren, VDI-2492), Langzeitaufnahmen (VDI / AWF-Materialflußbogen, VDI-3300a), Arbeitsablaufstudien sowie Erhebungen über Fragebögen, Checklisten, VON-NACH-Matrix, ABC-Analysen und Erhebungsprogrammen bei DV-Datenbanken.

- Methoden in der Systemfindungsphase: hier sind zu nennen der Aufbau von Idealplänen und Zuordnungsverfahren für Betriebsbereiche und Betriebsmittel nach dem Kreis- oder Dreiecksverfahren zur Minimierung der Materialflußkosten; Simulationen zur Erkennung von Schwachstellen und Engpässen sowie das Auffinden von Belastungsgrenzen bei Bewegungsabläufen.

- Beurteilungs- und Entscheidungsmethoden: Morphologischer Kasten zur Reduzierung von Lösungsmöglichkeiten; qualitative Verfahren zur Beurteilung von Alternativen wie z.B. der

## 2 Planung

Entscheidungsbaum, die Nutzwertanalyse, die zweistufige Punktbewertung und die Risikoanalyse; quantitative Verfahren sind statische Investitionsrechnungen (Kosten- und Gewinnvergleichsrechnungen, Rentabilitäts- und Amortisationsrechnungen) und dynamische Verfahren (Kapitalwert- und Annuitätenmethode, Methode des internen Zinsfußes).

- Darstellungsmethoden: diese untergliedern sich in mathematische, graphische und räumliche Darstellungen; zu den graphischen Darstellungen gehören Diagramme, Ablaufpläne und Zeichnungen; gerade diese Methoden können mittels PC sehr einfach benutzt werden.

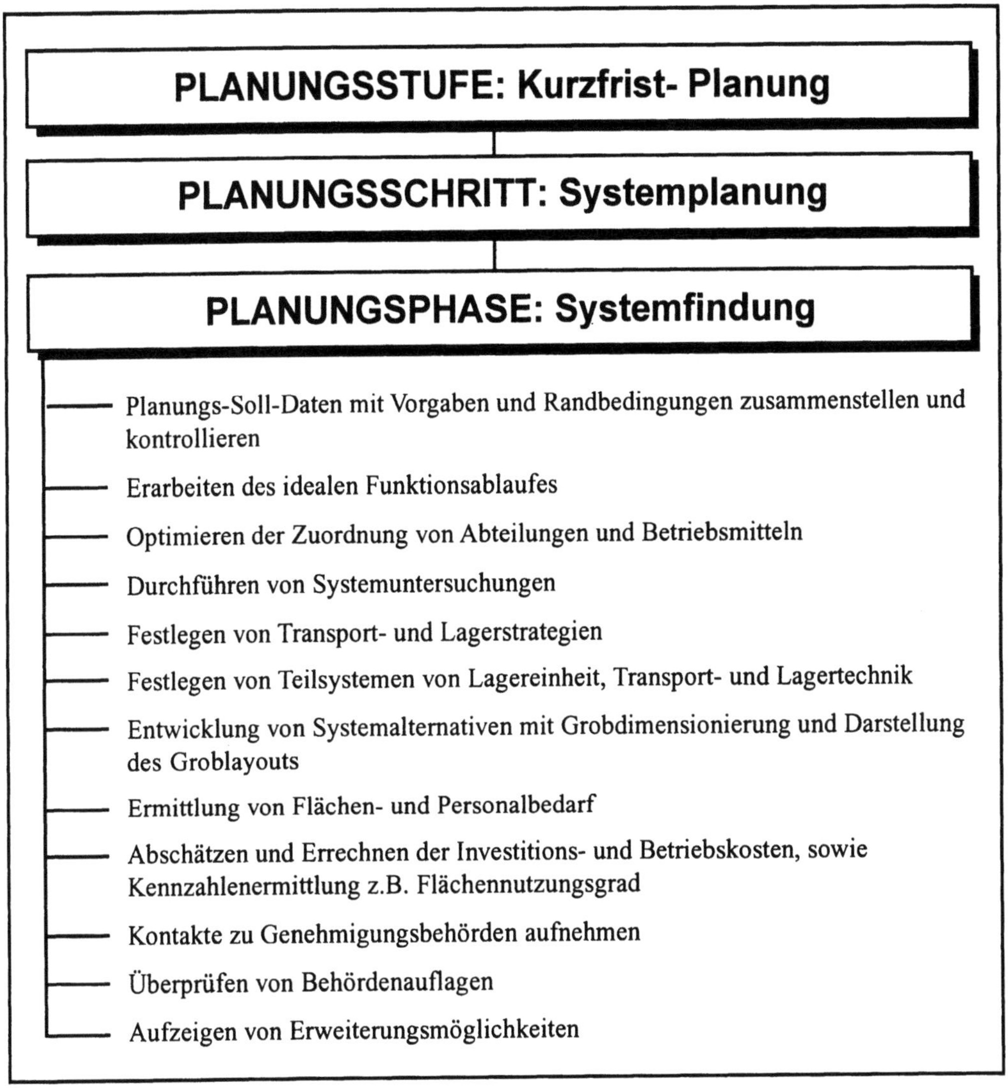

**PLANUNGSSTUFE: Kurzfrist- Planung**

**PLANUNGSSCHRITT: Systemplanung**

**PLANUNGSPHASE: Systemfindung**

- Planungs-Soll-Daten mit Vorgaben und Randbedingungen zusammenstellen und kontrollieren
- Erarbeiten des idealen Funktionsablaufes
- Optimieren der Zuordnung von Abteilungen und Betriebsmitteln
- Durchführen von Systemuntersuchungen
- Festlegen von Transport- und Lagerstrategien
- Festlegen von Teilsystemen von Lagereinheit, Transport- und Lagertechnik
- Entwicklung von Systemalternativen mit Grobdimensionierung und Darstellung des Groblayouts
- Ermittlung von Flächen- und Personalbedarf
- Abschätzen und Errechnen der Investitions- und Betriebskosten, sowie Kennzahlenermittlung z.B. Flächennutzungsgrad
- Kontakte zu Genehmigungsbehörden aufnehmen
- Überprüfen von Behördenauflagen
- Aufzeigen von Erweiterungsmöglichkeiten

**Bild 1** Aufgaben der Planungsphase „Systemfindung"

# 3 Materialfluß

Der Materialfluß umfaßt alle Vorgänge des innerbetrieblichen Objektflusses, die mit den Aufgaben der Beschaffung, Produktion und Distribution in Zusammenhang stehen. Besonders hervorzuheben ist die funktionale Aufgabe in Form der Verkettung der Fertigung mit Transport- und Lagervorgängen. In einem Produktionsbetrieb gehören folgende Materialfluß-Grundfunktionen dazu:

- Fertigen mit Bearbeiten und Prüfen
- Bewegen mit Transportieren und Handhaben
- Ruhen mit ungewolltem Aufenthalt und gewollter Lagerung

Für eine Neuplanung auf der „grünen Wiese" insbesondere aber für eine Sanierungs- und Rationalisierungsplanung in einer bestehenden Halle mit vielen Restriktionen bildet der Materialfluß den Kristallisationspunkt jeglicher Planung. Je besser er den Anforderungen angepaßt ist, desto geringer sind die Materialflußkosten. Der innerbetriebliche Materialfluß gliedert sich in den betriebsinternen und gebäudeinternen Materialfluß. Diese sind zuständig für die zweckmäßigste Zuordnung von Gebäuden, von Abteilungen und der Anordnung von Betriebs- und Arbeitsmitteln sowie der erforderlichen Einrichtungen mit Umschlag-, Transport-, Lager und Kommissioniersystemen (vgl.Kap.2 in [11]). Der Materialfluß hat eine technische, eine quantitative und eine organisatorische Komponente. Entscheidend ist zunächst die quantitative Komponente (Volumen-, Massen- oder Stückstrom ), die mit den Anforderungen der Organisation und Disposition die Dimensionierung der Systeme bewirkt.

Nach der kreativen Phase der Findung der Systemstruktur hat die Dimensionierung die Aufgabe, das System so zu gestalten, daß die Anforderungen der Aufgabenstellung möglichst weitgehend erfüllt werden. Zur Dimensionierung gehören z.B. die Berechnung und damit die Auslegung der Transportmittel wie z.B. Gurtbreite und -geschwindigkeit, Staplertragfähigkeit und -anzahl, Regalbediengerät und Arbeitsgangbreite. Eine Grobdimensionierung erfolgt häufig mit Kennzahlen wie Flächennutzungsgrad, durchschnittliche Transportgeschwindigkeit pro Gerät und Lagervolumen pro m² Lagerfläche.

Die Ergebnisse der Dimensionierung sind die Grundlage für die Errechnung von Investition und Betriebskosten eines Systems. Lagerung und Transport dienen der sachgerechten Aufbewahrung und Bewegung der unterschiedlichen Güter in einem Unternehmen, haben die Ver- und Entsorgung der Betriebsmittel zur Aufgabe und verketten räumlich, zeitlich und organisatorisch die einzelnen Bereiche miteinander.

Lagerung und Transport von Gütern bedeutet in der Regel nur Verteuerung ohne Wertverbesserung (Ausnahme: Reife-, Trocknungs- und Spekulationslager). Da verbrauchssynchrone Materialanlieferung (Just-in-time) nur bei bestimmten Randbedingungen wie z.B. langanhaltendes Produktionsprogramm durchführbar ist, sind Vorratsläger erforderlich. Aufgabe von Organisation, Disposition und Planung muß es sein, unter Berücksichtigung von hoher Terminzuverlässigkeit, hoher Flexibilität, kurzen Auftragsdurchlaufzeiten und hoher Auslastung diese Vorratsläger mit den geringstmöglichen Beständen zu planen, d. h. die Lagerhaltungskosten zu minimieren. Dazu dient auch die *Materialflußplanung*, die die zukünftigen Materialflußstrukturen mit den folgenden Zielen plant:

- Kurze Auftragsdurchlaufzeiten
- Minimierte Materialflußkosten

- Vereinfachte Arbeitsabläufe
- Wirtschaftliche Transport-, Handhabungs-, Lager- und Kommissioniersysteme.

Computer Aided Manufacturing, kurz CAM, umfaßt Steuerung und Überwachung der Betriebsmittel durch einen Rechner und beinhaltet die Funktionen Fertigen, Handhaben, Lagern und Transportieren, d.h. der Materialfluß ist ein Kernelement des CAM und besteht aus

- Transport- und Handhabungssystem
- Lager- und Kommissioniersystem
- Transport- und Lagereinheit
- Ablauforganisation und Steuerung.

Für die in diesem Buch behandelten Beispiele sind wichtige theoretische und praktische Grundlagen in den folgenden Kapiteln behandelt.

## 3.1 Transportsysteme

Ein Transportsystem besteht aus den Komponenten

- Transporteinheit: Transportgut mit / ohne Transporthilfsmittel
- Transportmittel: Stetigförderer und / oder Unstetigförderer
- Transportorganisation: Ablaufsteuerung, Transportdisposition.

Die *Transporteinheit*, d.h. das Transportgut bzw. das Transporthilfsmittel (s.Kap.4.1), bestimmt mit seinen Merkmalen und Eigenschaften wesentlich die Art des Transportmittels. Die Transporthilfsmittel dienen der Zusammenfassung von Einzelstückgut zu einer größeren Ladeeinheit. Eine entscheidende Rolle spielen dabei die Handhabungs- und Transportmöglichkeiten der Transporteinheit z. B., ob ihre Unterfahrbarkeit, Kranbarkeit, Greifbarkeit von oben oder von der Seite gegeben ist. Welche Bedeutung die Auswahl des Transporthilfsmittels hat, zeigt der Stück-, Volumen- und Kostenvergleich von Gitterbox und Anzahl KLT-Behältern auf einer Palette für zwei unterschiedliche Artikel (s. Bild 19).

Die *Transportmittel* dienen der Ausführung der logistischen Funktionen Transportieren, Stapeln, Umschlagen, Lagern sowie Kommissionieren und können unterteilt werden in Stetigförderer und in Unstetigförderer Während die Stetigförderer fast ausschließlich mit elektromotrischem Antrieb (Ausnahme Schwerkraftantrieb) ausgerüstet sind, arbeiten die Unstetigförderer sowohl mit verbrennungsmotorischen als auch elektromotorischem Antrieb (Ausnahme manueller Antrieb).

Stetigförderer (Bild 2) transportieren das Transportgut kontinuierlich und haben geringen Energiebedarf, einfache Bauweise und eine große Betriebssicherheit. Sie sind leicht automatisierbar, benötigen kein Bedienpersonal, transportieren das Gut waagerecht, geneigt und senkrecht, sind in der Regel ortsfest, können aber auch fahrbar sein und bieten oft die Möglichkeit der Gutaufnahme und Gutabgabe an verschiedenen Stellen.

Nachteilig ist der festgelegte Transportweg, der große Bodenflächenbedarf, sie machen Probleme bei Erweiterung der Leistung und Anpassung an Einrichtungsumstellung. Stetigförderer haben einen eng begrenzten Anwendungsbereich bezogen auf das Transportgut.

## STETIGFÖRDERER

**Stetigförderer für Schüttgut**
- Becherwerke
  - Kettenbecherwerke
  - Gurtbecherwerke
- Kratzer- und Trogkettenförderer
- Transport mit Schnecken
  - Schneckenförderer
  - Schneckenrohrförderer
- Schwingförderer
  - Schüttelrutschen
  - Schwingrinnen
- Pneumatische Förderer
  - Saugluftförderer
  - Druckluftförderer

**Stetigförderer für Schütt- und Stückgut**
- Bandförderer
  - Gurtförderer
  - Stahlbandförderer
  - Drahtgurtförderer
  - Scharnierbandförderer
- Gliederbandförderer
  - Kastenbandförderer
  - Plattenbandförderer
- Rutschen
  - Fallrohre
  - Wendelrutschen

**Stetigförderer für Stückgut**
- Schleppkettenförderer
- Unterflurförderer
- Tragkettenförderer
- Kreis- und Schleppkreisförderer
- Umlaufförderer
  - Schaukelförderer
  - Paternosterförderer
  - Wandertische
- Rollenförderer
- Sortierförderer
  - Plattenband mit Ausschleusschuhen
  - Kippschalensorter
  - Quergurtsorter

**Bild 2** Systematik der Stetigförderer

Unstetigförderer (Bild 3) transportieren das Transportgut diskontinuierlich und besitzen eine hohe Einsatzflexibilität, sind unproblematisch bei Leistungserhöhung und ihr Arbeitseinsatz ist gekennzeichnet durch den Wechsel von Last- und Leerfahrten, von Stillstandszeiten und Anschlußfahrten. Nachteilig sind die manuelle Bedienung, der größere Aufwand für automatischen Betrieb und der Transport des Gutes als Einzelstückgut.

**Bild 3** Systematik der Unstetigförderer

## 3 Materialfluß

Die Gruppe der Flurförderzeuge spielt als gleislose freiverfahrbare Transportmittel eine besondere Rolle und hierin wiederum der Stapler, der einmal zur Einheitenbildung zwingt und zum anderen z.B. die Hallenhöhe nutzbar macht. Als Antrieb werden der Verbrennungsmotor und der Gleichstrom-Reihenschlußmotor eingesetzt. Einen Vergleich dieser beiden Antriebsarten zeigt Bild 4.

| Diesel-/Treibgasstapler ||
|---|---|
| Vorteile | Nachteile |
| • Geringes Gewicht<br>• Niedriger Kaufpreis<br>• Geringer Zeitbedarf für Flaschenwechsel oder Flaschenwechsel oder Betankung<br>• Höhere Bodenfreiheit<br>• Prädestiniert für den Außeneinsatz mit langen Wegen<br>• Höhere Steigfähigkeit<br>• Größere Fahrgeschwindigkeit | • Größerer Radstand/Arbeitsgangbreite<br>• Erforderlichkeit eines Katalysators<br>• Verbrennungsabgase, Ruß<br>• Höherer Lärmpegel<br>• Flaschenwechsel oder Tankanlage<br>• Luftverbrauch/-erneuerung<br>• Bei hoher Auslastung höhere Betriebskosten (ca. 16/18 DM/h)<br>• kürzere Wartungszyklen (alle 250 Betriebsstunden)<br>• Verschleißteile (Öl-und Luftfilter)<br>• Höherer Bedienungsaufwand<br>• Beseitigung von Altöl |

| Elektrostapler ||
|---|---|
| Vorteile | Nachteile |
| • Einfachere Bedienung<br>• Kleinerer Radstand/Arbeitsgangbreite<br>• Keine Verbrennungsabgase<br>• Geringerer Lärmpegel<br>• Energierückgewinnunng beim Bremsen bis zu 18%<br>• Keine Verschleißteile<br>• Bei hoher Auslastung geringere Betriebskosten (ca. 11 DM/h)<br>• Über 90 % recyclebar<br>• Längere Wartungszyklen:alle 500 / 1000 Betriebsstd.<br>• Prädestiniert für den Halleneinsatz | • Höheres Gewicht<br>• Höherer Kaufpreis<br>• Erforderlichkeit Batterieladuung<br>• Erforderlichkeit der Batteriewartung<br>• Größerer Zeitbedarf für Batteriewechsel (Traverse, Kran, Rollenbahn)<br>• Knallgasentwicklung<br>• Evtl. Säureverschmutzung<br>• Verschleißteile (Kohlebürsten)<br>• Geringe Bodenfreiheit |

**Bild 4** Vor- und Nachteile von Elektro- und Diesel-/Treibgasstapler

Von großer Bedeutung für die Lagerplanung sind die Arbeitsgangbreiten der Stapler, die außer vom Gerätetyp noch abhängig sind von der Art, Größe und Lage der Lagereinheit auf den Gabelzinken oder von dem verwendeten Anbaugerät, das den Lastschwerpunkt ändert und damit die Tragfähigkeit des Staplers reduziert (Resttragfähigkeit). Weiterhin spielt die Flächenbelastung durch den Stapler eine Rolle, besonders bei der Be- und Entladung z. B. von LKWs. Die Vorder- und Hinterachsbelastung ist sehr unterschiedlich bei Leer-oder Lastfahrt und dadurch ist zu prüfen, ob bei Lastaufnahme im LKW die Punktbelastung durch den Stapler von der LKW-Pritsche zulässig ist.

Für die Beladung von LKWs wurden deichselgeführte Elektrostapler (Hochhubwagen) ausgerüstet mit hebbaren Radarmen entwickelt, die gleichzeitig zwei Paletten aufnehmen und dadurch die Verladezeit erheblich reduzieren (Doppelstockbeladung). Die *Transportorganisation* kann gegliedert werden in Aufbauorganisation, Ablauforganisation und Informationsorganisation (s. Kap. 3.3) und legt die Verantwortlichkeit und die Aufgaben für ein optimales Zusammenwirken von Personen, Gütern und Transportmitteln in einem System fest mit Aufgaben wie z.B.:

- Transportdisposition
- zentrale / dezentrale Einsatzsteuerung bei Flurförderzeugen
- Transportstrategien
- Verwaltung der Transportmittel.

## 3.2 Lager- und Kommissioniersysteme

Ein Lagersystem dient der beabsichtigten Kurzzeit- und Langzeitspeicherung von Gütern, stellt im Rahmen der Beschaffung, Produktion und Distribution eine integrierte Funktion dar und besteht aus den Komponenten

- Lagereinheit: Lagergut mit / ohne Lagerhilfsmittel
- Lagerungsart: Boden- und / oder Regallagerung
- Lagerbedienung: Ein- und Auslagerungsgeräte / Regalbediengeräte
- Lagerorganisation: Ablaufsteuerung, Lagerplatzverwaltung, Bestandsführung.

Die *Lagereinheit* (Lagergut mit / ohne Lagerhilfsmittel: s. Kap. 4.1) muß mit allen Merkmalen und Eigenschaften wie z. B: Stapelbarkeit, Abmessungen, Form, Unterfahrbarkeit und Gewicht bekannt sein, um das richtige Lager- und Kommissioniersystem auswählen zu können.

Nach den Funktionen von Lägern in einem Unternehmen sind das Beschaffungs-, Produktions- und Distributionslager zu unterscheiden, nach der *Lagerungsart* das Boden- und das Regallager mit einer Reihe von Variationen z.B. Linien- und Blocklagerung. Jedes Lagersystem kann als Kommissionierlager bezeichnet werden, denn entweder wird ein Auftrag aus ganzen Lagereinheiten oder aus bestimmten Artikeln (Teilmengen) eines Sortimentes (bereitgestellte Gesamtmenge) gemäß der Kommissionierliste zusammengestellt. Der Vorgang der Auftragszusammenstellung wird als Kommissionierung bezeichnet. Hierbei sind grundsätzlich für die Kommissioniergüter und den Kommissioniervorgang zwei Bereitstellungsprinzipien zu unterscheiden:

- die statische Bereitstellung: Mann zur Ware
- die dynamische Bereitstellung: Ware zum Mann.

Die Lagerungsarten für das Kommissionieren mit statischer Bereitstellung zeigt Bild 5, mit dynamischer Bereitstellung Bild 6.

Die Kommissionierzeit ist die für das Sammeln eines Auftrages erforderliche Zeit und gliedert sich in die Basiszeit, die Wegzeit, die Greifzeit und die Totzeit. Der Wegzeitanteil beträgt dabei 50 % und mehr der gesamten Kommissionierzeit. So haben alle Kommissionierlager mit dynamischer Bereitstellung den großen Vorteil, keine Wegzeit zu besitzen.

Die *dynamische Bereitstellung* kann auf zwei Arten erreicht werden:

- durch Kommissionierung außerhalb der Regals (vor dem Regalgang), in dem die Kommissioniereinheit (= Lagereinheit) mit automatisch arbeitenden Regalbediengeräten und Trans-

3  Materialfluß
11

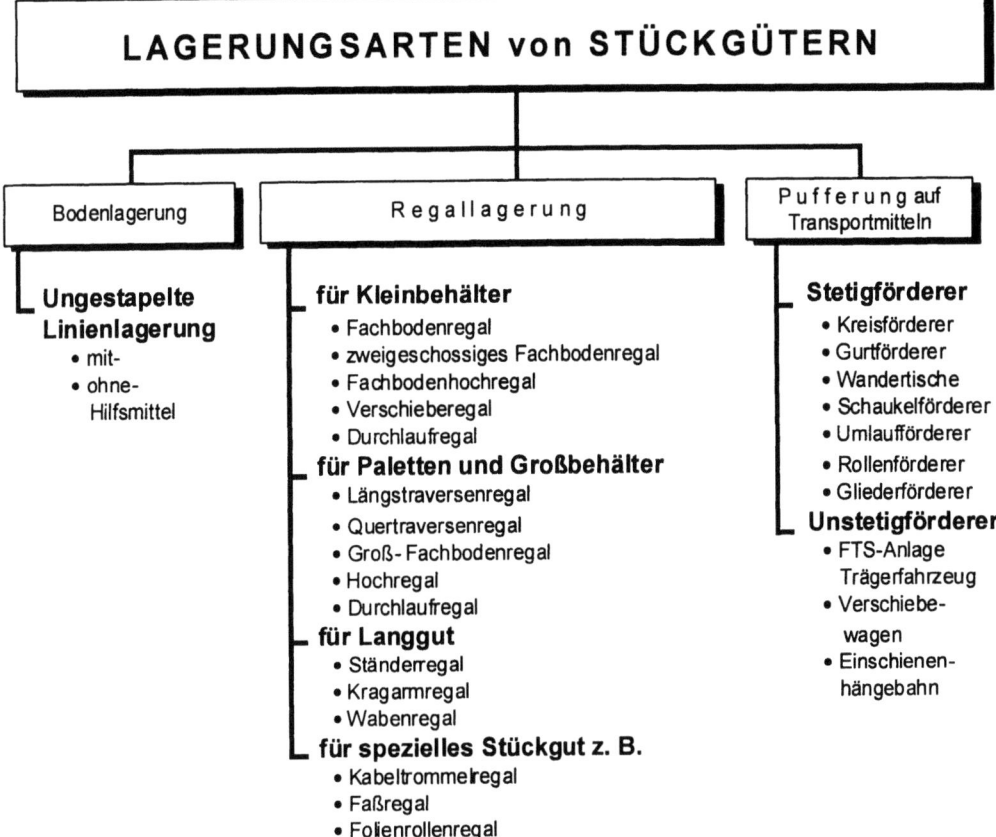

Bild 5  Lagerungsarten zur Kommissionierung nach dem Prinzip „Mann zur Ware"

portmitteln an einen speziellen Kommissionierplatz gebracht wird, dort vom Kommissionierer die für den Auftrag benötigten Artikel entnommen werden und anschließend diese Lagereinheit wieder in das Lager eingelagert wird, wie z.B. bei dem Automatischen Kleinteile Lager AKL (s. Kap.3.2.1).

Eine Sonderform dieser dynamischen Kommissionierung ergibt sich, wenn der Auftrag z.B. nur aus <u>ganzen</u> Paletteneinheiten besteht, denn dann entfällt der Kommissionierplatz. Der Auftrag kann aus dem Einheitenlager sofort zusammengestellt werden.

- durch Kommissionieren unmittelbar am Regal wie z. B. beim Turmregal, Paternosterregal und Karussellregal.

Als Beispiele für dynamische Bereitstellung der Kommissioniergüter werden für die Kommissionierung außerhalb des Regals das AKL (Kap. 3.2.1) beschrieben und für die Kommissionierung am Regal das Karussellregal (Kap. 3.2.2), das Turmregal (Kap. 3.2.3) und das Paternosterregal (Kap. 3.2.4) in Einzelheiten dargestellt. Für die Kommissionierung ganzer Paletteneinheiten bieten sich außer dem Einfahr-, Verschiebe- und Durchlaufregal auch die Regalarten Satellitenregal (Kap. 3.2.6), Rollwagenregal (Kap. 3.2.7) und doppelt tiefes Palettenregal (Kap. 3.2.8) an.

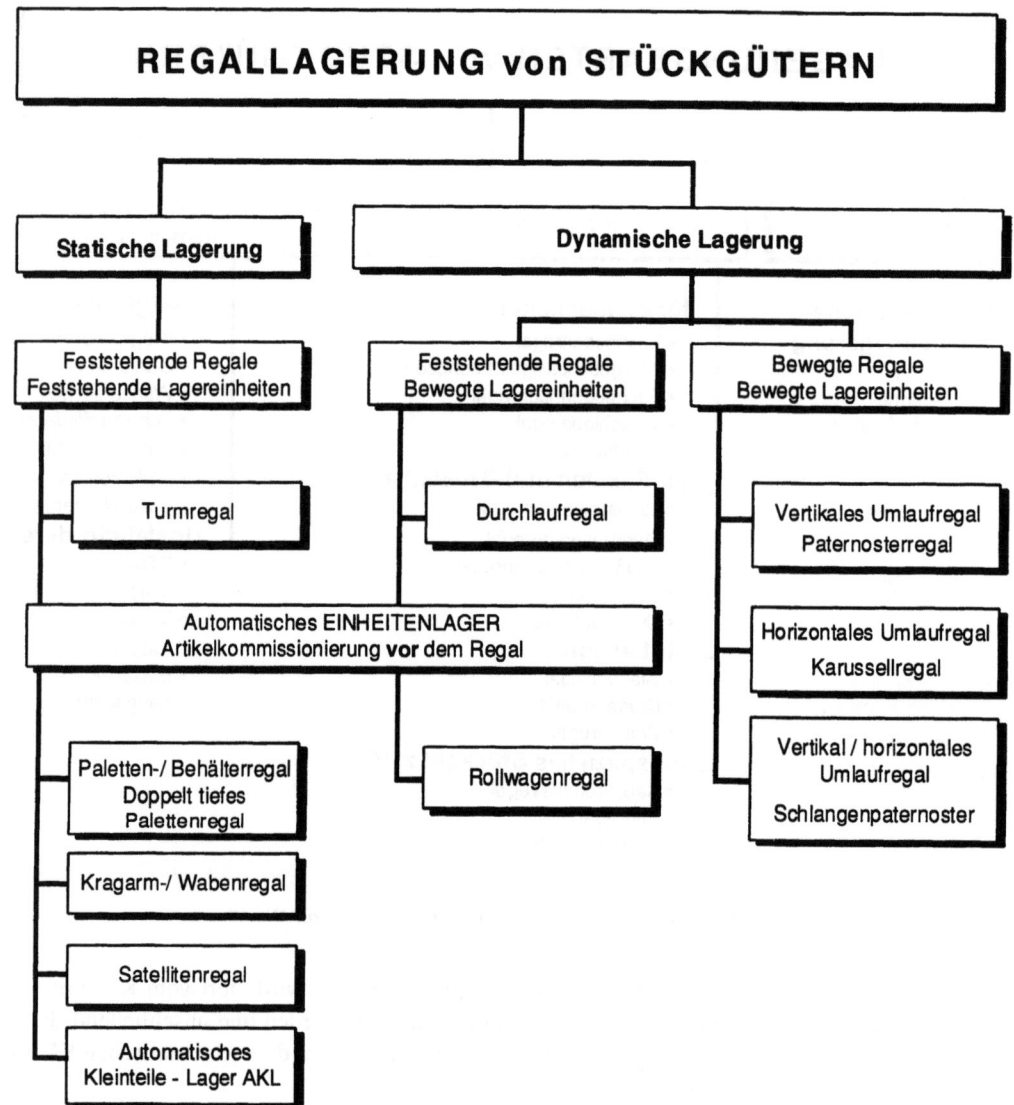

Bild 6   Regallagerungsarten zur Kommissionierung nach dem Prinzip „Ware zum Mann"

Bei *statischer Bereitstellung* kann der Wegzeitanteil reduziert werden durch:

- Wegoptimierung: Reihenfolge der Kommissionierung
- ein- und zweidimensionale Fortbewegung des Kommissionierers mit Horizontal- und Vertikalkommissionierern
- Stirnflächenverkleinerung der Lagerfächer z.B. Behälter-Durchlaufregal
- artikelorientiertes Kommissionieren: mehrstufiger Vorgang, zunächst gleichzeitiges Kommissionieren von Artikeln mehrerer Aufträge, anschließendes Vereinzeln (Gegensatz:auftragsorientiertes Kommissionieren).

# 3 Materialfluß

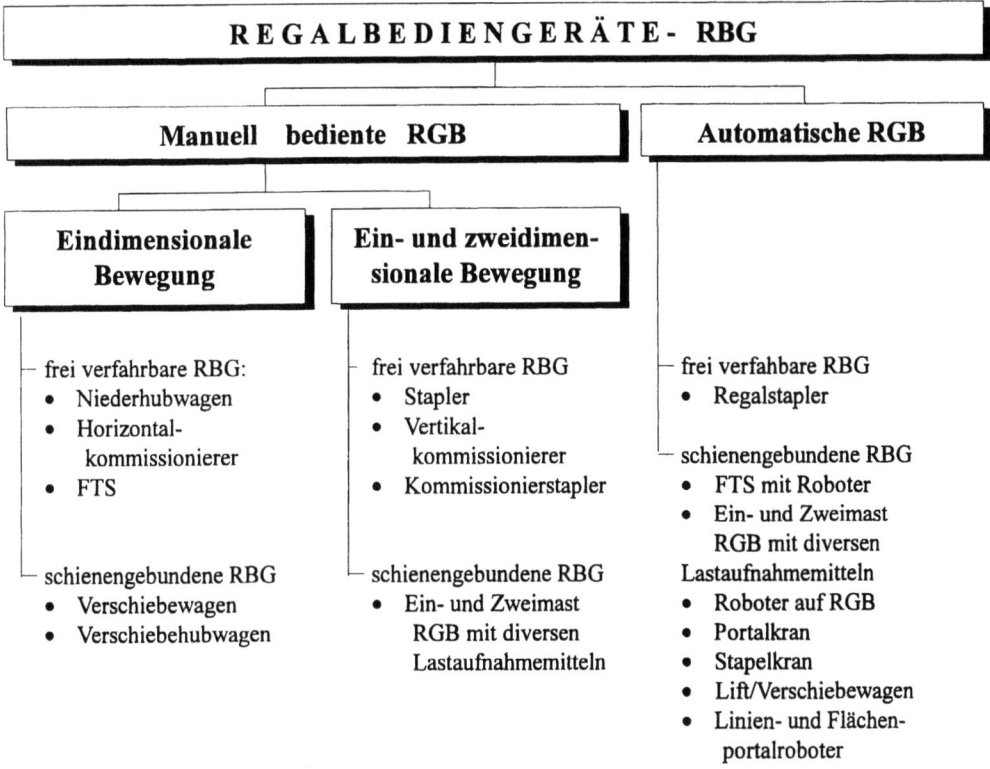

Bild 7 Regalbediengeräte für Ein- und Auslagerung bei Einheiten- und Kommissionierlagern

Eine Reduzierung der Totzeit ist z. B. erreichbar durch beleglose Kommissionierung, d. h. Ersetzen der Kommissionierliste durch stationäre oder mobile Systeme wie z.B. Bildschirm, Display oder Anzeigetafel, die möglichst im Dialogbetrieb arbeiten.

Eine *Lagerbedienung* für Boden- und Regallagerung ist unerläßlich, denn ohne Transport kann weder Ein- noch Auslagerung von Gütern erfolgen. Bei Regallagerung geschieht die Ein- und Auslagerung mit Regalbediengeräten (RBG), die manuell oder automatisch arbeiten (Bild 7). Werden in einem Lager nur B- und C-Artikel gelagert, sind also Umschlag und Kommissionierung gering, so wird man Regalbediengeräte einsetzten, die nicht nur einen sondern mehrere Regalgassen bedienen. Hierfür bieten sich an alle frei verfahrbaren Flurförderzeuge wie z.B. Stapler, Horizontal-und Vertikalkommissionierer aber auch schienenverfahrbare RBG mit Umsetzer, kurvengängige RBG und Stapelkran.

Die *Lagerorganisation* kann gegliedert werden in Aufbau-, Ablauf- und Informationsorganisation (s. Kap. 3.3) und umfaßt die Festlegung von Aufgaben und Verantwortlichkeiten für ein optimales Zusammenwirken von Personen, Gütern und Geräten in einem System mit folgenden Aufgaben:

- Lagerzugangsbuchung
- Bestandsführung und Bestandskontrolle
- Lagerplatzverwaltung

- Verwalten der Lagerbewegungen
- Inventur.

Für die Lagerplatzverwaltung spielt die Lagerordnung eine Rolle und hat einen Einfluß auf Kommissionierzeit und Lagerhaltungskosten. Bei der Regallagerung von Gütern unterscheidet man die <u>feste Lagerplatzordnung</u> und die <u>freie Lagerplatzwahl</u>. Bei statischer Bereitstellung wird häufig die feste Lagerplatzordnung, bei dynamischer Bereitstellung sowohl die feste Lagerplatzordnung (Paternosterregal, Karussellregal, AKL), als auch die freie Lagerplatzwahl (Einheitenlager, Turmregal) angewandt.

Oft ergibt sich für die Kommissionierung ein wirtschaftlicher Effekt, wenn <u>Lagerzonen</u> gebildet und / oder die Artikel z.B. kunden- oder baugruppenbezogen gelagert werden.

Aufgabe jeder Lagerplanung ist die Minimierung der <u>Lagerhaltungskosten</u>. Bei einer Lageranalyse ist es immer von großem Nutzen, wenn man die einzelnen Komponenten der Lagerhaltungskosten detailliert ermittelt, um so sinnvolle Planungsansätze zu erhalten. Die Lagerhaltungskosten pro Periode gliedern sich in:

- Bestandskosten: Kapitalbindungskosten, Kosten für Feuer- und Diebstahlversicherung
- Personalkosten: Kosten für personengebundenes Ein-, Um- und Auslagern, Lagerverwaltung, Bestandsführung, Inventur
- Betriebsmittelkosten: kalkulatorische Abschreibungen und Zinsen für Lagereinrichtungen und Transportmittel, sowie deren Energie- und Instandhaltungskosten, Lagerhilfsmittel
- Gebäudekosten: Kalkulatorische Abschreibung und Verzinsung des Gebäudes; Heizung, Lüftung, Beleuchtung, Instandhaltung, Versicherung, Verwaltung (entspricht den kalkulatorischen Mietkosten).

Zur Ausführungsplanung gehören Überlegungen zum Zubehör und zu Sicherheitseinrichtungen für die Regalarten. Unter Zubehör versteht man Bodenanker, Ausgleichplatten, Distanzstücke, Isolierplatten, Querauflagen, Regalschilder, Fachkennzeichnungen und Traglastschilder.

Sicherheitseinrichtungen sind Ramm-, Anfahr- und Eckschutz, Schutz der Stützen, Stirnseiten- und Durchbiegungssicherung, sowie vorbeugender Brandschutz wie z. B. eine Sprinkleranlage.

### 3.2.1 Automatisches Kleinteile-Lager AKL

Aufbau: Das AKL (Bild 8) besteht aus:
- zwei gegenüberliegenden Einzelregalen
- Regalbediengerät (RBG)
- Tablaren
- Vorlagerzone mit Kommissionierbereich

Das aus Regalen und Regalbediengerät gebildete Lagersystem ist mittels Trapezblechen verkleidet und bildet so einen gegen Diebstahl und Verschmutzung geschützten Lagerblock.

*Regal:*

Das Regal dient der Lagerung der Tablare. Es ist im Einplatzsystem aufgebaut, d.h. die Regalständer stehen nur für ein Tablar auseinander. Die Tablare werden in Längsrichtung auf Winkel liegend eingelagert. Die Fachhöhen für Tablare können variabel gestaltet werden.

3  Materialfluß                                                                                    15

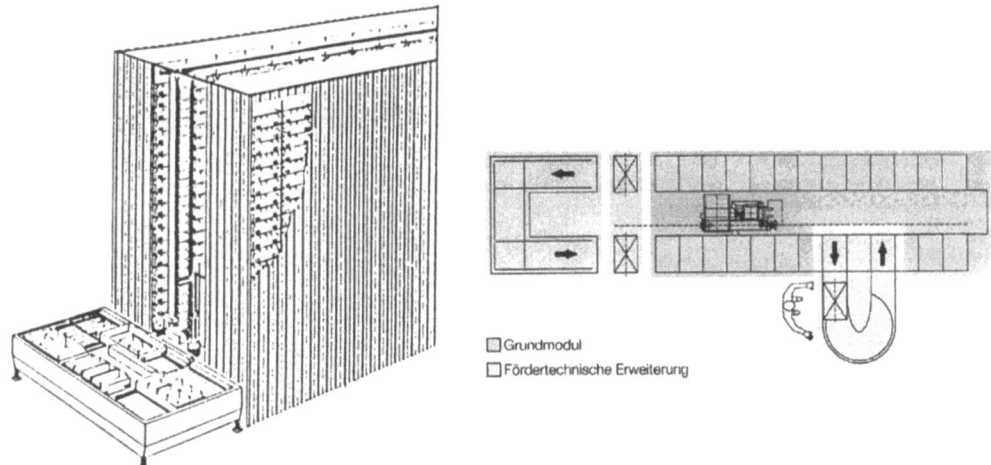

**Bild 8  AKL-Systemblock /rechts Grundriß AKL (Quelle Fa. Mannesmann-Dematic)**

*Regalbediengerät:*

Das RBG arbeitet vollautomatisch und dient der Ein- und Auslagerung der Tablare sowie deren Bereitstellung in der Vorlagerzone. Das schienengebundene Regalbediengerät ist häufig eine Aluminiumkonstruktion in Leichtbauweise. Diese ermöglicht, bedingt durch die geringe Masse, hohe Beschleunigungen, Verzögerungen und Geschwindigkeiten. Die Arbeitsweise des Bediengerätes erfordert drei Antriebe: Fahr- und Hubantrieb sowie einen Antrieb für das Lastaufnahmemittel zur Ein- und Auslagerung der Tablare in Form einer Schub-/Zugvorrichtung. Das RBG arbeitet nach der Doppelspielstrategie. Das zu bearbeitende Tablar wird aus dem Regalfach gezogen und an die Vorzone abgegeben. Ein gegenüber der Abgabestelle stehendes einzulagerndes Tablar wird aufgenommen und zum festen Regalfachplatz des Tablars transportiert. Dann wird das Tablar in das Regalfach geschoben.

*Tablare:*

Die Lagerung der Artikel erfolgt auf Tablaren. Sie sind in der Regel einfache, aus Blech hergestellte Wannen mit unterschiedlich hohen Seitenwänden und besitzen für die Ein- und Auslagerungsbewegung Griffe bzw. Aussparungen an den Schmalseiten. Durch die Schub-/Zugtechnik ergibt sich eine geringe Manipulationshöhe und damit ein geringes Verlustvolumen.

*Ein-/Auslagerungs-Organisation:*

Das AKL arbeitet nach der festen Lagerplatzordnung. Jedes Tablar besitzt ein Identifikations-Merkmal, z.B. Barcode, der das Regalfach (Lagerfach) für das Tablar enthält.

*Einlagerungsvorgang:*

Wird ein Tablar eingelagert, liest ein Scanner bei der Tablaraufnahme den Code und übermittelt diesen an das RBG. Das Tablar wird aufgenommen, zum entsprechenden Regalfach transportiert und in das Regalfach geschoben.

*Auslagerungsvorgang:*

Die Steuerung des RBG erhält vom übergeordneten Rechner (Lagerverwaltungsrechner) die Koordinaten des Regalfachs, fährt dieses an und positioniert genau davor, zieht das Tablar aus dem Regalfach auf das Lastaufnahmemittel und bringt es in die Vorlagerzone.

*Vorlagerzone mit Kommissionierbereich:*

Die Vorlagerzone ist in der Regel U-förmig aufgebaut. Rollen- und Kettenförderer übernehmen den Transport der Tablare. An den Übergabestellen und bei Richtungsänderungen sind entsprechend Hub- und Senkförderer installiert. Die Transportrichtung der Tablare ist entgegen dem Uhrzeigersinn. Die Vorlagerzone erfüllt verschiedene Aufgaben: Übergabeplatz für an- und auszuliefernde Tablare, Pufferung von Tablaren, Kommissionierplatz.

Der Kommissionierplatz besteht aus:

- einer Rollenbahn, die bis zu 30° geneigt werden kann, um dem Kommissionierer eine bessere Übersicht und einen besseren Zugriff auf die Artikel zu bieten.

- einem Sichtgerät, z.B. Monitor, auf dem das gerade zu bearbeitende Tablar abgebildet wird. Die zu kommissionierenden oder einzulagernden Artikel werden durch Schatttierung oder Farbgebung dem Kommissionierer angezeigt

*Technische Größen:*

| | |
|---|---|
| Lagerabmessungen: | Länge: 20 – 40 m / Höhe: bis 12 m |
| Regalbediengerät: | bis 12 m |
| Tablare: | Breite: 250 – 650 mm |
| | Tiefe: 500 – 1600 mm |
| | Traglast je Tablar: 25 bis 300 kg |

Ein AKL mit einer Länge von 40 m und einer Höhe von 10 m sowie Tablaren von 400 x 600 mm und einer Traglast von 50 kg pro Tablar kann ein Lagervolumen von ca. 275 m³ mit einem Artikelgewicht von ca. 275 t aufnehmen. Weiter gelten:

| | |
|---|---|
| Untere / obere Verlusthöhe: | 650 mm / 530 mm |
| Manipulations- / Konstruktionshöhe pro Fach: | 35 mm / 10 mm |
| Seitliche Verluste Regal / Behälterabstand: | 70 mm / 50 mm |
| Gangbreite für Regalbediengerät: | 700 mm |
| Anfahrlänge des Gerätes: | 2000 mm (vor dem Regal) |
| Beschleunigungswerte des RBG: | Fahren / Heben / Lastaufnehmen je 2 m/s² |
| Leistung des RBG: | bis 120 Doppelspiele/h |
| Lagervolumen / Grundfläche: | bis ca. 3,14 m³ / m² |

# 3 Materialfluß

*Kommissionierung:*

Die Kommissionierung beim AKL geschieht nach dem Prinzip „Ware zum Mann" (dynamische Bereitstellung), wodurch keine Wegzeiten für den Kommissionierer entstehen. Ein Bildschirm gibt den genauen Lagerplatz des Artikels auf dem Tablar an, dadurch reduzieren sich sowohl die Totzeit des Kommissioniervorganges, als auch die Fehlerrate beim Kommissionieren.

Die Kommissionierleistung bei einem AKL setzt sich zusammen aus einem Anteil aus der Kommissionierung von Artikeln und aus einem Anteil aus der Wartezeit des Kommissionierers. Sind genügend Tablare in der Vorlagerzone, so ist die Wartezeit die Zeit, die benötigt wird, um das bearbeitete Tablar eine Position weiter zu transportieren und das neue Tablar aus der Warteposition an die Kommissionierposition zu bringen.

Ist die durchschnittliche Kommissionierzeit eines Tablars geringer als die Zeit, die das RBG benötigt, um das nächste Tablar an die Vorlagerzone abzuliefern, baut sich der Tablarpuffer in der Vorzone ab und es erhöht sich die Wartezeit des Kommissionierers. Sie beträgt dann nicht mehr die Zeit, um das Tablar eine Position weiterzuschieben, sondern erhöht sich um die Differenzzeit von Tablaranlieferung des RBG und der Kommissionierzeit für ein Tablar.

Die Kommissionierzeit ist wesentlich davon abhängig, wieviel Artikel pro Tablar zu kommissionieren sind. Bei einer baugruppen- oder auftragsbezogenen Lagerung von Artikeln auf Tablaren können mehrere Artikel eines Auftrages gleichzeitig kommissioniert werden. Dies führt zu einer Senkung der Tablaranzahl je Auftrag und somit zu einer Steigerung der Kommissionierleistung.

AKL-Ausführungsvarianten:

- *Transporthilfsmittelvarianten:*
  - Als Lagerhilfsmittel können – neben Tablaren – oder Kassetten auch Lagerbehälter verwendet werden. Die Ein- und Auslagerung der Kassetten geschieht in der Regel wie die bei Tablaren. Lagerbehälter müssen bei der Übernahme auf das Lastaufnahmemittel unterfahren werden. Durch das Unterfahren und Anheben der Lagerbehälter werden größere Manipulationshöhen notwendig, wodurch höhere Lagerraumverluste entstehen, außerdem erhöht sich die Zeit für Ein-/Auslagerung.
  - Die Tragfähigkeit der Tablare und des Regalbediengerätes geht bis 300 kg. Durch höhere Tragfähigkeit reduziert sich die Bereitstellungsgeschwindigkeit auf max. 60 Doppelspiele pro Stunde.
  - Die Tablare können in Form und Größe dem Lagergut angepaßt werden.

- *Kommissionierplatzvarianten:*
  - Mehrere AKLs können z.B. mittels Rollenförderer an einem zentralen Kommissionierplatz zusammengefaßt werden.
  - Der Kommissionierplatz kann unterschiedlich ausgebildet sein z. B. zwei Kommissionierplätze enthalten.
  - Ein AKL kann neben der Kopfstation (vorgelagerter Kommissionierbereich) auch weitere Kommissionierplätze an der Seite des Regals oder in einer anderen Ebene besitzen.

## 3.2.2 Horizontales Umlaufregal: Karussellregal

*Aufbau:*

Ein Karussellregal (Bild 9) ist ein zeilenförmig ausgebildeter Kreisförderer, dessen Gehänge Fachbodenregale sind, die in einer am Boden verankerten Schiene geführt werden. Der elektrische Antrieb ist reversierbar, um auf dem kürzesten Weg ein bestimmtes Fachbodenregal an die Bearbeitungsstelle, d.h. den Kommissionierplatz zu bringen, der sich normalerweise an der Stirnseite einer Zeile befindet. Das Regalsystem ist modular aufgebaut und kann bei Bedarf um eine gerade Anzahl an Fachbodenregalen erweitert werden.

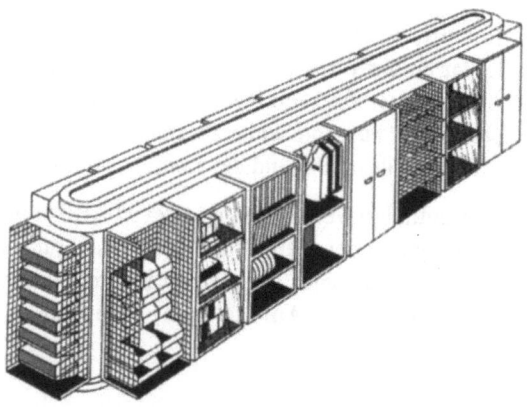

**Bild 9** Prinzipskizze Karusellregal (Quelle Fa. System Schultheis)

*Lagerplatzordnung:*

In der Regel werden die Artikel bei einem Karussellregal nach der festen Lagerplatzordnung gelagert, d.h. jedem Artikel ist ein bestimmter und über ein längeren Zeitraum festgelegter Lagerplatz zugeteilt. Das Lagerverwaltungssystem arbeitet rechnerunterstützt.

*Artikellagerung:*

Die Lagerung der Artikel erfolgt in Fachbodenregalen, die bei Ein- oder Auslagerung an die Bearbeitungsstelle verfahren werden. Lagergut und Regal bewegen sich gemeinsam. Das Fachbodenregal besitzt in der Höhe verstellbare Fachböden. Die Artikel werden je nach Beschaffenheit in Behälter oder direkt auf den Fachböden gelagert. Die leicht nach hinten abfallenden Böden bieten dem Lagergut bzw. den Behältern bei Drehbewegungen des Karussellregals den notwendigen Halt.

*Bedienung:*

Die Einlagerung und die Entnahme der Artikel erfolgt manuell.

Die durchschnittliche Bereitstellungszeit ist die Zeit, die das Regal benötigt, um nach Abschluß der Bearbeitung eines Fachbodenregals das nächste Fachbodenregal an den Kommissionierplatz zu verfahren. Diese Bereitstellzeit entspricht der Wartezeit des Kommissionierers.

# 3 Materialfluß

Technische Größen:

Abmessungen des Karussellregals:      Länge: 2 bis 51 m / Höhe: 2,47 m

Fachbodenregal:

Standardhöhe (Feldhöhe):              1,85 m

Tiefe / Breite:                       365, 457 und 560 mm / 375 – 1 017 mm

Traglast je Fachboden:                30 – 100 kg

Benötigte Raumhöhe:                   Feldhöhe + ca. 770 mm

Umlaufgeschwindigkeit:                18 m/min bzw. 24 m/min, frei wählbar je nach Lagergut.

Durchschnittliche Bereitstellungszeit: 12,5 s bis 50 s (bei 10 m / 40 m Regallänge)

*Kommissionierung:*

Das Karussellager arbeitet nach dem Prinzip „Ware zum Mann" (dynamische Bereitstellung). Die Bewegung der Fachbodenregale zum Kommissionierplatz geschieht auf dem kürzesten Weg.

Nach Abschluß der Bearbeitung eines Fachbodenregals wird das als nächstes zu bearbeitende Fachbodenregal an den Kommissionierplatz gefahren. Zur Reduzierung der Wartezeit können mehrere Karussellregale zu einem Kommissionierplatz zusammengefaßt werden. Hierbei wird während der Entnahme an einem Gerät das Fachbodenregal des anderen Karussellregales für die nächste Entnahme an den Kommissionierplatz verfahren (Bild 10).

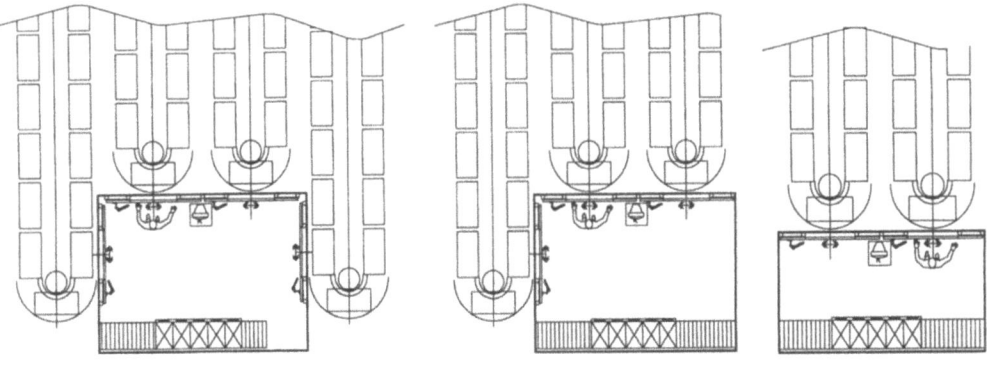

Kommissionierstation in U-Form, 4 Karussells    Kommissionierstation in L-Form, 3 Karussells    Vor-Kopf-Kommisssionierstation, 2 Karussells

**Bild 10 Zusammenfassung von Karussellregalen zu einem Kommissionierplatz (Quelle Fa. Mannesmann-Dematik)**

Die Kommissionierzeit kann durch Verwendung beleglosen Kommissionierens reduziert werden. Seitlich vom Karussellregal stehende Lichtleisten zeigen einmal die exakte Lageposition des Artikels im Fachbodenregal zum anderen die Artikelanzahl an. Dadurch wird auch die Kommissioniersicherheit erhöht. Die Kommissionierleistung kann bis zu 300 Positionen pro Mann und Stunde betragen. Eine Steigerung der Kommissionierleistung wird durch artikelorientierte Kommissionierung erzielt. Dabei werden die Artikel von mehreren Aufträgen zusammen kommissioniert. Ein PC steuert wegoptimiert die Fachbodenregale an den Kommissionierplatz.

*Ausführungsvarianten:*

- Höhenvarianten:
    - Karussellregale können in verschiedenen Höhen ausgeführt werden. Mit Hilfe von Hubtischen, durch Einführung neuer Bedienebenen und/oder in Verbindung mit Bedien-Robotern werden Karussellhöhen über 10 m erreicht
- Bedienungsarten:
    - Karussellregale können mit Kommissionier-Robotern ausgestattet sein, um automatisch Lagereinheiten zu entnehmen.
- Transportrichtung:
    - Karussellregale sind nur in einer Richtung verfahrbar, dadurch verdoppelt sich die durchschnittliche Bereitstellungszeit.

### 3.2.3 Turmregal

Aufbau: Das Turmregal (Bild 11) besteht aus:

- zwei gegenüberliegenden Einzelregalen
- Regalbediengerät (RBG) in Form eines Aufzuges
- Tablaren
- Ein- und Auslagerungsbereich

**Bild 11**
Turmregal: links für fixe, rechts für unterschiedliche Lagerguthöhen
(Quelle Fa. Lista)

Die Komponenten ergeben zusammen ein Regalsystem, das z.B. durch Bleche vollkommen geschlossen. Die Sektionsbauweise ermöglicht modularen Aufbau und einfache Erweiterung. Der Ein- und Auslagerungsbereich entspricht dem Kommissionierplatz und ist mittels einer Schiebetür abschließbar. Diese Bauweise gewährleistet Schutz vor Diebstahl und Verschmutzung.

*Lagerplatzordnung / Einlagerungsvorgang:*

Die Lagerung der Güter geschieht bei fixen Lagerplatzhöhen mit fester Lagerplatzordnung, meist aber mit freier Lagerplatzwahl, bei unterschiedlichen Lagerguthöhen höhenorientiert, d.h.. beim Einlagerungsvorgang messen Sensoren die Lagerguthöhe und weisen dem Tablar einen entsprechenden Lagerplatz zu. Anschließend wird das Tablar von der Zugvorrichtung auf das Lastaufnahmemittel gezogen und durch den Aufzug zum zugewiesenen Lagerplatz transportiert und eingelagert. Durch die höhenorientierte Einlagerungsweise reduziert sich das Verlustvolumen auf ein Minimum.

*Tablare:*

Die Lagerung der Artikel erfolgt auf Tablaren. Diese sind einfache, aus Blech hergestellte Wannen, die beidseitig einen Rand haben, um in der Art von Auffangblechen eines Backofens im Regal gehalten zu werden.

Die Tablare können aus dem Turmregal entnommen und für innerbetriebliche Transporte weiterverwendet werden. Im Gegensatz zum Paternosterregal (s. Kap. 3.2.4) werden nur die zu bearbeitenden Tablare im Regal bewegt. Diese vibrationsfreie Lagerung eignet sich speziell für empfindliche Teile, z.B. elektrische Komponenten.

*Regalbediengerät:*

Die Ein- und Auslagerung der Lagergüter erfolgt beim Turmregal mittels eines vollautomatischen Regalbediengerätes mit einem speziellen Lastaufnahmemittel. Das RBG ist ein senkrecht verfahrbares, mit einem Aufzug zu vergleichendes Seil- oder Kettenhubgerät. Das Lastaufnahmemittel entspricht einer Ein- und Auszugsvorrichtung zur Übergabe der Tablare an einen Lagerplatz oder an der Ein- und Auslagerungsstelle.

*Ein- und Auslagerungsbereich:*

Der Ein- und Auslagerungsbereich ist eine Pufferstelle in Art einer Durchreiche durch das vordere Regal, an der Tablare sowohl ein- und ausgelagert, als auch kommissioniert werden können. Der Ein- und Auslagerungsbereich kann eine unterschiedliche Höhe haben.

*Technische Daten:*

| | |
|---|---|
| Abmessungen Turmregal: | Höhe: 2,50 – 12 m |
| | Breite: 1,13 – 2,16 m / Tiefe: 2,04 – 2,80 m |
| Tablar: | Höhe: 55 – 130 mm |
| | Breite: 816 – 1.836 mm / Tiefe: 612 – 825 mm |
| Lagerguthöhe: | bis 740 mm |
| Traglast je Tablar: | bis 250 kg (450 kg) |

Fortsetzung siehe nächste Seite

| Daten zur Berechnung des Raumbedarfs: | |
|---|---|
| Untere / obere Verlusthöhe: | 455 mm / 175 mm |
| Turmregalbreite: | Tablarbreite + 330 mm |
| Turmregaltiefe: | 3fache Tablartiefe + 198 mm |
| Manipulationshöhe Tablar: | 10 mm |
| minimaler / maxim. Tablarabstand: | 125 mm / 750 mm |
| Regalbediengerät (Aufzug): | |
| Durchschnittliche Bereitstellungszeit: | 32,6 s – 13,3 s |
| Geschwindigkeit des RBG: | 0,7 m/s (vertikal) |
| Geschwindigkeit des Lastaufnahmemittels: | 0,27 m/s (horizontal) |
| Lagervolumen / Grundfläche: | bis 5,11 m$^3$ / m$^2$ |

Ein Turmregal von 12 m Höhe und Tablarabmessungen von 1250 x 825 mm kann ca. 22 m$^3$ Lagervolumen mit ca. 20 t Lagergutgewicht aufnehmen.

*Kommissionierung:*

Die Kommissionierung mit dem Turmregal erfolgt nach dem Prinzip „Ware zum Mann" (dynamische Bereitstellung), wodurch keine Wegzeiten für den Kommissionierer entstehen. Das zu bearbeitende Tablar wird durch die Schub-/Zugvorrichtung des Aufzuges aus dem Lagerplatz entnommen und zum Kommissionierplatz gebracht. Dieser kann ergonomisch z.B. auf 1000 mm Höhe eingestellt werden und erlaubt einen einfachen Zugriff auf das Lagergut von oben. Ebenso ist es möglich, durch den Einsatz von Hebe- und Transportmittel schwere Lasten leicht zu handhaben.

Nach Bearbeitung eines Tablars zieht das Lastaufnahmemittel das Tablar wieder vom Kommissionierplatz auf den Aufzug und bringt es an den zugewiesenen Lagerplatz. Anschließend wird das nächste zu bearbeitende Tablar an den Kommissionierplatz transportiert. Ein Turmregal arbeitet also stets nach der Doppelspielstrategie.

Die Kommissionierleistung setzt sich zusammen aus der Zeit für die Kommissionierung und der Wartezeit des Kommissionierers, was der Bereitstellungszeit für das nächsten Tablars entspricht.

Bei einem mit *Doppelentnahme* ausgestatteten Turmregal kann parallel zum Kommissioniervorgang das nächste Tablar bereits in unmittelbarer Nähe des Kommissionierplatzes bereitgestellt werden. Dadurch ist nur noch ein kurzer Hubweg zum Austausch der Tablare erforderlich. Das Tablar im Kommissionierbereich wird hierbei durch eine aus Sicherheitsgründen notwendige Hubtür vom Aufzug getrennt. Sie verhindert ein unbeabsichtigtes Hineindrücken des Tablars in den Verfahrweg des Aufzugs, benötigt aber Zeit. Bei Doppelentnahme ist die Bereitstellungszeit für das Öffnen und Schließen der Hubtür nur dann verkürzt, wenn die Bearbeitungszeit der Tablare im Kommissionierbereich so lange dauert, daß eine erneute Bereitstellung eines Tablars begonnen oder abgeschlossen werden kann.

# 3 Materialfluß

*Ausführungsvarianten:*

- Kommissionierbereich:
  - Es können mehrere Entnahmestellen auf verschiedenen Ebene eingebaut werden.
- Tablare:
  - Die Tablare sind – dem Artikelsortiment entsprechend – flexibel gestaltbar (z.B. Doppeltablare für Kleinteile).
  - Tablare besitzen unterschiedliche Tragfähigkeiten.
- Turmregale:
  - Mehrere Turmregale sind zu einer Kommissionierstation zusammenfassbar.
  - Turmregale können mit oder ohne flexible Höheneinlagerung ausgestattet sein (s. Bild 11).
  - Im Lagersystem können aufgrund der geschlossenen Konstruktion spezielle klimatische Bedingungen (z.B. Temperatur, Luftfeuchtigkeit) erzeugt werden. Speziell als Kühllager sind die Energiekosten durch den geringeren Lagerraum reduziert (Anwendung z.B. in der Pharmaindustrie).

## 3.2.4 Vertikales Umlaufregal: Paternosterregal

Aufbau: Das Paternosterregal (Bild 12) besteht aus:

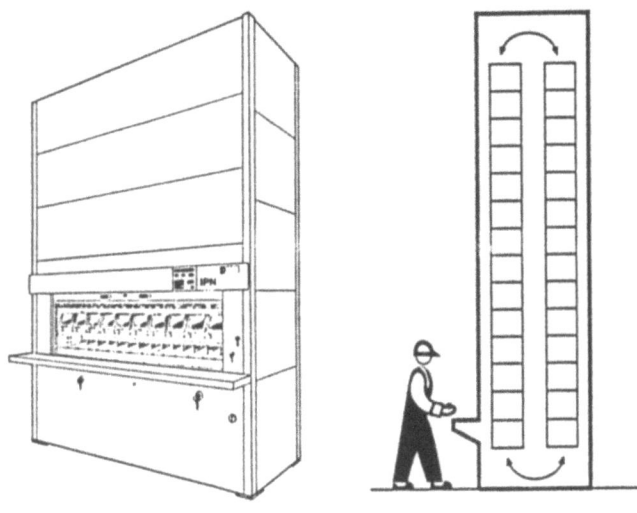

**Bild 12
Prinzipskizze
Paternosterregal**

- zwei vertikal umlaufenden Ketten
- einen in der Regel reversierbaren Antrieb
- Gondeln zur Aufnahme der Lagergüter
- Ein- und Auslagerungsbereich

Das Paternosterregal ist mittels Blech vollverkleidet und besitzt eine abschließbare Tür. Es ist somit gegen Verschmutzung und Diebstahl gesichert.

*Lagerplatzordnung*

Die Lagerung der Güter erfolgt im Paternosterregal bei manueller Ein-/ Auslagerung nach der festen Lagerplatzordnung, bei automatischer entweder nach der festen Lagerplatzordnung oder nach der freien Lagerplatzwahl.

*Gondeln:*

Die Lagerung der Artikel erfolgt in Gondeln, deren Größe und Gestalt dem jeweiligen Lagergut angepaßt wird. Der Abstand zwischen den einzelnen Gondeln (Fachböden) innerhalb eines Paternosterregals ist konstant. Die einzelnen Lagerfächer können mittels Zwischenböden unterteilt werden. Bei der Bereitstellung eines Artikels am Kommissionierplatz wird das Lagergut wegoptimiert transportiert. Bei jedem Ein- und Auslagerungsvorgang werden alle Artikel bewegt (ständiger Energieverbrauch für Unwuchtbewegungen).

*Bedienung:*

Die Ein- und Auslagerung der Lagergüter kann manuell oder automatisch erfolgen.

*Ein- und Auslagerungsbereich:*

Der Ein- und Auslagerungsbereich entspricht einer Durchreiche und gleichzeitig einen Kommissionierplatz, vor dem die Gondeln zur Bearbeitung positioniert werden. Der Ein- und Auslagerungsbereich kann in unterschiedlichen Höhen ausgeführt werden.

*Technische Daten:*

| | |
|---|---|
| Abmessungen des Paternosterregals: | Höhe: 2 – 8 m / Breite: 2,70 – 3,50 m / Tiefe: 0,9 – 1,80 m |
| Gondel: | Breite: 2300 – 3000 mm / Tiefe: 300 – 650 mm |
| Lagerguthöhe: | max. 600 mm |
| Traglast: | 100 – 300 kg |
| Paternosterbreite = Gondelbreite + 361 mm bis 651 mm | |
| Paternostertiefe = 2fache Gondeltiefe + 314 mm bis 555 mm | |
| Durchschnittliche Bereitstellungszeit: 6,2 – 35,4 s | |
| Umlaufgeschwindigkeit: | 0,15 – 0,1 m/s |
| Lagervolumen / Grundfläche: | bis ca. 4 m³ / m² |

Ein Paternosterregal von 8 m Höhe und 3,5 m Breite bei einer Tiefe von 1,70 m kann ca. 24 m³ Lagervolumen und ca. 15 t Lagergutgewicht aufnehmen.

*Kommissionierung:*

Die Bereitstellung der Artikel erfolgt beim Paternosterregal nach dem Prinzip „Ware zum Mann" (dynamische Bereitstellung), wodurch keine Wegzeiten für den Kommissionierer entstehen.

Der Kettenantrieb arbeitet reversierbar, d.h. die Bewegung der Gondeln zum Kommissionierer geschieht auf dem kürzesten Weg.

Nach der Kommissionierung der Artikel aus einer Gondel wird durch manuelle oder automatische Steuerung, die als nächstes zu bearbeitende Gondel an den Kommissionierplatz verfahren.

Die Wartezeit des Kommissionierers auf die nächste Gondel entspricht der Bereitstellungszeit. Eine Verkürzung der Wartezeit kann nur durch ein zweites, paralleles oder nebenstehendes Paternosterregal erfolgen.

Durch die Verwendung von eingebauten Lichtleisten im Kommissioniertisch können Artikelposition und -lage dem Kommissionierer angezeigt werden. Dadurch reduziert sich die Fehlerrate und die Totzeit des Kommissioniervorgangs.

Eine weitere Möglichkeit die Gesamtkommissionierzeit zu verkürzen besteht in einer auftrags- und/oder artikelbezogenen Lagerung zusammen benötigter bzw. gehörender Teile oder Güter.

*Ausführungsvarianten:*

- Gondeln
  - Die Gondeln sind – dem Artikelsortiment entsprechend – flexibel gestaltbar.
  - Variation in Tragfähigkeit der Gondeln
- Anzahl der Ein-/Auslagerungsstellen
  - Es können mehrere Entnahmestellen, z.B. auf verschiedenen Etagen eines Gebäudes oder auf beiden Seiten des Gerätes, eingebaut werden.
- Paternosterregale
  - Mehrere Paternosterregale sind zu einer Kommissionierstation zusammenfassbar.
  - Variation in Auslegung der Tragfähigkeit der Paternosterregale.
  - Im Lagersystem können, aufgrund der geschlossenen Konstruktion, spezielle klimatische Bedingungen (z.B. Temperatur, Luftfeuchtigkeit) erzeugt werden. Speziell als Kühllager werden die Energiekosten durch den geringen Lagerraum reduziert (Anwendung z.B. in der Pharmaindustrie).

## 3.2.5 Vergleich von Turm- und Paternosterregal

Für die Wahl einer Regalart sind häufig als restriktive Vorgaben entweder einzeln oder gemeinsam das einzulagernde Artikelvolumen, die maximale Hallenhöhe und / oder die vorhandene Grundfläche gegeben. In den beiden Tabellen ist die Vorgabe mindestens 15 m³ Lagervolumen unterzubringen zu erfüllen, in der Tabelle 3 ist bei der Planung von 7 m lichte Hallenhöhe auszugehen.

| Lfd.- Nr. | Kennzahl, Vergleichskriterium | Dimension | Regalarten | |
|---|---|---|---|---|
| | | | Turmregal | Paternosterregal |
| 1 | 2 | 3 | 4 | 5 |
| 1 | Gerätemaße: | | | |
| 1.1 | - Breite | [mm] | 1580 | 3460 |
| 1.2 | - Tiefe | [mm] | 2670 | 1250 |
| 1.3 | - Höhe | [mm] | 9000 | 7781 |
| 1.4 | - Grundfläche | [m²] | 4,22 | 4,33 |
| 2 | Trageeinheit | | Tablar | Gondel |
| 2.1 | - Breite x Tiefe | [mm] | 1250 x 825 | 2950 x 410 |
| 2.2 | - Abstand zwischen den Trageeinheiten | [mm] | 125 bis 750 in 25 mm Schritten wählbar | 237, 313, 390 |
| 2.3 | - Anzahl Trageeinheiten | [Stck] | 126 bis 21 bei 325 mm Tablarabstand: 33 | 54, 41, 33 |
| 3 | Lagervolumen je Trageeinheit | [m³] | 0,12 bis 0,76 | 0,29 bis 0,47 |
| 4 | Lagervolumen je Gerät | [m³] | 15,5 | 15,5 |
| 5 | Lagerfläche je Gerät | [m²] | 21,7 bis 130 | 40 bis 65,3 |
| 6 | Bereitstellungszeit | [s] | 28,3 (Verweilzeit 0 Sek) 26,5 (10 Sek) 16,1 (20 Sek) 13,3 (≥30 Sek) | 30,8 |
| 7 | Verhältnis Bereitstellungszeit / gesamtem Lagervolumen | [s/m²] | 0,85 bis 1,83 | 1,99 |
| 8 | Verhältnis Bereitstellungszeit / bereitgestelltem Volumen | [s/m²] | 17,4 bis 238,6 bei 500 mm Tablarabstand und 10 s Verweilzeit: 52,4 | 65,3 bis 106,2 |
| 9 | Verhältnis Lagervolumen / Grundfläche | [m³/m²] | 3,86 | 3,59 |

Tabelle 2  Vergleichskennzahlen von Turm- und Paternosterregal bei einem vorgegebenen Lagervolumen von 15 m³

# 3 Materialfluß

| Lfd.- Nr. | Kennzahl, Vergleichskriterium | Dimension | Regalarten | |
|---|---|---|---|---|
| | | | Turmregal | Paternosterregal |
| 1 | 2 | 3 | 4 | 5 |
| 1 | Gerätemaße: | | | |
| 1.1 | - Breite | [mm] | 1580 | 3460 |
| 1.2 | - Tiefe | [mm] | 2670 | 1250 |
| 1.3 | - Höhe | [mm] | 7000 | 6983 |
| 1.4 | - Grundfläche | [m²] | 4,22 | 4,33 |
| 2 | Trageeinheit | | Tablar | Gondel |
| 2.1 | - Breite x Tiefe | [mm] | 1250 x 825 | 2950 x 410 |
| 2.2 | - Abstand zwischen den Trageeinheiten | [mm] | 125 bis 750 in 25 mm Schritten wählbar | 237, 313, 390 |
| 2.3 | - Anzahl Trageeinheiten | [Stck] | 94 bis 15 bei 325 mm Tablarabstand: 35 | 48, 36, 29 |
| 3 | Lagervolumen je Trageeinheit | [m³] | 0,12 bis 0,76 | 0,29 bis 0,47 |
| 4 | Lagervolumen je Gerät | [m³] | 11,59 | 13,63 |
| 5 | Lagerfläche je Gerät | [m²] | 15,4 bis 97 | 35,1 bis 58,1 |
| 6 | Bereitstellungszeit | [s] | 25,5 (Verweilzeit 0 Sek) 23,3 (10 Sek) 13,3 (≥20 Sek) | 27,0 |
| 7 | Verhältnis Bereitstellungszeit / gesamtem Lagervolumen | [s/m²] | 1,15 bis 2,2 | 1,98 |
| 8 | Verhältnis Bereitstellungszeit / bereitgestelltem Volumen | [s/m²] | 17,4 bis 215 bei 500 mm Tablarabstand und 10 s Verweilzeit: 45,18 | 56,0 bis 98 |
| 9 | Verhältnis Lagervolumen / Grundfläche | [m³/m²] | 2,74 | 3,15 |

Tabelle 3  Vergleichszahlen von Turm- und Paternosterregal bei einer vorgegebenen lichten Hallenhöhe von 7 m

## 3.6.2 Satellitenregal

Um einen größeren Flächen- und Raumnutzungsgrad zu erreichen, wird Blocklagerung durch Hintereinanderreihung von Paletten und Einsparung von Arbeitsgangbreite eingesetzt. Um eine höhere Umschlagleistung zu erzielen, wird das RBG ersetzt durch Verschiebewagen, die unabhängig voneinander in jeder Ebene arbeiten. Den Senkrechttransport führt ein Aufzug aus. Nach diesem Prinzip sind Satelliten- und Rollwagenregale aufgebaut. Der Unterschied zwischen beiden Regaltypen besteht im Lagerhilfsmittel, deren Übergabe bzw. Umschlag der Lagereinheiten in das Regal sowie der statischen oder dynamischen Lagerung.

Die Blocklagerung des Satellitenregals mit RBG- oder Verschiebewagen-Bedienung geschieht durch Einlagern von bis zu 10 Paletten hintereinander und zwar vom Ende eines jeden Lagerkanals zum Bediengang hin. Dabei übernimmt das Satellitenfahrzeug selbständig als Lastaufnahmemittel die Ein- / Auslagerung durch Unterfahren der nächsten verfügbaren Palette, um sie abzugeben bzw. aufzunehmen. Das Satellitenfahrzeug fährt zwangsgeführt unter den Paletten in einem niedrigen Kanal (Bild 13), der gleichzeitig die Paletten trägt, und ist durch Strom- und Steuerkabel mit dem RBG oder Verschiebewagen verbunden. Die Arbeitsweise ist mit dem Einfahrregal vergleichbar. In der Regel werden zur Bedienung nur RBG eingesetzt.

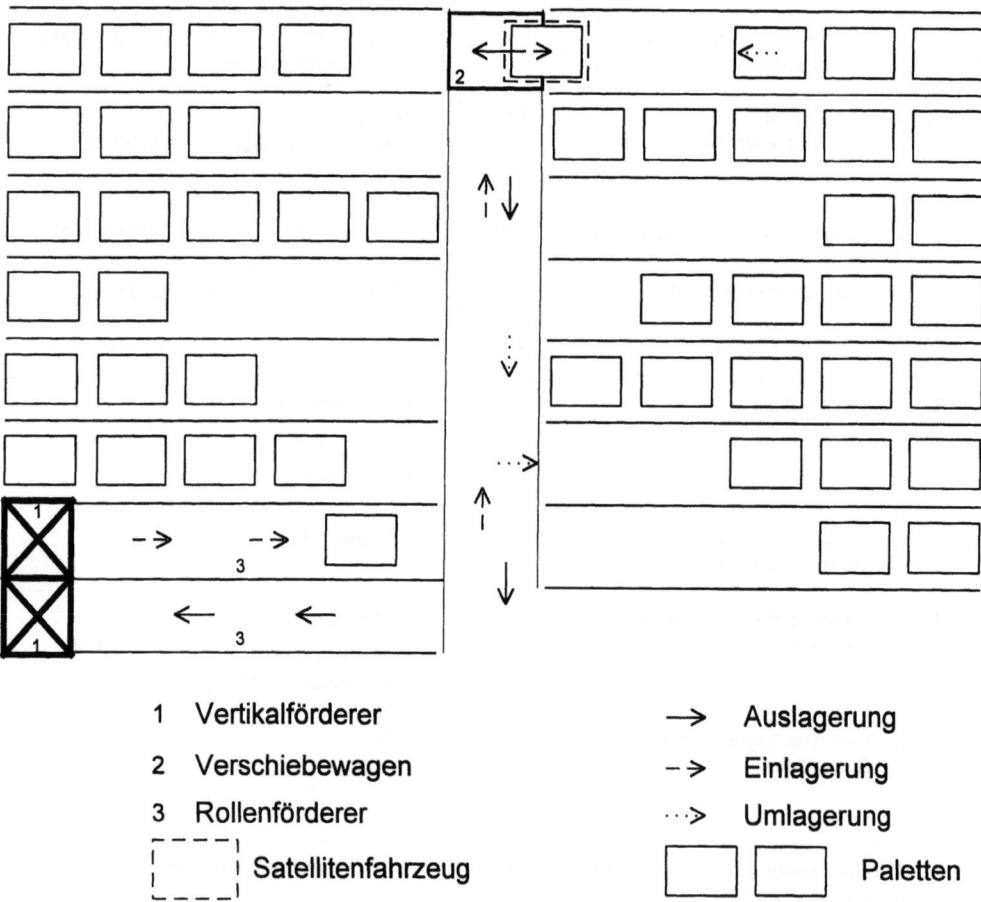

Bild 13 Prinzipskizze Satellitenregal (Aufbau einer Ebene)

*Vorteile des Satellitenregals sind:*

- Palettenlagerung ohne weitere Hilfsmittel
- hoher Flächen- und Raumnutzungsgrad
- hohe Umschlagleistung bei Einsatz von Verschiebewagen
- einfache Lagervorzone

*Nachteile sind:*

- Zeitbedarf für Wege des Satellitenfahrzeuges
- Leerplätze (mindestens 10 %)
- Umlagerungsvorgänge
- teuer bei Verschiebewageneinsatz
- Störanfälligkeit der Kabel

*Ausführung mit RBG auf DIN-Paletten bezogen:*

- RBG: $v =$ bis zu 200 m/min
- Beschleunigung $a$: bis 1 m/s$^2$
- Satellitenfahrzeug: $v = 60$ m/min
- Umschlagleistung pro RBG: bis 70 Paletten / h.

Das Satellitenregal kann auch mit Hilfe eines Gabelstaplers bedient werden. Zur Ein- und Auslagerung von Paletten in/aus einem Satellitenregal besitzt der Stapler ein Satellitenfahrzeug, das über elektrisch aufladbare Batterien angetrieben, schienengebunden aufgebaut ist. Für das Satellitenfahrzeug existieren zwei verschiedene Varianten: einmal ist das Satellitenfahrzeug mit dem Stapler über ein Kabel verbunden – identisch wie oben beschrieben – oder es wird als Roboter über Funk vom Staplerfahrer ferngesteuert. Diese Variante hat den Vorteil, daß das Satellitenfahrzeug mit normalen Staplern in jeden beliebigen Kanal in jeder Höhe gebracht werden kann. Werden zwei Satellitenfahrzeuge eingesetzt, entfallen beim Ein- und Auslagern Wartezeiten für den Stapler.

## 3.2.7 Rollwagenregal

Das Rollwagenregal wird in der Regel von Verschiebewagen in jeder Ebene bedient, ist charakterisiert durch bis zu 10 hintereinander hängenden Rollwagen oder Rollrahmen als Lagerhilfsmittel, die das Lagergut direkt oder die Paletteneinheit aufnehmen, und in Kanälen schienengeführt laufen. Diese Rollwagen oder Rollrahmen sind mechanisch miteinander gekoppelt, haben Riemen- oder Vierradantrieb und stehen immer vorne am Bediengang (Kanalstirnseite). Die Leerplätze sind also hinten im Kanal. Voll- und Leerfahrten des Verschiebewagens kann mit unterschiedlicher Geschwindigkeit und Beschleunigung erfolgen (Bild 14).

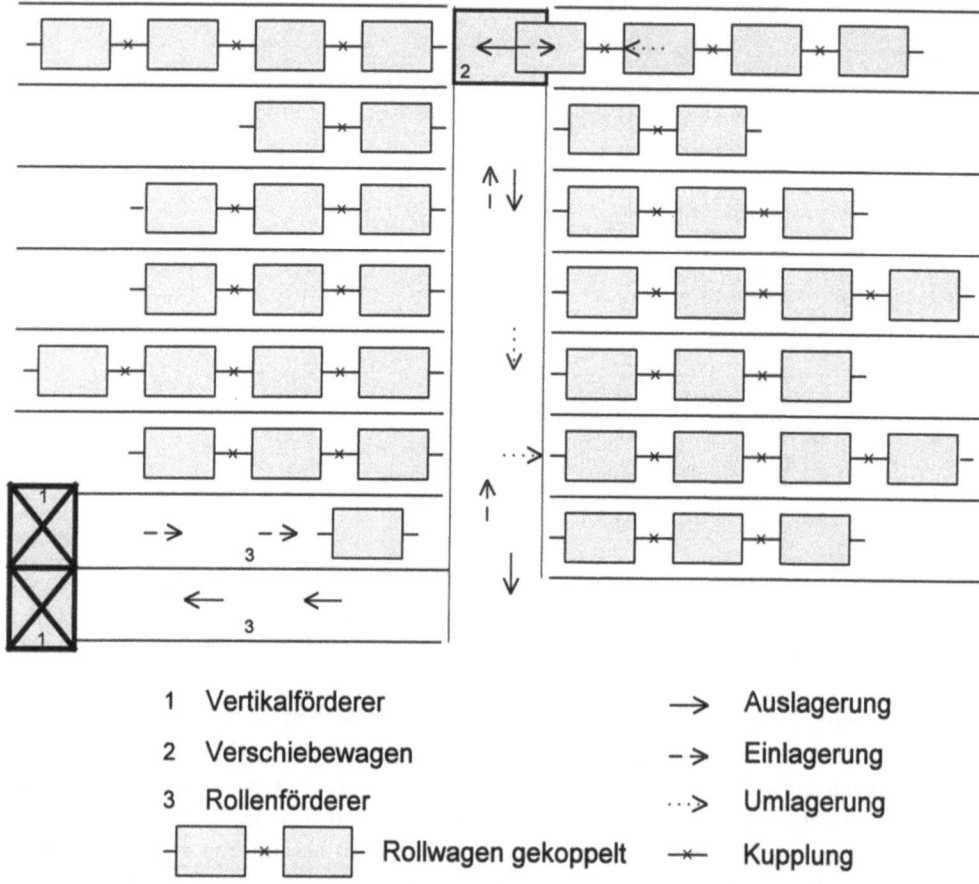

1 Vertikalförderer → Auslagerung
2 Verschiebewagen -→ Einlagerung
3 Rollenförderer ⋯> Umlagerung
Rollwagen gekoppelt —*— Kupplung

**Bild 14 Prinzipskizze Rollwagenregal (Aufbau einer Ebene)**

Vorteile des Rollwagenregals sind:

- hoher Flächen- und Raumnutzungsgrad
- hohe Umschlagleistung durch schnellen Zugriff
- Lagervorzone als Lagerunterzone
- Rollwagen für dynamischer Bereitstellung
- Flexibilität durch Wagenform für Lagergut
- Transport unabhängig von Zustand und Art der Palette

Nachteile sind:

- Senkrechtförderer erforderlich
- Paletteneinheit benötigt fahrbares Hilfsmittel
- Trennung Paletten von Rollrahmen
- Leerplätze (mindestens 10 %)
- Umlagerungsvorgänge
- ständiges Bewegen der Rollwagen

Ausführung mit Verschiebewagen (Riemen- oder Vierradantrieb) auf DIN-Paletten bezogen:

- Verschiebewagen: $v = 240 - 300$ m/min
- Beschleunigung: $a =$ bis 2 m/s² (Ladungssicherung !)
- Umschlagleistung pro Verschiebewagen: 30-35 Doppelspiele/h (bis 100 Pal./Aufzug)
- Umlagerung pro Rollwagen: 60 Einzelspiele/h

## 3.2.8 Doppelt tiefes Palettenregal

Bezogen auf DIN-Paletten 1200 x 800 mm können verschiedene Palettenregale unterschieden werden. Sie sind aufgebaut:

1. im Einplatzprinzip mit Quereinlagerung
2. im Mehrplatzprinzip mit Längseinlagerung
3. mit doppelt tiefer Lagerung

Beim Einplatzprinzip steht zwischen zwei Regalstützen nur eine Palette. Die Auflagetraversen sind in Tiefenrichtung als Winkel angeordnet, dies bedeutet für die DIN-Palette Quereinlagerung. Da die Gewichtskraft der Last besser abgeleitet wird, kann ein Einplatzregal höhere Fachlasten als ein Mehrplatzregal tragen. Palettenregale mit Einplatzprinzip werden häufig für Kommissionierlagern mit fester Lagerplatzordnung eingesetzt.

Bei Palettenregale mit Mehrplatzprinzip stehen bis zu fünf Paletten bei Längseinlagerung nebeneinander. Die Anzahl der nebeneinander gestellt Paletten hängt von der zulässigen Fachlast und damit von dem Gewicht der Paletten ab. Das Mehrplatzprinzip nutzt eine gegebene Regallänge besser aus, da weniger Stützen und damit weniger Manipulationszwischenräume erforderlich sind. Sie werden als Einheitenlager mit freier Lagerplatzwahl eingesetzt.

Bei der Quereinlagerung kann der Arbeitsgang wegen der auf dem Regalbediengerät quer liegenden Palette schmaler sein, dafür können weniger Paletten auf einer gegebenen Regallänge untergebracht werden. Bei der Kommissionierung hat die Quereinlagerung den Vorteil der kürzeren Greifwege. Der schlechtere Flächennutzungsgrad der Quereinlagerung ist z.B. durch die größere Anzahl von Stützen bedingt. Für 100 DIN-Paletten und einem Sicherheitsabstand von 100 mm im Arbeitsgang werden benötigt:

|  | Regalbreite (doppelt) | Regallänge (50 Plätze) | Arbeitsgangbreite | Fläche |
|---|---|---|---|---|
| Quereinlagerung | 800 mm | 60.000 mm | 1.000 mm | 156 m² |
| Längseinlagerung | 1.200 mm | 40.000 mm | 1.400 mm | 152,0 m² |

Die einfach tiefe Lagerung ist die klassische Linienlagerung. Sie bietet den Vorteil des schnellen Zugriffs auf jede Palette ohne Umlagerung, benötigt aber für jede Palettenreihe einen Arbeitsgang. Der Flächennutzungsgrad ist niedrig. Sie wird bei hoher Umschlaghäufigkeit verwendet.

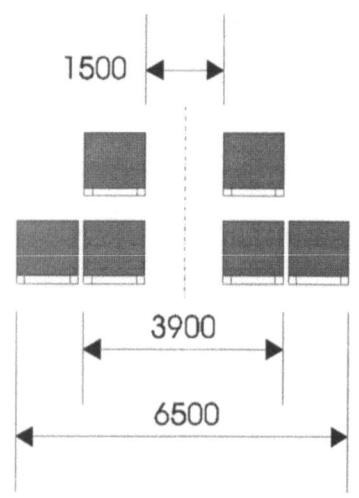

Bild 15 Querschnitt Palettenregal

Die doppelt tiefe Lagerung ist dagegen eine Blocklagerung. Sie kann nach dem Einplatz- oder Mehrplatzprinzip aufgebaut sein (s. Beispiel 13). Nachteil ist, daß zum Auslagern einer hinten stehenden Palette ein Umlagern notwendig ist. Dafür müssen Leerplätze vorgesehen werden. Der Flächennutzungsgrad einer mehrfach tiefen Lagerung ist jedoch wesentlich höher als bei einer einfach tiefen Lagerung. Bei geringerer Umschlaghäufigkeit ist das doppelt tiefe Regal eine Alternative zum RBG mit Umsetzern.

Palettenregale werden von Unstetigförderern bedient, in Hochregallagern bis 12 m werden Stapler oder auf dem Boden schienengeführte Regalbediengeräte (RBG), über 12 m Höhe nur noch RBG eingesetzt.

Bei **gleicher** Arbeitsgangbreite (1.500 mm) werden in der Gasse bei einfacher Tiefe zwei Paletten auf 3.900 mm, bei doppelter Tiefe vier Paletten auf 6.500 mm Breite gelagert. Der Flächennutzungsgrad kann für einfache Tiefe berechnet werden zu 61,5 %, für doppelte Tiefe zu 73,8 %. Die Lagerkapazität kann also durch Wahl doppelter Lagerungstiefe um mehr als 15 % gesteigert werden.

Diese Flächenersparnis resultiert daraus, daß im doppelt tiefen Regal für die gleiche Palettenzahl nur die halbe Anzahl an Arbeitsgängen benötigt wird.

Bei der Regalkonstruktion ist zu beachten, daß die hintere Palettenreihe um ein bestimmtes Maß – häufig 120 mm – höher als die vordere Palettenreihe gelagert wird, um eine Durchbiegung des relativ langen Lastträgers (Teleskopgabel) durch die Last auszugleichen.

## 3.3 Informationssystem

Die Transportorganisation wurde im Kapitel 3.1 und die Lagerorganisation im Kapitel 3.2 kurz definiert und kann gegliedert werden in:

- Aufbauorganisation, die das Transport- und/oder Lagersystem strukturiert, beschreibt und in Subsysteme und Systemelemente unterteilt
- Ablauforganisation, die das Transport- und/oder Lagersystem nach administrativen, dispositiven und operativen Gesichtspunkten festschreibt und räumlich sowie zeitlich die Aufgaben durchführt
- Informationsorganisation, die im Transport- und/oder Lagersystem den Informationsaustausch zwischen den Subsystemen und Systemelementen gewährleistet.

Die Basis der Informationsorganisation bildet das Informations- und Kommunikationssystem, das i. d. R. mit Rechnerunterstützung arbeitet und aus den folgenden Komponenten besteht:

- Dateneingabe- und Datenausgabestationen
- Datenübertragung mittels Leitungen (Kupfer, Glasfaser), leitungsnah (optisch, induktiv) oder dahtlos (Infrarot, Funk- und Radartechnik).

Die Infrarot-Datenübertragung benutzt Infrarotlicht als Übertragungsmedium. Die Infrarot-Technik ist schmutzempfindlich und erfordert Sichtkontakt von Sender und Empfänger, besitzt eine große Übertragungsweite bis 80 m bei hoher Übertragungsgeschwindigkeit bis 19.000 Baud. Eingesetzt wird diese Technik z.B. im Lager- und Kommissionierbereich bei vielen Fahrzeugen, hoher Transportleistung und kleinem Fahrlayout.

Die Datenübertragung mit Funktechnik benutzt die Modulation von elektromagnetischen Wellen im Hochfrequenzbereich, um Daten von einem Sender zu einem Empfänger drahtlos zu übermitteln. Hier ist kein Sichtkontakt zwischen Sender und Empfänger erforderlich, es wird nur eine Antenne benötigt, denn das Verfahren ist flächendeckend. Die Funktechnik ist gekennzeichnet durch große Übertragungsweite bis 3.000 m bei Übertragungsgeschwindigkeiten von 4.900 Baud.

Eingesetzt wird die Funktechnik z.B. in der innerbetrieblichen Logistik als Bindeglied zwischen einem Leitstand, der nach Vorgaben wie z.B. Wegminimierung oder FIFO die Aufträge generiert, und dem Materialfluß. Auf einem Fahrzeugterminal, Bildschirm oder mobilen Terminal werden die an den Empfänger gesendeten Auftragsdaten dargestellt. Ein Haupteinsatzgebiet ist z.B. bei wenigen Fahrzeugen, kleinen Transportleistungen und großem Fahrbereich.

In einem Unternehmen sind Lager- und Produktionsbereiche durch den Materialfluß operativ verkettet. Die informatorische Verbindung erfolgt über das Netzwerk des Informationssystems (Bild 16), um so die Materialien wie Rohstoffe, Halbfabrikate und Fertigwaren vom Wareneingang über die Lagerbereiche bis zum Warenausgang zu steuern. Datenbanken und Bus-Systeme übernehmen bei hohen Datenübertragungsgeschwindigkeiten die vor Ort gewonnen Informationen, um die Daten jederzeit und an jedem Ort jedem Berechtigten zur Verfügung zu stellen.

Bild 16 zeigt auch die beiden Funktechniken, mit denen heute Datenübertragung betrieben wird. Im Schmalband arbeitet das Funksystem auf einer Frequenz zwischen 430 bis 470 MHz und beim Spreizband zwischen 2,4 bis 2,485 GHz. Schmal- und Spreizband können auch zusammen in einem Datenfunksystem kombiniert werden.

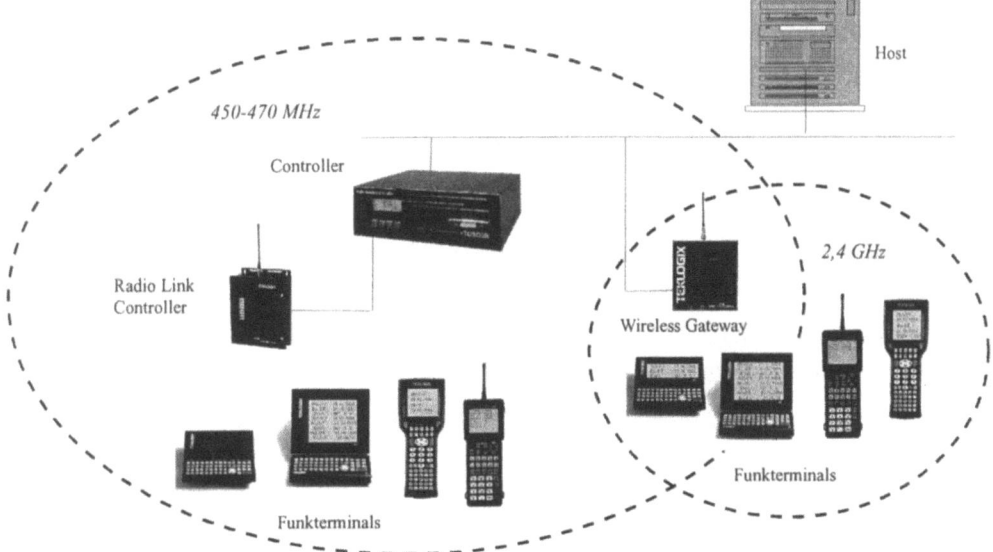

**Bild 16 Konfigurationsbeispiel (Quelle Fa. Teklogix)**

Das Schmalband deckt aufgrund seiner hohen Sendeleistung mit nur wenigen Sende- und Empfangsstationen große Flächen ab. Sehr günstig sind Ausbreitungsbedingungen und Streckendämpfung.

Beim Spreizband ist aufgrund der Breite des Frequenzbereiches von 83,5 MHz eine hohe Datenübertragungsrate vorhanden. Im Vergleich zum Schmalband ist aber die Funksignalreichweite geringer.

Die Datenübertragung kann stationär oder mobil erfolgen. Bei den mobilen Systemen unterscheidet man Fahrzeug- und Handterminals. Die z.B. auf Staplern und Niederhubwagen eingesetzten Geräte zeichnen sich durch robuste Bauweise für rauhen Betrieb aus. Die Handterminals haben höchste Einsatzflexibilität und Möbilität. Die Datenübertragung mit Funktechnik ist besonders im Wareneingang und Warenausgang, in der Kontrolle, bei Materialflußsteuerung sowie beim Kommissionieren und bei der Inventur anzutreffen.

Die vorherrschenden Identifikationssysteme sind opto-elektronisch arbeitende Barcode (Strichcode)-Informationsträger und auf elektronischer/elektromagnetischer Basis aufgebaute programmierbare Speicher (MDS) oder feste Speicher (PROM). Der Barcode kann mittels Lesestift, Laserscanner oder Kamerasystemen beliebig oft gelesen, die MDS – Speicher beliebig oft geändert und die PROM-Speicher beliebig oft identifiziert werden.

Bei der Verwendung von Barcode-Datenträgern als Identifikationssystem ergeben sich Vorteile wie:

- Hohe Geschwindigkeit der Dateneingabe über ein Lesegerät
- Weite Verbreitung
- Geringe Fehlerquote
- Automatisierbar, relativ preiswert.

Der Barcode-Datenträger ist weit verbreitet, kann ein- oder mehrzeilig, numerisch oder alphanumerisch aufgebaut sein und hat für Anwendungen in der innerbetrieblichen Logistik verschiedenen Ausprägungen z.B.:

- Code 2 aus 5 interleaved: Transport- und Lagersysteme
- Code 39: Industrie, Pharmabereich
- Code 128: Medizintechnik.

Gelesen werden die Codes mit Einstrahl-, Raster- und Flächenscanner, wobei der zulässige Neigungwinkel des Barcodes zur Ableseebene max. 30° betragen kann. Außerdem sind Kipp- und Drehwinkel zu berücksichtigen. Optimal ist die Ablesung mit dem Omnidirektionalscanner.

Ein Identifikationssystem mit Mobilen Datenspeichern benötigt zusätzlich zu den MDS – Speichern noch Schreib-/ Lesegeräte und Auswerteinheiten.

Beim automatisierten Transport von Stückgut z.B. über eine Sortieranlage für Behälter muß an jeder Verzweigungsstelle entschieden werden, welche Richtung der Behälter nehmen muß, um sein Ziel zu erreichen, d. h. an der Entscheidungsstelle müssen dafür entsprechende Informationen vorliegen, die über den Barcode gegeben werden.

3 Materialfluß

Bild 17 zeigt die Elemente und Bild 18 den schematischen Aufbau eines Identifikationssystems im Materialfluß.

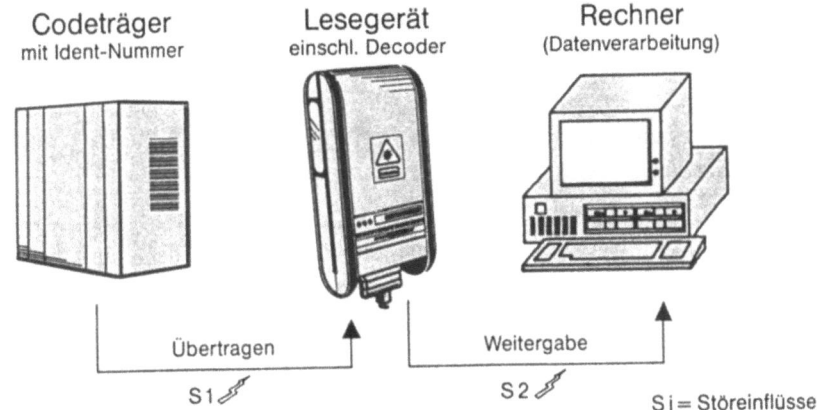

Bild 17 Elemente eines Identifikationssystems im Materialfluß (Quelle [8])

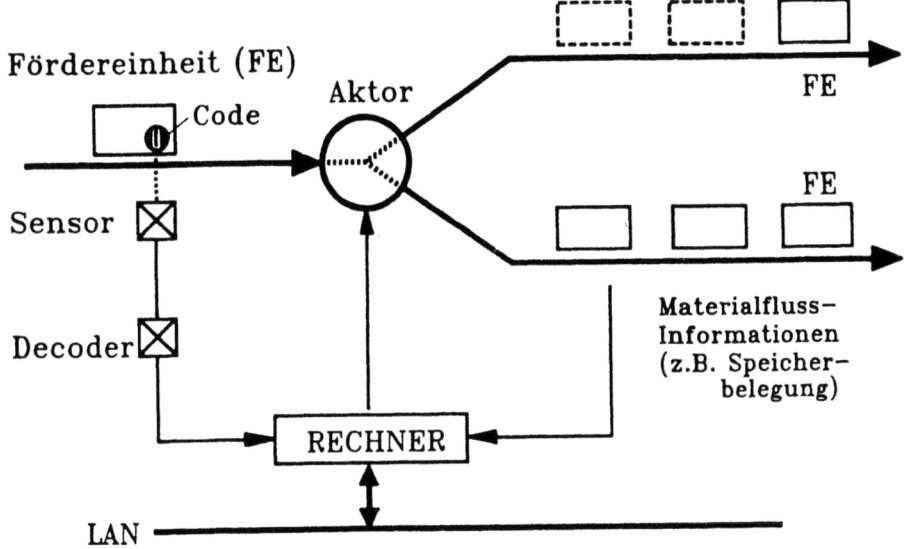

Bild 18: Schematischer Aufbau von Identifikationssystemen (Quelle [8])

# 4. Weitere Planungsgrößen

## 4.1 Transport- und Lagerhilfsmittel

Die Transport- und Lagereinheit besteht entweder nur aus dem Transport- bzw. Lagergut oder aus Lagergut und einem Transport- bzw. Lagerhilfsmittel. Transport- und Lagerhilfsmittel sind in der Regel identisch.

Für die Auswahl und Festlegung eines Transport- oder Lagersystems müssen die Eigenschaften und Merkmale der Transport- oder Lagerhilfsmittel bekannt sein, denn diese haben einen bedeutenden Einfluß auf die Art der einzusetzenden Transportmittel bzw. Lagerarten.

Die Transport- und Lagerhilfsmittel können unterteilt werden in:

- Nicht unterfahrbare Transport- und Lagerhilfsmittel: das sind Kleinbehälter bis 1 m³ Volumeninhalt wie z.B. Stapel- und Sichtkästen, Gitter-, Draht- und Vollwandbehälter, Drehstapelbehälter, Kleinladungsträger (KLT- Behälter) und Sonderbehältnisse wie Tray, Sack, Korb, Faß, Tonne, Schachtel, Kiste, Werkzeug- und Werkstückträger.

- Unterfahrbare Transport- und Lagerhilfsmittel: dazu gehören Flach-, Behälter- und Sonderpaletten in genormten und nicht genormten Ausführungen. Besonders zu erwähnen sind die DIN- Paletten, Gitterbox- und Vollwandpaletten sowie Ladegestelle und Pritschen.

Besondere Bedeutung haben Aufsetz- und Aufsteckrahmen – oft zusammenklappbar ausgeführt – ebenso faltbare Gitterboxpaletten, um die Rücktransportkosten zu minimieren. Dafür sind auch Mehrweg- Verpackungssysteme für unterschiedliche Transport- und Lagerhilfsmittel entwickelt worden.

Um zu erkennen, wie wichtig die Planung von Transport- und Lagereinheiten ist, zeigt Bild 19 einen Stück-, Volumen- und Kostenvergleich zwischen Gitterbox und einer DIN- Palletteneinheit mit KLT- Behältern am Beispiel von zwei verschiedenen Artikeln.

Das größte Transporthilfsmittel ist der Container, der in einer großen Typenvielfalt auf dem Markt ist (Bild 20) und für den unterschiedliche Transport- und Umschlagmittel entwickelt oder vorhandene Transportmittel umgerüstet wurden. Der Umschlag und die Verladung von Containern kann mit gleisgebundenen Unstetigförderern geschehen z.B. mit Verladebrücken oder Portalkräne an Kaianlagen und bei der Bahnverladung. Im Freilagerbereich werden meist gleislose Unstetigförderer eingesetzt, wie sie im (Bild 21) dargestellt sind. Das Lastaufnahmemittel ist i.d.R. ein Greifrahmen (Spreader) oder ein entsprechendes kombiniertes Ladegeschirr für Container und Wechselbrücken, können aber auch Gabelzinken sein.

# 4 Weitere Planungsgrößen

| Ladeeinheit / Betrachtungsgrößen |  KLT 6414 600×400×140 mm |  DIN-Palette mit 24 KLT 6414 (6 Lagen à 4 KLT+Abdeckhaube) 1200×800×1000 mm | 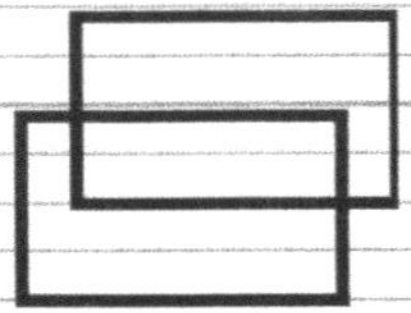 Gitterboxpalette nach DIN 15155/8 1200×800×970 mm |
|---|---|---|---|
| | 2 | 3 | 4 |
| 1  Ladevolumen in Liter | 18 | 432 | 750 |
| 2  Preis pro Ladeeinheit | 12,00 DM | 350,00 DM | 200,00 DM |
| 3  Preis pro Liter Ladevolumen | 0,67 DM | 0,81 DM | 0,27 DM |
| **4  Beispiel 1: Flansch** (Artikel druckunempfindlich, Füllgrad der GB 100 %) | | | |
| 5  Füllmenge pro Einheit | 35 | 840 | 1300 |
| 6  Anzahl der Ladungsträger für 4500 Teile | 129 | 6 | 4 |
| 7  Preis der Ladungsträger für 4500 Teile | 1.548,00 DM | 2.100,00 DM | 800,00 DM |
| **8  Beispiel 2: Abschirmblech** (Artikel druckempfindlich, Füllgrad der GB 50 %) | | | |
| 9  Füllmenge pro Einheit | 200 | 4800 | 2600 |
| 10  Anzahl der Ladungsträger für 4500 Teile | 23 | 1 | 2 |
| 11  Preis der Ladungsträger für 4500 Teile | 276,00 DM | 350,00 DM | 400,00 DM |

**Bild 19  Stück-, Volumen- und Kostenvergleich von Gitterbox und KLT- Paletteneinheit**

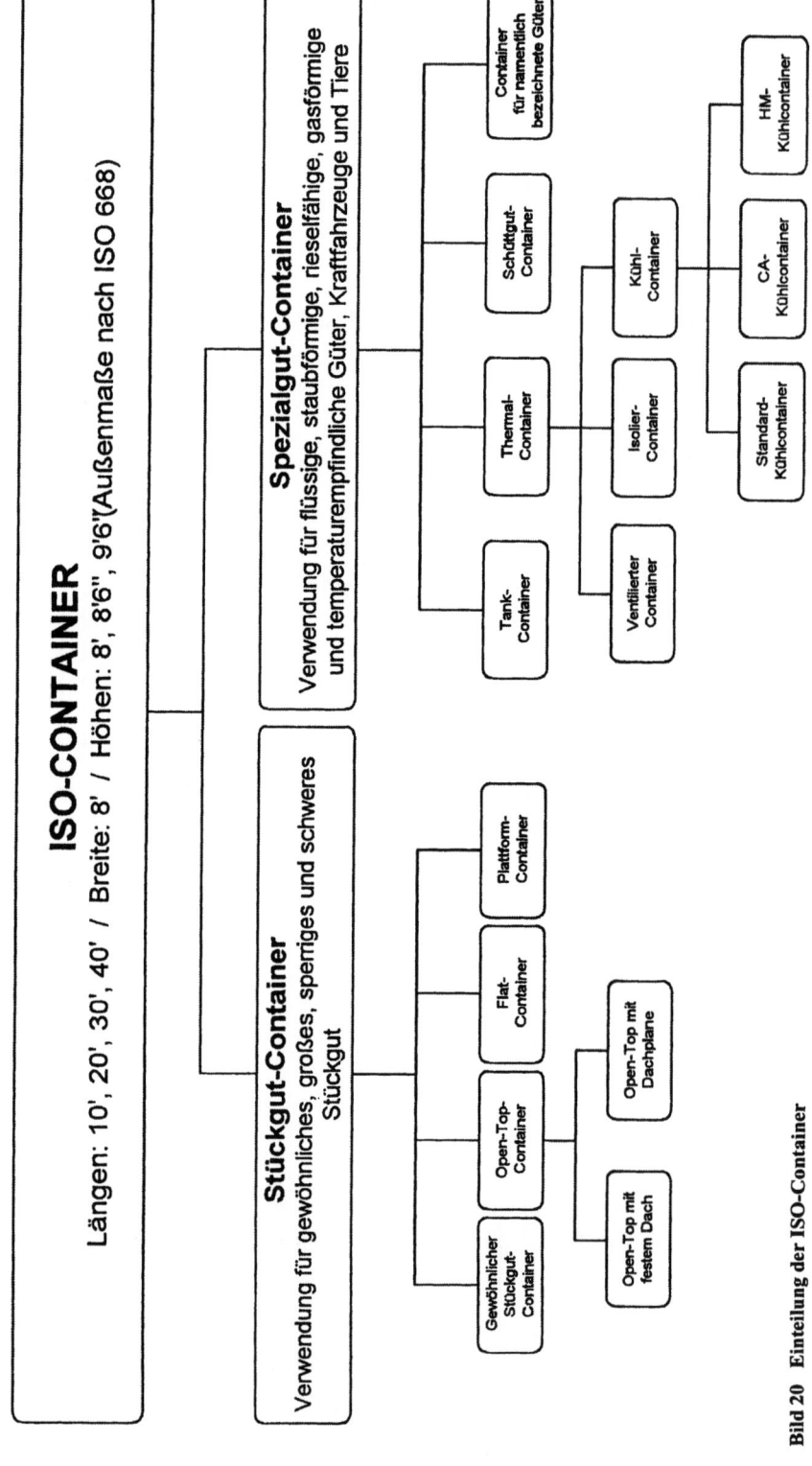

Bild 20  Einteilung der ISO-Container

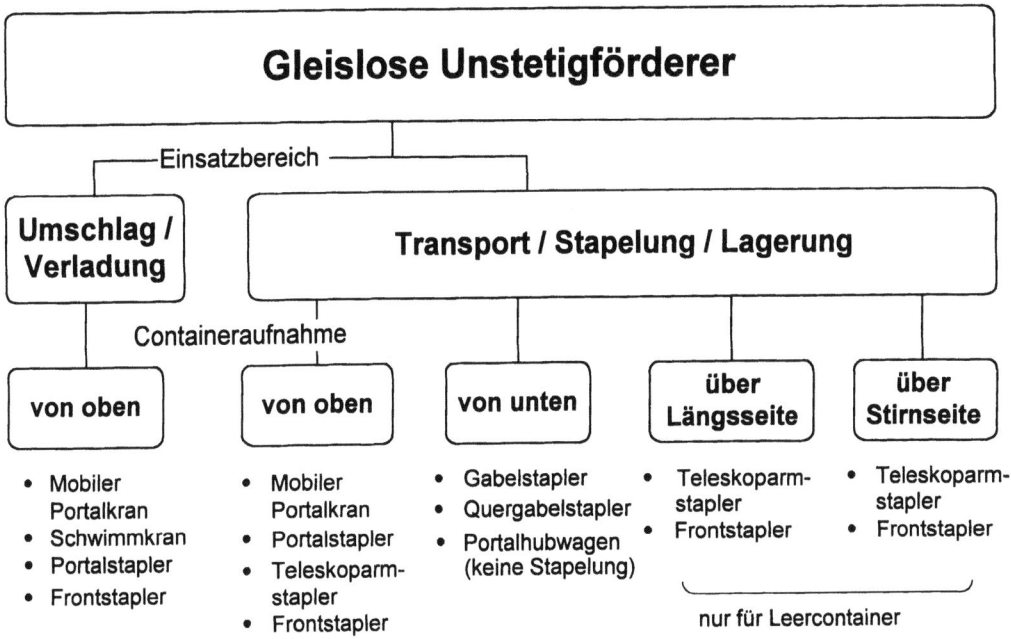

**Bild 21** Einteilung von gleislosen Transport- und Umschlagmittel für Container

## 4.2 Batterie

Flurförderzeuge bis Tragfähigkeiten von 6 t werden bei Halleneinsatz aus wirtschaftlichen Gründen und wegen ihrer Umweltfreundlichkeit (geruchs-/abgasfrei; geräuscharm) mit Elektromotoren ausgestattet und beziehen ihre Energie aus wiederaufladbaren Batterien. Die am meisten verwendete Batterieart ist die Panzerplattenbatterie (PzS), die pro Zelle 2 V Spannung liefert. Durch Hintereinanderschalten von Zellen erreicht man die für Flurförderzeuge üblichen Spannungen von 24, 48 und 80 V. Die Bleiakkumulatoren haben verdünnte Schwefelsäure als Elektrolyt und eine Lebensdauer von ca. 1.500 Ladungen. Die Lebensdauer hängt von der Batteriewartung und von Tiefentladung ab. Darunter ist zu verstehen, daß eine Bleibatterie nicht unter 20 % Restkapazität entladen werden darf. Die durch Parallelschaltung von Zellen erreichten Kapazitäten von Batterien gehen von 100 Ah bis 1.000 Ah.

Erforderlich für den Batteriebetrieb b ist ein *Ladegerät*. Beim normalen Ladevorgang findet eine Überladung der Batterie statt, um eine gleiche Elektrolytdichte zu erhalten: in der Hauptladephase ist nach 5 h Ladezeit die Batterie geladen, aber ungleiche Elektrolytschichtung vorhanden: am Boden der Batterie ist die Dichte 1,4 und oben nur 1,18, im Mittel also 1,27. Daher wird in einer Nachladephase durch starke Gasung eine gleiche Dichte erzeugt, was aber höhere Energiekosten und Temperaturerhöhung bei Verringerung der Lebensdauer zur Folge hat (Ladefaktor 1,5). Die Elektrolytumwälzung vermeidet während des Ladevorganges diese Nachteile. Durch Einbringung von Luft wird der Elektrolyt zu einer Ringströmung gezwungen. Die aufsteigenden Luftbläschen ziehen die schweren Säureteile von unten nach oben. Die Vorteile der Elektrolytumwälzung sind:

- bis zu 30 % verkürzte Ladezeit (statt 10 bis 12 h reduziert auf 7 bis 8 h )
- bis zu 20 % geringerer Energiebedarf (statt 20 bis 25A/100 Ah nur 13 A/100 Ah); Ladefaktor 1,05 statt 1,5
- bis zu 10 Grad niedrigere Temperaturentwicklung beim Laden (bei 55 °C fängt Blei, an sich zu verformen)
- weniger Wartung; höhere Lebensdauer durch schonende Ladung
- bei 3- Schichtbetrieb nur 2 Batterien erforderlich
- Vermeiden von Elektolyt- und Temperaturschichtung
- verringerter Wasserverbrauch

Ein halbautomatisches Wasserbefüllungssystem sichert die Einhaltung der regelmäßigen Nachfüllinterwalle nach ca. 200 Ladezyklen durch eine Anzeigevorrichtung (Trockenlaufschutz) und verhindert ein Überlaufen von Säure und Wasser nach dem Laden. Befindet sich das Ladegerät in einem kleinen Raum, ist zu prüfen, ob eine technische Belüftung wegen des beim Laden entstehenden Knallgases erforderlich ist. Wird eine Batterie zwischengeladen, so ist dies ein ganzer Ladevorgang, d.h. unwirtschaftlich.

Batterien werden heute wartungsarm konstruiert: oft haben sie jährliche Wartungsintervalle oder erst nach 200 Ladezyklen. Ihre Elektroden sind aus einer Speziallegierung, die ebenso wie die Ladetechnik mit speziellen Ladekennlinien eine geringe Gasung und einen geringen Wasserverbrauch bewirken. Merkmale einer Batterie sind deshalb Wartungsfreiheit, Zwischenladefähigkeit, dezentrale Ladefähigkeit, sowie verringerter Ladefaktor und Ladezeit reduzierte Temperaturentwicklung und geringerer Ladeenergiebedarf.

Die Batterielagerung über längere Zeit kann geschehen durch:

- trockene Vorladung, keine Säure in der Batterie; dadurch nur normale Alterung der Batterie
- Batterie aufgeladen, d.h. Batterie ist verfügbar und einsatzbereit; erforderlich ist 1 x pro Woche eine Ausgleichsladung.

Der Ladebetrieb geschieht mit einer Ladestation in Einzelaufstellung oder in einer Sammelstation (auf gleiche Spannung ist zu achten!). Bei Mehrschichtbetrieb des Flurförderzeuges, z.B. eines Staplers, bietet sich der Wechselbetrieb an, d.h. Austausch der entladenen Batterie durch eine geladene.

## 4.3 Vorbeugender Brandschutz

Brandschutzmaßnahmen erfüllen einmal vorbeugende Aufgaben durch Verhindern von Brandentstehung und Brandausweitung und zum anderen abwehrende Aufgaben durch frühzeitiges Erkennen von Bränden und Einleiten von Brandbekämpfungsmaßnahmen. Die Art der erforderlichen Brandschutzmaßnahmen wird in der jeweiligen Landesbauordnung festgelegt. Die Bauaufsichtsbehörden erteilen die Nutzungsgenehmigungen, z.B. für Hallen und Lagergebäude, wenn die Brandschutzmaßnahmen den Richtlinien der Sachversicherer entsprechen.

Der vorbeugende Brandschutz gliedert sich in drei Teilbereiche:

- Baulicher Brandschutz: hierzu gehören die Wahl des Lagerstandortes, die Zugänglichkeit für die Feuerwehr, die Baukonstruktion und das Brandverhalten der Baustoffe, Brandabschnitte und -wände, die Außenwand und die Dacheindeckung, die Größe der Brandabschnitte, automatische Feuerschutztüren, Fluchttunnel, Rettungswege und Blitzschutz.

- Stationäre Brandschutzeinrichtungen: bestehen aus Alarm- und Brandmeldeanlagen (Rauch-, Wärme- oder Flammelder), Brandbekämpfungseinrichtungen (Sprinkler-, Pulver-, Schaum- und Sprühwasseranlagen, Rauch- und Wärmeabzugsanlagen und Feuerwehreinrichtungen).

- Betrieblicher Brandschutz: einmal Maßnahmen zum wirkungsvollen Einsatz der Feuerwehr (Zufahrten, Feuerwehrbewegungsflächen) und Alarmpläne, Brandschutzkontrollen, Rauchverbote, Unterweisungen und Feuerlöschübungen, sowie die Überprüfung der Brandschutzmaßnahmen auf Brauchbarkeit bei Änderung des Lagergutes, der Verpackung und der Lagerhilfsmittel.

Bei einer Lagerplanung ist die Auswahl des geeigneten Brandschutzes entscheidend abhängig von:

- dem Lagergut (Art der Brandklasse, Zuordnung des Feuerlöschmittels)
- dem Gesamtlagersystem (Menge der einzulagernden Güter, Höhe und Fläche des Lagerraumes)
- den gesetzlichen und versicherungsspezifischen Vorschriften (Gewerbeordnung, UVV, Arbeitsstättenverordnung, Landesbauordnung).

In Hochregallagern (s. VDI- Richtlinie 3564) ab 7,5 m ist i. d. Regel eine Sprinkleranlage erforderlich, die aus der Sprinklerzentrale mit entsprechenden Wasserbevorratung und den Sprinklern in den Regalebenen besteht.

# B Planungsbeispiele

## 1. Systemplanung eines Einheitenlagers für Automobilteile

### 1.1 Aufgabe: Beschaffungs- und Produktionslager für DIN-Paletten

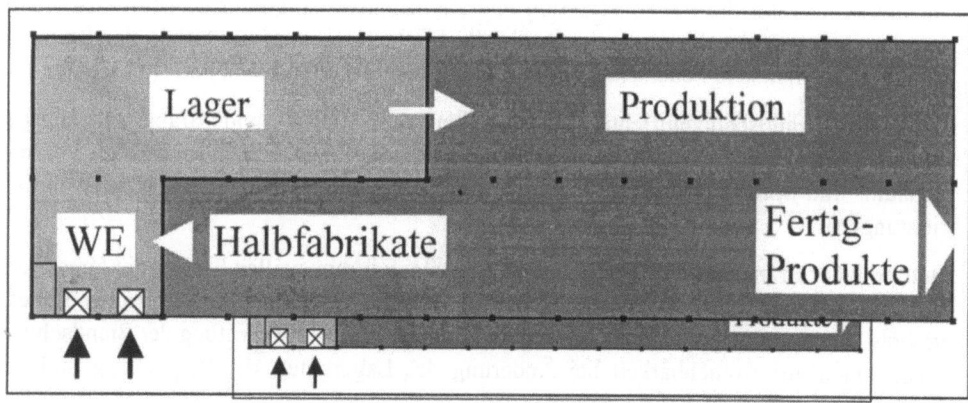

Bild 1  Grundriß Lager- und Produktionshalle

In einer als Beschaffungslager mit geringem Flächen-, Höhen- und Raumnutzungsgrad bestehenden Halle soll das Beschaffungslager und das Produktionslager für Halbfabrikate untergebracht werden. Bild 1 zeigt den gesamten Grundriß von Lager- und Produktionshalle. Dafür ist eine Lagersystemplanung durchzuführen, d.h. es sind alternative Planungskonzepte zu entwickeln. Die gegebenen und festgelegten Planungsdaten sind nachstehend klassifiziert und zusammengestellt.

*Bauliche Gegebenheiten*

<u>Wareneingangshalle</u>

B x L x H (lichte Maße):             13,2 x 13,2 x 5,0 m
Stützenraster:                        13,2 x 6,6 m
Bodentragfähigkeit:              3,5 t/m$^2$
Ausführung des Hallenbodens:    5 mm Estrich
Entladerampe (90cm hoch) mit 2 hydraulisch verstellbaren Überladebrücken

<u>Lagerhalle</u>

B x L x H (lichte Maße):             13,2 x 39,6 x 8,5 m
Stützenraster:                        13,2 x 6,6 m
Bodentragfähigkeit:              3,5 t/m$^2$
Ausführung des Hallenbodens:    10 mm Estrich

# 1  Systemplanung eines Einheitenlagers für Automobile

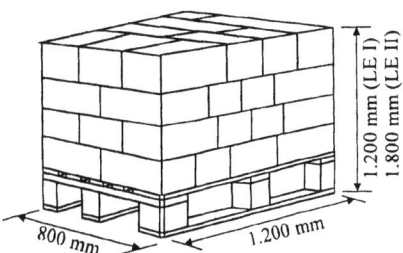

Bild 2  Lagereinheit

*Lagergüter*

Anzahl Artikel: ca. 150
Lagereinheit (LE I und LE II) auf DIN-Palette:     800 x 1200 mm
Höhe der Lagereinheit:                             LE I: 1200 mm      LE II: 1800 mm
Maximales Gewicht der Lagereinheit:                LE I:  750 kg      LE II: 1000 kg
Aufteilung der Artikel:                            LE I: 50 Artikel   LE II: 100 Artikel

- Stapelbarkeit bis 3-fach bei 50% der Artikel gegeben
- Verträglichkeit der Lagergüter ist gegeben
- Kein Ladungsüberstand; Ladungssicherung gewährleistet

*Lagerkapazität und -umschlag*

<u>Soll-Kapazität:</u>

Anzahl LE I:        180
Anzahl LE II:       320

<u>Maximaler Palettenumschlag bei Einzelspiel:</u>

Anzahl Einlagerungen pro Stunde:     20
Anzahl Auslagerungen pro Stunde:     20

*Lagerorganisation*

- Zugriff zu jedem Artikel jederzeit
- Fifo-Prinzip ist anzustreben
- Betriebsweise: Einschichtbetrieb
- Feste Lagerplatzordnung, bzw. freie Lagerplatzwahl
- On-line-Betrieb
- Lagerverwaltungsrechner und I-Punkt sind für einen späteren Ausbau vorzubereiten

*Sonstiges*

- Sprinkleranlage als vorbeugenden Brandschutz vorsehen; aufgrund der Brandklasse ist jede Regalebene zu sprinklern
- WE-Halle und Lagerhalle liegen auf einem Niveau und sind räumlich durch keine Wand getrennt.
- Der Boden hat in beiden Hallen eine gleiche, glatte Oberfläche
- Aussagen zu Erweiterungsmöglichkeiten, sowie zur Diebstahlsicherung sind zu machen

## 1.2 Grundriß Lagerhalle

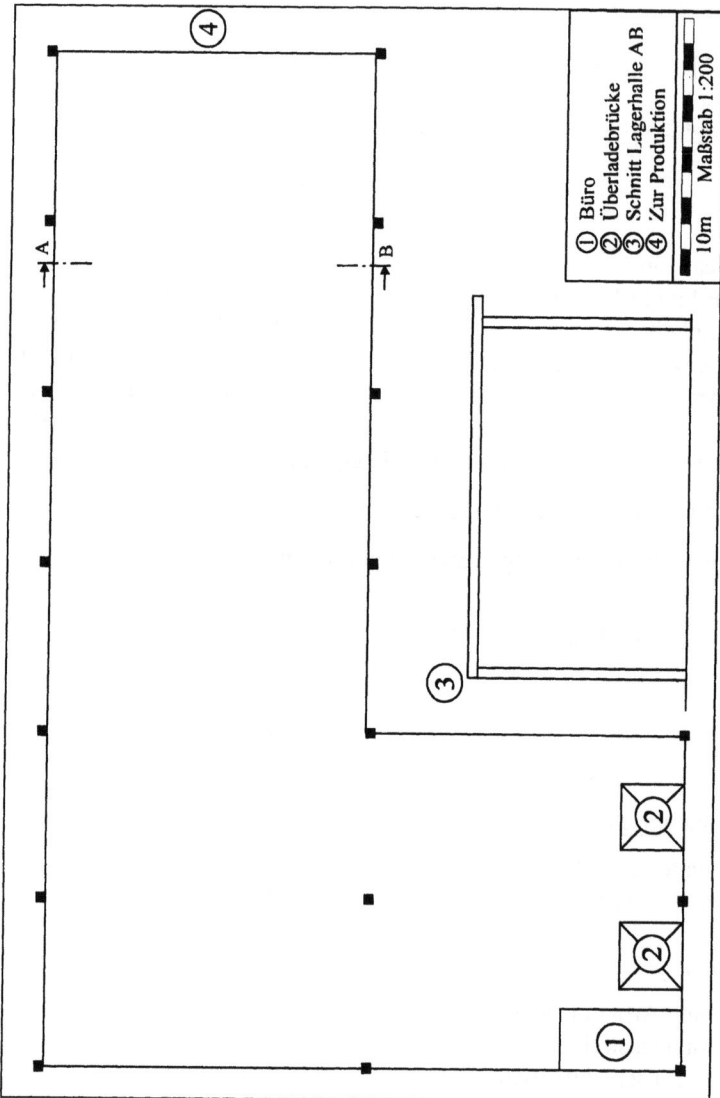

**Bild 3** Grundriß und Querschnitt Lagerhalle

## 1.3 Erarbeitung alternativer Lagersysteme

Für die in Bild 3 dargestellte Lagerhalle sind alternative Lagersysteme auf der Grundlage von Tabelle 1 zu erarbeiten, die sich in Boden- und Regallagerung, im Lagertyp und den Bediengeräten unterscheiden. Für die gefundenen Lagersysteme sind die Planungsergebnisse für die 6 Lösungskonzepte in die Tabelle 2 einzutragen. Zu einem Kostenvergleich der Alternativen dient Tabelle 3, die auszufüllen ist. Über die Betriebskosten ergibt sich eine Rangreihe.

# 1 Systemplanung eines Einheitenlagers für Automobile

| System Nr. | Lagerungs-system/ Regalart | Ein- und Auslagerungs-system | Arbeits-gang-breite mm | Überschlägige Spielzahl ⌀ Dauer Einzel-spiel min | Anzahl Geräte | Anzahl Spiele in 7h | Kosten pro Pal.-Platz DM | Kosten für Montage/Fracht (% v. Investit.) % | Begründung Spalte 8 | Kosten Transport-mittel (Spalte 3) DM | Kosten Feuerschutz incl. Montage DM |
|---|---|---|---|---|---|---|---|---|---|---|---|
| 1 | 2 | 3 | 4 | 5 | 6 | 7 | 8 | 9 | 10 | 11 | 12 |
| I | Boden-lagerung | Gabelstapler 1,2 t | 3400 | 2,0 | 1 / 2 | 210 / 420 | | | | 43.000 | 90.000 |
| II | Paletten[1]-regal | Schubmast-stapler 1,2 t | 2800 | 2,5 | 1 / 2 | 168 / 336 | 60 | 15 | Durch-biegung 1/200 | 57.000[7] | 120.000 |
| III | Paletten[1]-regal | Hochregal-stapler 1 t | 1650 | 1,8 | 1 / 2 | 233 / 466 | 90[8] | 20[4] | zul. Durch-biegung 10 mm | 120.000[7] Montage: 2.000 | 120.000 |
| IV | Paletten[1]-regal | Regalbedien-gerät 1 t | 1400 | 2,0[3] / 1,5 | 1 / 3 | 210 / 840 | 130 | 25[5] | zul. Durch-biegung 5 mm | 150.000[9] | 120.000 |
| V | Verschiebe-regal | Schubmast-stapler 1,2 t | 2800 | 2,5 | 1 / 4 | 168 / 336 | 350 | 15[6] | Antriebs-wagen je Doppelregal | 57.000[7] | 100.000 |

[1] Mehrplatzlagerung, Längseinlagerung der Palette
[2] Kostenbasis 1998 (ca. Größen)
[3] mit Umsetzer (ca. 55.000 DM; erfordert 6 m Breite)
[4] Einlagerung ab 200 mm bei System V (Höhe vom Hallenboden)
[5] Einlagerung ab 120 mm bei System III (Höhe vom Hallenboden)
[6] Einlagerung ab 660 mm bei System IV (Höhe vom Hallenboden)
[7] inclusive Batterie und Ladegerät
[8] incl. Führungsschiene für mech. Zwangsführung
[9] incl. Montage und Stromzuführung; automatische Steuerung: 150.000 DM

**Tabelle 1  Technische und wirtschaftliche Planungsdaten**

| Systemkomponenten | GEPLANTES LAGERSYSTEM | | | | | |
|---|---|---|---|---|---|---|
| | Ia | Ib | IIa | IIb | III | IV |
| Lagerungsart | Bodenlagerung | Bodenlagerung | Regallagerung Palettenregal | Regallagerung Palettenregal | Regallagerung Palettenregal | Regallagerung Verschieberegal |
| Regalart | | | | | | |
| Einlagerungsprinzip | Längseinlagerung | Quereinlagerung | Längseinlagerung | Längseinlagerung | Längseinlagerung | Längseinlagerung |
| **Lager-/Regalbediengerät** | Deichselstapler | Schubmaststapler | Schubmaststapler | Hochregalstapler | Regalbediengerät | Schubmaststapler |
| Arbeitsgangbreite (mm)/Kurvenfahrt (m) | 2600 / 4,5 | 2400 / 5 | 2400 / 5 | 1650 / 5 | 1500 / 6 (Umsetzer) | 2400 / 5 |
| Hubhöhe (für Lagerhalle) | bis 4m | bis 7,5m | bis 7,5m | bis 8,5m | bis 8,5m | bis 7,5m |
| Durchschnittliche Dauer Einzelspiel (min) | 3,0 | 2,5 | 2,5 | 1,8 | 2,0[1] | 2,5 |
| Anzahl Transportmittel | 1 | 2 | 1 | 1 | 1 | 1 |
| Anzahl Einzelspiele pro Stunde | 20 | 24 | 24 | 33 | 30 | 24 |
| | 40 | 28 | 48 | 66 | 1290 | 48 |
| **Durchschnittliche Kosten**[2] | | | | | | |
| Kosten pro Palettenplatz (DM) | - | - | 60 | 90[3] | 130 | 350 |
| Kosten Montage/Fracht (% von Investition) | - | - | 15 | 20[4] | 25 | 15 |
| Begründung für Kosten Palettenplatz | - | - | Durchbiegung 1/200 | zul. Durchbiegung 10 mm | zul. Durchbiegung 5 mm | Antriebswagen je Doppelregal |
| Kosten Transportmittel, Lager- / Regalbediengerät (DM) | | | 57.000[5] | 120.000 Montage: 2.000 | 150.000[6] Automatische Steuerung:150.000 | 57.000 |
| Kosten Feuerschutz incl. Montage (DM) | 90.000 | 90.000 | 120.000 | 120.000 | | 100.000 |

| Hinweise Bodenlager | Hinweise Palettenregal | Hinweise Verschieberegal |
|---|---|---|
| Planungsbreite in Einlagerungsrichtung: Längseinlagerung: 900 mm/Lagerplatz Quereinlagerung: 1300 mm/Lagerplatz | Mehrplatzprinzip, Längseinlagerung Einzelregaltiefe: 1300 mm Doppelregaltiefe: 2600 mm Anbauregal: 3 Paletten pro Fach, lichte Weite: 2700 mm Querträger: 100 mm hoch; Stützrahmen: 100 mm breit | Bei nachträglichem Einbau wegen Schienen ca. 100 - 150 cm Bodenhöhe beachten: schiefe Ebene für Staplerauffahrt |

[1] Mit Umsetzer (ca. 55.000 DM; erfordert 6 m Breite)
[2] Kostenbasis 1995 (alles ca. Größen)
[3] Inklusive Führungssystem
[4] Einlagerung am 300 mm bei System IIb (falls Teleskopgabel); 600 mm bei System IIc; 200 mm bei System III
[5] Inklusive Batterie und Ladegerät
[6] Inklusive Montage und Stromzuführung

**Tabelle 2  Zusammenstellung von Ausführungsdaten**

# 1 Systemplanung eines Einheitenlagers für Automobile

| Lfd. Nr. | | LAGERSYSTEM | | | | | | |
|---|---|---|---|---|---|---|---|---|
| | | Ia | Ib | IIa | IIb | III | IV | |
| 1. | **Investitionen (in DM)** | | | | | | | |
| 1.1 | Lager- / Regalbediengeräte | | | | | | | |
| 1.2 | Regal | | | | | | | |
| 1.3 | Transportmittel | | | | | | | |
| 1.4 | Feuerschutz | | | | | | | |
| 1.5 | Lagerverwaltungsrechner | | | | | | | |
| 1.6 | Baumaßnahmen | | | | | | | |
| 1.7 | Sonstiges | | | | | | | |
| 1.8 | SUMME INVESTITION | | | | | | | |
| 2. | **Betriebskosten (in DM / Jahr)** | | | | | | | |
| 2.1 | Kalkulatorische. Abschreibungen (10 %/Jahr, linear) von 1.1-1.5/1.7 | | | | | | | |
| | Lager- / Regalbediengeräte (1.1) | | | | | | | |
| | Regal (1.2) | | | | | | | |
| | Transportmittel (1.3) | | | | | | | |
| | Feuerschutz (1.4) | | | | | | | |
| | Lagerverwaltungsrechner (1.5) | | | | | | | |
| | Baumaßnahmen (1.6; 3,4 %/Jahr) | | | | | | | |
| | Sonstiges (1.7) | | | | | | | |
| 2.2 | Kalkulatorische Zinsen (10 % von halber Investition) | | | | | | | |
| 2.3 | Wartungs- / Reparaturkosten | | | | | | | |
| 2.4 | Energiekosten | | | | | | | |
| 2.5 | Sonstiges | | | | | | | |
| 2.6 | Personalkosten (1,2 x 80.000 /Jahr und Person) | | | | | | | |
| 2.7 | SUMME BETRIEBSKOSTEN | | | | | | | |
| 3. | **RANG** | | | | | | | |

Tabelle 3   Ermittlung der Betriebskosten der Planungsalternativen

## 1.4 Lösungsmöglichkeiten alternativer Lagersystemplanungen

Als Musterlösungen werden sechs alternative Lagersysteme vorgeschlagen, die auf den in Tabelle 1 zusammengestellten Planungsvorgaben beruhen. In den Abschnitten 1.4.1 bis 1.4.6 werden die Lösungen detailliert betrachtet und bildlich dargestellt.

### 1.4.1 Alternative Ia: Bodenlager mit Elektro-Deichsel-Stapler

Die Bodenlagerung wird mit Längseinlagerung der Paletten durchgeführt.

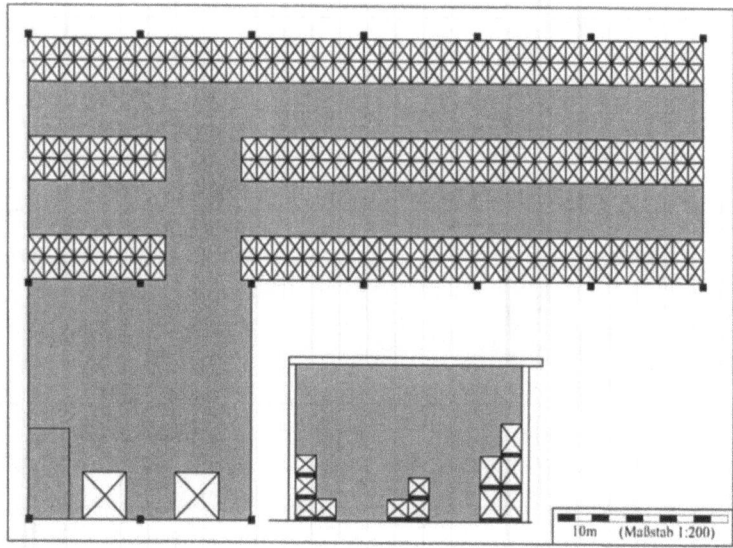

**Bild 4**  Bodenlager mit Deichselstapler (Grundriß / Querschnitt)

*Planungsdaten zum Lagersystem Ia*

Vorgaben
Größe der Lager-Bruttofläche         13,2 x 39,6 m         = 522,72 m²
Lager-Bruttoraum                     13,2 x 39,6 x 8,5 m   = 4.443,12 m³
Größe der Lagereinheiten             LE I:  0,8 x 1,2 x 1,2 m (50 Artikel; 25 Artikel
                                     3-fach stapelbar)
                                     LE II: 0,8 x 1,2 x 1,8 m (100 Artikel; 50 Artikel
                                     3-fach stapelbar)
Gewichte der Lagereinheiten          LE I:  750 kg         LE II: 1.000 kg

# 1 Systemplanung eines Einheitenlagers für Automobile

*Technische Daten Bediengerät*

| | |
|---|---|
| Art | Elektro-Deichsel-Stapler |
| Einlagerungsprinzip | Längseinlagerung |
| Tragfähigkeit | 1.500 kg (bei c = 500mm); 1.000 kg ab Hub 2.800 mm |
| Hub | 4.000 mm (m. Tragkrafteinschränkung ab 2.800 mm) |
| Breite | 840 mm |
| Länge | 2.045 mm (mit 1.150 mm Gabellänge) |
| Minimale Arbeitsgangbreite | 2.520 mm |
| Dauer Einzelspiel | 3 min |

*Lagerplatzabmessungen*

| | |
|---|---|
| Art der Lagerung | Bodenlagerung, Längseinlagerung, artikelrein |
| Breite der Lagerfläche in Einlagerungsrichtung | Paletten bzw. Staplerbreite = 900 mm |
| Tiefe eines Lagerplatzes | 1.200 mm |

*Berechnung der Lagerplätze*

| | | |
|---|---|---|
| Berechnung Anzahl Lagerplätze nebeneinander | 39,6 m : 0,9 m = 44 | ⇒ 44 Plätze |
| Durchfahrt (4,5m wegen Kurvenfahrt) | 4,5 m : 0,9 m = 5 | ⇒ 5 Plätze |

Annahme: jeweils 50% der Artikel gestapelt, Zur Berechnung wurden dazu jeweils die Hälfte der Reihen als gestapelt angenommen

| | | Übereinander | Hintereinander | Nebeneinander | Gesamt | |
|---|---|---|---|---|---|---|
| Außenwand | Reihe 1 | 3 | 1 | 44 | 132 | (gestapelt) |
|  | Reihe 2 | 1 | 1 | 44 | 44 | (nicht gestapelt) |
| Mitte | Reihe 3 | 3 | 1 | 39 | 117 | (gestapelt) |
|  | Reihe 4 | 1 | 1 | 39 | 39 | (nicht gestapelt) |
| Innenwand | Reihe 5 | 3 | 1 | 39 | 117 | (gestapelt) |
|  | Reihe 6 | 1 | 1 | 39 | 39 | (nicht gestapelt) |

| | | Soll Kapazität | Soll-Bodenplätze | | Ist-Kapazität | Ist-Bodenplätze |
|---|---|---|---|---|---|---|
| LE I | | 180 (gefordert) | 120 | | | |
| LE II | | 320 (gefordert) | 214 | | | |
| stapelbar | | 250 | 84 | | | |
| nicht stapelbar | | 250 | 250 | | | |
| LE I | stapelbar | 90 | ⇒ 30 | (90:3 = 30) | | |
| LE I | nicht gestapelt | 90 | 90 | | | |
| LE I | stapelbar | 160 | ⇒ 54 | (160:3 = 53,3) | | |
| LE I | nicht gestapelt | 160 | 160 | | | |
| Gesamt | | 500 | 334 | | 488 | 244 |

| | |
|---|---|
| Berechnete Arbeitsgangbreite | (13,2 m - (3 x 2) x 1,2 m)/2 = 3 m |
| Lager-Nettofläche | 244 x 1,2 m x 0,9 m = 263,52 m² |

*Ergebnis*

Die Planung kann nicht realisiert werden, da die Lagerkapazität nicht den Kapazitätsvorgaben entspricht. Des weiteren ist auch eine artikelreine Lagerung nicht möglich, da nicht genügend Bodenplätze zur Verfügung stehen. FIFO kann nur durch Umlagerung erreicht werden. Keine Erweiterung der Kapazität möglich. Keine spezielle Diebstahlsicherung vorhanden.

### 1.4.2 Alternative Ib: Bodenlager mit Dreirad-Gabelstapler

Der Unterschied zur Alternativve Ia besteht in der Paletten-Quereinlagerung und der Bedienung mit einem Dreirad-Gabelstapler.

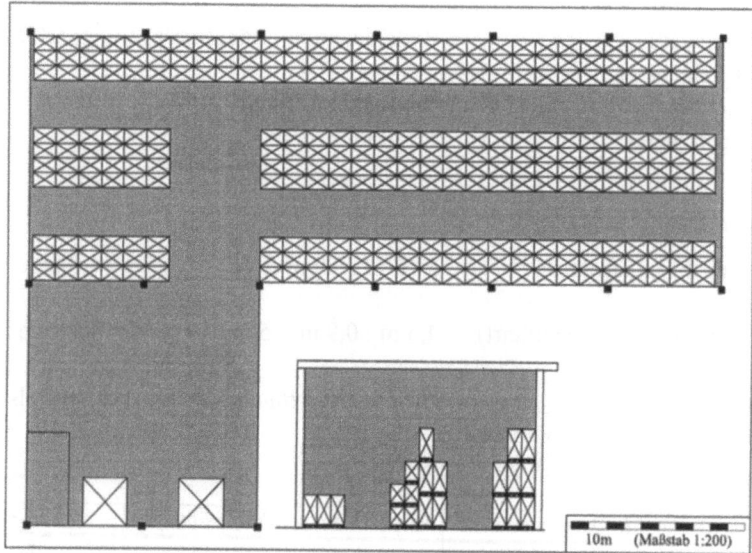

**Bild 5**  Bodenlager mit Dreirad-Gabelstapler (Grundriß / Querschnitt)

*Planungsdaten zum Lagersystem Ib*

<u>Vorgaben</u>
| | |
|---|---|
| Größe der Lager-Bruttofläche | 13,2 x 39,6 m = 522,72 m² |
| Lager-Bruttoraum | 13,2 x 39,6 x 8,5 m ≈ 4.443,12 m³ |
| Größe der Lagereinheiten | LE I: 0,8 x 1,2 x 1,2 m (50 Artikel; 25 Artikel 3-fach stapelbar) |
| | LE II: 0,8 x 1,2 x 1,8 m (100 Artikel; 50 Artikel 3-fach stapelbar) |
| Gewichte der Lagereinheiten | LE I: 750 kg   LE II: 1.000 kg |

# 1 Systemplanung eines Einheitenlagers für Automobile

*Technische Daten Bediengerät*

| | |
|---|---|
| Art | Elektro-Dreirad-Gabelstapler |
| Einlagerungsprinzip | Längseinlagerung sowie Quereinlagerung |
| Tragfähigkeit | 1.250 kg (bei c = 500 mm) |
| Hub | 4.000 mm (muß >2 x 1.800 =3.600 sein bei 3fach LE II) |
| Breite / Länge | 1.240 mm / 1.700 mm |
| Dauer Einzelspiel | 2,5 min |

*Lagerplatzabmessungen*

| | |
|---|---|
| Art der Lagerung | Bodenlagerung, Quereinlagerung, artikelrein |
| Breite der Lagerfläche in Einlagerungsrichtung | Paletten- bzw. Staplerbreite = 1.300 mm |
| Tiefe eines Lagerplatzes | 800 mm |

*Berechnung der Lagerplätze*

| | | |
|---|---|---|
| Berechnung Anzahl Lagerplätze nebeneinander | 39,6 m : 1,3 m = 30,5 | $\Rightarrow$ 30 Plätze |
| Durchfahrt (5 m wegen Kurvenfahrt) | 5,0 m : 1,3 m = 3,8 | $\Rightarrow$ 4 Plätze |

Annahme: jeweils 50% der Artikel gestapelt, Zur Berechnung wurden dazu jeweils die Hälfte der Plätze einer Reihe als gestapelt angesehen

| | | Übereinander | Hintereinander | Nebeneinander | Gesamt | |
|---|---|---|---|---|---|---|
| Außenwand | Plätze 1-15 | 3 | 3 | 15 | 135 | (gestapelt) |
| Reihe 1-3 | Plätze 16-30 | 1 | 3 | 15 | 45 | (nicht gestapelt) |
| Mitte | Plätze 1-13 | 3 | 4 | 13 | 156 | (gestapelt) |
| Reihe 4-7 | Plätze 14-26 | 1 | 4 | 13 | 52 | (nicht gestapelt) |
| Innenwand | Plätze 1-13 | 3 | 3 | 13 | 117 | (gestapelt) |
| Reihe 8-10 | Plätze 14-26 | 1 | 3 | 13 | 39 | (nicht gestapelt) |

| | | Soll Kapazität | Soll-Bodenplätze | Ist-Kapazität | Ist-Bodenplätze |
|---|---|---|---|---|---|
| LE I | | 180 (gefordert) | 120 | | |
| LE II | | 320 (gefordert) | 214 | | |
| stapelbar | | 250 | 84 | | |
| nicht stapelbar | | 250 | 250 | | |
| LE I | stapelbar | 90 $\Rightarrow$ | 30 (90:3 = 30) | | |
| LE I | nicht gestapelt | 90 | 90 | | |
| LE I | stapelbar | 160 $\Rightarrow$ | 54 (160:3 = 53,3) | | |
| LE I | nicht gestapelt | 160 | 160 | | |
| Gesamt | | 500 | 334 | 544 | 272 |

| | | |
|---|---|---|
| Berechnete Arbeitsgangbreite | (13,2 m - 10 x 0,8 m)/2 | = 2,6 m |
| Lager-Nettofläche | 272 x 1,3 m x 0,8m | = 282,88 m² |

*Ergebnis*

Die Planung kann nicht realisiert werden, da zwar die Lagerkapazität den Kapazitätsvorgaben entspricht, jedoch für eine artikelreine Lagerung nicht genügend Bodenplätze zur Verfügung stehen. FIFO kann nur durch Umlagerung erreicht werden. Da die Arbeitsgangbreite keinen Sicherheitsabstand mehr hat, wird die Lösung nicht genehmigt. Keine Erweiterung der Kapazität möglich. Keine spezielle Diebstahlsicherung vorhanden.

### 1.4.3 Alternative IIa: Palettenregal mit Schubmaststapler

Diese Lösung basiert auf Regallagerung, um die Höhe der Lagerhalle nutzbar zu machen; direkter Zugriff zu jeder LE.

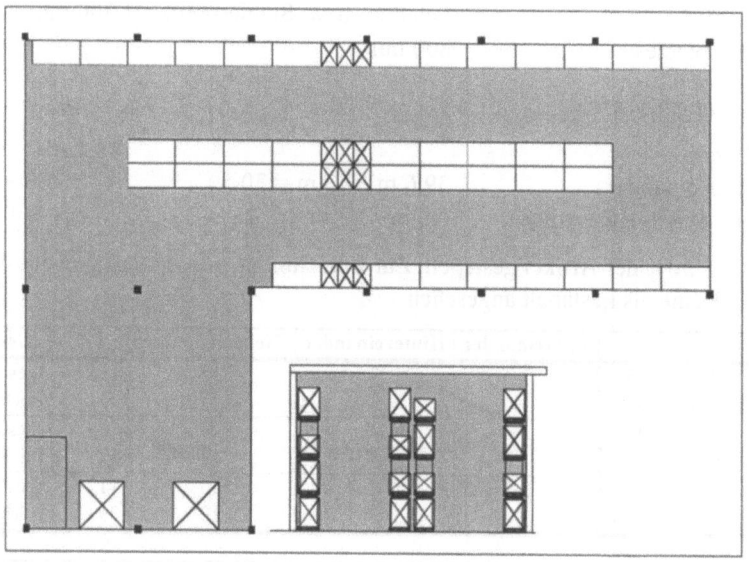

**Bild 6 Palettenregal mit Schubmaststapler (Grundriß / Querschnitt)**

*Planungsdaten zum Lagersystem IIa*

<u>Vorgaben</u>

| | | |
|---|---|---|
| Größe der Lager-Bruttofläche | 13,2 x 39,6 m | = 522,72 m² |
| Lager-Bruttoraum | 13,2 x 39,6 x 8,5 m | = 4.443,12 m³ |
| Größe der Lagereinheiten | LE I: 0,8 x 1,2 x 1,2 m (50 Artikel; 25 Artikel 3-fach stapelbar) | |
| | LE II: 0,8 x 1,2 x 1,8 m (100 Artikel; 50 Artikel 3-fach stapelbar) | |
| Gewichte der Lagereinheiten | LE I: 750 kg   LE II: 1.000 kg | |

1  Systemplanung eines Einheitenlagers für Automobile

*Technische Daten Bediengerät*

| | |
|---|---|
| Art | Elektro-Schubmaststapler |
| Einlagerungsprinzip | Längseinlagerung sowie Quereinlagerung |
| Tragfähigkeit | 1.250 kg (bei c = 500 mm) |
| Hub (ausgefahrene Höhe: 7020 mm) | 6.400 mm (Dreifachteleskophubgerüst) |
| Breite (zwischen den Radarmen: 900 mm) | 1.240 mm |
| Länge | 1.700 mm |
| Minimale Arbeitsgangbreite inkl. Sicherheitsabstand | 2.184 mm - 2.346 mm (Lastrad 285 mm) |
| Dauer Einzelspiel | 2,5 min |

*Eigenschaften Regalsystem*

| | |
|---|---|
| Art | Palettenregal / Längseinlagerung mit Quertraverse |
| Maximale Rahmenlast (= Fachlast x Fachanzahl) | 3.000 kg x 3 = 9.000 kg (Bodenlagerung unberücksichtigt) |
| Höhe Regal | $(1,9 + 2 + 2 + 0,1)\,6\text{ m}  \Rightarrow 6,1\text{ m Rahmen}$ |
| Rahmen (Verstellbarkeit: 50 mm Lochabstand) | 6.100 mm hoch x 100 mm breit x 1.050 mm tief |
| Quertraverse | 100 mm hoch; 2,7 m lang; 3.500 kg (Min. 3.000 kg /Paar) |

*Lagerplatzabmessungen*

| | |
|---|---|
| Art der Lagerung | Palettenregal, Längseinlagerung, Mehrplatzsystem, 3 Plätze pro Lagerfach<br>Breite der Lagerfläche in Einlagerungsrichtung<br>2.800 mm (2.700 mm + 100 mm)<br>(Anbauregal; 1 malig +100 mm für 1.Regal) |
| Tiefe eines Lagerplatzes | Palette 1.300 mm |
| Höhe eines Regal-Lagerplatzes (LE + Manipulation + Konstr. bzw ganze vielfache von 50 mm) | LE I:  (1,2 + 0,1 + 0,1 m) 1,4 m   (Boden: 1,3 m)<br>LE II: (1,8 + 0,1 + 0,1 m) 2,0 m   (Boden: 1,9 m) |

*Berechnung der Lagerplätze*

| | |
|---|---|
| Berechnung Anzahl Lagerplätze nebeneinander | (39,6 - 0,10 m) : 2,80 m = 14,1   $\Rightarrow$ 14 Regale à 3 Plätze |
| Durchfahrt (5 m wegen Kurvenfahrt) | 5,0 m : 2,80 m = 1,8   $\Rightarrow$ 2 Regale |

Annahme: Alle Plätze für LE I auslegen, LE II dort unterbringen

|  |  | Übereinander | Hintereinander | Nebeneinander | Gesamt |
|---|---|---|---|---|---|
| Außenwand | Reihe 1 | 4 | 1 | 13 x 3 | 156 |
| Mitte | Reihe 3 | 4 | 1 | 10 x 3 | 120 |
| (Doppelregal) | Reihe 3 | 4 | 1 | 10 x 3 | 120 |
| Innenwand | Reihe 4 | 4 | 1 | 9 x 3 | 108 |

|  | Soll Kapazität | Ist-Kapazität |
|---|---|---|
| Gesamt | 500 | 504 (500/12≈42Regalsegmente) |
| LE I | 180 | 0 |
| LE II (auch für LE I) | 320 | 504 |

Berechnete Arbeitsgangbreite  (13,2 m - 4 x 1,3 m)/2   = 4 m
Lager-Nettofläche (nur Regal)  (42 x 2,80 m + 4 x 0,1m) x 1,3 m  = 153,4 m²

*Ergebnis*

Die Planung kann realisiert werden. Das Lager erfüllt alle Anforderungen. Erweiterungsmöglichkeiten sind vorhanden (ca. 48 Palettenplätze). Lagerplatzverwaltung umständlich mit Leerplatz-(Vollplatzkartei), bessere Lösung durch beleglose Datenübertragung, z.B. mittels Datenfunk.

### 1.4.4 Alternative IIb: Palettenregal mit Hochregalstapler

Durch Einsatz des Hochregalstaplers reduziert sich die Arbeitsgangbreite von 4m (Alternative IIa) auf 1,8 m.

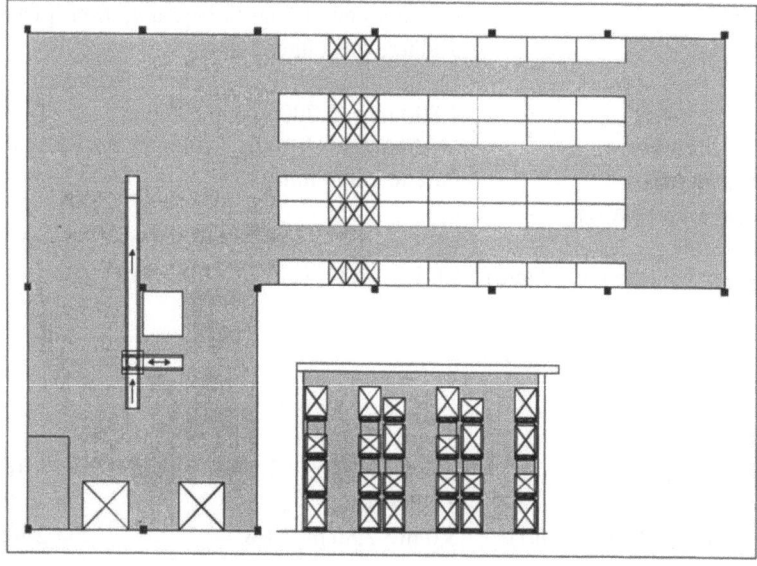

Bild 7   Palettenregal mit Hochregalstapler (Grundriß / Querschnitt)

1 Systemplanung eines Einheitenlagers für Automobile

*Planungsdaten zum Lagersystem IIb*

| | |
|---|---|
| Vorgaben | |
| Größe der Lager-Bruttofläche | 13,2 x 39,6 m = 522,72 m² |
| Lager-Bruttoraum | 13,2 x 39,6 x 8,5 m = 4.443,12 m³ |
| Größe der Lagereinheiten | LE I: 0,8 x 1,2 x 1,2 m (50 Artikel; 25 Artikel 3-fach stapelbar) |
| | LE II: 0,8 x 1,2 x 1,8 m (100 Artikel; 50 Artikel 3-fach stapelbar) |
| Gewichte der Lagereinheiten | LE I: 750 kg    LE II: 1.000 kg |

*Technische Daten Bediengerät*

| | |
|---|---|
| Art | Hochregalstapler mit Schwenkgabel (Bodenaufnahme) |
| Tragfähigkeit | 1.000 kg / 1.500 kg |
| Hub | 12.000 mm |
| Rahmenbreite (über Führungsrollen) | 1.420 mm (min. 1.500 mm) |
| Länge | 3.430 mm |
| Führungsart | induktiv |
| Min. Arbeitsgangbreite ohne Drehen der Last im Gang | 1.570 mm |
| Dauer Einzelspiel | 1,8 min |

*Eigenschaften Regalsystem*

| | |
|---|---|
| Art | Palettenregal / Längseinlagerung mit Querstraverse |
| Maximale Rahmenlast (= Fachlast x Fachanzahl) | 3.000 kg x 3 = 9.000 kg (Bodenlagerung unberücksichtigt) |
| Höhe Regal | (1,9 + 2 + 2 + 0,1) 6 m    ▷ 6,1 m Rahmen |
| Rahmen (Verstellbarkeit: 50 mm Lochabstand) | 6.100 mm hoch x 100 mm breit x 1.050 mm tief |
| Quertraverse | 100 mm hoch; 2,7 m lang; 3.500 kg (Min. 3.000 kg/ Paar) |

*Lagerplatzabmessungen*

| | |
|---|---|
| Art der Lagerung | Palettenregallagerung, Längseinlagerung, Mehrplatzsystem, 3 Plätze pro Fach |
| Breite der Lagerfläche in Einlagerungsrichtung | 2.800 mm (2.700 mm + 100 mm) (Anbauregal; 1 malig +100 mm für 1.Regal) |
| Tiefe eines Lagerplatzes | Palette 1.300 mm |
| Höhe eines Regal-Lagerplatzes (LE + Manipulation + Konstr. bzw ganze vielfache von 50 mm) | LE I:  (1,2 + 0,1 + 0,1m) 1,4m   (Boden: 1,3 m) |
| | LE II: (1,8 + 0,1 + 0,1m) 2,0m   (Boden: 1,9 m) |

*Berechnung der Lagerplätze*

Berechnung Anzahl Lagerplätze nebeneinander    (39,6 - 0,10 m) : 2,80 m = 14,1
$\Rightarrow$ 14 Regale à 3 Plätze

Durchfahrt (5 m wegen Kurvenfahrt)    5,0 m : 2,80 m = 1,8  $\Rightarrow$  2 Regale

Annahme: Alle Plätze für LE I auslegen, LE II dort unterbringen

|  |  | Übereinander | Hintereinander | Nebeneinander | Gesamt |
|---|---|---|---|---|---|
| Außenwand | Reihe 1 | 4 | 1 | 13 x 3 | 156 |
| Mitte | Reihe 3 | 4 | 1 | 10 x 3 | 120 |
| (Doppelregal) | Reihe 3 | 4 | 1 | 10 x 3 | 120 |
| Innenwand | Reihe 4 | 4 | 1 | 9 x 3 | 108 |

|  | Soll Kapazität | Ist-Kapazität |
|---|---|---|
| Gesamt | 500 | 504 (500/12≈42Regalsegmente) |
| LE I | 180 | 0 |
| LE II (auch für LE I) | 320 | 504 |

Berechnete Arbeitsgangbreite    (13,2 m - 6 x 1,3 m)/3    = 1,8 m
Lager-Nettofläche    (42 x 2,80 m + 4 x 0,1 m) x 1,3 m = 153,4 m²

*Ergebnis*

Die Planung kann realisiert werden. Das Lager erfüllt alle Anforderungen. Erweiterungsmöglichkeiten um ca. 144 Palettenplätze, die bei Verzicht auf Regalumfahrt des Staplers möglich sind. Einsatz von komfortabeler Datenübertragung (z.B. induktive Schleife) vorgesehen.

### 1.4.5 Alternative III: Palettenregal mit Regalbediengerät

Die teilautomatisierte Alternative IIb wird automatisiert durch schienengeführte Regalbediengeräte.

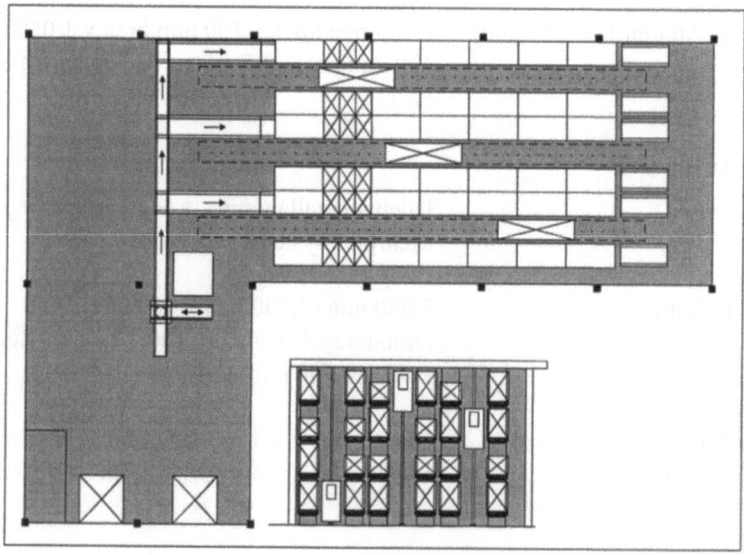

**Bild 8    Palettenregal mit Regalbediengerät**

# 1 Systemplanung eines Einheitenlagers für Automobile

*Planungsdaten zum Lagersystem III*

<u>Vorgaben</u>

| | |
|---|---|
| Größe der Lager-Bruttofläche | 13,2 x 39,6 m = 522,72 m² |
| Lager-Bruttoraum | 13,2 x 39,6 x 8,5 m = 4.443,12 m³ |
| Größe der Lagereinheiten | LE I: 0,8 x 1,2 x 1,2 m (50 Artikel; 25 Artikel 3-fach stapelbar) |
| | LE II: 0,8 x 1,2 x 1,8 m (100 Artikel; 50 Artikel 3-fach stapelbar) |
| Gewichte der Lagereinheiten | LE I: 750 kg    LE II: 1.000 kg |

*Technische Daten Bediengerät*

| | |
|---|---|
| Art | Regalbediengerät, schienengeführt |
| Tragfähigkeit | 2.000 kg |
| Minimale Arbeitsgangbreite | 1.500 mm |
| Einlagerung ab | 600 mm |
| Steuerung | automatisch |
| Dauer Einzelspiel | 1,5 min |

*Eigenschaften Regalsystem*

| | |
|---|---|
| Art | Palettenregal / Längseinlagerung mit Längstraverse |
| Maximale Rahmenlast (= Fachlast x Fachanzahl) | 3.000 kg x 4 = 12.000 kg |
| Höhe Regal | (0,6 + 1,9 + 2 + 2 + 2) 8,5 m    $\Rightarrow$ 8,5 m |
| Rahmen | |
| Rahmen (Verstellbarkeit: 50 mm Lochabstand) | 8.500 mm hoch x 100 mm breit x 1.050 mm tief |
| Längstraverse | 100 mm hoch; 2,7 m lang; 3.500 kg (Min. 3.000 kg / Paar) |

*Lagerplatzabmessungen*

| | |
|---|---|
| Art der Lagerung | Palettenregallagerung, Längseinlagerung, Mehrplatzsystem, 3 Plätze pro Fach |
| Breite der Lagerfläche in Einlagerungsrichtung | 2.800 mm (2.700 mm + 100 mm) (Anbauregal; 1 malig +100 mm für 1. Regal) |
| Tiefe eines Lagerplatzes | Palette 1.300 mm |
| Höhe eines Regal-Lagerplatzes (LE + Manipulation + Konstr. bzw ganze vielfache von 50 mm) | LE I:  (1,2 + 0,1 + 0,1 m) 1,4 m |
| | LE II: (1,8 + 0,1 + 0,1 m) 2,0 m |

*Berechnung der Lagerplätze*

| | |
|---|---|
| Berechnung Anzahl Lagerplätze nebeneinander | (39,6 - 0,10 m) : 2,80 m = 14,1 |
| | $\Rightarrow$    14 Regale à 3 Plätze |

Durchfahrt (5 m wegen Kurvenfahrt)    5,0 m : 2,80 m = 1,8 ⇒ 2 Regale

Annahme: Alle Plätze für LE I auslegen, LE II dort unterbringen

|  | Übereinander | Hintereinander | Nebeneinander | Gesamt |
|---|---|---|---|---|
| Außenwand    Reihe 1 | 4 | 1 | 7 x 3 | 84 |
| Mitte            Reihe 2 + 3 | 4 | 2 | 7 x 3 | 168 |
| (2 Doppelregale) Reihe 4 + 5 | 4 | 2 | 7 x 3 | 168 |
| Innenwand    Reihe 6 | 4 | 1 | 7 x 3 | 84 |

|  | Soll-Kapazität |  | Ist-Kapazität |
|---|---|---|---|
| Gesamt | 500 |  | 504 (500/12≈42 Regalsegmente) |
| LE I | 180 |  | 0 |
| LE II (auch für LE I) | 320 |  | 504 |

| Berechnete Arbeitsgangbreite | 1,5 m (vorgegeben durch Bediengerät) |
| Lager-Nettofläche | (42 x 2,80 m + 4 x 0,1m) x 1,3m  = 153,4 m² |

Berechnete Arbeitsgangbreite    1,5 m (vorgegeben durch Bediengerät)
Lager-Nettofläche               (42 x 2,80 m + 4 x 0,1 m) x 1,3 m = 153,4 m²

*Ergebnis*

Die Planung kann realisiert werden. Das Lager erfüllt alle Anforderungen. Erweiterungsmöglichkeiten wie Alternative IIb. Einsparung an Personal. Hoher Investitionsaufwand.

### 1.4.5 Alternative IV: Verschieberegal mit Schubmaststapler

Durch Blocklagerung mittels Verschieberegal wird der geringste Bruttoplatzbedarf erreicht und ein Durchgang für den Verkehr an der linken Hallenwand geschaffen.

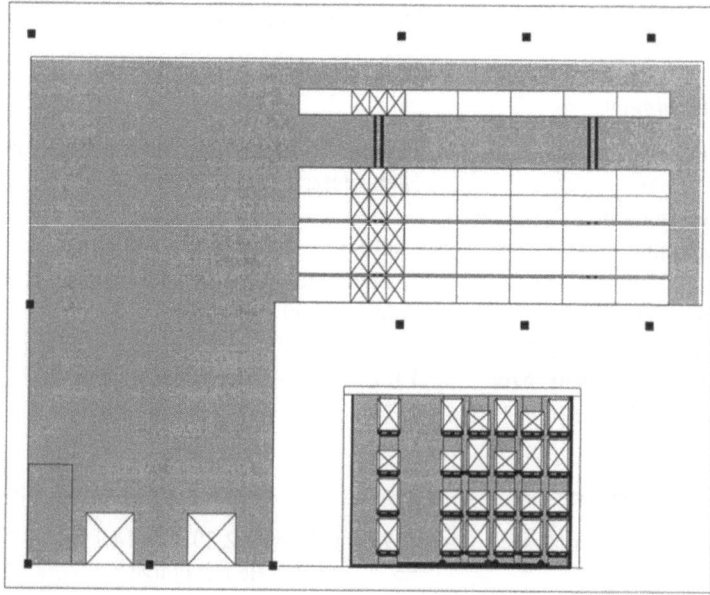

**Bild 9 Verschieberegal mit Schubmaststapler**

1 Systemplanung eines Einheitenlagers für Automobile

*Planungsdaten zum Lagersystem IV*

<u>Vorgaben</u>

| | |
|---|---|
| Größe der Lager-Bruttofläche | 13,2 x 39,6 m = 522,72 m² |
| Lager-Bruttoraum | 13,2 x 39,6 x 8,5 m = 4.443,12 m³ |
| Größe der Lagereinheiten | LE I: 0,8 x 1,2 x 1,2 m (50 Artikel; 25 Artikel 3-fach stapelbar) |
| | LE II: 0,8 x 1,2 x 1,8 m (100 Artikel; 50 Artikel 3-fach stapelbar stapelbar) |
| Gewichte der Lagereinheiten | LE I: 750 kg    LE II: 1.000 kg |

*Technische Daten Bediengerät*

| | |
|---|---|
| Art | Elektro-Schubmaststapler |
| Einlagerungsprinzip | Längseinlagerung sowie Quereinlagerung |
| Tragfähigkeit | 1.250 kg (bei c = 500 mm) |
| Hub (ausgefahrene Höhe: 7.020 mm) | 6.400 mm (Dreifachteleskop-Hubgerüst) |
| Breite (zwischen den Radarmen: 900 mm) | 1.240 mm |
| Länge | 1.700 mm |
| Minimale Arbeitsgangbreite inkl. Sicherheitsabstand | 2.184 mm - 2.346 mm (Lastrad 285 mm) |
| Dauer Einzelspiel | 2,5 min |

*Eigenschaften Regalsystem*

| | |
|---|---|
| Art | Verschieberegal: 2 Doppelregale auf Schienenwagen |
| Maximale Last der Regalwagen | 3 t x 4-fach x 7 Fächer x 2 Reihen = 168 t |
| Höhe Regal | 8.500 mm + ca. 200 mm für Wagen |
| Rahmen (Verstellbarkeit: 50 mm Lochabstand) | s. Lagersystem III |
| Quertraverse | s. Lagersystem III |

*Lagerplatzabmessungen*     wie Lagersystem III

*Berechnung der Lagerplätze*

| | |
|---|---|
| Annahme: | 1 komplette Ebene für LE I vorsehen, Rest in LE II Regalen unterbringen |
| Berechnung Anzahl Lagerplätze nebeneinander | (39,6 - 0,10 m) : 2,80 m = 14,1 |
| | $\Rightarrow$ 14 Regale à 3 Plätze |
| Durchfahrt (5 m wegen Kurvenfahrt vorzusehen) | 5,0 m : 2,80 m = 1,8   $\Rightarrow$ 2 Regale |

|  | Übereinander | Hintereinander | Nebeneinander | Gesamt |
|---|---|---|---|---|
| Außenwand    Reihe 1 | 4 | 1 | 7 x 3 | 84 |
| Mitte          Reihe 2 + 3 | 4 | 2 | 7 x 3 | 168 |
| (2 Doppelregale) Reihe 4 + 5 | 4 | 2 | 7 x 3 | 168 |
| Innenwand    Reihe 6 | 4 | 1 | 7 x 3 | 84 |

|  | Soll-Kapazität | Ist-Kapazität |
|---|---|---|
| Gesamt | 500 | 504 |
| LE I | 180 | 0 |
| LE II (auch für LE I) | 320 | 504 |
| Arbeitsgangbreite |  | 2,6 + 0,2 = 2,8m |
| Lager-Nettofläche (nur Regal!) |  | (42 x 2,80 m + 4 x 0,1m) x 1,3m   = 153,4 m² |

*Ergebnis*

Die Planung kann realisiert werden. Das Lager erfüllt alle Anforderungen. Keine Erweiterungsmöglichkeit. Hoher Investitionsaufwand. Geringe Lagerfläche.

# 1 Systemplanung eines Einheitenlagers für Automobile

| Lfd. Nr. | Komponenten / Merkmale | LAGERALTERNATIVEN ||||||
|---|---|---|---|---|---|---|---|
| | | Ia | Ib | IIa | IIb | III | IV |
| **1.** | **Komponenten** | | | | | | |
| 1.1 | Lagerungsart | | | | | | |
| 1.2 | Regalart | | | | | | |
| 1.3 | Lager-/Regalbediengerät | | | | | | |
| **2.** | **Lagerkapazität** | | | | | | |
| 2.1 | Anzahl Lagerplätze für LE I | | | | | | |
| 2.2 | Anzahl Lagerplätze für LE II | | | | | | |
| **3** | **Nutzungsgrade Lagerhalle** | | | | | | |
| 3.1 | Flächennutzungsgrad | | | | | | |
| 3.2 | Höhennutzungsgrad | | | | | | |
| 3.3 | Raumnutzungsgrad | | | | | | |
| **4.** | **Transportmittel** | | | | | | |
| 4.1 | Transportmittel WE / WA | | | | | | |
| 4.2 | Anzahl WE / WA | | | | | | |
| 4.3 | Transportmittel Ein-/Auslagerung | | | | | | |
| 4.4 | Anzahl Einzel-/Doppelspiele | | | | | | |
| **5.** | **Lagerorganisation/Lagersteuerung** | | | | | | |
| 5.1 | Feste Lagerplatzordnung | | | | | | |
| 5.2 | Freie Lagerplatzordnung | | | | | | |
| 5.3 | Manueller Betrieb | | | | | | |
| 5.4 | Teil- / Vollautomatischer Betrieb | | | | | | |
| 5.5 | Off-/Online - Betrieb | | | | | | |
| **6.** | **Personalbedarf** | | | | | | |
| 6.1 | Anzahl WE-Halle | | | | | | |
| 6.2 | Anzahl Lagerhalle | | | | | | |
| **7.** | **Sonstiges** | | | | | | |
| 7.1 | Maximale Regalstützenbelastung | | | | | | |
| 7.2 | Montagebedingungen | | | | | | |
| 7.3 | Einsatzbedingungen | | | | | | |
| 7.4 | Erforderliche Baumaßnahmen | | | | | | |
| 7.5 | Diebstahlsicherung | | | | | | |
| 7.6 | Notbetrieb | | | | | | |
| 7.7 | Vorbeugender Brandschutz | | | | | | |
| 7.8 | | | | | | | |
| 7.9 | | | | | | | |

Tabelle 4  Zusammenstellung der Ausführungsdaten der Lageralternativen und deren Gegenüberstellung

# 2 Systemplanung eines Kommissionierlagers für Frisch- und Konservenware

## 2.1 Aufgabe: Planung eines Distributionslagers mit Versand

Für eine Würstchen- und Konservenfabrik ist die Planung des Kommissionier- und Versandbereiches durchzuführen. Der dafür relevante Bereich des Materialflusses erstreckt sich von den Verpackungslinien am Ende der Produktion bis zum Versand der Ware an den Verladerampen. Es sind alternative Transport- und Lagersysteme zu erarbeiten.

## 2.2 Beschreibung des Istzustandes

*Datengerüst Konservenbereich*

| | |
|---|---|
| Artikelsortiment: | 75 verschiedene Artikel zu 6er- oder 12er-Einheiten in Kartons |
| Lagereinheiten: | Euro-Palette (800 mm x 1.200 mm) |
| Zusammenstellung: | max. 91 Kartons/Pal. ($\varnothing$ 64 Kartons/Pal.) |
| Höhe (inkl. Pal.) / Gewicht (inkl. Pal.): | max. 1.000 mm / 535 kg ($\varnothing$ 858 mm / 507 kg) |
| Soll-Bestand Lagereinheiten: | 285 Pal. |
| Lagerbediengeräte: | 2 Gabelstapler zum Transportieren, Ein- und Umlagern<br>2 Handgabelhubwagen zum Kommissionieren und Beladen der LKW |
| Anzahl Einlagerungen: | 95 Pal./AT |
| Kommissionieraufträge: | 50 Aufträge/AT |
| Kommissionierte Paletten: | 120 Pal./AT |

Konservenlager:

| | |
|---|---|
| L (incl. Versandbereich) x B x H: | 48,00 m x 18,00 m x 5,00 m |
| Hallenboden / Bodentragfähigkeit: | 10 mm Estrich / 2,5 t/m² |
| Regalsystem: | Palettenregal, Einplatzsystem, Quereinlagerung |
| Anzahl Regalebenen / Fachplätze: | 3 Ebenen / 414 Plätze |
| Fachbreite / -höhe / -tiefe: | 1.450 mm / 1.240 mm / 900 mm |
| Fahrraum zwischen den Regalen: | 4,20 m Arbeitsausgangbreite |

Sonderlager:

| | |
|---|---|
| L x B x H: | 29,40 m x 11,45 m x 5,20 m |
| Hallenboden / Bodentragfähigkeit: | 10 mm Estrich / 2,5 t/m² |
| Regalsystem: | Palettenregal, Einplatzsystem, Quereinlagerung |
| Anzahl Regalebenen / Fachplätze: | 3 Ebenen / 245 Plätze |
| Fachbreite / -höhe / -tiefe: | 1.450 mm / 1.240 mm / 900 mm |
| Fahrraum zwischen den Regalen: | 3,90 m Arbeitsausgangbreite |

# 2 Systemplanung eines Kommissionierlagers für Frisch- und Konservenware

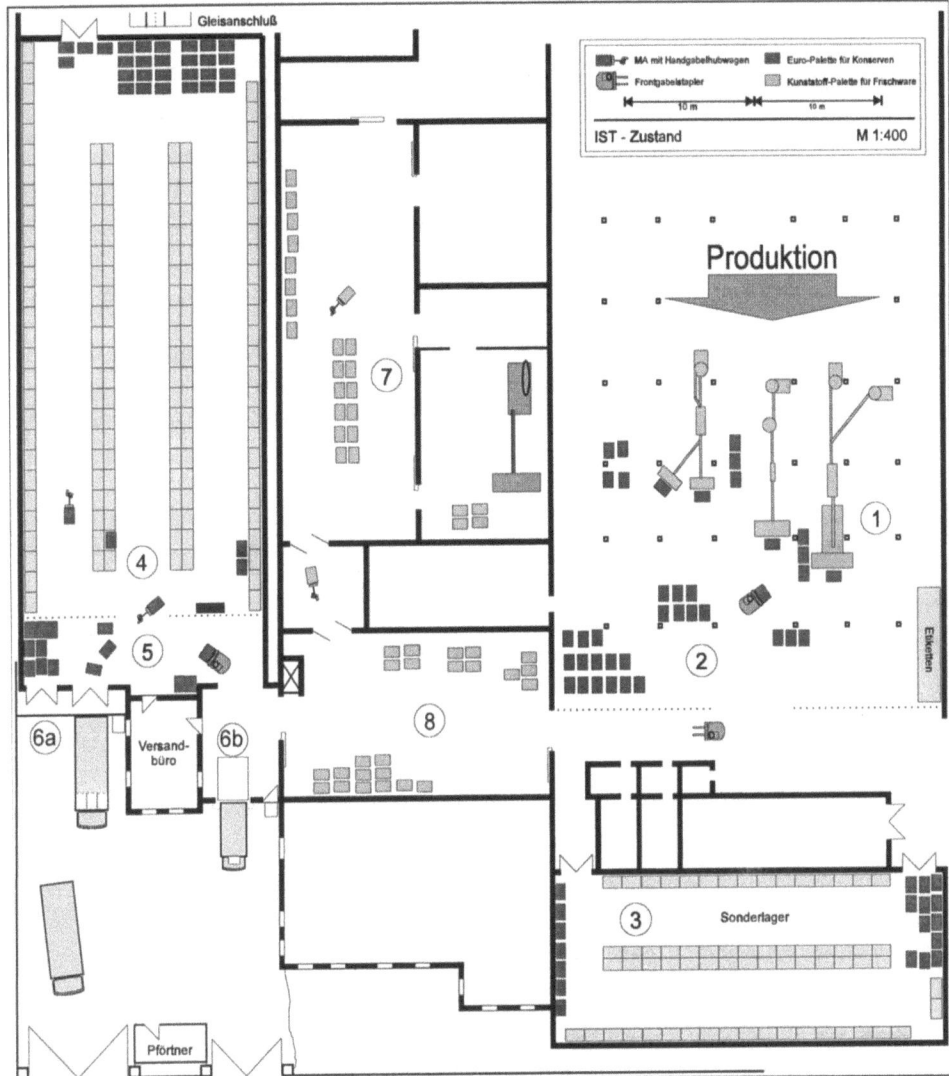

**Bild 10 Istzustand**

Legende:
1  Die Konserven werden an drei Verpackungslinien etikettiert, in Kartons verpackt und auf Euro-Paletten gestapelt. Die Paletteneinheiten werden mit einem Gabelstapler zu einem 15 m entfernten Pufferlager transportiert und dort mittels Bodenlagerung in Blockform gelagert.
2  Vom Pufferlager werden die Paletten mit einem Gabelstapler entweder in das Sonderlager (ca. 46 m), in das Konservenlager (ca. 75 m) oder direkt zu den Bereitstellungsplätzen in den Versandbereich gebracht.
3  Das Sonderlager dient als Ausweichlager für den Konservenbereich.
4  Im Konservenlager werden die Aufträge einzeln auf Paletten kommissioniert.
5  Die kommissionierten Aufträge werden im Versandbereich bereitgestellt.
6a Für den Versand von Konserven stehen zwei Verladerampen mit Überladebrücken zur Verfügung.
6b Die Verladerampe für den Versand von gekühlter Frischware wird hydraulisch betätigt und besitzt eine Torabdichtung.
7  Im Wiege- und Verpackungsraum wird die Frischware in Kunststoffbehälter verpackt und auf Kunststoff-Europaletten vorsortiert. Die Räume sind klimatisiert (+ 8° C).
8  Im Versand wird die Frischware gemäß Auftrag und Tourenplan zusammengestellt.

*Datengerüst Frischwarenbereich*

| | |
|---|---|
| Artikelsortiment: | 200 verschiedene Artikel (8680 kg gesamt/AT) |
| Kommissionieraufträge: | 30 Aufträge/AT |
| Kommissionierte Kisten: | 150 E2-Kisten/AT und 100 E3-Kisten/AT |
| | E2- und E3-Kisten: Kunststoffbehälter, |
| | L x B x H = 600 mm x 400 mm x 200 mm (bzw. 300 mm) |
| Bediengeräte: | 2 Handgabelhubwagen aus Edelstahl |

*Zielsetzungen für Systemplanung*

Erreichen der Zertifizierung nach DIN 9001 durch Trennung der Materialflüsse von Frisch- und Dosenware. Bei dieser Gelegenheit werden die derzeitigen Transport-, Lager- und Versandbereiche nach organisatorischen, technischen und wirtschaftlichen Gesichtspunkten untersucht und neu geplant.

## 2.3 Planungsprämissen und Planungssolldaten

Planungsprämissen

- räumliche Trennung des Materialflusses der Frischware von dem Materialfluß der Dosenware, um der EG-Richtlinie zu entsprechen
- Bauliche Lösung: Bau eines Tunnels als Transportweg, Frischware wird über Tunnel geführt
- Vergrößerung des Versandbereiches, um die Verkehrswege und die Bereitstellungsflächen großzügiger gestalten zu können
- Nutzung des Sonderlagers ausschließlich für Sonderproduktionen (evtl. Verschlußmöglichkeit zum Einhalten von Zollbestimmungen)
- Minimierung der Materialflußkosten
- Optimierung der Raumausnutzung
- Nutzung der vorhandenen Gebäude, Einhalten der Vorgaben
- Erhaltung der Option auf Gleisanschluß.

Planungs-Solldaten

*Konserve:*

| | |
|---|---|
| Sollbestand Lagereinheiten: | 381 Pal. |
| Anzahl Einlagerungen: | 127 Pal./AT |
| Kommissionieraufträge: | 67 Aufträge/AT |
| Kommissionierte Paletten: | 199 Pal./AT |
| Konservenlager: | L x B x H: 33 m x 18 m x 5 m |

*Frischware:*

| | |
|---|---|
| Kommissionieraufträge: | 40 Aufträge/AT |
| Kommissionierte Kisten: | 200 E2-Kisten/AT und 135 E3-Kisten/AT |

## 2 Systemplanung eines Kommissionierlagers für Frisch- und Konservenware

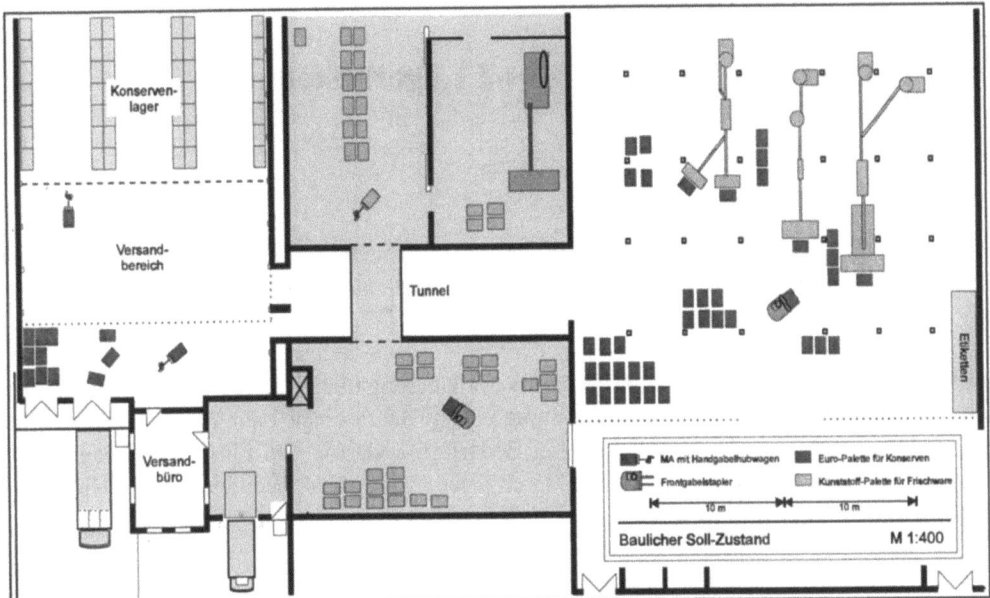

**Bild 11** Baulicher Sollzustand

## 2.4 Lösungsmöglichkeiten alternativer Transport- und Lagersysteme

### 2.4.1 Sonderlager

*Funktion:*

Ausweichlager für den Konservenbereich als Puffer für evtl. saisonbedingte Spitzen und als Lager für Sonderproduktionen (mit Verschlußmöglichkeit aufgrund von Zollbestimmungen).

*Vorschlag:*

Aufteilung der Lagerfläche in einen Teil mit Regallagerung und einen Teil mit Bodenlagerung, der verschlossen werden kann. Die Trennung erfolgt durch einen Zaun (geringe Kosten und Möglichkeit, das Aufteilungsverhältnis bei Bedarf zu ändern). Alle Ein- und Auslagerungstätigkeiten, sowie Stapelarbeiten können durch einen Frontgabelstapler der leichten Klasse mit Elektroantrieb durchgeführt werden.

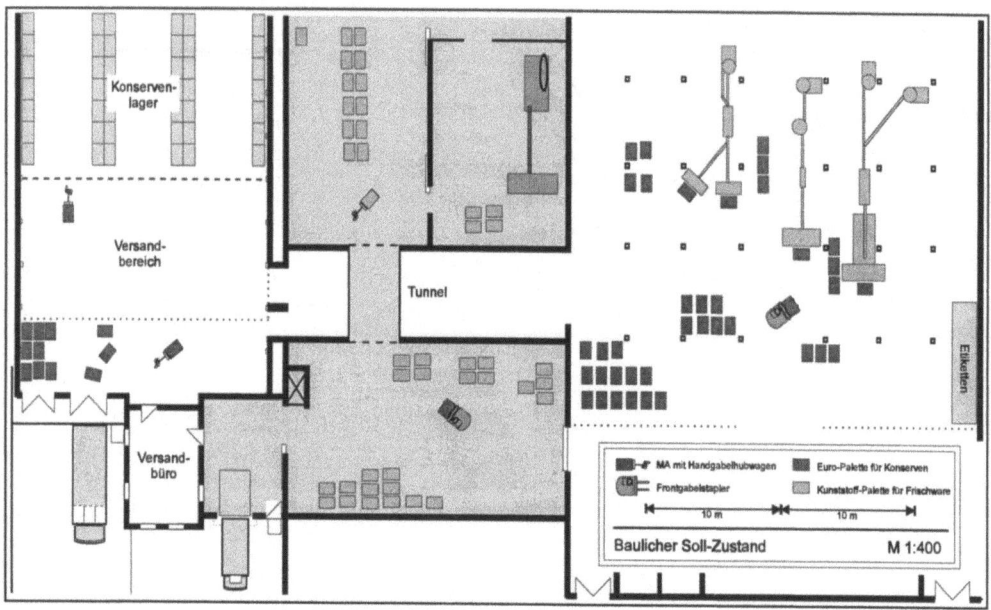

**Bild 12 Sonderlager**

Regallagerung:

- nimmt Spitzenlasten aus dem Bereich der Konservenproduktion auf
- erfordert keine Investitionen (Nutzung des bestehenden Palettenregals)
- kann 80 Paletten aufnehmen.

Bodenlagerung:

- nimmt Sonderproduktionen auf, d.h. kleine Sortimente mit u.U. besonderen Abmessungen
- ermöglicht gute Raumnutzung, wenn Stapelfähigkeit der Paletten gegeben ist
- erfordert neben den Kosten für die Demontage des bestehenden Regalsystems keine weiteren Investitionen
- kann (je nach Block- oder Zeilenlagerung) bis zu 250 Paletten aufnehmen.

## 2.4.2 Frischwarenkommissionierung

Durch bauliche Veränderungen ist der Materialfluß der Frischware räumlich vom Materialfluß der Dosenware getrennt. Damit wird den Anforderungen der EG-Norm entsprochen. Im Wiege- und Verpackungsraum wird die Frischware gewogen und in Kunststoffbehälter verpackt. Das entspricht dem Vorgang des Kommissionierens. Es wird nun ein Transportsystem benötigt, mit dem die Kunststoffbehälter aus dem Wiege- und Verpackungsraum über den Tunnel hinweg in den Versandraum befördert werden können.

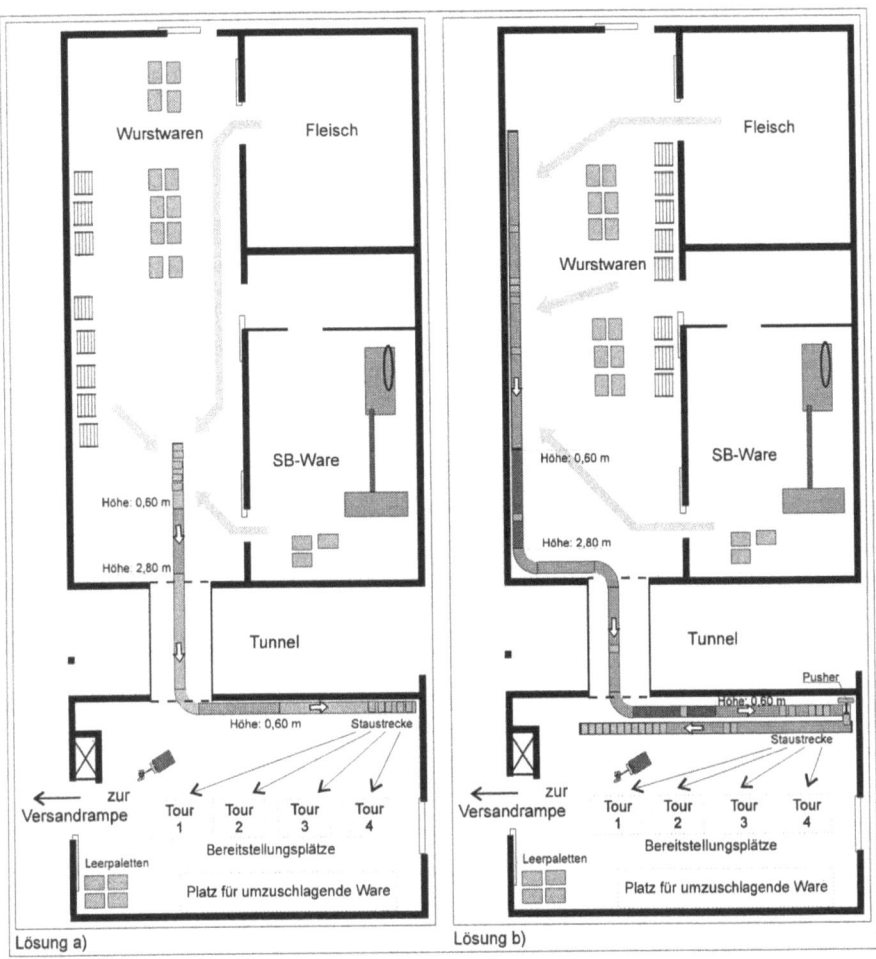

**Bild 13** Frischwarenkommissionierung

**Lösung a)** (s.Bild 4a)

Die E2- und E3-Kisten werden von den Arbeitern im Wiege- und Verpackungsraum auf einen angetriebenen Staurollenförderer gestellt. Über ein Steilförderband gelangen die Kisten auf 2,80 m Höhe. Von dort werden sie mit einem Staurollenförderer über den Tunnel befördert. Nach einer 90°-Kurve bringt ein Gurtförderer die Kisten wieder auf Normalniveau, wo sie sich auf einer Staustrecke sammeln. Hier im Versandraum werden die Aufträge gemäß Tourenplan auf Paletten bereitgestellt und auf LKW verladen. Bei den Steilförderbändern ist jeweils ein Vorlaufband vorzusehen, um den Neigungsknick problemlos zu überwinden.

**Lösung b)** (s.Bild 4b)

Der Aufgaberollenförderer wird auf 15 m verlängert und an die Wand verlagert, um allen Bereichen schnellen und ungehinderten Zugang zu geben. Im Versandraum wird ein weiterer Staurollenförderer vorgelagert, um so auf 16 m Länge Stauraum für 40 Kisten zu haben. Ein Pusher übernimmt den Umsetzvorgang.

Sämtliche zum Frischwarenbereich gehörenden Räumlichkeiten müssen auf + 8° C gekühlt werden. Es ist zu prüfen, ob Standardförderer ausreichen (niedrige Temperaturen machen z.B. die Wälzlager schwergängig). Die Verladung der Paletten erfolgt mit den vorhandenen Gabelhubwagen in Edelstahlausführung. Zwischen Verpackungs- und Versandraum besteht keine direkte Verbindung mehr. Ein Kommunikationssystem muß eingerichtet werden.

### 2.4.3 Transportalternative I: Gabelstaplertransport

Die Dosenware muß von den Verpackungslinien zum Lager transportiert und anschließend eingelagert werden. Die Transportstrecke wird durch bauliche Veränderungen in den Konserventunnel verlegt.

- die Transportstrecke beträgt ca. 45 m
- der Boden ist eben
- Höhenunterschiede bestehen nicht
- ausschließlich Einheiten (ganze Paletten) werden transportiert
- Leerpalettenstapel werden in entgegengesetzter Richtung transportiert.

An den Verpackungslinien werden die vollen Paletten von einem Frontgabelstapler der leichten Klasse mit Elektroantrieb aufgenommen. Dieser befördert die Paletten entweder in das Sonder-

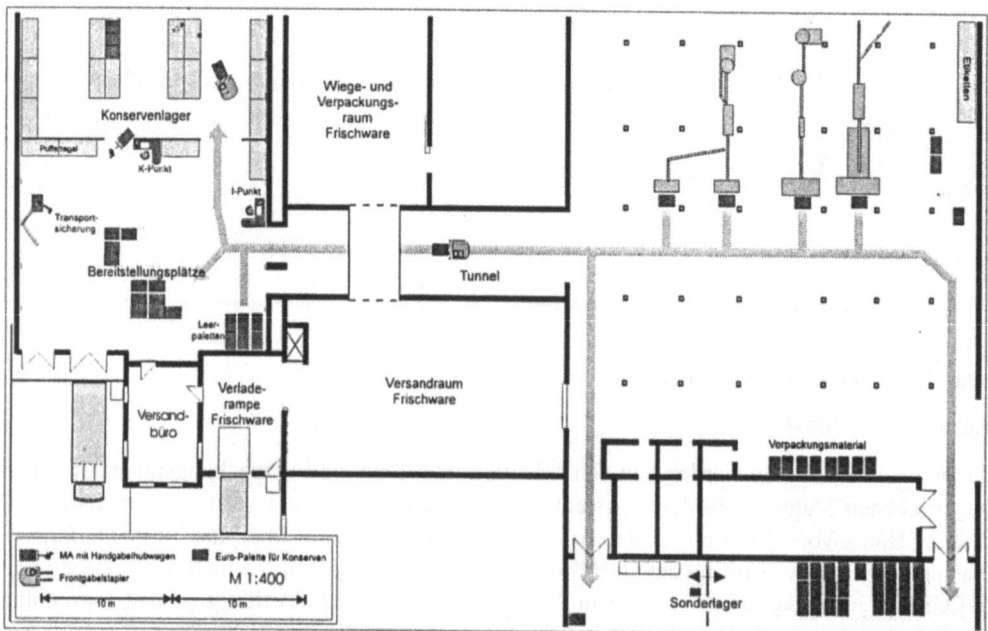

**Bild 14 Transport mittels Gabelstapler**

2 Systemplanung eines Kommissionierlagers für Frisch- und Konservenware    69

lager, das Konservenlager oder direkt zu den Bereitstellungsplätzen. Ein Stapler kann für Fahrwege eingesetzt werden, die eine Länge von 200 m nicht überschreiten.

Vorteile:

- der Stapler ist flexibel und universell einsetzbar
- für die Einlagerung im Sonderlager, den Leerpalettentransport und die Versorgung der Verpackungslinien mit Kartonagen gibt es keine Alternative

Nachteile:

- hoher Anteil an Leerfahrten
- hohe Betriebskosten wegen hohen Lohnanteils

## 2.4.4 Transportalternative II: Rollenförderertransport

Entlang der Transportstrecke steht ein fester Staurollenförderer. Am Ende der Verpackungslinien werden die Leerpaletten auf Rollenförderer gestellt. Dort wird die Ware zu Einheiten gestapelt. Ausgelöst durch einen Taster werden die Paletteneinheiten zu den Übergangsplätzen transportiert und von einer Übergabemechanik auf den Staurollenförderer gesetzt. Die Paletten werden durch den Tunnel bis zum Lagereingang transportiert, wo sie sich auf einer Staustrecke sammeln. Dort werden sie von einem Stapler aufgenommen und eingelagert.

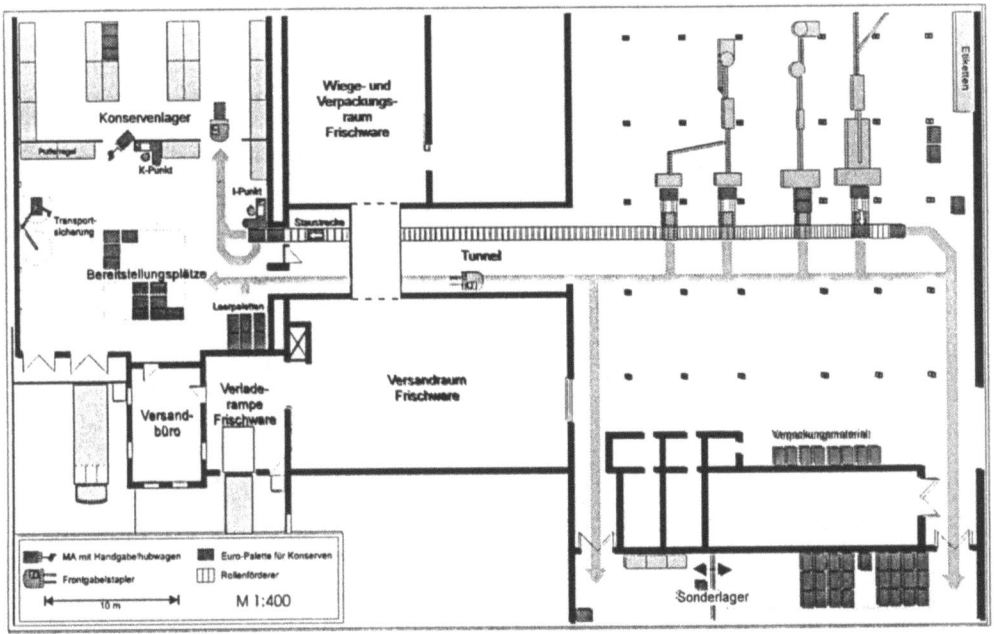

Bild 15 Transport mittels Rollenförderer

Vorteile:

- geringe Betriebskosten
- einfache Steuerung (SPS)
- die Paletten passieren automatisch einen I-Punkt

Nachteile:

- kein freier Zugang zu den Verpackungslinien
- aufwendige Übergabemechanik
- erschwerte Abgabe von Sonderproduktionen an eine zweite Stelle

## 2.4.5 Transportalternative III: Verschiebewagentransport

Ein fester Staurollenförderer verläuft nur im Bereich des Tunnels. Den Transport der Paletten von den Verpackungseinheiten bis zum Beginn des Rollenförderers übernimmt ein Verschiebewagen, der in einer im Boden eingelassenen Schiene geführt wird. Am Ende der Verpackungslinien werden die Leerpaletten auf Rollenförderer gestellt. Dort wird die Ware zu Einheiten gestapelt. Ausgelöst durch einen Taster werden die vollen Paletten zu den Übergangsplätzen gefördert. Der Verschiebewagen fährt zu den Übergabeplätzen, nimmt die Paletten auf und übergibt sie an den Staurollenförderer. Die zur Übernahme und Übergabe notwendige Mechanik ist auf den Verschiebewagen montiert. Die Paletten werden auf dem Staurollenförderer durch den Tunnel bis zum Lagereingang transportiert, wo sie sich auf einer Staustrecke sammeln, um dann von einem Stapler aufgenommen und eingelagert zu werden.

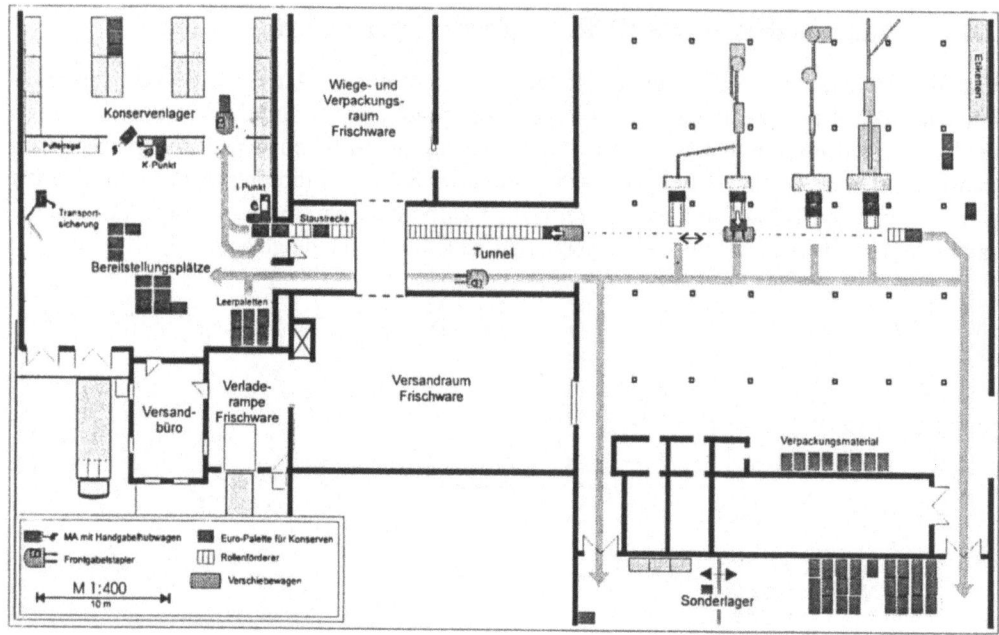

Bild 16 Transport mittels Verschiebewagen

Vorteile:

- geringe Betriebskosten
- freier Zugang zu den Verpackungslinien
- die Paletten passieren automatisch einen I-Punkt
- Übergabemechanik nur 1x notwendig

Nachteile:

- Absicherung des Weges des Verschiebewagens notwendig
- komplizierte Steuerung

## 2.4.6 Lageralternative I: Palettenregal – Einplatzprinzip

Kapazitätserweiterung des bestehenden Systems mit folgenden Hauptmerkmalen:

- räumliche Integration von Einheiten- und Kommissionierlager
- Aufstockung des bestehenden Regalsystems
- Regallagerung, Einplatzprinzip, Quereinlagerung
- Ein-, Um- und Auslagerung mittels Elektro-Dreirad-Gabelstapler
- Kommissionieren mittels Hand-Gabelhubwagen
- Kommissionieren nur in der untersten Ebene.

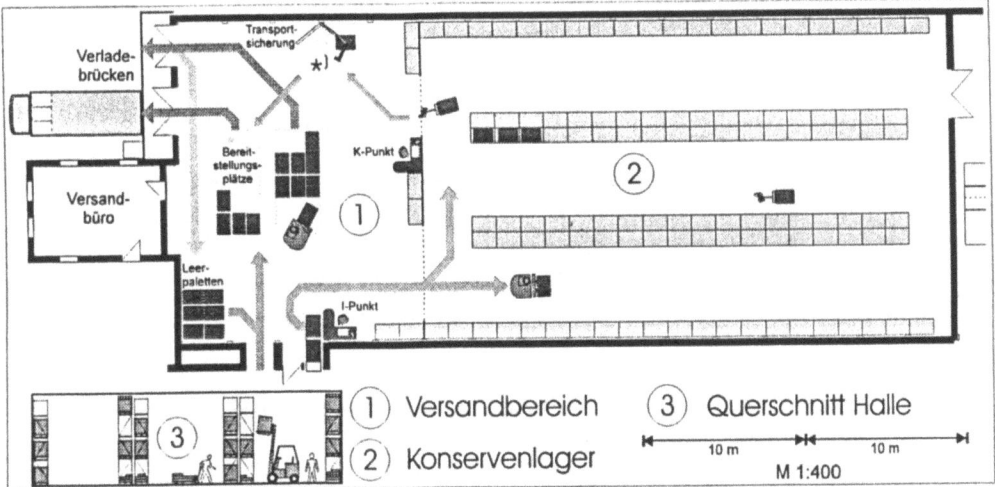

**Bild 17: Layout Lageralternative I**

*Regalsystem*

- Hauptgangsystem
- Palettenregal mit Einplatzsystem und Quereinlagerung

| | |
|---|---|
| Anzahl Regalebenen / Fachplätze: | 4 Ebenen / 456 Plätze |
| Kommissionierplätze: | 114 Plätze |
| Fachbreite / -höhe / -tiefe: | 1.450 mm / 1.240 mm / 900 mm |
| Arbeitsgangbreite: | 4,2 m |

Vorteile:

- Nutzung des vorhandenen Regalsystems
- leichtes Kommissionieren durch Quereinlagerung der Palette (Greiftiefe 800 mm)
- erforderliche Arbeitsgangbreite kürzer durch Queraufnahme der Palette (kann nicht nutzbar gemacht werden)
- jede Palette ist direkt ein- und auslagerbar

Nachteile:

- Kapazitätsgrenze schnell erreicht
- Erweiterung erfordert Umstieg auf ein neues Regalsystem
- schlechter Flächen- und Raumnutzungsgrad

*Lagerbediengeräte*

Ein-,Um- und Auslagerung:     Elektro-Dreirad-Gabelstapler
Kommissionierung:              Handgabelhubwagen

*Ergebnis*

Durch Aufstellen zusätzlicher Regale und Aufstockung von drei auf vier Regalebenen kann die Anzahl der Fachplätze im Konservenlager lediglich um ca. 10 % erhöht werden. Für die Kommissionierer bedeutet das Ziehen und Stoppen der Handgabelhubwagen eine große Anstrengung. Außerdem ergeben sich sehr hohe Wegzeiten. Der Elektro-Dreirad-Gabelstapler kann zusätzlich zur Versorgung der Verpackungslinien mit Kartonagen und zum Transport von Spitzenlasten und Sonderproduktionen in das Sonderlager eingesetzt werden.

## 2.4.7 Lageralternative II: Palettenregal - Mehrplatzprinzip

- Räumliche Integration von Einheiten- und Kommissionierlager
- Regallagerung, Mehrplatzprinzip, Längseinlagerung
- Ein-,Um- und Auslagerung mittels Elektro-Dreirad-Gabelstapler
- Kommissionieren mittels Elektro-Deichselhubwagen
- Kommissionieren nur in der untersten Ebene.

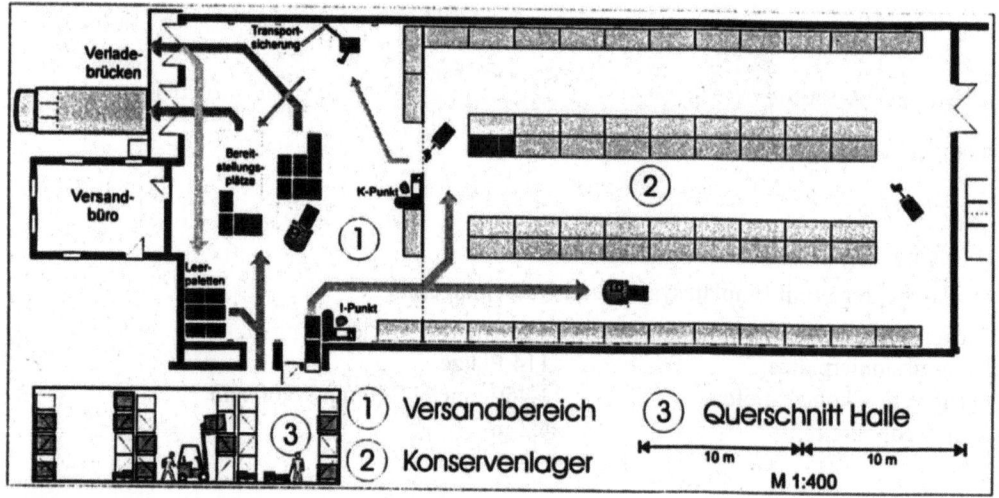

**Bild 18 Layout Lageralternative II**

Regalsystem

- Hauptgangsystem
- Palettenregal mit Mehrplatzsystem und Längseinlagerung, Quertraversen verhindern ein Durchschieben oder Abrutschen der Lagereinheit

2 Systemplanung eines Kommissionierlagers für Frisch- und Konservenware

Anzahl Regalebenen / Fachplätze:  4 Ebenen / 696 Plätze
Kommissionierplätze:  124 Plätze
Fachbreite / -höhe / -tiefe:  2.700 mm / 1.100 mm / 1.300 mm
Arbeitsgangbreite:  3,4 m

Vorteile:

- guter Flächen- und Raumnutzungsgrad
- geringe Investitionen
- erforderliche Arbeitsgangbreite kürzer durch Queraufnahme der Palette (kann nicht nutzbar gemacht werden)
- jede Palette ist direkt ein- und auslagerbar

Nachteile:

- erschwertes Kommissionieren durch Längseinlagerung (Greiftiefe 1.200 mm)

*Lagerbediengeräte*

Ein-,Um- und Auslagerung:  Elektro-Dreirad-Gabelstapler
Kommissionierung:  Elektro-Deichselhubwagen

*Ergebnis*

Durch das neue Regalsystem kann die Anzahl der Fachplätze um ca. 70 % erhöht werden. Die weitaus höheren Beschleunigungs- und Geschwindigkeitswerte des Elektro-Deichselhubwagens führen zu einer Reduzierung der Wegzeit um bis zu 40 %.

## 2.4.8 Lageralternative III: Durchlaufregal

Dynamisches Regalsystem mit folgenden Hauptmerkmalen:

- räumliche Integration von Einheiten- und Kommissionierlager
- Regallagerung, Durchlaufregal, Kanäle mit Schwerkraftantrieb
- Ein-,Um- und Auslagerung mittels Schubmaststapler
- Kommissionieren mittels Elektro-Deichselhubwagen
- Kommissionieren nur in der untersten Ebene.

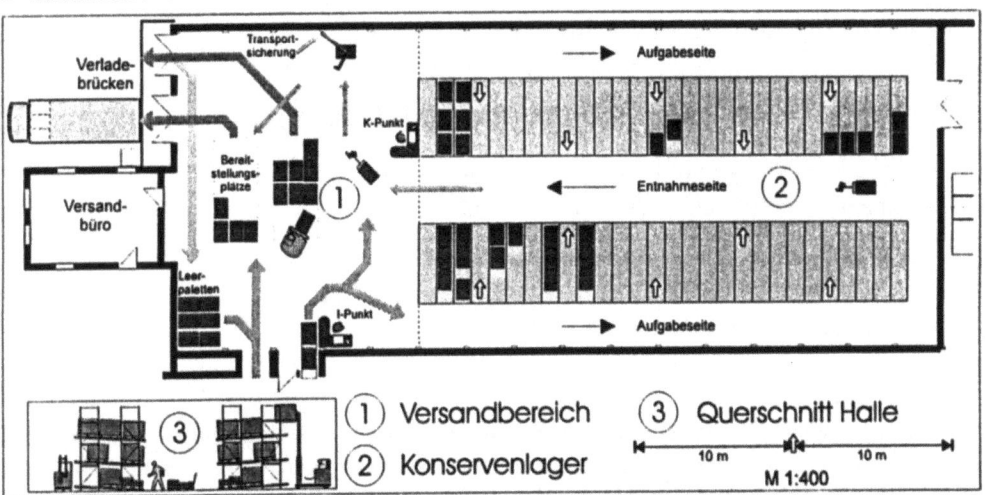

**Bild 19 Layout Lageralternative III**

*Regalsystem*

- Zweigangsystem

- Durchlaufregal mit Schwerkraftantrieb, Vereinzelungsvorrichtung, federnd ausgebildete Endanschläge verhindern das Herausspringen der Palette, für kleine Anlaufgeschwindigkeit sind kurz vor den Anschlägen Bremsrollen eingebaut

| | |
|---|---|
| Anzahl Palettenplätze: | 896 Plätze |
| Kommissionierplätze: | 56 Plätze |
| max. Anzahl Paletten pro Kanal: | 3 Paletten |
| Anzahl Kanäle nebeneinander: | 28 Kanäle |
| Anzahl Kanäle übereinander: | 3 Kanäle |
| Arbeitsgang- / Beschickungsgangbreite: | 3 m / 2,7 m |

Vorteile:

- guter Flächen- und Raumnutzungsgrad durch Fehlen von Zwischengängen
- zwangsweise Einhaltung des FIFO-Prinzips
- völlige Trennung von Ein- und Auslagerung (keine Behinderung der Kommissionierer)

Nachteile:

- schlechter Auslastungsgrad der einzelnen Kanäle (ein Artikel/Kanal)
- hohe Investitionen
- nur 56 Kommissionierplätze (75 Artikel)

*Lagerbediengeräte*

| | |
|---|---|
| Ein-,Um- und Auslagerung: | Schubmaststapler |
| Kommissionierung: | Elektro-Deichselhubwagen |

*Ergebnis*

Durch das Zweigangsystem sind Ein- und Auslagerung voneinander getrennt. Zwar bietet das Durchlaufregal-System ca. 120 % mehr Fachplätze als das bestehende System, bei 28 Kanälen je Regalblock stehen aber für die 75 Artikel nur 56 Kommissionierplätze in der untersten Ebene zur Verfügung. Der Schubmaststapler benötigt nur einen schmalen Arbeitsgang. Sein Einsatzbereich beschränkt sich auf die Stapelarbeiten im Konservenlager. Wegen des hohen Anteils an Rückwärtsfahrten besitzt der Schubmaststapler einen Seitsitz.

## 2.4.9 Lageralternative IV: Paletten- und Durchlaufregal

- räumliche Integration von Einheiten- und Kommissionierlager
- Kombination von Paletten- und Durchlaufregalen
- Ein-,Um- und Auslagerung mittels Schubmaststapler
- Kommissionieren mittels Elektro-Deichselhubwagen
- Kommissionieren nur in der untersten Ebene.

Regalsystem

- Zweigangsystem: Durchlaufregal mit Schwerkraftantrieb, Vereinzelungsvorrichtung, federnd ausgebildete Endanschläge verhindern das Herausspringen der Palette, für kleine Anlaufgeschwindigkeit sind kurz vor den Anschlägen Bremsrollen eingebaut

# 2 Systemplanung eines Kommissionierlagers für Frisch- und Konservenware

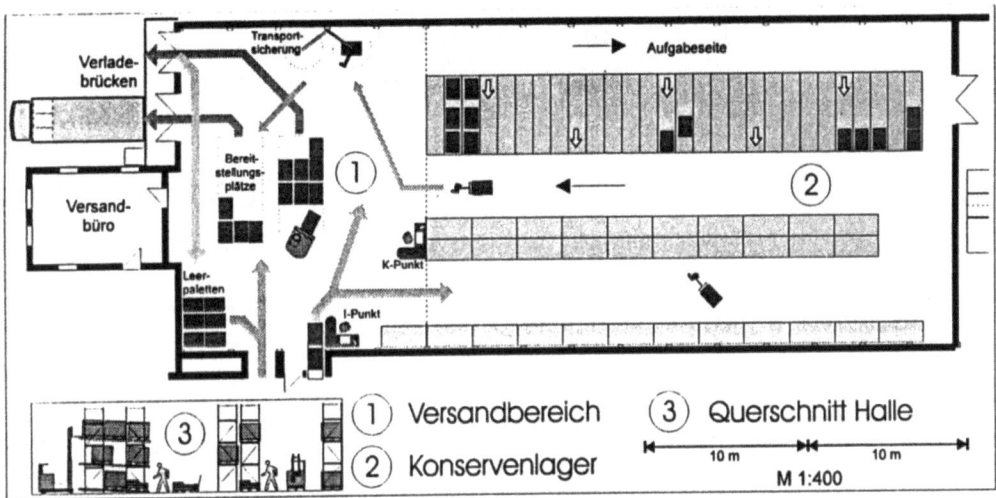

**Bild 20** Layout Lageralternative IV

*Durchlaufregal:*

| | |
|---|---|
| Anzahl Palettenplätze: | 448 Plätze |
| Kommissionierplätze: | 28 Plätze |
| max. Anzahl Paletten pro Kanal: | 3 Paletten |
| Anzahl Kanäle nebeneinander: | 28 Kanäle |
| Anzahl Kanäle übereinander: | 3 Kanäle |
| Arbeitsgang- / Beschickungsgangbreite: | 3,4 m / 2,7 m |

- Hauptgangsystem

  Palettenregal mit Mehrplatzsystem und Längseinlagerung, Quertraversen verhindern ein Durchschieben oder Abrutschen der Lagereinheit

*Palettenregal:*

| | |
|---|---|
| Anzahl Regalebenen / Fachplätze: | 4 Ebenen / 348 Plätze |
| Kommissionierplätze: | 87 Plätze |
| Fachbreite / -höhe / -tiefe: | 2.700 mm / 1.100 mm / 1.300 mm |
| Arbeitsgangbreite: | 3,4 m |

*Lagerbediengeräte*

| | |
|---|---|
| Ein-, Um- und Auslagerung: | Schubmaststapler |
| Kommissionierung: | Elektro-Deichselhubwagen |

*Ergebnis*

Das Durchlaufregal mit seinen 28 Kommissionierplätzen nimmt die umsatzstarken Artikel auf. Das übrige Sortiment wird im Palettenregal gelagert.

# 3 Systemplanung eines Einheitenlagers für Langgut

## 3.1 Aufgabe:
## Planung eines Produktionslagers mit Fertigungsbereich

Die Planung betrifft ein Produktionslager für Langgut. Es handelt sich um das Lager eines Unternehmens für Rohrleitungs- und Apparatebau, das in einer Region mit viel Mineralöl- und Chemieindustrie tätig ist. Die Rohre verlassen das Lager überwiegend in einbaufähigen Längen. Diese Vorfertigung geschieht in einem integrierten Sägezentrum. Das Artikelsortiment an Rohren ist umfangreich durch:

- Rohrdurchmesser
- Rohranzahl / Sorte
- Nenndruck
- Materialqualität
- Herstellungsart (nahtlos gewalzt oder geschweißt).

Für dieses Unternehmen ist eine Systemplanung für Transport- und Lagersysteme unter Einbeziehung eines integrierten Sägezentrums durchzuführen. Es sind Alternativen mit unterschiedlichen Lagertechniken zu erarbeiten.

## 3.2 Planungsprämissen und Planungssolldaten

*Planungsprämissen*

- wirtschaftlich optimale Lagerung von 1.200 t Rohren in einer Länge bis zu 6 m auf einer Lagergrundfläche von 1.540 m²
- sichere Verarbeitung bzw. Auslieferung von durchschnittlich 24 t/AT an den Produktionsbereich
- lastschonender An- und Abtransport von überwiegend gebündelten Rohren per LKW
- übersichtliche und geordnete Lagerung nach Abmessung, Qualität und Nenndruck
- schneller Zugriff bei Warenentnahme sowohl für ganze Lagereinheiten als auch für Einzelstücke
- Vorfertigung eines großen Teils der entnommenen Ladeeinheiten im Sägezentrum
- Ausbaumöglichkeit auf automatischen Lasttransport, soweit nicht von Anfang an vorgesehen
- geringer Personalbedarf.

# 3 Systemplanung eines Einheitenlagers für Langgut

*Lagergut und Sortiment*

| Nr. | Rohrsorte | Artikelanzahl [Stück] | Außendurch- messer [mm] | Werkstoff | Norm |
|---|---|---|---|---|---|
| 1 | Stahlrohre, nahtlos | 61 | 10,2 - 343,0 | St 37.0 | DIN 2448 |
| 2 | Stahlrohre, nahtlos | 61 | 10,2 - 343,0 | St 35.8II | DIN 2448 |
| 3 | Stahlrohre, geschweißt | 93 | 17,2 - 323,9 | St 37.0 | DIN 2458 |
| 4 | Stahlrohre, geschweißt | 93 | 17,2 - 323,9 | St 35.8II | DIN 2458 |
| 5 | Präzisionsstahlrohre, nahtlos | 49 | 10,2 - 229,0 | St 35 | DIN 2391 |
| 6 | Präzisionsstahlrohre, nahtlos | 49 | 10,2 - 229,0 | St 45 | DIN 2391 |
| 7 | Präzisionsstahlrohre, geschweißt | 91 | 17,2 - 219,1 | ST 28 | DIN 2393 |
| 8 | Präzisionsstahlrohre, geschweißt | 91 | 17,2 - 219,1 | ST 34-2 | DIN 2393 |

Tabelle 5   Artikelsortiment

Zu lagern ist ein Sortiment von 588 verschiedenen Artikeln. Das zu lagernde Gut hat ein Gesamtgewicht von 1.200 t. Es ist bei artikelreiner Lagerung in 900 Lagereinheiten aufzunehmen.

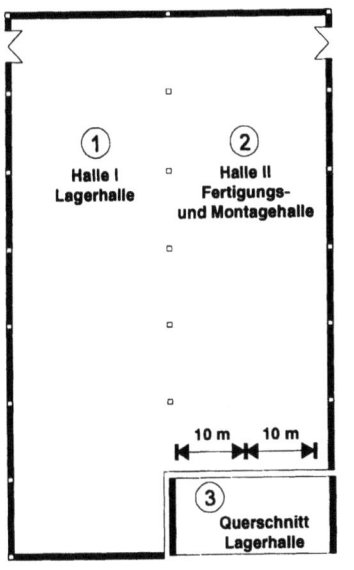

*Abmessungen der Lagerhalle*

|  | Halle I: | Halle II: |
|---|---|---|
| Gebäudefläche: | 1.540 m² | 1.540 m² |
| Nutzhöhe: | 10,0 m | 10,0 m |
| Lichte Höhe: | 11,0 m | 11,0 m |
| Breite: | 22,0 m | 22,0 m |
| Länge: | 70,0 m | 70,0 m |

Bild 21  Grundriß Halle I + II

*Baukonstruktionsbeschreibung*

|  | Halle I: | Halle II: |
|---|---|---|
| Fundament: | Bodenplatte | Bodenplatte mit Streifenfundament |
| Tragkonstruktion: | Stahlkonstruktion (für den Betrieb von Brückenkranen nach DIN 4132 geeignet) | Stahlkonstruktion (für den Betrieb von Brückenkranen nach DIN 4132 geeignet) |
| Bodenbeläge: | Hartbeton | Hartbeton, im Arbeitsbereich Holzklötze |
| Bodennutzlasten: | ca. 5.00 kg/m² | ca. 5.00 kg/m² |
| Außenwände: | Profilblech, isoliert, Gebäudesockel aus Beton | Profilblech, isoliert, Gebäudesockel aus B |
| Fenster: | 70 m² (incl. Oberlichter) | 200 m² (incl. Oberlichter) |

*Technische Daten zu den Einrichtungen*

| | |
|---|---|
| Sägen: | 2 Bügelsägen für große Durchmesser, ausgeführt als Halbautomat |
| | 1 Kreissäge als Vollautomat (automatischer Materialvorschub, feste Längeneinstellung, Mehrfachvorschubausstattung, Stückzähler) |
| Tore für LKW: | 2 Tore |
| Beleuchtung: | für Halle II  Beleuchtungsstärke von 200 Lux |
| | für Halle I   Beleuchtungsstärke von 100 Lux |

## 3.3 Lösungsmöglichkeiten alternativer Transport- und Lagersysteme

### 3.3.1 Alternative I: Bodenlagerung in Stapelgestellen

Bei Bodenlagerung werden als Hilfsmittel Stapelgestelle für das Langgut eingesetzt. Die Stapelgestelle stehen dicht nebeneinander in Querrichtung der Lagerhalle und sind bis zu fünffach übereinander gestapelt. Sie werden durch eine Krananlage bedient, die vom Hallenboden aus per Funk gesteuert wird.

*Technische Daten*

| | |
|---|---|
| Lagermittel: | Stapelgestelle (Schweißkonstruktionen aus Blechen, Standardwalzprofilen und Spezialjochbügeln.) |
| Maße: | A = 600 mm, H = 400 mm |
| Nutzlast: | ca. 3.000 kg/Rack |

Ein Stapelgestell ist ein u-förmiger Rahmen für Langgut aller Art. Beim Stapeln führt sich das aufzusetzende Gestell an den Flanken der Jochbügel und den schrägstehenden Leitblechen, wodurch Formschluß und Zentrierung erreicht werden.

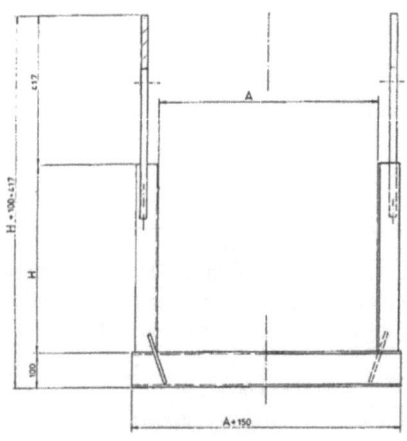 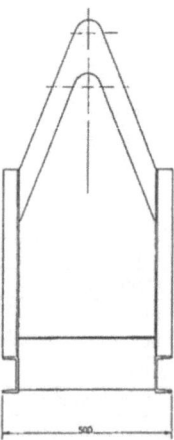

**Bild 22 Abmessungen Stapelgestell (Quelle: Fa. Mannesmann-Dematic)**

3  Systemplanung eines Einheitenlagers für Langgut

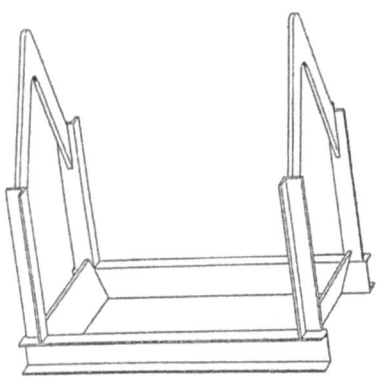

**Bild 23**
**Stapelgestell (Quelle: Fa. Mannesmann- Dematic)**

| | |
|---|---|
| Bediengerät: | 2 Zweiträger-Laufkrane<br>Die Laufkrane fahren auf an den Kranbahnträgern aufgeschraubten Schienen und werden durch Spurkranzräder geführt. |
| Tragfähigkeit: | bis 10 t |
| Kranfahrgeschwindigkeit: | bis 120 m/min |
| Katzfahrgeschwindigkeit: | bis 40 m/min |
| Hubgeschwindigkeit: | bis 8 m/min |
| Kranspurmittenmaß: | 21,5 m |
| Umschlagleistung: | bis 15 Doppelspiele/h |
| Anlagensteuerung: | Funksteuerung mit Automatikfahrt zu eingegebener Zieladresse |
| Lastaufnahmemittel: | kombinierte Lasttraverse mit Jochgreifer, Magneten und Haken |

Für das Stapeln der Gestelle ist die Traverse mit vier Aufnahmepunkten ausgestattet. Verriegelungstragbolzen werden dabei seitlich unter die Jochbügel geschoben. Für die Aufnahme von Bunden und für die Vereinzelung von Rohren ist die Traverse mit um 90° schwenkbaren Magneten ausgestattet. Angebaute feste und ausklappbare Haken an verschiedenen Stellen der Traverse ermöglichen außerdem das Entladen der Bunde vom LKW.

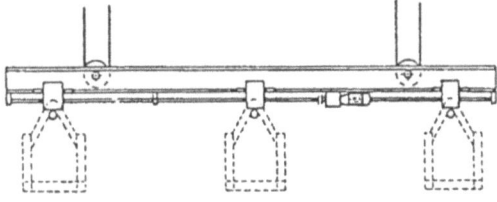

**Bild 24**
**Lasttraverse mit Jochgreifer**
**(Quelle: Fa. Mannesmann-Dematic)**

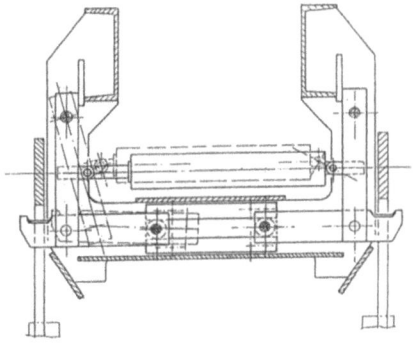

**Bild 25**
**Jochgreifer mit Verriegelungstragbolzen**
**(Quelle: Fa. Mannesmann-Dematic)**

*Lagerdaten*

| | |
|---|---|
| Anzahl Lagereinheiten: | 900 Einheiten |
| Anordnung: | Lagerung in 3 parallelen Reihen |
| | 308 Lagereinheiten/Reihe |
| | 60 Stellplätze/Reihe |
| | 6 Stapelebenen |
| | 12 Umladeplätze |
| Freimaße und Anfahrmaße: | übliche Maße berücksichtigt |
| Gangbreite: | 3,00 m |

*Materialfluß*

*Einlagerung:* Das Lagergut wird per LKW unter den Fahrbereich der Krananlagen I und II gefahren. Die Rohre sind gebündelt. Sie werden entweder im Pufferlager zwischengelagert oder auf fest im Boden verankerten Beladeplätzen vom LKW in die Stapelgestelle lose eingeladen. Anschließend werden Menge und Zustand des Materialeingangs kontrolliert. Die Artikelbezeichnung wird an den Rohren vorgenommen.

Danach nimmt Kran I die Lagereinheiten auf und transportiert sie zu einem festen Lagerplatz in Halle I. Die Steuerung erfolgt per Funk. Die eingegebene Zieladresse wird automatisch angefahren.

*Auslagerung:* Zur Auslagerung steuert Kran I die eingegebene Position an und nimmt die Ladeeinheit mit den gewünschten Rohren auf. Eventuelles Umstapeln erfolgt auf den dafür vorgesehenen Plätzen. Die Lagereinheit wird dann zu einer der drei Sägen transportiert, Kran II entnimmt die benötigten Rohre und führt sie der Säge zu.

Die bearbeiteten Rohre und die nicht gesägten Rohre werden anschließend mit Kran II zur Montage transportiert. Restlängen werden in die Lagereinheit zurückgegeben. Diese wird wieder eingelagert. Reste unter einer bestimmten Länge nimmt das Restelager in Halle II auf.

*Bewertung*

Vorteile

- einfachste Art, Langgut zu lagern
- geringe Investitionen
- geringer Wartungsaufwand
- flexible Änderung der Lagermenge
- große Lagerkapazität
- gute Übersicht und einfache Organisation
- geringe bauliche Anforderungen
- flexible Funktionsänderung der Hallennutzung

Nachteile

- Vollautomatisierung nur bedingt möglich
- kein direkter Zugriff auf jede Ladeeinheit
- Umlagerung erforderlich
- Leistung und Übersichtlichkeit wird durch nicht artikelreine Stapel vermindert
- Verminderung der Standsicherheit bei Bodenunebenheiten
- nur für geringe Artikelvielfalt geeignet
- Arbeitssicherheit durch Aufenthalt zwischen den Stapelgestellen bei Kransteuerung beeinträchtigt
- Stapelhöhe aus Sicherheits- und Umlagerungsgründen begrenzt, daher schlechte Raumnutzung

## 3 Systemplanung eines Einheitenlagers für Langgut

*Ergebnis*

Die Stapelgestell-Lagerung mit Kranbedienung ist keine geeignete Lösung der gegebenen Aufgabe. Bei der vorhandenen Fläche der Lagerhalle und dem gegebenen Rohrsortiment ergibt sich eine Anzahl von 6 Stapelebenen. Diese macht ein häufiges Umstapeln erforderlich, die geforderte Umschlagleistung kann nicht erreicht werden.

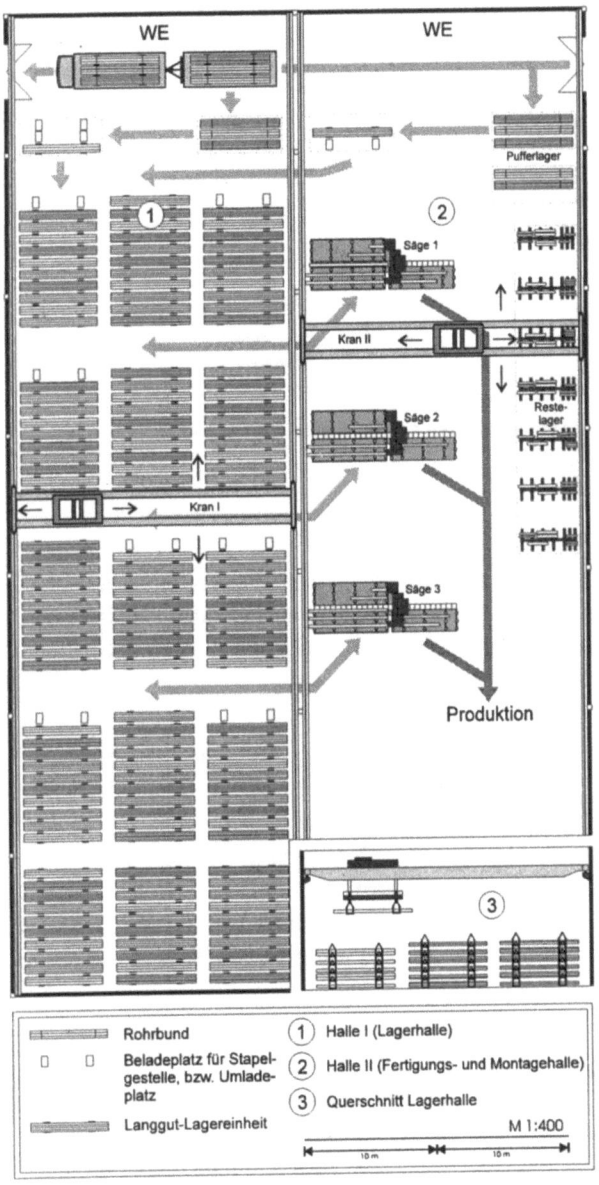

**Bild 26 Layout Alternative I**

## 3.3.2 Alternative II: Mannbediente Kragarmregallagerung

Das Lagergut wird in Kassetten auf Kragarmregalen gelagert. Die Bedienung erfolgt durch einen Vierwegestapler.

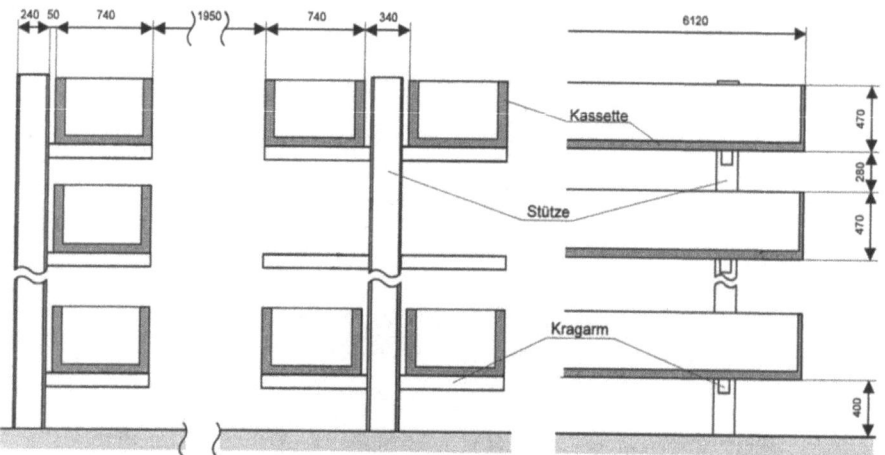

**Bild 27 Abmessungen Kragarmregal und Langgutkassetten**

*Technische Daten*

Lagermittel: Kragarmregal mit Langgutkassetten

Die Einrichtung besteht aus Stützen mit zweiseitig auskragenden Armen. Die Ständer sind untereinander verbunden und stehen auf zweiseitig ausladenden Bodenriegeln. Die Kragarme sind mit den Stützen verschraubt. Die Langgutkassetten sind selbsttragend, so daß zwei Kragarmstützen pro Regal genügen.

| | |
|---|---|
| Bediengerät: | 2 Elektro-Vierwegestapler |
| Nenntragkraft: | 3 t |
| Nennhub: | 7,50 m |
| Fahrgeschwindigkeit: | bis 11km/h |
| Hubgeschwindigkeit: | bis 0,3 m/s |
| Arbeitsgangbreite: | 1.950 mm |
| Sonderausstattung: | Zwangsführungsrollen mit großem Durchmesser |

*Lagerdaten*

| | |
|---|---|
| Anzahl Lagereinheiten: | 900 Einheiten |
| Anordnung: | Lagerung zu beiden Seiten von 10 Arbeitsgängen mit Zwangsführung |
| | 90 Lagereinheiten/Arbeitsgang |
| | 6 Regale/Arbeitsgang |
| | 10 Regalebenen |
| Freimaße und Anfahrmaße: | übliche Maße berücksichtigt |
| Arbeitsgangbreite: | 1.950 mm |

3 Systemplanung eines Einheitenlagers für Langgut

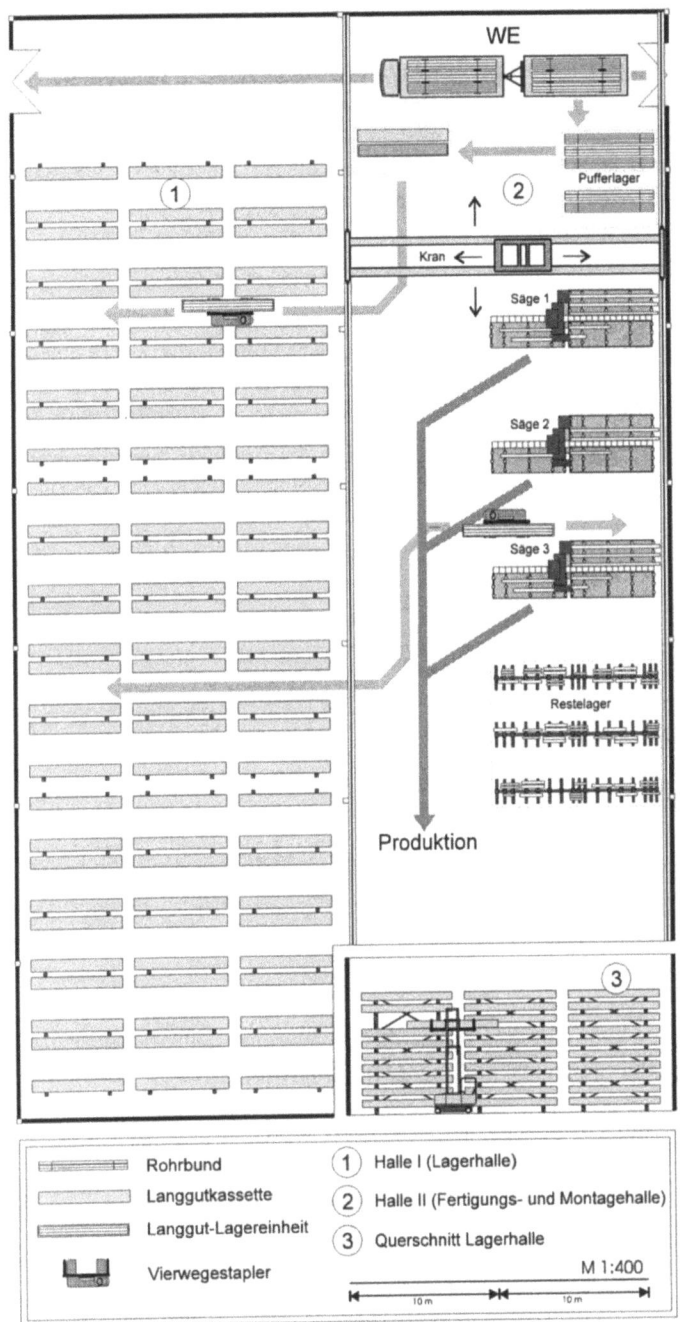

Bild 28 Layout Alternative II

*Materialfluß*

*Einlagerung:* Das Lagergut wird per LKW unter den Fahrbereich der Krananlage gefahren. Die Rohre sind gebündelt. Sie werden mit dem Kran abgeladen, in einem Pufferlager zwischengelagert und anschließend lose in bereitstehende Kassetten gelegt. Menge und Zustand des Materialeingangs werden kontrolliert und die Artikelbezeichnung an den Kassetten vorgenommen. Ein Elektro-Vierwegestapler transportiert die Kassetten zu ihren festen Lagerplätzen im Kragarmregallager der Halle I.

*Auslagerung:* Der Vierwegestapler nimmt die Kassette mit den gewünschten Rohren auf und transportiert sie zu den Sägen in der Halle II. Der Kran nimmt die Rohre aus der Kassette und führt sie den Sägen zu. Die gesägten Rohre werden anschließend mit dem Kran zur Montage transportiert. Außerdem werden angeforderte, aber nicht zu sägende Rohre der Kassette entnommen und zur Montage transportiert. Restlängen werden in die Kassette zurückgegeben oder in das Restelager genommen. Der Elektro-Vierwegestapler lagert die Kassette wieder ein.

*Bewertung*

Vorteile:

- direkter Zugriff auf jede Ladeeinheit
- FIFO-Prinzip möglich
- geringe Investitionen
- gute Übersicht und einfache Organisation
- hohe Betriebssicherheit
- anpassungsfähig an verändertes Sortiment
- geringe bauliche Anforderungen

Nachteile:

- Automatisierung eingeschränkt
- geringe Raumnutzung
- personalintensiv

*Ergebnis*

Die gestellte Aufgabe kann mit dem Kragarmregallager und dem Vierwegestapler gelöst werden. Die schlechte Raumnutzung fällt angesichts der vorgegebenen Hallenmaße nicht ins Gewicht.

### 3.3.3 Alternative III: Automatische Kragarmregallagerung

Das Lagergut wird in Kassetten auf Kragarmregalen gelagert. Den Transport übernimmt ein regalgebundener Kran mit Hubtraverse, der über den Kragarmregalen reversierbar verfahrbar ist. Die Steuerung des Krans ist automatisch.

*Technische Daten*

| | |
|---|---|
| Lagermittel: | Kragarmregal mit Langgutkassetten |

Die Einrichtung besteht aus Stützen mit zweiseitig auskragenden Armen. Die Ständer sind untereinander verbunden und stehen auf zweiseitig ausladenden Bodenriegeln. Die Kragarme sind mit den Stützen verschraubt. Die Langgutkassetten sind selbsttragend, so daß 2 Kragarmstützen pro Regal genügen, welche die Kassetten jeweils an der Stirnseite unterstützen.

| | |
|---|---|
| Bediengerät: | 2 Überfahrkrane |
| | Die Überfahrkrane fahren auf Schienen oberhalb der beiden Regalblöcke. Sie bewegen mit Hilfe eines Hubwerkes die Hubtraversen in den Gängen zwischen den Regalen. |
| Tragfähigkeit: | bis 5 t |
| Fahrgeschwindigkeit: | bis 160 m/min |
| Hubgeschwindigkeit: | bis 32 m/min |
| Umschlagleistung: | bis 20 Doppelspiele/h |
| Lastaufnahmemittel: | Hubtraverse mit Lastaufnahmeeinrichtung |
| | Die Hubtraverse wird vertikal in Profilen geführt. Sie ist mit einer Lastaufnahmeeinrichtung ausgerüstet, welche unter die Aufnahmepunkte der Kassette ausgefahren wird. Die Kassette wird freigehoben und die Lastaufnahmeeinrichtung wieder eingefahren. Mit der Hubtraverse wird die Kassette nach oben befördert, auf den Regalstützen verfahren und im entsprechenden Regalgang wieder herabgelassen. |

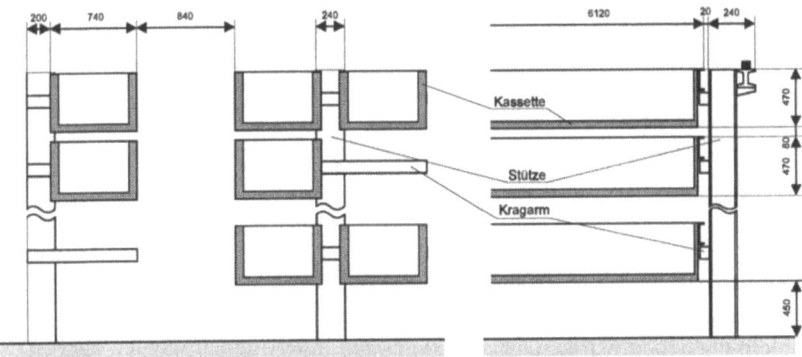

**Bild 29 Abmessungen Kragarmregal und Langgutkassetten**

*Lagerdaten*

| | |
|---|---|
| Anzahl Lagereinheiten: | 910 Einheiten |
| Anordnung: | Lagerung in 2 Reihen |
| | 455 Lagereinheiten/Reihe |
| | 35 Regale/Reihe |
| | 13 Regalebenen |
| Freimaße und Anfahrmaße: | übliche Maße berücksichtigt |

*Materialfluß*

*Einlagerung:* Das Lagergut wird per LKW unter den Fahrbereich der Krananlage gefahren. Die Rohre sind gebündelt. Sie werden mit dem Kran abgeladen, in einem Pufferlager zwischengelagert und anschließend lose in bereitstehende Kassetten gelegt. Menge und Zustand des Materialeingangs werden kontrolliert und die Artikelbezeichnung an den Kassetten vorgenommen. Die Kassetten werden durch einen stationären Rollenförderer in einen Gang des Kragarmregallagers transportiert. Hier nimmt die Hubtraverse eines der 2 Überfahrkrane die Kassetten auf und lagert sie an dem vorgesehenen Platz ein.

*Auslagerung:* Zur Auslagerung werden die Kassetten nach Übergabe durch die Lasttraverse auf einem der drei Rollenförderer aus der Anlage heraus zu den Sägen transportiert. Der Kran nimmt die Rohre aus der Kassette und führt sie den Sägen zu. Die gesägten Rohre werden anschließend mit dem Kran zur Montage transportiert. Außerdem werden angeforderte, aber nicht zu sägende Rohre der Kassette entnommen und zur Montage transportiert. Restlängen werden in die Kassette zurückgegeben oder in das Restelager genommen. Die Kassetten werden wieder eingelagert.

*Bewertung*

Vorteile:

- geringe Lagerabmessungen, kompakte Lagerung
- große Artikelzahl möglich
- direkter Zugriff zu jedem Artikel
- FIFO-Prinzip möglich
- gute Übersicht und einfache Organisation
- mehrere Krantraversen auf gleichem Schienenpaar möglich
- hohe Betriebssicherheit
- gute Automatisierbarkeit

Nachteile:

- hohe Investitionen
- dynamische Beanspruchung der Lagermittel durch Führung der Lasttraverse
- keine Vertikalfahrten möglich (Hubbewegung kann nicht überlagert werden)

*Ergebnis*

Das Kragarmregallager mit Überfahrkranen ermöglicht die Lösung der gestellten Aufgabe. Die kompakte Bauweise beansprucht nur einen Teil der Halle I, so daß eine Kapazitätserhöhung kein Problem darstellen würde. Die ohnehin hohen Investitionen werden allerdings durch den notwendigen Einsatz von zwei Überfahrkranen noch weiter gesteigert.

3  Systemplanung eines Einheitenlagers für Langgut

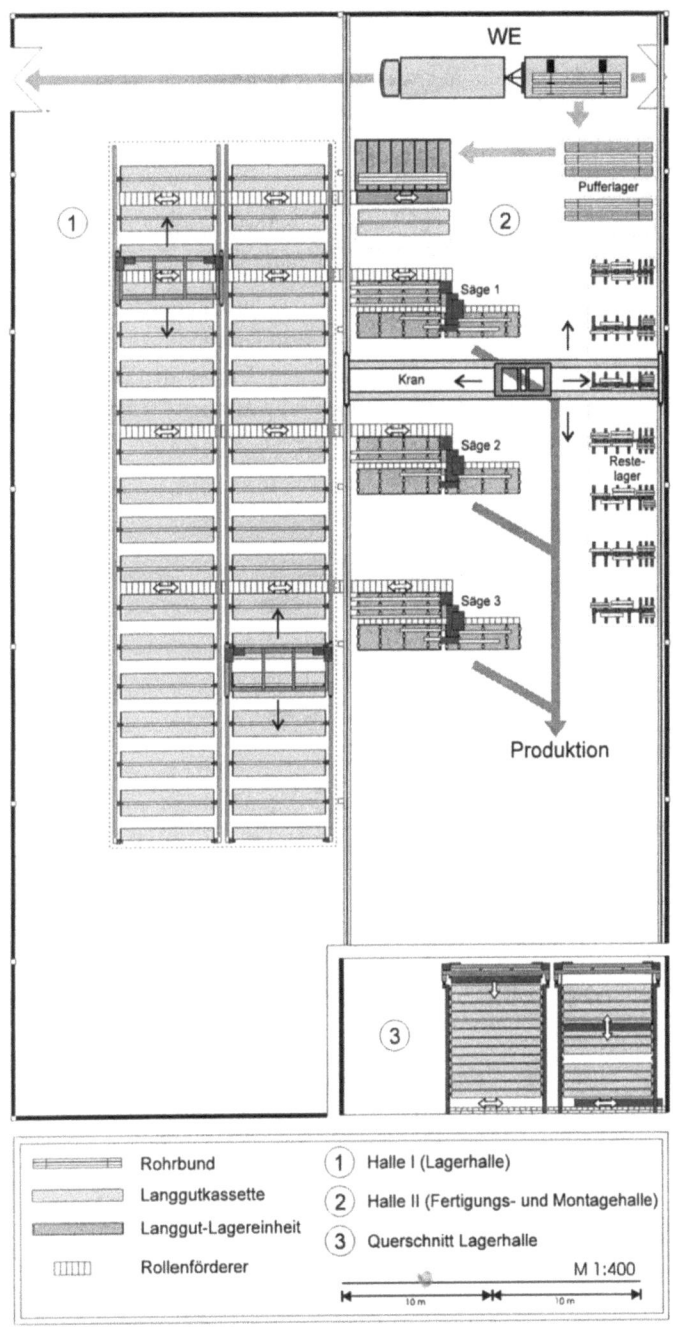

**Bild 30** Layout Alternative III

### 3.3.4 Alternative IV: Wabenregallagerung

Das Lagergut wird in Kassetten in zwei gegenüberliegenden Wabenregalen gelagert. Die Bedienung übernimmt ein dazwischen verfahrbares Regalbediengerät.

*Technische Daten*

Lagermittel: sich gegenüberstehende Regalkonstruktion mit Wabenfächern für Langgutkassetten

Die Frontseite des Regals sieht schachbrettartig aus. Relativ kleine Feldbreiten und Feldebenenhöhen bestimmen das Konstruktionsbild. Die Regalkonstruktion ist kein Serienprodukt. Als Umschlags- und Ladeeinheit dienen Langgutkassetten. Sie werden in die mit Kunsstoffgleitern oder Rollen ausgerüsteten Lagerfächer geschoben oder aus den Fächern auf das Lastaufnahmemittel des Regalbediengerätes gezogen.

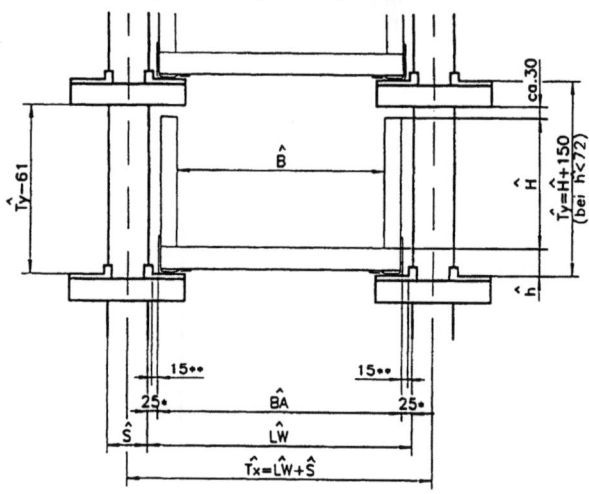

**Bild 31**
**Fachabmessungen**
**(Quelle: Fa. Mannesmann-Dematic)**

*Maße Kassette*

$\hat{LA}$ = 6.300 mm

$\hat{BA}$ = 690 mm

$\hat{HA}$ = 470 mm

*Maße Wabenraster*

$\hat{Tx}$ = 860 mm

$\hat{Ty}$ = 550 mm

Regalbediengerät: Langgutstapelgerät
Das Langgutstapelgerät ist eine Zweimastausführung und auf Schienen zwischen den beiden gegenüberliegenden Regalblöcken verfahrbar.

Tragfähigkeit: bis 7 t
Fahrgeschwindigkeit: bis 160 m/min
Hubgeschwindigkeit: bis 32 m/min
Auszugsgeschwindigkeit: bis 50 m/min
Umschlagleistung: bis 25 Doppelspiele/h

## 3 Systemplanung eines Einheitenlagers für Langgut

*Lastaufnahmemittel:*

Das Lastaufnahmemittel besitzt zwei mit je einem Mitnehmer versehene Ketten, die die Langgutkassetten über Griffvorrichtungen ins Lagerfach hineinschieben oder aus ihm herausziehen.

*Lagerdaten*

| | |
|---|---|
| Anzahl Lagereinheiten: | 910 Einheiten |
| Anordnung: | Lagerung in 2 gegenüberliegenden Reihen mit Arbeitsgang |
| | 475 Lagereinheiten/Reihe |
| | 35 Lagereinheiten/Regalebene |
| | 13 Regalebenen |
| Freimaße und Anfahrmaße: | übliche Maße berücksichtigt |
| Arbeitsgangbreite: | Kassettenaußenmaß + 850 mm = 7.150 mm |

*Materialfluß*

*Einlagerung:* Das Lagergut wird per LKW unter den Fahrbereich der Krananlage gefahren. Die Rohre sind gebündelt. Sie werden mit dem Kran abgeladen, in einem Pufferlager zwischengelagert und anschließend lose in bereitstehende Kassetten gelegt. Menge und Zustand des Materialeingangs werden kontrolliert und die Artikelbezeichnung an den Kassetten vorgenommen. Ein Rollenförderer transportiert die Kassetten in eine für diesen Zweck freigehaltene Wabe des Wabenregals. Hier nimmt das Regalbediengerät die Kassetten auf und lagert sie in der vorgesehenen Wabe ein.

*Auslagerung:* Zur Auslagerung werden die Kassetten vom Regalbediengerät aufgenommen und auf einem der drei Rollenförderer abgesetzt. Diese transportieren sie aus der Regalanlage heraus zu den Sägen. Der Kran nimmt die Rohre aus der Kassette und führt sie den Sägen zu. Die gesägten Rohre werden anschließend mit dem Kran zur Montage transportiert. Außerdem werden angeforderte, aber nicht zu sägende Rohre der Kassette entnommen und zur Montage transportiert. Restlängen werden in die Kassette zurückgegeben oder in das Restelager genommen. Die Kassetten werden wieder eingelagert.

*Bewertung*

Vorteile:
- Verbindung der Quell- und Zielorte auf kürzestem Wege (Diagonalfahrt)
- übersichtliche Lagerung
- FIFO-Prinzip durch Organisation
- geringer Höhenverlust
- einfach automatisierbar
- geringe Gefahren für Personal
- Wartungsfreundlichkeit durch breiten Mittelgang
- Regalbediengerät mit hoher Umschlagleistung

Nachteile:
- hohe Investition
- aufwendige Regalkonstruktion (Stahlbau)
- Gleitschuhe oder Rollen im Regal oder durchgehende Gleitkufen an den Kassetten erforderlich
- Schwierigkeiten bei der Integration in bestehende Hallen
- Schienenanlage für Regalbediengerät erforderlich
- bei Ausfall des RBG kein Zugriff auf Langgut

*Ergebnis*

Das Wabenregallager löst die gestellte Aufgabe. Das Lager nutzt die gesamte Hallenbreite aus. Für eine Kapazitätserweiterung oder für eine anderweitige Nutzung besteht viel Platz. Es ist nur ein Lagerbediengerät erforderlich. Übersichtlichkeit und Umschlagleistung sind sehr gut.

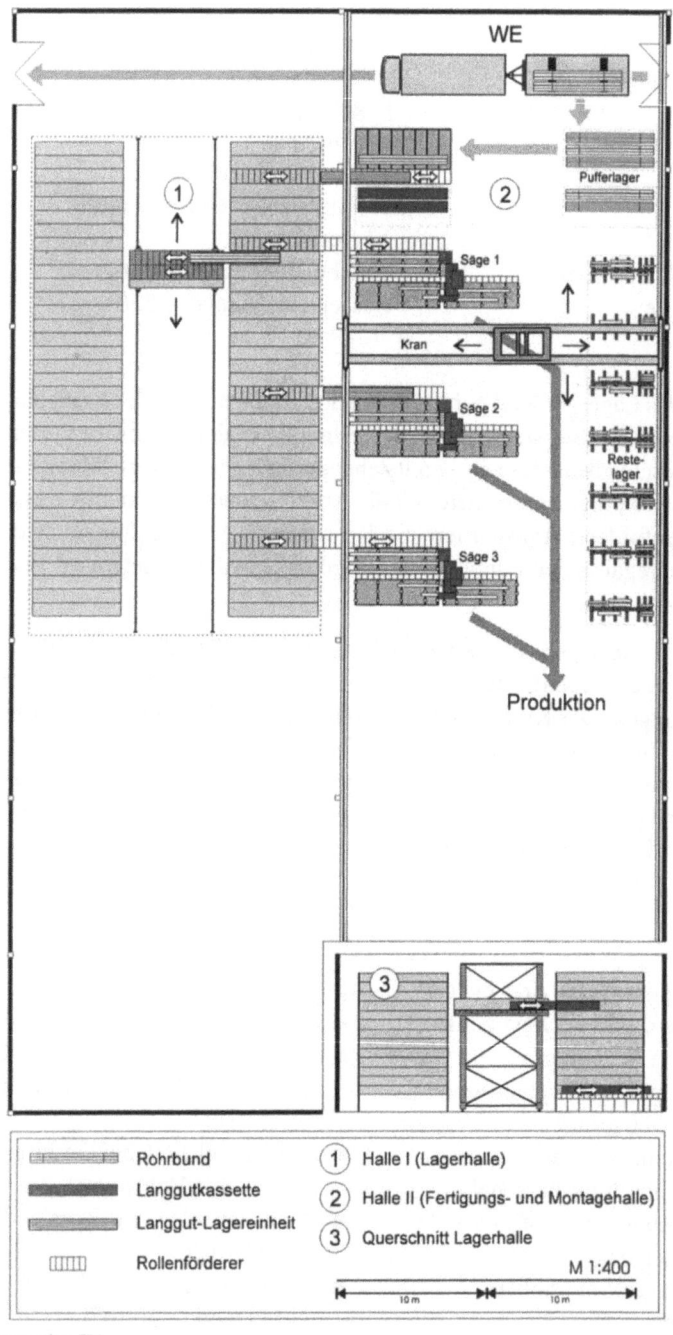

**Bild 32 Layout Alternative IV**

## 3.4 Bewertung: Flächen, Höhen- und Raumnutzungsvergleich

Eine vergleichende Bewertung der Lösungsmöglichkeiten kann anhand des Flächen-, Höhen- und Raumnutzungsgrades vorgenommen werden. Es ergeben sich die nachfolgend dargestellten Werte. Die Gesamtlagerfläche ist die für das jeweilige Lagersystem benötigte Fläche (bei Altenative III wird die ungenutzte Fläche an der Seite nicht berücksichtigt).

|  |  | Alternative I<br>Bodenlagerung in<br>Stapelgestellen | Alternative II<br>Kragarmregal,<br>mannbedient | Alternative III<br>Kragarmregal,<br>automatisch | Alternative I<br>Wabenregal |
|---|---|---|---|---|---|
| $z_A$ | [LE] | 150 | 90 | 70 | 70 |
| $A_{LE}$ | [m²] | 4,50 | 4,53 | 4,53 | 4,35 |
| $A$ | [m²] | 1326,24 | 1279,72 | 639,07 | 643,61 |
| $z_H$ | [LE] | 6 | 10 | 13 | 13 |
| $H_{LE}$ | [m] | 0,50 | 0,47 | 0,47 | 0,47 |
| $H$ | [m] | 10,00 | 10,00 | 10,00 | 10,00 |
| $z_V$ | [LE] | 900 | 900 | 910 | 900 |
| $V_{LE}$ | [m³] | 2,25 | 2,13 | 2,13 | 2,04 |
| $V$ | [m³] | 13262,40 | 12797,20 | 6390,72 | 6436,05 |
| $\varphi_A$ | [%] | 51 | 32 | 50 | 47 |
| $\varphi_H$ | [%] | 30 | 47 | 61 | 61 |
| $\varphi_V$ | [%] | 15 | 15 | 30 | 29 |

Tabelle 6   Werte und Nutzungsgrade der verschiedenen Alternativen

*Bewertung*

Alternative I erreicht die höchste Flächennutzung, da das Lager nicht flurgebunden, sondern mit einem Kran von oben bedient wird. Dadurch sind breite Arbeitsgänge nicht erforderlich. Angesichts der Begrenzung auf 6 Stapelebenen ist der Höhennutzungsgrad der niedrigste unter den 4 Fällen. Bei Alternative II führt die hohe Anzahl von Arbeitsgängen zu dem geringsten Flächennutzungsgrad. Die Alternative III und IV erreichen gleiche Höhennutzungsgrade, da jeweils 13 Lagereinheiten mit nur geringen Zwischenräumen übereinander gelagert werden können. Die Flächennutzungsgrade werden durch die Gänge bestimmt. Alternative III benötigt viele schmale Gänge, Alternative IV einen breiten Gang, der mehr als 1/3 der Gesamtlagerfläche beansprucht. Das Produkt aus Flächen- und Höhennutzungsgrad ist der Raumnutzungsgrad. Er ist entsprechend den zuvor besprochenen Nutzungsgraden bei den Alternativen I und II niedrig, halb so hoch wie bei den Alternativen III und IV. Generell ist bei der Bewertung der Nutzungsgrade zu beachten, daß die Abmessungen der Lagerhalle vorgegeben sind und eingesparter Raum nicht immer anderweitig genutzt werden kann.

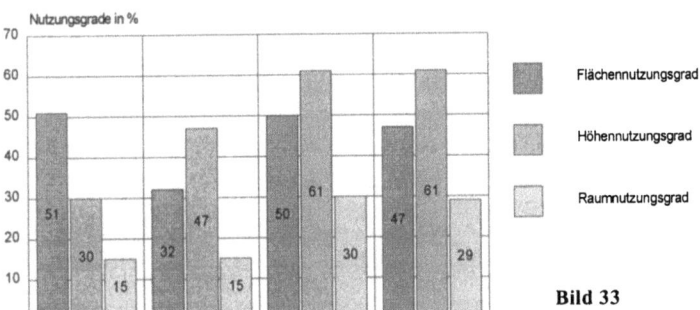

Bild 33
Nutzungsgrade der verschiedenen Alternativen

# 4 Planung des Informationssystems mit belegloser Kommissionierung

## 4.1 Planung der Ablauforganisation in einem Distributionslager

Ein Unternehmen liefert Matten an Fahrzeughersteller. Schwerpunkte für die Anwendung der Matten sind die Schallenergieabsorption, der Ausgleich von konstruktionsbedingten Unebenheiten im Fahrzeugboden und die stilistische Abrundung des Innenraums.

Für die verschiedenen Kunden werden im wesentlichen zwei Mattenarten hergestellt:

- unterschäumte Matten (US-Matten)
- nicht unterschäumte Matten bzw. Leichtform-Matten (LF-Matten).

Außerdem werden sogenannte Tunnelmatten als Sondermatten gefertigt.

Es ist notwendig, die Kosten in den Bereichen Mattenfertigung und Mattenversand zu senken. Dazu wurde einmal das Fertigwarenlager, das bisher über 2 km von der Fertigung entfernt lag, in den Betrieb Matten verlagert und zum anderen eine Planung der Ablaufsteuerung und des Informationsflusses im neuen Distributionslager durchgeführt.

Die Endfertigung und die Verpackung der Produkte sowie die Planung der Lagerstruktur werden hier nicht weiter betrachtet.

## 4.2 Beschreibung des Istzustandes

Das Distributionslager ist in den Hallen I und II eingerichtet und in kundenorientierte Bereiche unterteilt. Die Verwaltung der Lagerplätze geschieht manuell über Karteikästen. Warenein- und Ausgang sind dezentralisiert, da speziell für die Kunden A und B die Anzahl der täglich produzierten und einzulagernden Einheiten für eigenständige Bereiche groß genug ist. Außerdem sind deren Ladeeinheiten durch besondere Ladegestelle gekennzeichnet.

In der Halle I erfolgen ferner die Endfertigung, die Endkontrolle und das Verpacken der Matten. Für das Verpacken zur Bildung von Ladeeinheiten werden Versandladegestelle der Kunden oder Einwegverpackungen eingesetzt. Von der Endfertigung wird die Ware zur Einlagerung in das Distributionslager oder in den Wareneingangs-/Warenausgangsbereich für Sondermatten zur Bereitstellung für den Versand transportiert.

Der Versand von Fertigwaren erfolgt vor der Halle II in einer überdachten Verladezone. Ankommende LKW-Fahrer melden sich unmittelbar am I-Punkt. Dort bekommen sie einen der 3 Stellplätze an der Überdachung zugewiesen. Die LKW gehören Spediteuren oder Kunden und führen sowohl komplette als auch Teilladungen für die einzelnen Kunden.

Die Abfertigung der LKW erfolgt hauptsächlich zwischen 12 und 16 Uhr. Die durchschnittliche Dauer der Abfertigung eines LKW beträgt eine Stunde. Dabei können 3 LKW gleichzeitig abgefertigt werden (s. Bild 35).

4 Planung des Informationssystems mit beleglosen Kommissionierung

*Datengerüst*

| | |
|---|---|
| Artikelsortiment: | ca. 200 verschiedene Artikel |
| Abmessungen: | max. 2.570 mm x 1.740 mm (min. 50 mm x 20 mm) |
| Ladeeinheiten: | 54 verschiedene Ladegestelle und Formen von Paletten-Einwegverpackungen (stapelbare und unterfahrbare Einheiten) |
| Volumen: | max. 4,60 m³ (min. 0,06 m³) |
| Taragewicht: | max. 300 kg (min. 2 kg) |
| Gewicht: | max. 1,5 t |
| Tagesproduktion: | 142 LE |
| davon sind | 10 LE/AT Sondermatten |
| | 23 LE/AT Sofortbedarf |
| | 41 LE/AT Direktversand |
| | 68 LE/AT Distributionslager |
| Einlagerungen: | 68 LE/AT |
| Auftragsstruktur: | jeder Auftrag besteht aus ganzen Ladeeinheiten |
| Versandbereich: | 12 LKW/AT, 1 Waggon/AT |
| Hallenabmessungen: | L x B x H Halle I: 49,6 m x 43,0 m x 4,5 m |
| | L x B x H Halle II: 10,5 m x 33,4 m X 5,0 m |
| Lagerstruktur: | Bodenlagerung (gestapelt) |
| | Regallagerung (4 Regalebenen) |

| Kunde | durchschnittl. Lagerbestand | Lagerart | Gesamt-lager-fläche | Bodenlager -fläche | Regallager-fläche | Regalstell-plätze | freie Kapazitäten |
|---|---|---|---|---|---|---|---|
| | [LE/Tag] | | [m²] | [m²] | [m²] | [Stellplätze] | [m²]/[Stellpl.] |
| A | 187 | Regal/Boden | 158 | 45 | 113 | 160 | 20 / 25 |
| B | 132 | Regal/Boden | 145 | 33 | 112 | 140 | 10 / 26 |
| C | 105 | Regal/Boden | 187 | 125 | 62 | 74 | 12 / 5 |
| D | 15 | Boden | 80 | 80 | - | - | 64 / - |
| E | 50 | Boden | 64 | 64 | - | - | 7 / - |
| Sonstige | 23 | Boden | - | - | 24 | 36 | 11 / - |

Tabelle 7  Lagerstruktur

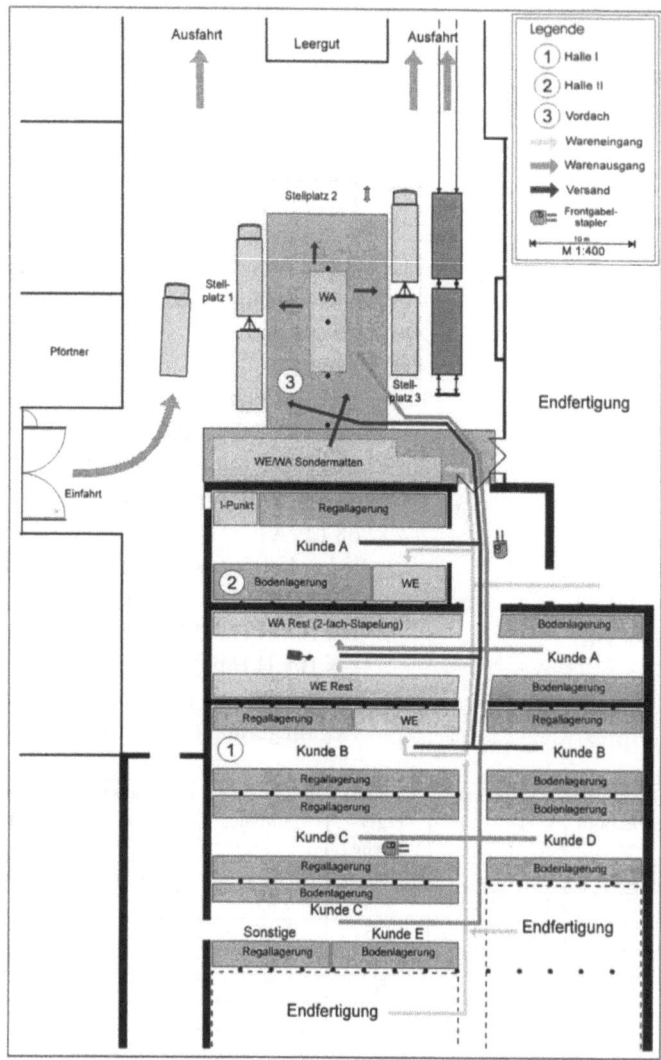

**Bild 34 Grundriß**

*Lagerablaufsteuerung und Informationsfluß*

Bei dem gegenwärtigen Informations- und Belegfluß handelt es sich um ein "gewachsenes" System. Es gibt im Unternehmen auf der einen Seite ein modernes EDV-System mit einem Lagerverwaltungssystem (LVS) und den SAP-Modulen Materialwirtschaft (RM) und Vertrieb (RV). Auf der anderen Seite gibt es keine Schnittstelle zwischen dem LVS und den Modulen RM und RV, da das LVS als "Stand alone" aufgebaut wurde. Die Folge ist, daß in die Lagerablaufsteuerung und den Informationsfluß manuell eingegriffen werden muß. Der Informations- und Belegfluß ist wie folgt (s. Bild 35 und Bild 36):

*Ablieferung*

Die fertige Ladeeinheit (LE) wird mit einem Fertigwarenablieferschein (FWAS) gekennzeichnet. Der FWAS enthält einen dem in der LE enthaltenen Artikel entsprechenden Barcode. Dieser wird mit einem Barcodeleser eingelesen. Zusätzlich wird die abzuliefernde Artikelmenge manuell gebucht.

Diese Buchung erfolgt auf einem in der Endfertigung aufgestellten PC, der über ein LAN mit dem Leitstand verbunden ist. Der Leitstand wiederum ist mit dem SAP-Modul RM im Host verbunden. Hier erfolgt die Bestandsbuchung.

*Einlagerung*

Ein Stapler bringt die LE in den Wareneingangsbereich des Lagers oder in den Warenausgangsbereich unter dem Vordach. Dabei wird ein Durchschlag des FWAS am I-Punkt abgegeben. Hier werden anhand der Heute/Heute-Liste Sofortbedarfe erkannt, die unmittelbar in den Warenausgangsbereich transportiert werden.

Allen einzulagernden LE wird ein Stellplatz manuell mit Hilfe von Stellplatzkarten aus einer Kartei zugeordnet. Die Stellplatzkarte wird an der LE angebracht und die LE auf dem zugewiesenen Stellplatz eingelagert. Im LVS erfolgt eine Buchung des vergebenen Stellplatzes.

*Auslagerung*

Die Abrufe der Kunden per Datenfernübertragung (DFÜ) werden direkt in das Modul RV eingespielt. RV bildet aus den Abrufen eine Kommissionierliste (Kommiliste). Die Stellplätze dieser Artikel werden über ein Terminal des LVS ermittelt und manuell auf der Kommiliste vermerkt. Dabei wird FIFO beachtet. Anhand der so vervollständigten Kommiliste transportiert ein Staplerfahrer die LE vom Stellplatz zum Warenausgangsbereich, soweit die LE nicht auf dem Stellplatz zum Direktversand verbleibt. Zum Wiederfreimelden des Stellplatzes im Distributionslager sind zwei Schritte notwendig: Rückgabe der Stellplatzkarte in die Kartei und Buchung im LVS zum Löschen des Stellplatzes. Zusätzlich muß im Modul RV der Lagerabgang gebucht werden. Das Modul RV druckt einen VDA-Warenanhänger. Er wird nach der Identkontrolle, d.h. nach einem Vergleich der Daten auf der Kommiliste mit den Daten auf dem Anhänger, an der LE angebracht.

*Versand*

Mit der die Auslagerung abschließenden Buchung im RV werden die Daten an ein anderes Versandsystem übermittelt. Anhand dieser Daten bestellt der Expedient Frachtraum bei den Speditionen. Anschließend werden nach Gewichtsverteilung und Kundenzusammengehörigkeit vorläufige Ladelisten erstellt, welche die LE den LKW zuordnen.

Die LKW werden entsprechend den vorläufigen Ladelisten beladen. Dabei werden Abweichungen notiert. Die korrigierte Ladeliste geht an den Expedienten zurück. Dieser fertigt eine endgültige Ladeliste an. Davon erhält der LKW-Fahrer ein Exemplar als Begleitpapier.

Für die Heute/Heute-Artikel und die Artikel zum Direktversand, die von der Fertigung direkt zum Warenausgangsbereich transportiert werden, werden über das Modul RM VDA-Anhänger ausgedruckt und nach Identkontrolle an den LE angebracht. Das gilt auch für die LE, die bis zur Direktversendung auf LKW auf ihren Stellplätzen bleiben.

## B Planungsbeispiele

*Bewertung*

Vorteile

- einfaches System, die Mitarbeiter praktizieren es seit Jahren und sind damit vertraut

Nachteile

- manuelle Stellplatzvergabe, keine Möglichkeit, die Lagerartikel nach Lagermerkmalen, z.B. Umschlaghäufigkeit, zu unterscheiden
- manuelle Buchungen bei der Abfrage zur Stellplatzzuordnung und bei der Auslagerung
- Informationsfluß und Materialfluß laufen zeitversetzt ab
- Fehlerquellen durch manuelle Buchungen

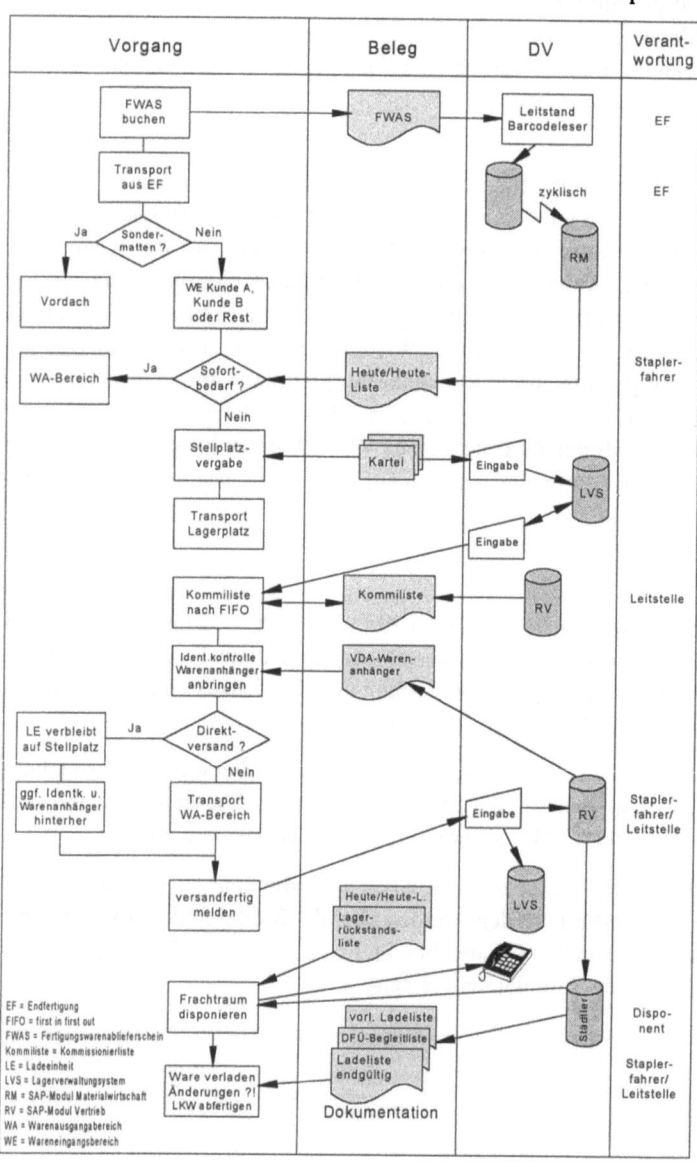

**Bild 36
Beleg- und Informationsfluß
Istzustand**

# 4 Planung des Informationssystems mit belegloser Kommissionierung

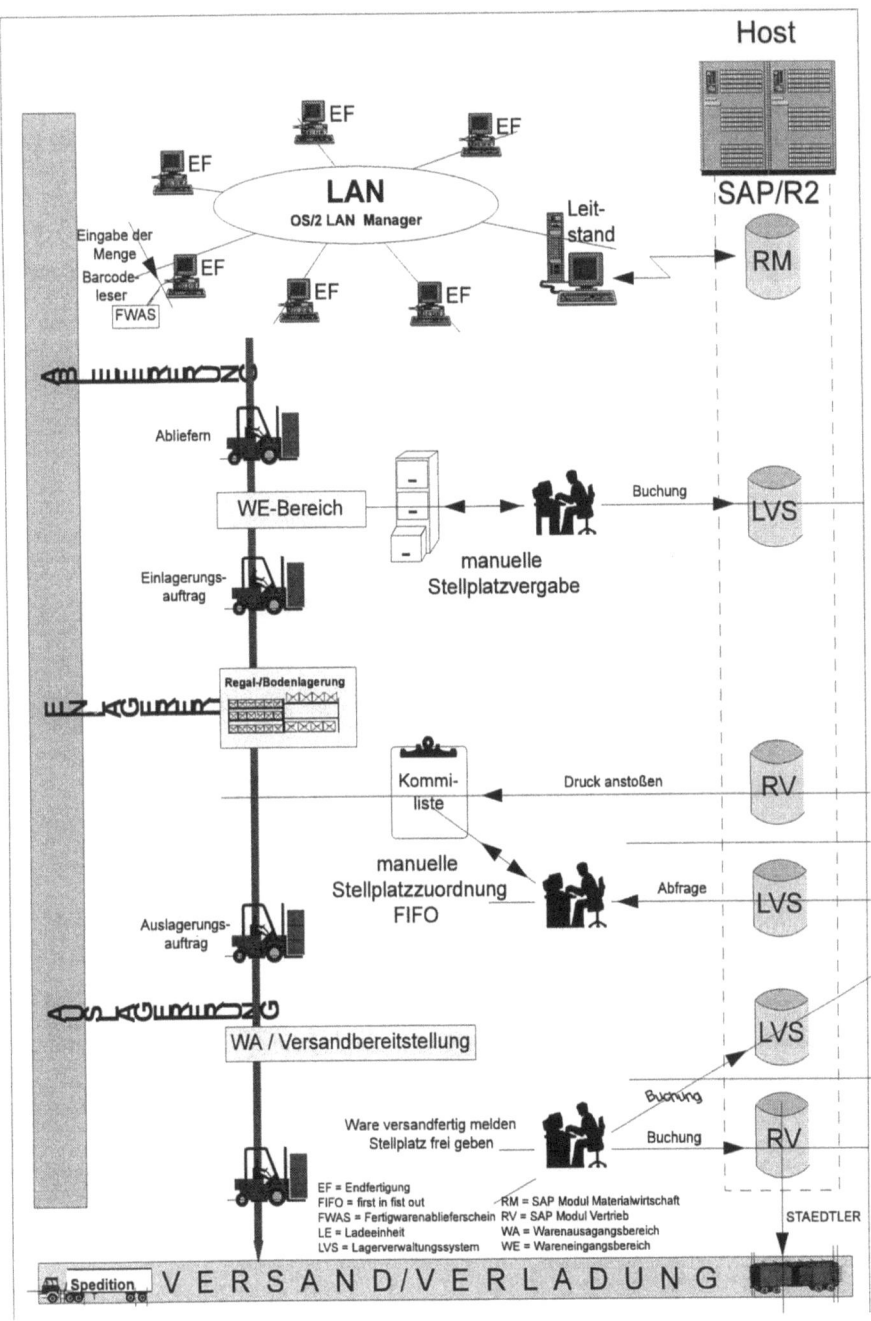

Bild 37 Ablaufdiagramm Istzustand

## 4.3 Planungsprämissen

- Optimieren der Lagerhaltungs- und Transportkosten
- Sicherstellen eines verläßlichen Informationsflusses durch Minimierung manueller Buchungen
- Sicherstellen eines schnellen Material- und Informationsflusses
- Vermeiden größerer Investitionen
- Nutzen des vorhandenen EDV-Systems
- Berücksichtigen der EDV-Strategie des Unternehmens, d.h. EDV-Lösungen weitestgehend unter SAP, nach Möglichkeit keine PC-Lösungen
- Vermeiden von hohem Schulungsaufwand und hohen Betriebskosten
- kurzfristige Realisierung des neuen Systems.

## 4.4 Lösungsmöglichkeiten Ablaufsteuerung und Informationsfluß

Es wird ein automatisiertes Staplerleitsystem vorgeschlagen, das aus drei Komponenten besteht:

- Lagerverwaltungssystem
- Betriebsmittelsteuerung und
- Datenübertragungssystem.

Erst die Integration dieser drei Komponenten führt zu dem gewünschten wirkungsvollen Informationssystem.

Die Einführung dieses Systems würde jedoch wegen der hohen Kosten der neuen Software für Betriebsmittelsteuerung und Lagerverwaltung gegen die genannten Prämissen verstoßen. Die Planung sieht daher die Einführung einer Variante des Staplerleitsystems vor:

- keine Betriebsmittelsteuerung
- automatische Stellplatzvergabe durch vollständige Nutzung des vorhandenen LVS unter SAP
- Datenfunk und Schnittstelle zu SAP
- Scanner, auch Long-Range-Scanner, zum Einlesen von Barcodes an den LE

Der Informations- und Belegfluß ist wie folgt (s. Bild 38 u. Bild 39):

*Ablieferung*

Die fertige LE erhält einen FWAS mit dem entsprechenden Barcode. Dieser wird mit einem Barcodeleser eingelesen. Das führt zu einer Produktionsbuchung über den vorhandenen Leitstand. Gleichzeitig wird über die Schnittstelle Leitstand-Host ein optimaler Stellplatz im LVS (SAP-Modul RM) vergeben. Alle wichtigen Daten der LE werden dann als Barcode aufgedruckt. Diese Information wird an der LE befestigt. Das vorhandene LVS ist an diese erweiterten Anforderungen anzupassen.

*Einlagerung*

Der Staplerfahrer, mit Datenfunk ausgerüstet, liest den Barcode mit dem Scanner auch aus größerer Entfernung ab und registriert auf einem Display oder Bildschirm den Stellplatz im Fertigwarenlager, unter dem Vordach oder im Ausgangsbereich. Er stellt die Ladeeinheit entsprechend ab und informiert darüber das LVS über Funk. Um Fehler zu vermeiden, ist dabei eine dem Stellplatz zugeordnete Prüfziffer anzugeben.

*Auslagerung*

Der Staplerfahrer informiert sich auf dem Display/Bildschirm im Stapler über Auslagerungsaufträge oder läßt sich am I-Punkt eine Kommiliste ausdrucken. Vom Stapler aus kann er im LVS die Stellplätze der Artikel auf der Kommiliste abrufen. FIFO wird dabei beachtet.

Zum Auslagern fährt der Staplerfahrer zu dem angezeigten Stellplatz und kontrolliert mit dem Scanner die Richtigkeit der LE. Nach dem Transport in den Warenausgangsbereich veranlaßt der Fahrer zwei Buchungen: Die Auslagerung im LVS mit Freigabe des Stellplatzes und den Lagerabgang im Modul RM. Dadurch wird die LE versandfertig gemeldet.

*Versand*

Der VDA-Warenanhänger wird nach der Meldung "versandfertig" im I-Punkt ausgedruckt und nach der Identkontrolle an der LE angebracht. Das gilt auch für die Sondermatten, die für den Versand unter dem Vordach bereitgestellt werden und für die Artikel, die als Sofortbedarf unmittelbar vom Wareneingang zum Warenausgang transportiert werden. Die Ladelisten müssen wie bisher manuell erstellt werden. Die mögliche Automatisierung hängt eng mit der Betriebsmittelsteuerung, die noch nicht eingeführt wird, zusammen. Die Versandabwicklung ändert sich gegenüber dem bestehenden System nicht.

Beim Direktversand aus den Regalen können die Barcodes an den LE auch in der 4. Regalebene mit Long-Range-Scannern abgelesen werden. Der VDA-Warenanhänger wird in diesen Fällen bei Entnahme aus den Regalen angebracht.

*Bewertung*

Die beschriebene Systemplanung ermöglicht es, fast alle vorgegebenen Prämissen zu berücksichtigen.

| Vorteile | Nachteile |
| --- | --- |
| ■ automatische und optimale Stellplatzvergabe unter Nutzung des vorhandenen, aber erweiterten LVS<br>■ schnelle und fehlerfreie Buchungen<br>■ Option auf Einführung einer Betriebsmittelsteuerung | ■ kein Zugriff auf das SAP-System in der Nacht<br>■ Ausfälle von System und Datenfunkanlage können nur mit großem Zeitaufwand überbrückt werden<br>■ gestiegener Schulungsaufwand für Staplerfahrer und ihre Vertreter |

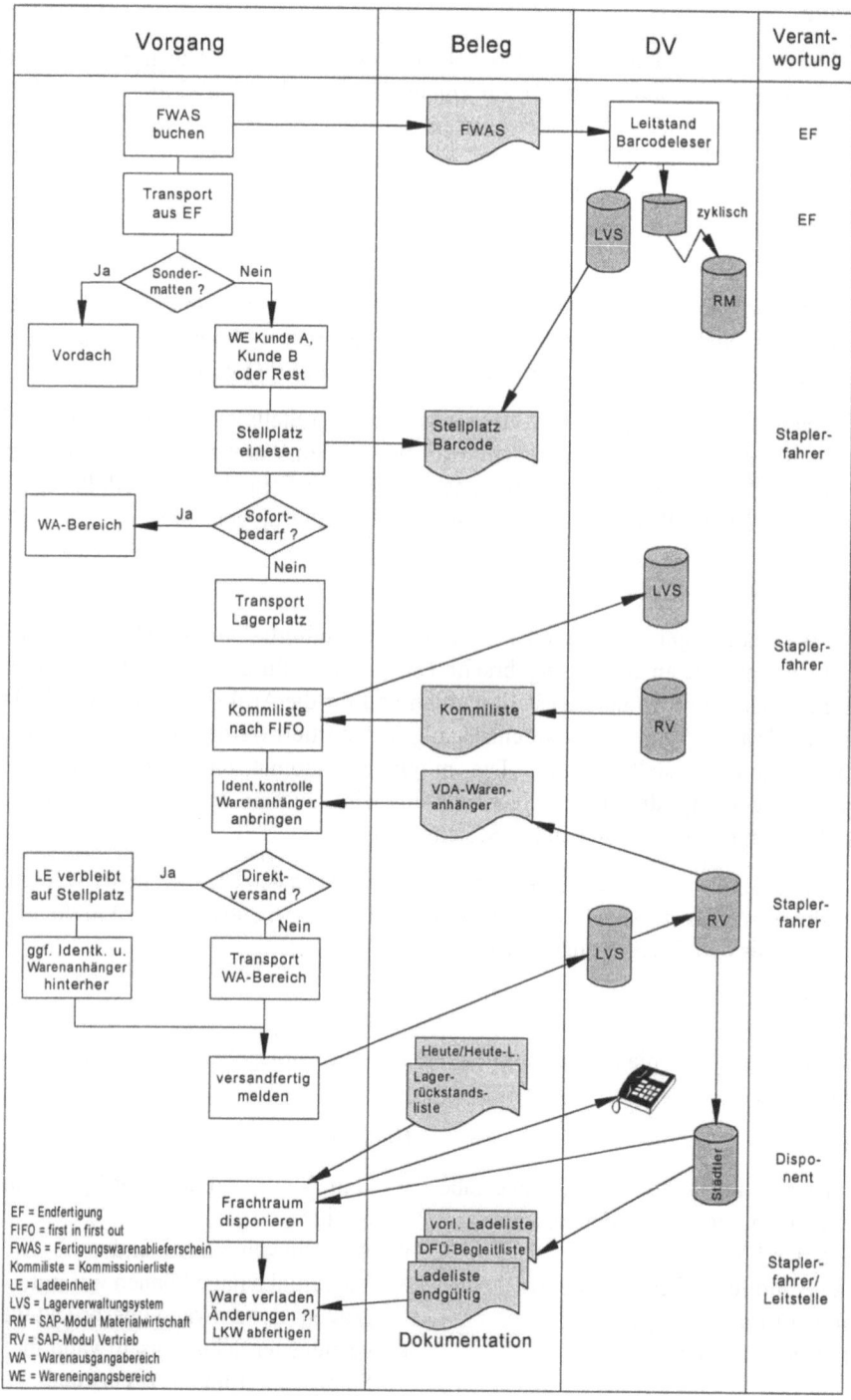

**Bild 37 Lösungsvorschlag für Beleg- und Informationsfluß**

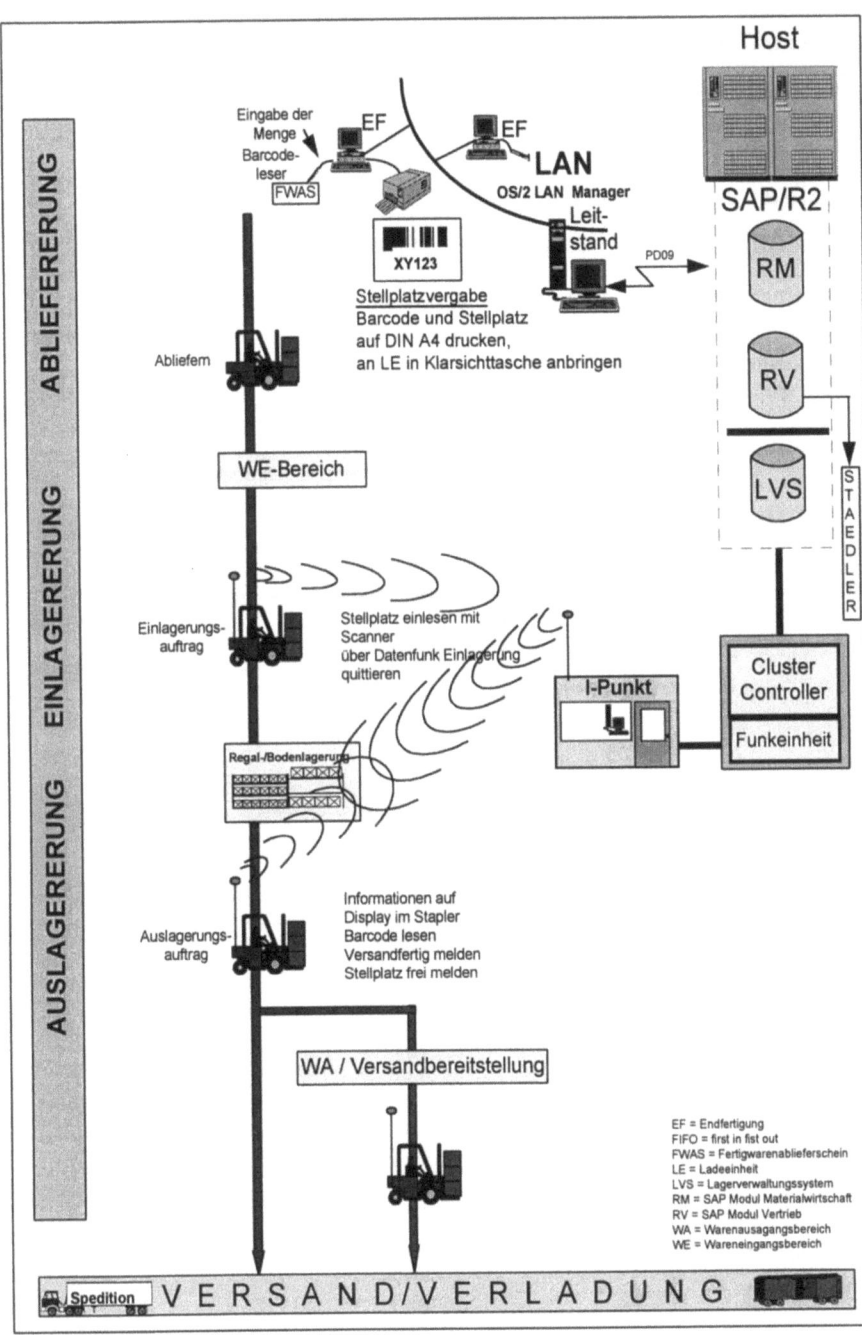

**Bild 38 Lösungsvorschlag Ablaufdiagramm**

# 5 Optimierung der Vorlager- und Kommissionierzone eines Hochregallagers

## 5.1 Aufgabe: Beseitigung von Engpässen im Ein- und Auslagerungsbereich eines Hochregallagers

Für ein Hochregallager sollen die Vorlager- und Kommissionierzonen im Erdgeschoß (Wareneingangs- und Warenausgangszone, Halle A und B) optimiert und der durch Überlastung hervorgerufene Engpaß des Verteilerwagens 1 beseitigt werden.

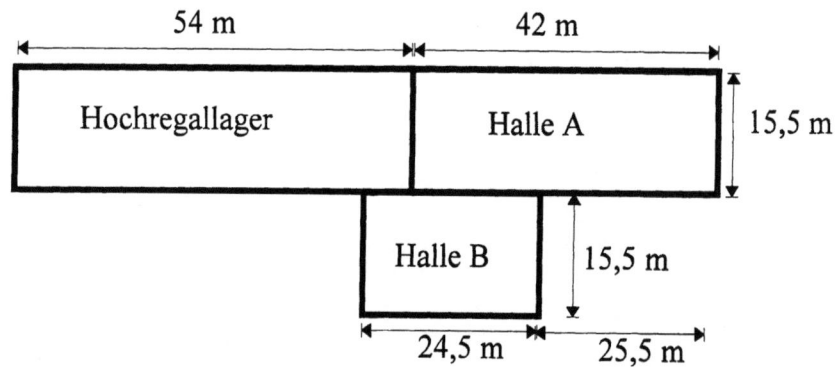

Bild 39 Grundriß des Hochregallagers und der Hallen A und B

## 5.2 Beschreibung des Ist-Zustandes

*Bauliche Gegebenheiten/Lagerart/Transportmittel*

Hochregallager:

| | |
|---|---|
| Abmessungen (in m) | L x B x H: 54 x 15,5 x 32 |
| Lagerart | Behälterregal mit Einplatzsystem (Linienlagerung) |
| Lagereinheit | Transportbehälter s.u. |
| Lagerkapazität | ca. 8.000 Lagereinheiten |

4 Regalbediengeräte mit automatischer Steuerung:

| | |
|---|---|
| Traglast: | 1.200 kg |
| Fahrgeschwindigkeit: | 100 m/min |
| Hubgeschwindigkeit: | 60 m/min |
| Leistung pro Gerät: | 24 Doppelspiele/h |
| Umschlag pro Stunde: | 92 LE/h bei Ein- und Auslagerung in insgesamt 3 Ebenen |

# 5 Optimierung der Vorlager und Kommissionierzone eines Hochregallagers

*Vorgebäude mit Kommissionierzonen:*

|  | Halle A | Halle B |
|---|---|---|
| Abmessungen (in m) | L x B: 42 x 15,5 | L x B: 24,5 x 15,5 (nur Erdgeschoß) |
| Kommissionierplätze | 10 im Erdgeschoß | 13 |

Es gibt 3 Verteilerwagen im Erdgeschoß. Halle A und B werden im Erdgeschoß durch den Verteilerwagen 1 verbunden.

*Verteilerwagen 1:*

| | |
|---|---|
| Kapazität: | ∅ 42 Transportbehälter/h |
| Geschwindigkeit: | 0,21 m/s |
| Zeit Be- und Entladen: | je 5 s, d.h. 10 s für jeden Behälter |

Der Verteilerwagen 1 gibt durchschnittlich 17 Transportbehälter/h in Halle B ab und 25 Transportbehälter/h in Halle A.

*Lagergüter/Lagereinheit*

Anzahl der Artikel: ca. 6.000

| | |
|---|---|
| Lagereinheit: | Transportbehälter, Stahl |
| | L x B x H: 1200 x 1.000 x 660 mm |
| max. Gewicht: | 1.200 kg |

- die Behälter sind stapelbar
- Ladungsüberstand ist durch die Behälter ausgeschlossen

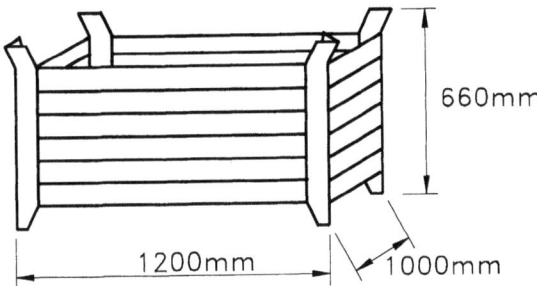

**Bild 40**
**Transportbehälter**

*Lagerlayout/Materialfluß/Lagerorganisation*

*Erdgeschoß:*

*Einlagerung:*

Nach Prüfung der Waren werden diese in den Transportbehältern mittels Gabelstaplern zu den Einlagerungspunkten 1 oder 2 gebracht. Die bereits bei Wareneingang im Rechner erfaßten Waren werden über Kettenförderer und Drehtische zur Identifizierung am I-Punkt transportiert und von dort über den Etagenförderer 1 (EF 1) zur Haupteinlagerebene im Zwischengeschoß gebracht, wo sie mit Hilfe der Regalbediengeräte I bis IV im Hochregallager eingelagert werden.

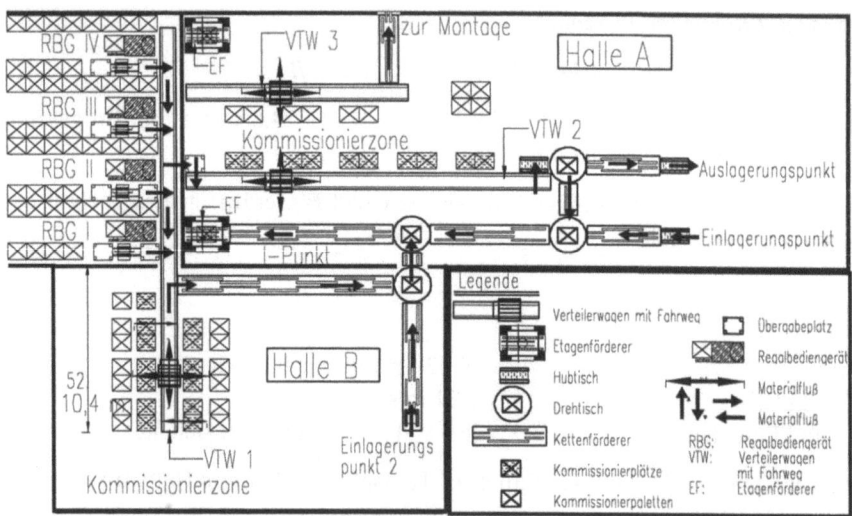

**Bild 41 Lagerlayout und Materialfluß der Transportbehälter**

*Auslagerung:*

Nach der Anforderung werden die Transportbehälter mit den Regalbediengeräten (RBG I bis RBG IV) aus dem Hochregallager ausgelagert und zu Übergabeplätzen gebracht. Von diesen Übergabeplätzen werden die Behälter über Verteilerwagen mit sehr kurzem Fahrweg zu Übergabeplätzen direkt am Verteilerwagen 1 (VTW 1) transportiert. Nach Übergabe an den Verteilerwagen 1 werden die Behälter entweder direkt (Halle B) oder indirekt (Halle A) über einen weiteren Übergabeplatz und Verteilerwagen 2 (VTW 2) zu den Kommissionierplätzen transportiert. Nach dem Kommissioniervorgang werden die Behälter auf Rücklagerfähigkeit geprüft und gegebenenfalls wieder eingelagert. Dabei werden die Behälter in Halle B vom Verteilerwagen 1 zum Kettenförderer transportiert, der sie über Drehtische und weitere Kettenförderer zum I-Punkt für die Einlagerung bringt. In Halle A transportiert der Verteilerwagen 2 die Behälter zu einem Hubtisch, und sie gelangen über Drehtische und Kettenförderer wieder zum I-Punkt. Die weitere Einlagerung geschieht wie oben beschrieben.

## 5.3 Problemstellung

*Ausgangssituation*

Der Verteilerwagen 1 arbeitet im Verhältnis zu den Regalbediengeräten I bis IV zu langsam. Dies hat Staus an den Übergabeplätzen der Regalbediengeräte zur Folge, verringert deren Leistung und führt zu Engpässen bei der Ein- und Auslagerung im Hochregallager. Zum anderen ist der Verteilerwagen zu ca. 15 % überlastet.

*Auswirkungen*

Durch die Überlastung des Verteilerwagens kommt es zu Störungen bei der nachfolgenden Kommisionierung, z.B. warten die Kommissionierer zu lange auf das angeforderte Material. Dadurch wird die Bereitstellung des Materials an den Montagestellen verzögert. Wartezeiten in der Produktion sind die Folge.

*Zielsetzungen:*

Die Engpässe bei dem Verteilerwagen 1 und damit die Wartezeiten der Kommissionierer sollen beseitigt; die Kapazität der Verteilerwagen soll erweitert werden.

## 5.4 Lösungsmöglichkeiten alternativer Ausführungsplanungen

### 5.4.1 Alternative I: Zusätzlicher Verteilerwagen

*Maßnahmen in Halle B*

- Der Fahrweg des Verteilerwagens 1 wird verkürzt.
- Ein weiterer Verteilerwagen 1a wird in Halle B, senkrecht zum Verteilerwagen 1 aufgebaut.
- Die 13 vorhandenen Kommissionierplätze in Halle B werden auf 9 reduziert und parallel zum neuen Verteilerwagen 1a aufgestellt.
- Der Verteilerwagen 1 erhält an seinem Übergabepunkt in Halle B zwei Übergabeplätze für die Übergabe an den neuen Verteilerwagen 1a.
- Der neue Verteilerwagen 1a erhält zur Übergabe an den Kettenförderer zur Rücklagerung einen Übergabeplatz.

*Lagerorganisation:*

*Einlagerung:*

Die Organisation der Einlagerung wird nicht verändert.

*Auslagerung:*

Die Transportbehälter werden nicht mehr direkt vom Verteilerwagen 1 zu den Kommissionierplätzen in Halle B gebracht, sondern werden an den beiden Übergabeplätzen abgesetzt, bis sie vom neuen Verteilerwagen 1a übernommen und zu den Kommissionierplätzen transportiert werden. Nach beendetem Kommissioniervorgang werden die Behälter vom neuen Verteilerwagen 1a wieder aufgenommen und zum Übergabeplatz am Kettenförderer für die Einlagerung gebracht. Die Rücklagerung erfolgt wie oben.

*Resultat:*

Der Fahrweg des Verteilerwagens 1 wird um 9,2 m verkürzt. Daraus ergibt sich in einer Überschlagsrechnung:

$9,2 \cdot 2^* = 18,4$ m     durchschnittlicher Weg, den der VTW 1 nicht mehr fahren muß

                 * Der Wagen fährt immer bis zum Ende und dann zu den Kommissionierplätzen, d.h. einmal 9,2 m. Für Ein- und Auslagerung sind statistisch jeweils die Hälfte des Weges anzusetzen.
                 Daraus ergibt sich: 1+ 0,5 + 0,5 = 2.

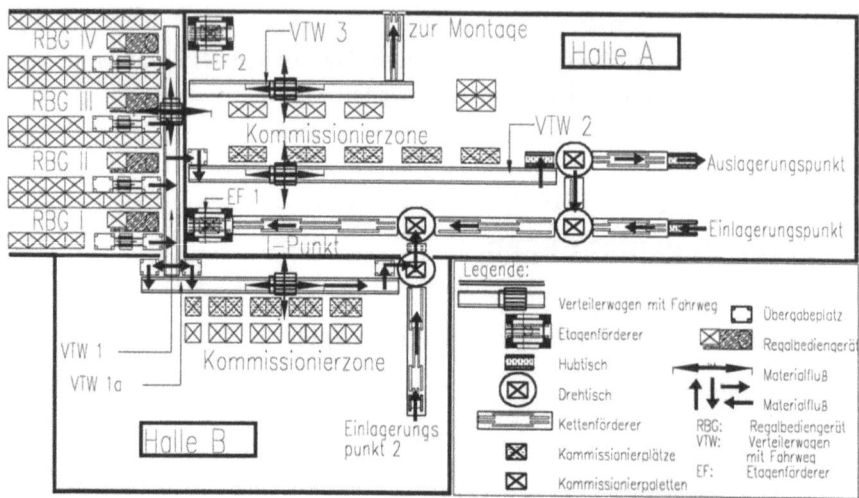

**Bild 42 Alternative I**

18,4 m · 17* = 312,8 m  Weg, der pro Stunde eingespart wird
 * pro Stunde werden 17 Behälter ausgelagert

312,8 m s /0,21*m = 1489,52 s  Zeitersparnis für VTW 1 pro Stunde (Transport in Halle B)
 * Geschwindigkeit des Verteilerwagens

17* · 10** s = 170 s  Zeitersparnis für Be- und Entladen Halle B
 * pro Stunde werden 17 Behälter ausgelagert
 ** Zeit zum Be- und Entladen der Behälter

1489,52 s + 170 s = 1659,52 s  Gesamtsumme eingesparte Zeit/Stunde Arbeitszeit

(1659,52 s · 42 Behälter* )/3600 s ≈ Behälter/h
 *Kapazität des Verteilerwagens

Durch die Verkürzung des Weges, den der Verteilerwagen 1 zurücklegen muß, kann der Verteilerwagen 1 ca. 20 Behälter pro Stunde mehr auslagern. Er erhält somit ca. 48 % mehr Kapazität, d.h. nach Abrechnung der Überlastung ist noch eine Kapazitätserhöhung um ca. 33 % vorhanden.

*Kosten:*

| Nr. | Bezeichnung | Kosten in TDM |
|---|---|---|
| 1 | neuer Verteilerwagen incl. Steuerung | 150 |
| 2 | Umbaukosten | 20 |
|  | *Summe* | *170* |

# 5 Optimierung der Vorlager und Kommissionierzone eines Hochregallagers

*Ergebnis*

Durch die Kapazitätserhöhung sind der Engpaß und die Wartezeiten der Kommissionierer beseitigt sowie eine Kapazitätsreserve von ca. 33 % gegeben. Als weiterer Effekt wird ein Flächengewinn von ca. 45 m² erzielt. Demgegenüber steht eine Investition von 170.000,— DM.

Der Lösungsvorschlag ist realisierbar.

## 5.4.2 Alternative II: Änderung der Einlagerung

*Maßnahmen in Halle B*

- Die Sicherheitseinrichtungen an den 13 Kommissionierplätzen in Halle B werden abgebaut, und die Kommissionierplätze werden auseinandergerückt.
- Die Rücklagerung der Transportbehälter wird nicht mehr durch den Verteilerwagen 1 durchgeführt, sondern die Transportbehälter werden von den Kommissionierern mittels vorhandenem Deichsel-Gabel-Hochhubwagen zum Einlagerungspunkt 2 in Halle B gebracht.
- Der Kettenförderer zur Rücklagerung wird stillgelegt.

*Lagerorganisation:*

Die Organisation der Aus- und Einlagerung wird nicht verändert, für die Rücklagerung gilt jedoch folgendes:

Die rücklagerfähigen Transportbehälter werden nicht mehr vom Verteilerwagen 1 aufgenommen und über den Kettenförderer zurücktransportiert, sondern sie werden mit Deichsel-Gabel-Hochhubwagen von den Kommissionierern zum Einlagerungspunkt 2 gebracht. Der Verteilerwagen 1 ist somit nur für die Auslagerung für das Hochregallager zuständig. Der Deichsel-Gabel-Hochhubwagen ist bereits vorhanden und wird für den Abtransport der Kommissionierpaletten genutzt. Mit dieser Tätigkeit ist er jedoch nur zu 20 % ausgelastet.

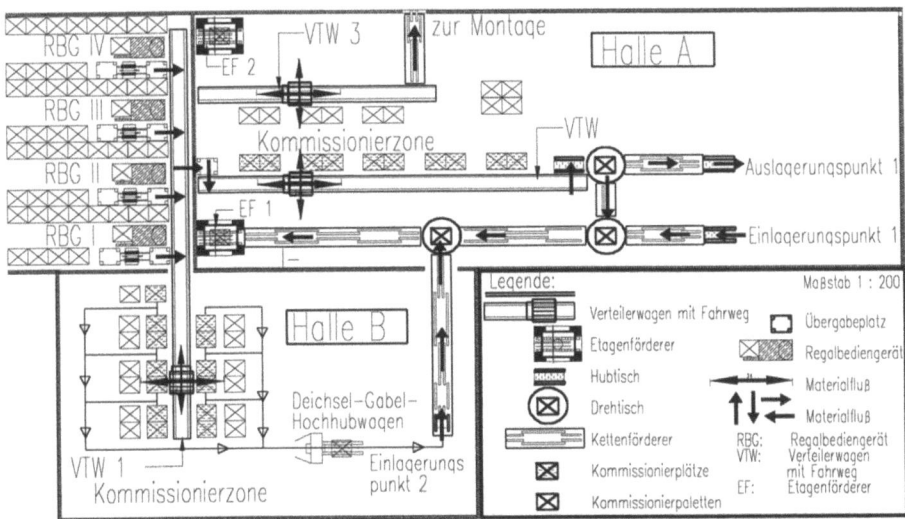

**Bild 43** Alternative II

*Resultat:*

Die Aufgabe des Verteilerwagens 1 wird auf die Auslagerung beschränkt. Es ergibt sich folgende Überschlagsrechnung:

9,2 · 0,5* = 4,6 m  durchschnittlicher Weg, den der VTW 1 nicht mehr fahren muß
\* für die Auslagerung ist statistisch die Hälfte des Weges zusetzen.

*Bild 43 Alternative II*

4,6 m · 17* = 78,2 m  Weg, der pro Stunde eingespart wird
\* pro Stunde werden 17 Behälter ausgelagert

78,2 ms/0,21* m = 372,4 s  Zeitersparnis für VTW 1 (keine Rücklagerung mehr)
\* Geschwindigkeit des Verteilerwagens

17* · 10** s = 170 s  Zeitersparnis für Be- und Entladen Halle B
\* pro Stunde werden 17 Behälter ausgelagert
\*\* Zeit zum Be- und Entladen

372,4 s + 170 s = 542,4 s  Gesamtsumme eingesparte Zeit/Stunde Arbeitszeit

542,4 s · 42 Behälter* / 3600 s ≈ Behälter/h

\* Kapazität des Verteilerwagens

Der Verteilerwagen 1 kann durch die Aufgabenbeschränkung pro Stunde ca. 7 Behälter mehr auslagern. Die Kapazität wird damit um ca. 17 % erhöht. Die Auslastung des Deichsel-Gabel-Hochhubwagens stellt sich wie folgt dar:

| | |
|---|---|
| durchschnittliche Auslastung | 20 % = 12 min |
| durchschnittlicher erforderlicher Transport | 17 Behälter/h |
| Zeit für den Transport von 17 Behältern, bei einer Transportzeit von 1,5 min pro Behälter | 17 x 1,5 min ⇒ 25,5 min |
| neue Auslastung des Deichsel-Gabel-Hochhubwagens | 12 min + 25,5 min = 37,5 min |

Die Auslastung des Deichsel-Gabel-Hochhubwagens ist von 20 % auf 62,5 % gestiegen.

*Kosten:*

| Nr. | Bezeichnung | Kosten in TDM |
|---|---|---|
| 1 | Umprogrammierung | 10 |
| 2 | Umbaukosten | 10 |
| | Summe | 20 |

**Tabelle 8** Kostenaufstellung Lösungsvorschlag II

*Ergebnis:*

Durch die Kapazitätserhöhung um 17 % ist der Engpaß vollständig beseitigt, die Wartezeiten der Kommissionierer werden verkürzt. Die Investition ist mit 20.000,— DM relativ gering. Bei diesem Lösungsvorschlag ist zu beachten, daß die Kommissionierer die Transportbehälter an den Einlagerungspunkt bringen müssen und dafür Zeit benötigen. Übersteigt diese Zeit die vorhandene Wartezeit, so ergibt sich eine geringe Kapazitätserhöhung. Eine Kapazitätsreserve ist mit lediglich 2 % (0,84 Behälter/h) praktisch nicht vorhanden.

Die Auslastung des Deichsel-Gabel-Hochhubwagens ist auf 62,5 % gestiegen, und es bestehen hier noch Reserven, so daß einige Transporte mit Deichsel-Gabel-Hochhubwagen auch länger als 1,5 min dauern können, ohne einen Stau zu verursachen.

Unter der Prämisse, daß die Zeit der Kommissionierer für die Rücklagerung nicht größer als die Wartezeit ist, ist dieser Lösungsvorschlag realisierbar.

### 5.4.3 Alternative III: Mobile Kommissionierplätze

*Maßnahmen in Halle B*

- Der Fahrweg des Verteilerwagens 1 wird verkürzt.
- Die Transportbehälter werden in Halle B unmittelbar an den Kettenförderer übergeben.
- Die vorhandenen 13 festen Kommissionierplätze werden in mobile Kommissionierplätze auf dem Kettenförderer umgewandelt.

*Lagerorganisation:*

*Einlagerung:*

Die Organisation der Einlagerung wird nicht verändert.

*Auslagerung:*

Der Verteilerwagen 1 übergibt die Transportbehälter in Halle B unmittelbar der Reihe nach an den Kettenförderer. Der Kommissionierer kommissioniert mobil vom Kettenförderer ab, und der Behälter taktet nach Quittierung um einen Platz nach vorn. Die rücklagerfähigen Behälter werden am Ende des Kettenförderers wieder über den Drehtisch in den Rücklagerprozeß eingeschleust.

*Resultat:*

Der Verteilerwagen 1 hat einen kürzeren Weg zurückzulegen und wird nur noch für die Auslagerung eingesetzt. Es gilt hier ebenfalls die Überschlagrechnung des Lösungsweges in Kapitel 5.4.1. D.h. der Verteilerwagen 1 kann 20 Behälter pro Stunde mehr auslagern, und es ergibt sich eine Kapazitätserhöhung von 48 %.

*Kosten:*

| Nr. | Bezeichnung | Kosten in TDM |
|---|---|---|
| 1 | Umprogrammierung | 10 |
| 2 | Umbaukosten | 20 |
|  | Summe | 30 |

Ergebnis:

Durch die Kapazitätserhöhung sind der Engpaß und die Wartezeiten der Kommissionierer beseitigt. Ein Flächengewinn von ca. 74 m² wird erzielt. Die Investition ist gering. Eine Kapazitätsreserve von ca. 33 % ist vorhanden. Der Lösungsvorschlag ist realisierbar.

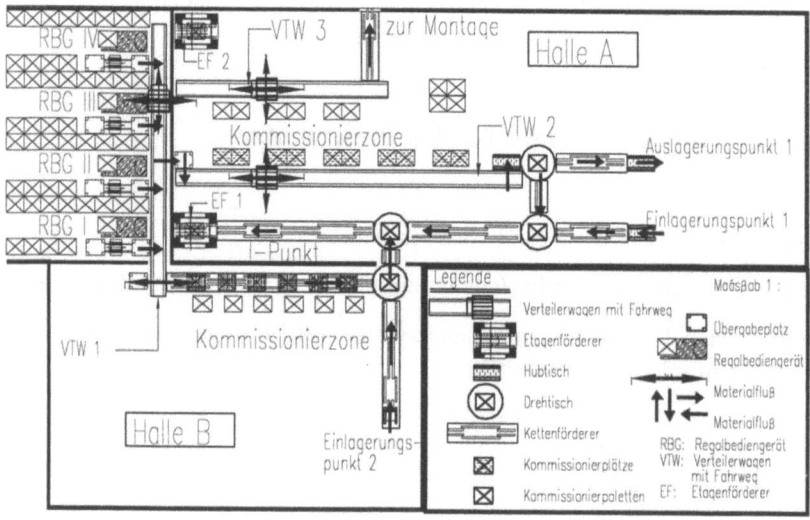

**Bild 44** Alternative III

## 5.5 Vergleich der Lösungsvorschläge

Durch jeden der drei Lösungsvorschläge wird der Engpaß des Verteilerwagens 1 beseitigt, und die Wartezeiten werden reduziert. Zusätzlich wird die Kapazität in allen drei Lösungsvorschlägen erhöht. Alle drei Lösungsvorschläge sind realisierbar und unterscheiden sich im wesentlichen im Flächengewinn und in der Höhe der Investition.

|  | Lösungsvorschlag I | Lösungsvorschlag II | Lösungsvorschlag III |
|---|---|---|---|
| Engpaßbeseitigung | erfüllt | erfüllt | erfüllt |
| Wartezeitenreduzierung | erfüllt | erfüllt | erfüllt |
| Kapazitätsreserve | ca. 33 % | ca. 2 % | ca. 33 % |
| Investition in TDM | 170 | 20 | 30 |
| Bemerkungen | Flächengewinn 45 m² | Auslastung des Deichsel-Gabel-Hochhubwagens von 20 % auf 62,5 % gestiegen | Flächengewinn 72 m² |

# 6. Systemplanung zur Lagerung von Papierrollen

## 6.1 Aufgabe: Lager- und Transportplanung eines Papierrollenlagers

In einer bestehenden Lagerhalle soll ein Lager für Papierrollen untergebracht werden. Bild 45 zeigt den Grundriß der Lagerhalle. Dabei ist in der Halle ein vorgegebenes Sortiment an Papierrollen bei Minimierung der Investition für die Papierrollenlagerung unterzubringen. Im Rahmen der Planung sind verschiedene Transportalternativen für Ein-, Auslagerung und Umschlag darzustellen, und es ist die Anzahl der Transportgeräte für die Ein- und Auslagerung der vorgegebenen Umschlagleistung zu ermitteln. In Betracht kommen die Verladung in Container, auf LKW, Bahn und Schiff. Die Anlieferung der Papierrollen erfolgt i.d.R. per Schiff oder LKW, der Abtransport per LKW, Bahn oder Schiff.

Papierrollen haben eine begrenzte Haltbarkeit in bezug auf die Weiterverarbeitung in Druckmaschinen o.ä.. Daher ist auf die Einhaltung des Fifo-Prinzips (first-in-first-out) zu achten, um eine gute Qualität der Rollen gewährleisten zu können.

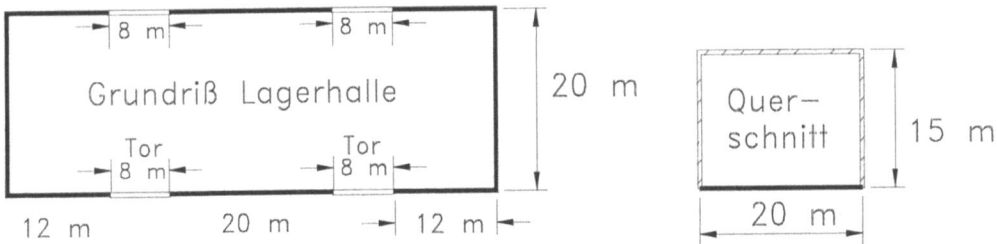

**Bild 45 Grundriß der Lagerhalle mit Querschnitt**

## 6.2 Beschreibung des Ist-Zustandes

*Bauliche Gegebenheiten*

*Grundstück*  Kaianlage und Bahnanschluß außerhalb der Lagerhalle vorhanden, Straßenanbindung

*Lagerhalle*

Abmessungen  L x B x H (in m) 60 x 20 x 15
freitragende Halle mit zwei Toren an jeder Längsseite

Bodentragfähigkeit/
Ausführung des Bodens  Bodentragfähigkeit hoch (geschüttete, nicht unterkellerte Bodenplatte)

Bauweise  Stahlbau

*Lagerungsdaten /Lagereinheit/Lagerumschlag/Lagergüter*

Lagerungsart, Regaltyp: soll im Rahmen der Planung festgelegt werden
Lagereinheit: Papierrollen verschiedener Maße und Gewichte
Lagerumschlag pro Schicht: 150 Ein- und Auslagerungen

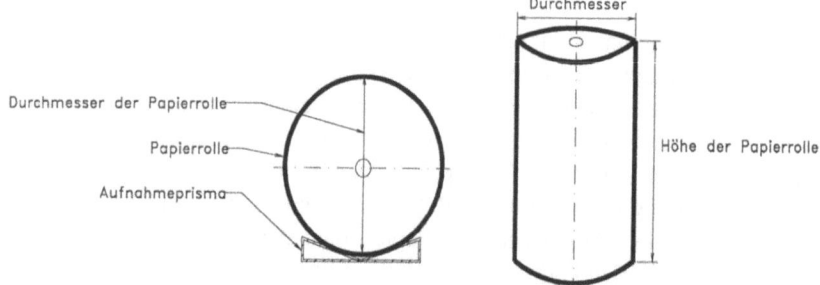

**Bild 46 Bezeichnungen bei Papierrollen**

Es sind 5 verschiedene Typen von Papierrollen unterschiedlicher Maße und Gewichte (Tabelle 9) einzulagern. <u>Die Papierrollen haben keine Wickelhülse.</u>

| Papierrollen-Typ | I | II | III | IV | V | Summe |
|---|---|---|---|---|---|---|
| Durchmesser in m | 2 | 2 | 2 | 1,5 | 1,5 | - |
| Höhe in m | 3 | 2 | 1,5 | 3,0 | 1,5 | - |
| Gewicht in t | 4,0 | 3,0 | 2,5 | 2,0 | 1,8 | - |
| einzulagernde Anzahl | 70 | 150 | 125 | 100 | 150 | 595 |
| Anteil an der Gesamtrollenanzahl in % | 11,8 | 25,2 | 21,0 | 16,8 | 25,2 | 100 |

**Tabelle 9 Planungsdaten der einzulagernden Papierrollen**

*Lagerungsarten*

Bei der Lagerung ist zu beachten, daß Papierrollen liegend <u>nicht mehrfach gestapelt</u> werden können, da dies durch den Druck der oberen Papierrollen zu einer Deformation der unteren Rollen führen würde und die Papierrollen z.B. in Druckmaschinen wegen ihres unrunden Laufes nicht mehr eingesetzt werden könnten. Für Papierrollen mit abschließender, überstehender oder ohne Wickelhülse gibt es verschiedene Lagerungsarten (Bild 3). Für die anstehende Planung gibt es folgende Lagerungsmöglichkeiten:

a.) Regallagerung:

Bei den einzulagernden Papierrollen handelt es sich um ein großes Sortiment mit vielen Rollen pro Sorte. Dies würde ein Hochregal mit Blocklagerung und automatischer Ein- und Auslagerung erfordern und dadurch der Forderung nach geringen Investitionen für die Lagerung entgegenstehen. Aus diesem Grund scheidet die Regallagerung hier aus.

b.) Bodenlagerung

Die Papierrollen können entweder in Block- oder Linienlagerung, gestapelt oder ungestapelt, liegend oder stehend gelagert werden. Diese Formen der Bodenlagerung sollen hier untersucht werden, wobei die Transportmittel möglichst sowohl für die Ein- und Auslagerung als auch für die Verladung einzusetzen sind.

# 6 Systemplanung zur Lagerung von Papierrollen

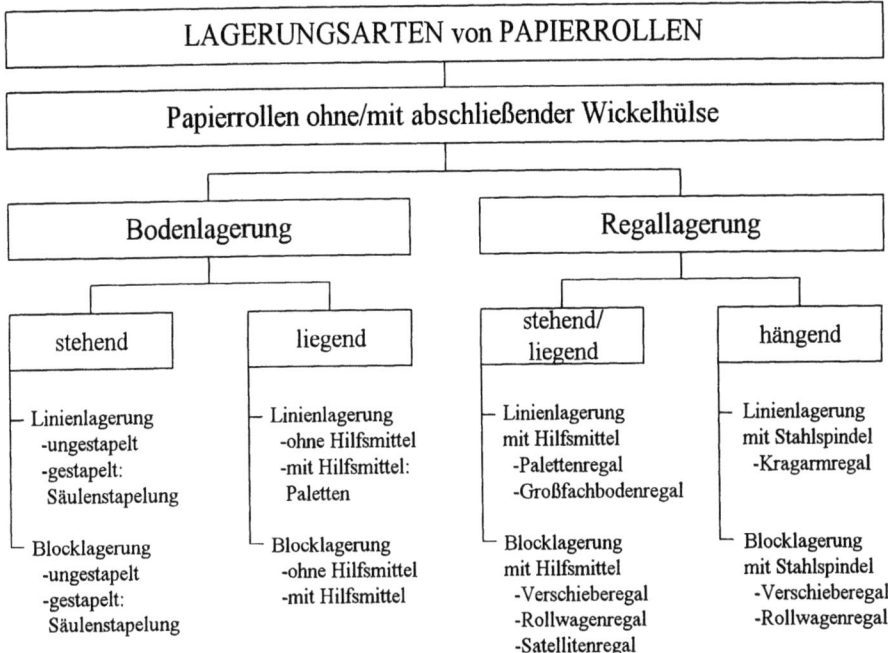

**Bild 47** Schematische Darstellung der Lagerungsarten von Papierrollen

*Transportmittel/Lastaufnahmemittel*

Beim Transport von Papierrollen ist besonders darauf zu achten, daß die Papierrollen weder deformiert noch beschädigt werden, um keinen Ausschuß zu erhalten. Aus diesem Grund kommen für den Transport/Umschlag von Papierrollen nur die folgenden Lastaufnahmemittel in Frage:

| *Transport-/ Umschlagmittel* | *Lastaufnahmemittel* |
|---|---|
| Frontstapler | Tragdorn |
| | Klammergabel |
| | Drehgabelklammer |
| | Rollenklammer |
| | drehbare Rollenklammer |
| | Rollenkippklammer |
| | (seitliche Unterstützungsarme oder mittiger |
| | Unterstützungsträger entfallen hier) |
| Kran/Brückenkran | Klammer/Greifer |
| | Spreizdorn |
| | Vakuumheber |

*Brandschutz*

Papierrollen brennen trotz der festen Wicklung sehr gut und sind sehr schlecht löschbar. Ein Brandschutz ist daher notwendig. Von einer Sprinkleranlage muß allerdings abgeraten werden, da diese z.B. im Sommer bei starker Hitze oder im Winter bei starkem Frost zu folgenden Fehlfunktionen neigt:

Um die volle Hallenhöhe für die Lagerung zur Verfügung zu haben, werden die Sprinkler unter der Decke der Stahlbauhalle angebracht. An diesem Ort staut sich im Sommer die Hitze besonders, da die warme Hallenluft zur Decke aufsteigt und von außen über die Decke zusätzlich Wärme zugeführt wird, so daß das auf Wärme reagierende System anspricht und ungewollt auslöst. Weiterhin neigen die Sprinkler im Winter bei starker Kälte zum Einfrieren (Lagerhalle ungeheizt). Um dies zu verhindern könnte auf Sprinkleranlagen mit Preßluftfüllung zurückgegriffen werden. In dieser Planung wird auf eine Sprinkleranlage verzichtet und es werden mobile Brandschutzanlagen eingesetzt.

Das Rauchen und offenes Feuer jeglicher Art ist in der Lagerhalle und überall dort, wo mit den Papierrollen hantiert wird, strikt verboten.

## 6.3 Lösungsmöglichkeiten alternativer Systemplanungen

### 6.3.1 Alternative I: Bodenlagerung mit liegenden Rollen

*Lagerung*

- Gewählt wird eine ungestapelte Linienlagerung mit liegenden Rollen, um zu jeder Zeit von oben Zugriff auf jede Einheit zu haben.

- Jeder Lagerplatz wird mit einem Prisma ausgestattet, um ein sichere Lagerung der Papierrollen zu gewährleisten.

- In der Lagerhalle herrscht Einbahnstraßenverkehr, so daß der Fahrweg mit 5 m Breite ausreichend bemessen ist.

- Zwischen den Stirnseiten der Papierrollen muß ein Mindestabstand von 0,4 m, zwischen den Längsseiten von 0,2 m für die Greifplatten eingehalten werden.

- Das Umlagern entfällt bei Ein- und Auslagerung.

- Das Fifo-Prinzip muß gewährleistet sein.

*Transport-/Lastaufnahmemittel*

Es wird ein kabinenloser Zweiträger-Brückenkran mit folgenden Daten eingebaut:

| | |
|---|---|
| Spannweite: | 20 m |
| Steuerung: | automatisch/manuell |
| max. Last: | 7 t |
| Lastaufnahmemittel: | Greifer mit Greifplatten für den Transport einer Rolle, Bauhöhe ca. 2 m |
| Bauhöhe des Kranes: | 2 m |
| Durchgangsprofil des Kranes: | L x B x H: 58 m x 18 m x 8,8 m |

*Materialfluß/Lagerorganisation*

Bei dieser Linienlagerung werden die Papierrollen auf dem Boden in Aufnahmeprismen gelagert, so daß Zugriff auf jede Papierrolle ohne Umlagerung möglich ist. Die Aufnahmeprismen verhindern ein ungewolltes Bewegen der Rollen und sind für Papierrollen verschiedener Durchmesser und verschiedener Länge geeignet. Das Lager wird von oben mittels eines Brückenkranes bedient, dessen Lastaufnahmemittel mit Greifplatten ausgestattet ist. Der Kran kann die Papierrollen automatisch im Lager ein- und auslagern, da der Lagerplatz jeder Papierrolle vom EDV-System vorgegeben wird. Dabei herrscht freie Lagerplatzwahl (chaotische Lagerung). Der Be- und Entladevorgang eines LKW muß jedoch manuell gesteuert werden, da die Papierrollen auf jedem LKW nach individueller Ladeliste verladen werden. Für die Auslagerung fährt der Kran automatisch so über die Papierrolle, daß sich die Stirnseiten der Rolle zwischen den Greifplatten befinden. Die Greifplatten werden zusammengefahren und die Rolle wird mit entsprechendem Anpreßdruck gehoben und transportiert. Der Kran bringt die Rolle zum LKW, wo sie manuell eingelagert wird. Die Papierrolle kann dabei nur liegend aufgenommen, transportiert und abgesetzt werden.

Die Einlagerung einer Papierrolle erfolgt entsprechend in umgekehrter Richtung. Der Kran kann jeweils nur eine Rolle transportieren.

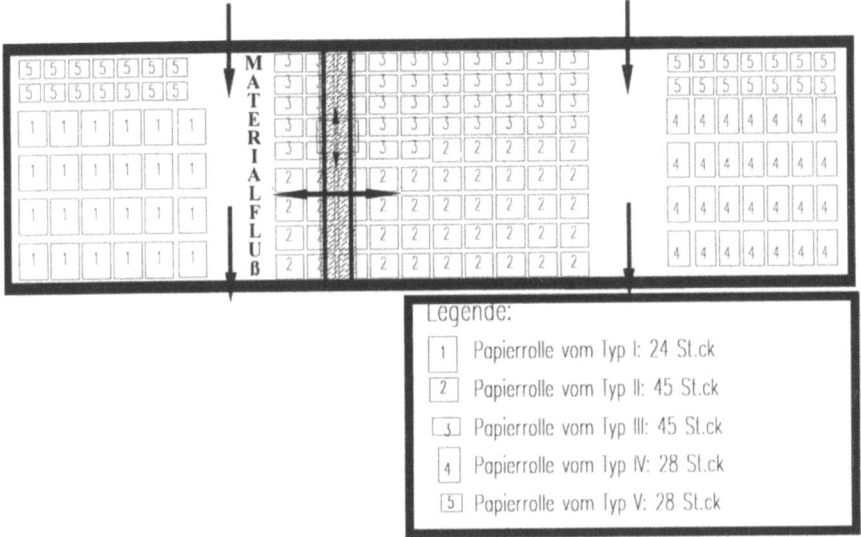

**Bild 48 Alternative I**

Die Be- und Entladung von Bahn und Schiff kann nicht durch den Kran erfolgen, da Kai- und Gleisanlagen außerhalb der Lagerhalle liegen. Hier transportiert der Kran die Rollen zum Fahrweg, wo sie z.B. von Staplern mit Rollenkippklammern aufgenommen und gedreht werden, um stehend in Bahnwaggons oder Schiff verladen zu werden. Die Papierrollen werden bereits bei der Einlagerung anhand des Barcodes erfaßt und es wird ein freier Lagerplatz ausgewählt, der im Lagerverwaltungsrechner gespeichert wird. Die Auslagerung erfolgt nach dem Fifo-Prinzip.

*Systemplanung:*

Das Ergebnis der Systemplanung ist in Bild 48 dargestellt. Danach können folgende Papierrollen eingelagert werden:

| Papierrollen-typ | Anzahl Papierrollen | | | | |
|---|---|---|---|---|---|
| | Ist-Wert in Stück | Soll-Wert in Stück | Erfüllung in % | Abweichung in % | Anteil an der Gesamtrollen-anzahl in % |
| I | 24 | 70 | 34,4 | -65,7 | 11,8 |
| II | 45 | 150 | 30 | -70,0 | 25,2 |
| III | 45 | 125 | 36 | -64,0 | 21,0 |
| IV | 28 | 100 | 28 | -72,0 | 16,8 |
| V | 28 | 150 | 18,7 | -81,3 | 25,2 |
| Summe | 170 | 595 | - | - | 100 |

Kapazitätserfüllung: 28,6 % ((170/595) x 100)
Flächennutzungsgrad: 72 % (Lager-Nettofläche/Lager-Bruttofläche
[(58-5-5) x 18] / [60 x 20] = 0,72)
Höhennutzungsgrad: 13 % (genutzte Höhe/nutzbare Höhe; 2/15 = 0,13)
Umschlagleistung: 160 Spiele pro Schicht und Kran (Durchschnittliche
Spielzeit 3 min, 1-Schicht-Betrieb (8 h),
1 Kran (8 x 60)/3 =160)

*Ergebnis*

Die ungestapelte Linienlagerung ergibt durchschnittlich nur eine 28,6%-ige Erfüllung der Kapazitätsforderung, da die Hallenhöhe nicht genutzt werden kann. Der Höhennutzungsgrad ist mit 13% gering, ebenso der Raumnutzungsgrad. Der Flächennutzungsgrad ist mit 72% gut. Die vorgegebene Umschlagleistung wird erfüllt. Die geringe Erfüllung der Kapazitätsforderung kann durch eine Erhöhung der Umschlagleistung nur schwer aufgefangen werden. Wegen der geringen Lagerkapazität entfällt dieser Lösungsvorschlag.

### 6.3.2 Alternative II: Bodenlagerung mit stehenden Rollen

*Lagerung*

- Gewählt wird eine Blocklagerung in Säulenstapelung mit stehenden Rollen, um einen guten Höhennutzungsgrad zu erhalten.

- Der Hallenboden muß für diese Art der Lagerung schmutzfrei sein, da z.B. kleine Steine die unteren Rollen beschädigen könnten.

- Das Fifo-Prinzip muß gewährleistet sein.

*Materialfluß/Lagerorganisation*

Bei der Blocklagerung werden die Papierrollenstapel direkt nebeneinander auf dem Boden gelagert. Dabei kann nicht ohne Umlagerung auf jede einzelne Papierrolle zugegriffen werden. Ein Bodenlager mit Säulenstapelung der Papierrollen kann auf verschiedene Arten bedient werden:

6 Systemplanung zur Lagerung von Papierrollen    117

a.) durch einen Brückenkran mit Vakuumheber

b.) durch einen Brückenkran mit Spreizdorn

c.) durch Flurförderzeug, z.B. Stapler mit Anbaugerät

Diese Ausführungsvarianten werden in den folgenden Lösungen untersucht.

## 6.3.3 Alternative II a: Lagerbedienung durch Brückenkran mit Vakuumheber

*Transportmittel/Lastaufnahmemittel*

Es wird ein kabinenloser Zweiträger-Brückenkran mit folgenden Merkmalen eingebaut:

| | |
|---|---|
| Spannweite: | 20 m |
| Steuerung: | automatisch/manuell |
| max. Last: | 7 t |
| Lastaufnahmemittel: | Vakuumheber mit einer Saugplatte, Bauhöhe ca. 2 m |
| | |
| max. Stapelhöhe: | 7,8 m* |
| Bauhöhe des Krans: | 2 m |
| Durchgangsprofil des Kranes: | LxBxH   58 m x 18 m x 7,8 m* |

\* Bei L und B jeweils 1 m Abstand an jeder Wand. Als Mindestabstand zwischen Hallendecke und der am höchsten lagernden Papierrolle sind anzusetzen:

| | |
|---|---|
| max. Rollenhöhe | 3 m |
| Bauhöhe Kran | 2 m |
| Bauhöhe Vakuumheber | 2 m |
| Sicherheitsabstand | 0,2 m |
| Summe: | 7,2 m |

Daraus ergibt sich bei einer Hallenhöhe von 15 m eine max. Stapelhöhe von 7,8 m.

Die Papierrollen werden stehend mit sehr geringem Zwischenraum auf dem Boden exakt positioniert gelagert und zu Säulen gestapelt. Dabei hat das EDV-Lagersystem sicherzustellen, daß nur Rollen gleichen Typs der gleichen Partie übereinander gestapelt werden, um das Fifo-Prinzip gewährleisten zu können. Aus dieser Tatsache ergibt sich ein Füllgrad der Stapel von 0,9.

*Materialfluß/Lagerorganisation:*

In der Lagerhalle herrscht Einbahnstraßenverkehr, so daß der Fahrweg mit 5 m Breite ausreichend bemessen ist. Die Papierrollen werden stehend gelagert und transportiert. Die Rollen können vom Vakuumheber nicht in die liegende Lagerung gebracht werden. Der Kran kann mit einer Saugplatte nur eine Rolle transportieren. Das Bodenlager wird von oben bedient, wobei aufgrund des Fifo-Prinzips ein Umlagern der gestapelten Rollen erforderlich sein kann.

*Einlagerung:* Die Papierrollen werden zunächst als Rolle eines Typs in der EDV erfaßt. Der Vakuumheber hebt zum Entladen die Rollen einzeln (Vakuumheber hat nur eine Saugplatte) vom LKW und bringt sie an den Lagerplatz. Die Steuerung der LKW-Entladung erfolgt manuell, da die Papierrollen auf jedem LKW abhängig vom LKW-Typ und der Beladung anders gestaut werden und jeder LKW andere Abmessungen hat. Die Einlagerung erfolgt anschließend automatisch, wobei nur sehr geringe Abstände zwischen den Rollen erforderlich sind. Die einzelnen Partien werden zusammen gelagert, um das Fifo-Prinzip einfacher gewährleisten zu können.

Werden die Rollen nicht per LKW, sondern per Schiff angeliefert, so müssen sie zunächst entweder mit Staplern vom Kai in die Halle transportiert werden (Stückgutfrachter), oder sie werden mit Trailern in die Halle gebracht (RoRo-Schiffe). Die Einlagerung in der Halle erfolgt entsprechend.

*Auslagerung:* Für die Auslagerung bekommt der Kran Mitteilung darüber, welche Papierrollen auszulagern sind, fährt zu den entsprechenden Lagerplätzen und lagert automatisch aus. Zu beachten ist, daß der Vakuumheber nur jeweils die oben liegende Rolle auslagern kann, die er zum LKW bringt. Die Beladung des LKW erfolgt durch manuelle Steuerung (s.o.).

Auf dem Transportfahrzeug werden die einzelnen Papierrollen nach der Auslagerung anhand des Barcodes mit einem Handscanner identifiziert und kontrolliert. Auf diese Art und Weise wird genau definiert, welche Papierrollen welcher Empfänger erhält. LKW können direkt vom Vakuumheber von oben be- und entladen werden. Erfolgt der Transport der Papierrollen durch Bahn oder Schiff, so muß die Be- oder Entladung von Bahnwaggons und Schiff z.B. mit Stapler oder Kran und Stapler erfolgen, die die Papierrollen in die bzw. aus der Lagerhalle transportieren.

*Systemplanung*

Die Lagerung der stehenden Papierrollen ist in Bild 49 zu sehen. Dabei ergeben sich für die einzelne Papierrollentypen folgende Werte:

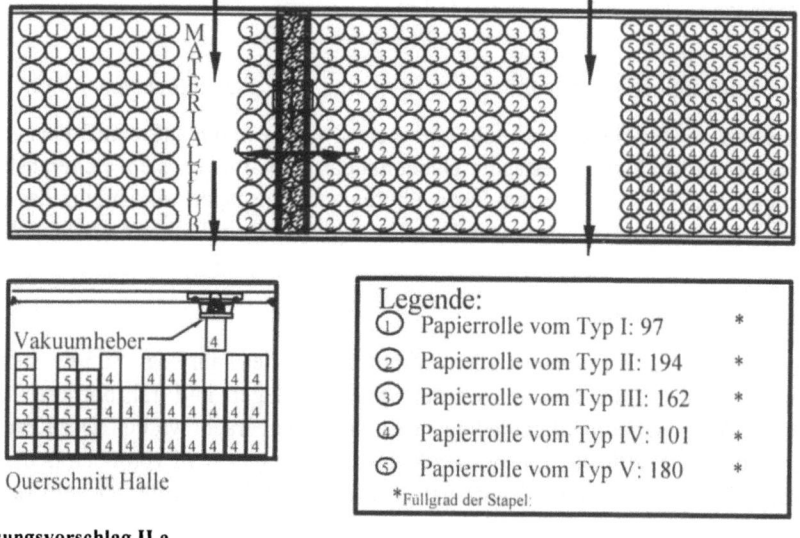

**Bild 49 Lösungsvorschlag II a**

# 6 Systemplanung zur Lagerung von Papierrollen

| Papier-rollen-typ | max. Kapazität | Anzahl Papierrollen ||||||
|---|---|---|---|---|---|---|---|
| | | Ist (100% Füllgrad) [Stück] | Ist (90% Füllgrad) [Stück] | Soll [Stück] | Erfüllung (90 % Füllgrad) [%] | Abweichung [%] | Anteil an Gesamtrollenanz [%] |
| I | 54 Säulen à 2 Rollen | 108 | 97 | 70 | 138,6 | +38,6 | 11,8 |
| II | 72 Säulen à 3 Rollen | 216 | 194 | 150 | 129,3 | +29,3 | 25,2 |
| III | 36 Säulen à 5 Rollen | 180 | 162 | 125 | 129,6 | +29,6 | 21,0 |
| IV | 56 Säulen à 2 Rollen | 112 | 101 | 100 | 101,0 | +1,0 | 16,8 |
| V | 40 Säulen à 5 Rollen | 200 | 180 | 150 | 120,0 | +20,0 | 25,2 |
| Summe | | 816 | 734 | 595 | - | - | 100 |

Kapazitätserfüllung: 137,1% bei 100%-igem Füllgrad der Stapel ((816/595) x 100)
123,4% bei 90%-igem Füllgrad der Stapel ((734/595) x 100)
Da partienweise eingelagert wird, ist von einem realistischen Füllgrad der Stapel von 90 % auszugehen.

Flächennutzungsgrad: 72 % (Lager-Nettofläche/Lager-Bruttofläche;
((58 - 5 - 5) x 18)/(60 x 20) = 0,72)

Höhennutzungsgrad: 50 % (genutzte Höhe/nutzbare Höhe; 7,5/15 = 0,5)

Umschlagleistung: 137 Spiele pro Schicht und Kran
(Durchschnittliche Spielzeit 3,5 min, 1-Schicht-Betrieb (8 h),
1 Kran (8 x 60)/3,5)

*Kosten*

| Nr. | Bezeichnung | Kosten pro Stück in TDM | benötigte Anzahl | Kosten gesamt in TDM |
|---|---|---|---|---|
| 1 | Schienensystem | 300 | 1 | 300 |
| 2 | Brückenkran incl. Steuerung | 1.200 | 2 | 2.400 |
| 3 | Vakuumheber | 300 | 2 | 600 |
| | Summe: | | | 3.300 |

*Ergebnis*

Die gestapelte Blocklagerung ergibt durchschnittlich eine 123,4%-ige Erfüllung der Kapazitätsforderung bei 90 %-igem Füllgrad der Stapel. Der Flächennutzungsgrad ist mit 72 % hoch, der Höhennutzungsgrad ist mit 50 % gering. Daraus resultiert auch ein mittlerer Raumnutzungsgrad. Das gesamte Sortiment kann problemlos in der Lagerhalle untergebracht werden. Die Lagerhalle hat noch freie Kapazitäten von mind. 23,4 %. Die Papierrollen können mit Hilfe des Vakuumhebers beschädigungsfrei transportiert werden.

Die Umschlagleistung liegt mit 137 Spielen pro Schicht 8,7 % unter der geforderten Umschlagleistung von 150 Spielen pro Schicht. Um die vorgegebene Umschlagleistung zu erreichen, müßte entweder eine Überstunde pro Schicht gefahren werden oder es müßte in einen zusätzlichen Kran investiert werden. Da die Verladung von LKW aufgrund der nachfolgenden Transportwege bis ca. 14 Uhr abgeschlossen sein muß, ist es nicht realisierbar pro Schicht eine Überstunde zu fahren und damit die fehlende Umschlagleistung aufzufangen. Eine Investition in einen zweiten Kran ist somit notwendig und bietet den Vorteil, daß gleichzeitig zwei LKW be- oder entladen werden können. Zwei Krane mit Vakuumheber haben Investitionen von insgesamt 3,3 Mio. DM zur Folge. Zu beachten ist bei dieser Art der Lagerbedienung, daß sich die Investition in einen Vakuumheber nur lohnt, wenn der Transport mit Fahrzeugen geschieht, die unmittelbar vom Vakuumheber beladen werden können, z.B. LKW. Denkbar wäre hier auch eine direkte Beladung von Bahnwaggons von oben. Dazu müßte jedoch die Möglichkeit geschaffen werden, die Gleise direkt durch die Lagerhalle laufen zu lassen.

### 6.3.4 Alternative II b: Lagerbedienung durch Brückenkran mit Spreizdorn

Eine Ein- und Auslagerung mit Hilfe eines Spreizdorns ist wegen fehlender Wickelhülsen im Papierrollensortiment nicht möglich. Dieser Lösungsvorschlag, der einen höheren Höhennutzungsgrad der Halle aufweist, wird aus diesem Grund nicht weiter betrachtet.

### 6.3.5 Alternative II c: Lagerbedienung durch Stapler mit Rollenklammer

*Transportmittel/Lastaufnahmemittel:*

Die Papierrollen werden mittels Staplern mit Anbaugerät wie z.B. Rollenklammer für eine, zwei oder vier Papierrollen ein- und ausgelagert. Es werden freitragende Stapler eingesetzt. Damit die Stapler die Papierrollen ohne Verschieben aufnehmen können, ist zwischen den Papierrollenstapeln für die feststehende Gabel ein Zwischenraum von 5 cm vorhanden.

*Materialfluß/Lagerorganisation:*

Es sollen Stapler mit einer Tragfähigkeit von 4t, Stapler mit einer Tragfähigkeit von 7,5t und Stapler mit einer Tragfähigkeit von 12t zum Einsatz kommen. Die 4t – und die 7,5t – Stapler sind mit einer Rollenklammer für max. zwei Rollen übereinander ausgestattet, der 12t-Stapler ist mit einer Rollenklammer für bis zu vier Rollen ausgestattet.

Für Stapler mit Rollenklammern für vier Papierrollen, muß der Fahrweg 7 m breit sein. Für kleinere Stapler sind mindestens 4 m breite Fahrwege zum Fahren zwischen den einzelnen Blöcken vorzusehen. In den schmalen Gängen können keine zwei Papierrollen nebeneinander transportiert werden. Gegenverkehr ist nicht möglich. Die Papierrollen werden stehend gelagert und transportiert. Die Rollen können mittels einer Rollenkippklammer aber auch in die horizontale Lage gebracht werden. Das Bodenlager wird von der Seite bedient, wobei aufgrund des Fifo-Prinzips ein Umlagern der gestapelten Rollen erforderlich ist. Damit die Stapler in der Lagerhalle in jedem Gang ungehindert Zugang zu jeder Partie haben, werden alle Transportfahrzeuge (Bahnwaggons, LKW und Schiff) außerhalb der Lagerhalle be- und entladen.

*Einlagerung:* Die Papierrollen werden zunächst nur als gesamte Partie, d.h. als Papierrollen eines Typs erfaßt, und es wird ihnen ein Lagerplatz zugewiesen. Die Lagerung geschieht zur Gewährleistung des Fifo-Prinzips nach Partien.

# 6 Systemplanung zur Lagerung von Papierrollen

Aus Zeitgründen und Gründen der effizienteren Lagerplatzausnutzung in der Lagerhalle erfolgt der Transport der Papierrollen vom Transportfahrzeug mit Staplern mit Rollenklammer für vier Papierrollen. Stapler mit Rollenklammer für eine Papierrolle stapeln die Papierrollen dann an ihren endgültigen Lagerplatz. Der Abstand zwischen den Rollenstapeln ist abhängig vom Typ der Rollenklammer.

Zum Schutz der Papierrollen vor Beschädigungen durch vorbeifahrende Stapler o.ä., werden an den unteren Eckrollen Rollenschoner aus schlagfestem Kunststoff in Signalfarben aufgestellt. Diese Rollenschoner sind 1 oder 2m hoch und passen für alle Rollendurchmesser.

*Auslagerung:* Für die Auslagerung bekommt der Staplerfahrer Mitteilung, welche Papierrollentypen in welcher Anzahl auszulagern sind. Wegen der engen Stapelung der Rollen, erfolgt die direkte Auslagerung mit Staplern mit Rollenklammer für eine Rolle. Je nach Art des Transportfahrzeuges, mit dem die Rollen zum Empfänger gebracht werden, bringt der Stapler Rolle für Rolle einzeln zum Transportfahrzeug und lädt sie auf oder stapelt sie zu Blöcken à vier Papierrollen, um sie von einem Stapler mit Rollenklammer für vier Papierrollen weitertransportieren zu lassen. Für die Beladung von Schiffen kann der Stapler die Rollen auch direkt in der Lagerhalle auf Paletten oder Trailer laden. Diese werden dann von Schleppern oder Staplern weitertransportiert.

Auf dem Transportfahrzeug werden die einzelnen Papierrollen nach der Auslagerung anhand des Barcodes mit einem Handscanner identifiziert und kontrolliert. Auf diese Art und Weise wird genau definiert, welche Papierrollen welcher Empfänger erhält.

*Systemplanung*

Das Ergebnis der Systemplanung ist in Bild 50 dargestellt. Dabei ergeben sich für die einzelne Papierrollentypen folgende Werte:

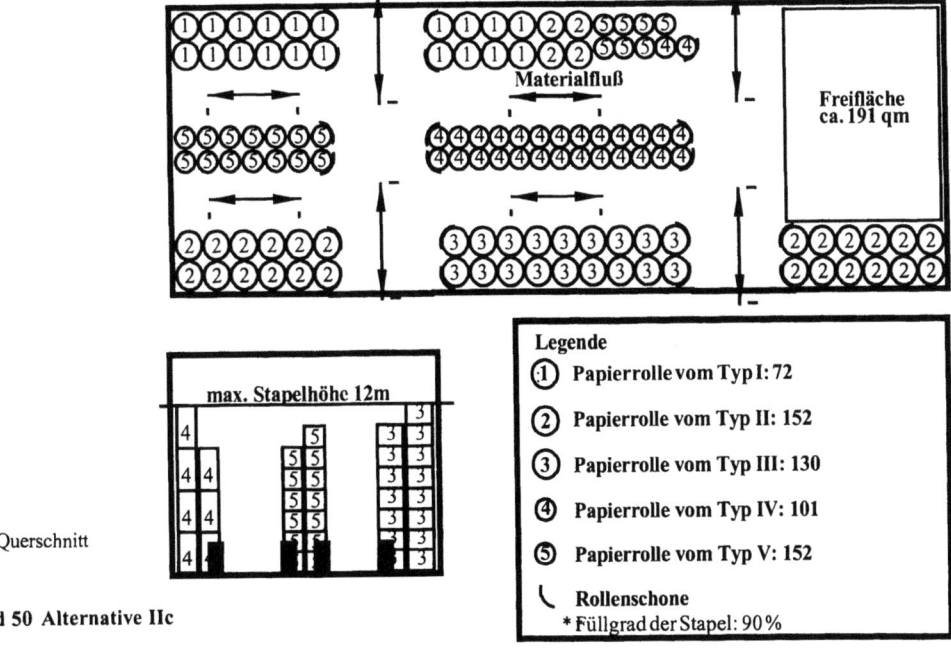

**Bild 50 Alternative IIc**

**Legende**
① Papierrolle vom Typ I: 72
② Papierrolle vom Typ II: 152
③ Papierrolle vom Typ III: 130
④ Papierrolle vom Typ IV: 101
⑤ Papierrolle vom Typ V: 152
⌊ Rollenschone
* Füllgrad der Stapel: 90 %

| Papier-rollen-typ | max. Kapazität | Anzahl Papierrollen ||||||
|---|---|---|---|---|---|---|---|
| | | Ist (100% Füllgrad) | Ist (90% Füllgrad) | Soll | Erfüllung (90 % Füllgrad) | Abweichung | Anteil an Gesamtrollenanz. |
| | | [Stück] | [Stück] | [Stück] | [%] | [%] | [%] |
| I | 20 Säulen à 4 Rollen | 80 | 72 | 70 | 102,9 | + 2,9 | 11,8 |
| II | 28 Säulen à 6 Rollen | 168 | 152 | 150 | 101,3 | + 1,3 | 25,2 |
| III | 18 Säulen à 8 Rollen | 144 | 130 | 125 | 104 | + 4,0 | 21,0 |
| IV | 28 Säulen à 4 Rollen | 112 | 101 | 100 | 101 | + 1,0 | 16,8 |
| V | 21 Säulen à 8 Rollen | 168 | 152 | 150 | 101,3 | + 1,3 | 25,2 |
| Summe | | 672 | 607 | 595 | - | - | 100 |

Kapazitätserfüllung: 112,9 % bei 100%-igem Füllgrad der Stapel ((672/595) x 100)
102,0 % bei 90%-igem Füllgrad der Stapel ((607/595) x 100)
Freifläche: ca. 191 m²
Flächennutzungsgrad: 52 % (Lager-Nettofläche/Lager-Bruttofläche (ohne Freifläche); (60 – 8 – 8) x (20 – 4 – 4)/((60 x 20) – 191)
Höhennutzungsgrad: 80 % (genutzte Höhe/nutzbare Höhe; 12/15 = 0,8)
Umschlagleistungen:
Stapler mit einer
Tragfähigkeit von 4 t: 150 Rollen pro Stapler pro Schicht
(Durchschnittliche Spielzeit 3 min., 1-Schicht-Betrieb (8 h), (7,5* x 60)/3 = 150 Spiele pro Stapler, 150 x 1**)

Stapler mit einer
Tragfähigkeit von 7,5 t: 210 Rollen pro Stapler pro Schicht
(Durchschnittliche Spielzeit 3 min. 1-Schicht-Betrieb (8 h), (7,5* x 60)/3 = 150 Spiele pro Stapler, 150 x 1,4**)

Stapler mit einer
Tragfähigkeit von 12 t: 358 Rollen pro Stapler pro Schicht
(Durchschnittliche Spielzeit 3,5 min. 1-Schicht-Betrieb (8 h), (7,5* x 60)/3,5 = 128 Spiele pro Stapler, (128 x 4 x 0,4**) + (128 x 2 x 0,6**))

\* Pro Schicht muß ½ h für den Anbau der Anbaugeräte eingeplant werden (8 h – 0,5 h = 7,5 h)

\*\* Der 4 t-Stapler transportiert i.d.R. nur eine Rolle. Der 7,5 t-Stapler transportiert in 40 % der Fälle 2 Rollen und der 12 t-Stapler transportiert in 40 % der Fälle 4 Rollen und in 60 % der Fälle 2 Rollen.

# 6 Systemplanung zur Lagerung von Papierrollen

*Kosten*

| Nr. | Bezeichnung | Kosten pro Stück in TDM | benötigte Anzahl | Kosten gesamt in TDM |
|---|---|---|---|---|
| 1 | freitragender Frontstapler, Tragfähigkeit 7,5 t | 120,0 | 1 | 120,0 |
| 2 | freitragender Frontstapler, Tragfähigkeit 12 t | 250,0 | 1 | 250,0 |
| 3 | Rollenklammer für eine oder zwei Rollen, Transport übereinander, max. 4 t Tragfähigkeit | 40 | 1 | 40,0 |
| 4 | Rollenklammer für vier Rollen, max. 9 t Tragfähigkeit | 90 | 1 | 90,0 |
| 5 | Rollenschoner | 0,265 | 20 | 5,3 |
| | Summe: | - | - | 505,3 |

*Ergebnis*

Das gesamte Sortiment kann problemlos in der Lagerhalle untergebracht werden. Die Kapazitätsforderung wird bei 90%-igem Füllgrad der Stapel zu 102,0 % erfüllt. Es bleibt eine Restfläche von ca. 191 m² frei. Der Flächennutzungsgrad ist mit 52 % ohne Freifläche nicht sehr hoch, ebenso wie der Raumnutzungsgrad. Dies ist auf die große Anzahl von Fahrwegen/Arbeitsgängen zurückzuführen, um möglichst ohne Umstapelung das Fifo-Prinzip gewährleisten zu können. Der Höhennutzungsgrad ist mit 80 % hoch, was auf die höhere Stapelung zurückzuführen ist.

Für die vorgegebene Umschlagleistung ist theoretisch nur ein 4 t-Stapler erforderlich, der für einen Umschlag von 150 Rollen pro Schicht ausreicht. Hierbei wird jedoch nicht berücksichtigt, daß an einem Be- oder Entladevorgang mehrere Stapler beteiligt sind. Ein Stapler mit Mehrfachrollenklammer bringt die Papierrollen in die Halle, und ein Stapler bringt sie zu ihrem endgültigen Lagerplatz (s.o.). Aus diesem Grund werden ein 12 t-Stapler mit einer Rollenklammer für 4 Papierrollen für den Transport in die Halle und ein 7,5 t-Stapler mit einer Rollenklammer für 2 Papierrollen eingesetzt, die auch über Reservekapazitäten verfügen. Ein 7,5 t-Stapler kann im Gegensatz zu 4 t-Stapler bis zu zwei Papierrollen transportieren. Die Investition für einen 7,5 t-Stapler ist gemessen an der Gesamtinvestition nicht wesentlich höher (Preis für einen 4 t-Stapler: 80 TDM) und der Stapler ist vielfältiger einsetzbar als der 4 t-Stapler, da die Tragfähigkeit höher ist. Daraus ergibt sich eine Umschlagleistung von 210 Rollen pro Schicht (7,5 t-Stapler ist Engpaß). Die Gesamtinvestition beläuft sich auf ca. 505,3 TDM. Zusätzliche Investitionen sind nicht erforderlich, da mittels Stapler LKW, Bahn und Schiff beladen werden kann.

## 6.4 Vergleich der Alternativen

| | Alternative IIa | Alternative IIc |
|---|---|---|
| Kapazitätserfüllung in % | 123,4 | 102,0 |
| Flächennutzungsgrad in % | 72 | 52 |
| Höhennutzungsgrad in % | 50 | 80 |
| Umschlagleistung pro Schicht | 274 Rollen | 210 Rollen |
| Transport-/ Umschlagmittel | zwei Krane | 7,5 t-Stapler und 12 t-Stapler |
| Investition | 3,3 Mio. DM | 505,3 TDM |
| Bemerkung | Die Lagerhalle wird gut ausgenutzt, und das gesamte Sortiment kann in der Halle untergebracht werden. | Die Lagerhalle wird gut ausgenutzt, das gesamte Sortiment kann in der Halle untergebracht werden, und es ist eine Freifläche vorhanden. |
| Direkte Beladung möglich von | LKW | LKW, Bahn, Schiff |

Bei beiden Alternativen kann das gesamte Sortiment eingelagert werden. Die Alternativen II a und II c unterscheiden sich wesentlich in der Umschlagleistung und der Investition, wobei Alternative II c noch Freifläche aufweist, die für zusätzliche Einlagerung genutzt werden kann. Welche Lösung realisiert wird, hängt ab von:

- den zur Verfügung stehenden Investitionsmitteln
- den betriebsspezifischen Randbedingungen und Restriktionen.

# 7 Planung eines Kommissionierlagers mit statischer Bereitstellung

## 7.1 Aufgabe: Personalberechnung in einem Kommissionierlager

Anhand eines vorgegebenen Kommissionierlagers mit Auftragsstruktur und Kommissioniersystem soll die notwendige Anzahl der Kommissionierer für einen 1-Schicht-Betrieb (7 Arbeitsstunden pro Tag) ermittelt werden. Dabei ist zu untersuchen, ob die Kommissionierer zusätzlich zu ihrer Hauptaufgabe einen Teil des Nachschubes durchführen können. Das Kommissionierlager erhält seinen Nachschub mit Flurförderzeugen aus dem Hochregallager.

## 7.2 Beschreibung des Ist-Zustandes

*Bauliche Gegebenheiten/Lagerart*

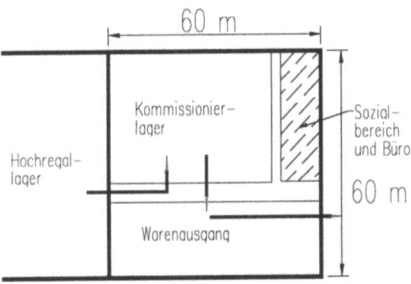

**Bild 51** Grundriß Halle

*Halle:*

| | |
|---|---|
| Abmessungen (in m) | L x B x H  60 x 60 x 7 |
| Stützenraster (in m) | 20 x 20 |

*Aufteilung der Halle:*

| | |
|---|---|
| Kommissionierlager | ca. 1.800 m² |
| Warenausgangsbereich (inkl. Verkehrsweg) | ca. 1.200 m² |
| Sozialbereich, Büro (incl. Weg) | ca. 600 m² |

*Lagerarten im Kommissionierlager:*

Behälterdurchlaufregal (Blocklagerung der A-Artikel)

| | |
|---|---|
| Abmessungen der Kanäle (in mm) | L x B x H: 10 x 500 x 350 |
| Abmessungen des Regals (in m) | L x B x H: 10 x 12 x 2,1 |
| Anzahl der Kanäle | 24 Kanäle nebeneinander, 6 Kanäle übereinander, 24 x 6 = 144 |

Zweigeschossiges Fachbodenregal
(Linienlagerung, A- und B-Artikel im Untergeschoß, C-Artikel im Obergeschoß)

| | |
|---|---|
| Höhe des Regals | 2 m (pro Etage) |
| Abmessungen Fach (in mm) | B x T: 1.000 x 500 |
| Anzahl der Böden pro Etage | 5 |
| Traglast der Böden | 250 kg |
| Regalmeter insgesamt | 12 x 5 m + 18 x 7 m + 2 x 17 m = 220 m Regal pro Geschoß, 440 m Regal insgesamt |

Bodenlagerung (Linienlagerung von Sperrigteilen)

*Lagereinheiten/Lagergüter*

Lagereinheiten (alle Maße in mm):

| | |
|---|---|
| Bodenlagerung: | Vierwege-Paletten (DIN-Paletten): L x B x H: 1.200 x 800 x 150 Gitterboxen (nutzbares Innenmaß): L x B x H: 1.200 x 800 x 800 |
| Fachbodenregal : | Lagersichtkästen in 4 verschiedenen Ausführungen |
| Typ 1: T x B x H (in mm) | 500 x 300 x 200 |
| Typ 2: TxBxH (in mm) | 500 x 300 x 300 |
| Typ 3: TxBxH (in mm) | 350 x 200 x 145 |
| Typ 4: TxBxH (in mm) | 350 x 200 x 200 |
| | und Kartons verschiedener Abmessungen |
| Behälterdurchlaufregal: | Lagersichtkästen in 2 verschiedenen Ausführungen |
| Typ 1: TxBxH (in mm) | 500 x 300 x 200 |
| Typ 2: TxBxH (in mm) | 500 x 300 x 300 |

*Lagerkapazität:*

| | |
|---|---|
| Lagereinheiten im Behälterdurchlaufregal (Füllfaktor 0,8) | ca. 2.300 |
| Lagereinheiten im Fachbodenregal | ca. 6.600 |
| Palettenplätze | ca. 100 |

*Anzahl der Artikel:*

| | |
|---|---|
| im Behälterdurchlaufregal: | ca. 140 |
| im Fachbodenregal: | ca. 6.600 |
| in Bodenlagerung: | ca. 100 |

*Lagergüter:*

- Maschinen wie Motorsägen, Hochdruckreiniger, Motorsensen, Häcksel u.ä.
- dazugehörige Ersatzteile und Betriebsstoffe
- land- und forstwirtschaftliche Artikel, z.B. Schutzkleidung, Beile etc.

7 Planung eines Kommissionierlagers mit statischer Bereitstellung

*Vorhandene Transportmittel*

Für das Kommissionierlager stehen zur Verfügung:

- 1 Elektro-Deichsel-Stapler
- 4 Handgabelhubwagen
- 5 Kommissionierrollwagen mit Trittstufen, davon 2 mit 2 Böden und 3 mit 3 Böden
- 5 Handwagen

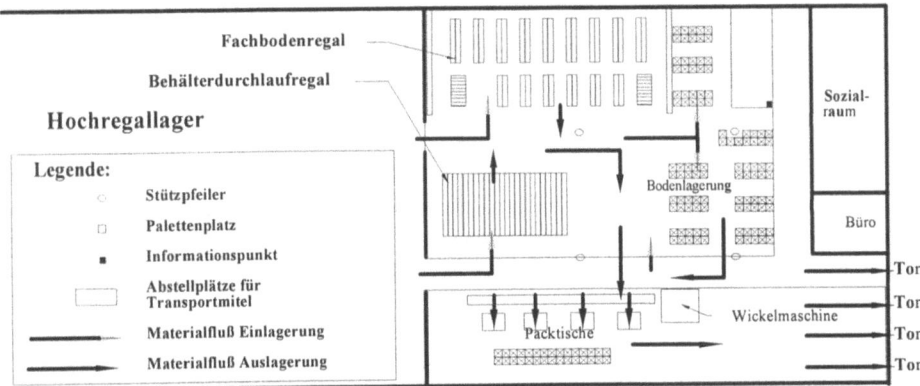

**Bild 52 Lagerlayout und Materialfluß**

*Lagerlayout/Materialfluß/Lagerorganisation*

- Das Kommissionierlager wird nach dem Prinzip der festen Lagerplatzordnung verwaltet. In Boden- und Regallagerung werden Kleinteile (in den Regalen) und Sperrigteile (auf den Palettenplätzen) gespeichert.
- Der Warenausgang faßt die Bereiche Kontrolle, Verpackung und Versand zusammen.
- Das Hochregallager dient als Reserve für das Kommissionierlager und zur Einlagerung von Sperrigteilen, Maschinen und großen Einheiten von Kleinteilen.
- Im gesamten Lager herrscht das Bringe-Prinzip, d.h. Nachschub wird nach Bedarfsanforderung in das Kommissionierlager gebracht, die kommissionierten Aufträge werden zum Warenausgang transportiert.
- Die folgende Beschreibung der Ein- und Auslagerung bezieht sich nur auf das Kommissionierlager.

*Einlagerung:* Das *Bodenlager* wird direkt mit Schubmaststaplern, Elektro-Deichsel-Staplern oder Handgabelhubwagen bedient, je nachdem aus welcher Höhe im Hochregallager ausgelagert werden muß. Dabei ist eine Arbeitsgangbreite von mind. 2,62 m zwischen den Palettenplätzen erforderlich.

Das *Behälterdurchlaufregal* wird mit Kommissionierstaplern angefahren und manuell beschickt. Es werden befüllte Lagersichtkästen am hinteren Ende des Regals artikelrein eingelagert. Die Kanäle haben eine Neigung von ca. 8 %, so daß die Behälter über Rollen, angetrieben durch die Schwerkraft, zum anderen Ende des Kanals laufen, wo kommissioniert wird (Fifo-Prinzip zwangsweise gewährleistet).

Das *Fachbodenregal* erhält seinen Nachschub über Stapler. Die einzulagernden Kleinteile werden mit Handwagen zum entsprechenden Regalfach gebracht und manuell eingelagert, z.B. werden die vorhandenen Lagersichtkästen aufgefüllt. Für den Nachschub im oberen Geschoß setzt ein Stapler die Palette auf der Bühne ab, da kein Lastenaufzug vorhanden ist.

*Auftragsannahme:*

Die eingegangenen Aufträge werden manuell im EDV-System erfaßt. Dabei kann der Bediener schon bei der Eingabe erkennen, ob der Lagerbestand für diesen Auftrag ausreichend ist. Das EDV-System numeriert jeden Auftrag. Nach Freigabe des Auftrages werden der Lieferschein, Artikel-Aufkleber und Versandaufkleber gedruckt. Der Lieferschein ist gleichzeitig der Kommissionierauftrag.

*Auslagerung:*

Die Kommissionierung der Aufträge erfolgt auftragsorientiert nach dem Mann-zur-Ware-Prinzip (statische Bereitstellung), d.h. die einzelnen Lagerorte werden vom Kommissionierer nacheinander angelaufen, wobei die Lagerorte bereits auf dem Auftrag wegoptimiert angegeben sind.

Die Kommissionieraufträge mit den anhängenden Aufklebern werden an einem Informationspunkt in farbigen Behältern mit verschiedenen Prioritäten gesammelt. Der Kommissionierer entnimmt je nach Auftragsvolumen einen oder mehrere Aufträge mit höchster Priorität. Je nach Auftragsvolumen wird ein Transportmittel, z.B. mit einem entsprechenden Sammelbehälter (Norm-Stapelkästen verschiedener Größen oder Gitterboxen), gewählt. Nach Art der Ware kann jedoch auch direkt auf die Palette kommissioniert werden. Der Kommissionierauftrag führt den Kommissionierer wegoptimiert durch das Lager. Der Kommissionierer entnimmt manuell an den vorgegebenen Orten die entsprechenden Mengen aus den Lagersichtkästen, Kartons oder Gitterboxen und kennzeichnet jeweils ein Referenzteil mit dem Aufkleber. Kleinstteile werden dabei direkt in Tüten verpackt und mit Aufklebern gekennzeichnet. Die Aufkleber tragen die Auftragsnummer, einen Barcode, die Bezeichnung des Lagerortes und den Namen des Kunden, so daß eine leichte Kontrollmöglichkeit gegeben ist. Der fertig kommissionierte Auftrag wird auf einem Rollenförderer vor den Packtischen oder nach Absprache direkt an einen Verpacker abgegeben. Der Rollenförderer dient dabei als Puffer (zentrale Abgabe). Wird bei der Kontrolle durch die Verpacker ein Fehler festgestellt, so muß der verantwortliche Kommissionierer den Fehler berichtigen (Nachkommissionierung).

*Auftragsstruktur*

| | |
|---|---|
| ∅ Anzahl der Aufträge pro Monat | 5.000 |
| ∅ Anzahl der Positionen pro Auftrag | 6 |
| ∅ Anzahl der Positionen pro Monat | 30.000 |
| Faktor für die Mehrfachkommissionierung | 1,2 |
| ∅ Anzahl der Zugriffe pro Monat (30.000 x 1,2) | 36.000 |

## 7 Planung eines Kommissionierlagers mit statischer Bereitstellung

*Kommissionierleistung*

Die Kommissionierzeit ist die Zeit zum Sammeln eines Auftrages. Sie wird unterteilt in die Basiszeit (Zeit für administrative Aufgaben und zur Auswahl von Transportmitteln und Abgabe der Waren), die Wegzeit (durchschnittliche Zeit zwischen zwei Entnahmestellen multipliziert mit der durchschnittlichen Anzahl der Positionen), die Greifzeit (Zeit für einen Zugriff; Hinlangen, Aufnehmen, Befördern und Ablegen eines Artikels) und die Totzeit (Zeit für das Suchen und Finden eines Artikels, für das Zählen, Kontrollieren und Lesen des Auftrages und das Etikettieren).

Aus Messungen zur Analyse der Zeitanteile ergaben sich Durchschnittswerte, die für Fachbodenregal, Behälterdurchlaufregal und Bodenlagerung gelten (ein Auftrag kann Positionen aus allen drei Lagerbereichen beinhalten):

| Nr. | Bezeichnung | Zeit (s) pro Zugriff | Zeit (s) pro Position | Anteil an der Kommissionierzeit in % |
|---|---|---|---|---|
| 1 | Basiszeit | 2,5 | 2,5 | 4,8 |
| 2 | Wegzeit | 26,1 | 26,1 | 50,2 |
| 3 | Greifzeit | 2,3 | 1,2 x 2,3 = 2,8 | 5,4 |
| 4 | Totzeit | 20,5 | 20,5 | 39,6 |
|  | Kommissionierzeit |  | 51,9 | 100,0 |

Für die Nachkommissionierung bei fehlerhaft ausgeführten Aufträgen müssen im Monat durchschnittlich 100 h angesetzt werden.

Für die Einlagerung im Fachbodenregal, die in den Bereich des Kommissionierlagers fällt, werden monatlich ca. 150 h benötigt. Das Behälterdurchlaufregal und die Palettenplätze werden durch Mitarbeiter des Hochregallagers bedient.

## 7.3 Lösungsmöglichkeit für Personalberechnung

*Berechnung der Nettoarbeitszeit*

Für die Lösung ist zunächst die Arbeitszeit zu ermitteln, die ein Arbeitnehmer durchschnittlich pro Monat im 1-Schicht-Betrieb arbeitet. Die Bruttoarbeitszeit beträgt pro Arbeitnehmer:

| Bruttoarbeitszeit pro Jahr | | 1.820,0 h |
|---|---|---|
| Feiertage | 8 Tage à 7 h | - 56,0 h |
| Krankheit | durchschnittlich 8 % der Bruttoarbeitszeit | - 145,6 h |
| Urlaub | 30 Tage à 7 h | - 210,0 h |
| Nettoarbeitszeit pro Jahr | | 1.408,4 h |
|  | **Nettoarbeitszeit pro Monat** | **117,4 h** |

Die Bruttoarbeitszeit pro Jahr berechnet sich zu:

7 h pro Tag, an 5 Tagen in der Woche, 52 Wochen im Jahr: 7 x 5 x 52 = 1.820 h

Ein Arbeitnehmer steht dem Betrieb nach Berechnung effektiv ca. 117,4 h pro Monat zur Verfügung.

*Berechnung der Kommissionierzeit*

Anhand der Auftragsstruktur läßt sich berechnen, wieviel Arbeitszeit monatlich für die Kommissionierung benötigt wird.

| | |
|---|---|
| $\varnothing$ Zeit pro Zugriff: | 51,9 s |
| $\varnothing$ Anzahl der Zugriffe pro Monat: | 36.000 |

| | |
|---|---|
| erforderliche Kommissionierzeit pro Monat: (51,9 s · 36.000 = 1.868.400 s) | 519 h |
| Zeit für Nachkommissionierung | 100 h |
| *Summe:* | *619 h* |

Für die Kommissionierung werden folglich monatlich 619 h benötigt. Die Berechnung der Personalstärke hängt im wesentlichen davon ab, wie die Einlagerung in das Fachbodenregal organisiert wird. Für diese Einlagerung gibt es z.B. folgende Lösungsmöglichkeiten:

I: Abdeckung durch eigene Mitarbeiter, d.h. die Kommissionierer lagern auch ein

II: Abdeckung durch Überkapazitäten und Überstunden einer festen Anzahl an Kommissionierern

III: Trennung der Aufgabenbereiche Kommissionierung und Einlagerung, Abdeckung beider Bereiche durch Teilzeitarbeiter

## 7.3.1 Alternative I:
### Abdeckung der Arbeitszeit durch eigene Mitarbeiter

| | |
|---|---|
| erforderliche Kommissionierzeit pro Monat: | 619,0 h |
| Zeit für Einlagerung | 150,0 h |
| *Summe:* | *769,0 h* |

| | |
|---|---|
| Nettoarbeitszeit pro Monat: | 117,4 h |
| erforderliche Anzahl an Kommissionierern: (769 h : 117,4 h) | 6,6 |

Es werden 7 Vollzeit-Kommissionierer benötigt, die neben der Kommissionierung auch die Einlagerung erledigen. Dabei ist folgende Überkapazität vorhanden:

| | |
|---|---|
| geleistete Arbeitszeit pro Monat (7 x 117,4h) | 821,8 h |
| erforderliche Arbeitszeit pro Monat | 769,0 h |
| Überkapazität pro Monat (821,8 h – 769,0 h) | 52,8 h |

## 7.3.2 Alternative II:
### Abdeckung der Arbeitszeit durch Überkapazitäten und Überstunden

| | |
|---|---|
| erforderliche Kommissionierzeit pro Monat: | 619,0 h |
| Nettoarbeitszeit pro Monat: | 117,4 h |
| erforderliche Anzahl an Kommissionierern: (619 h : 117,4 h) | 5,3 |

7  Planung eines Kommissionierlagers mit statischer Bereitstellung

Es werden 6 Vollzeit-Kommissionierer benötigt, die nur die Kommissionierung erledigen. Dabei ist folgende Überkapazität vorhanden:

| | |
|---|---:|
| geleistete Arbeitszeit pro Monat (6 x 117,4 h) | 704,4 h |
| erforderliche Kommissionierzeit pro Monat | 619,0 h |
| *Überkapazität pro Monat (704,4 h - 619,0 h)* | *85,4 h* |

Ein Teil der Einlagerung kann durch Überkapazitäten abgedeckt werden. Für die gesamte Einlagerung müßten jedoch zusätzlich noch 150 h - 85,4 h = 64,6 h monatlich aufgebracht werden. Bei 6 Kommissionierern wären dies durchschnittlich 10,8 Überstunden pro Kommissionierer im Monat. Zu beachten ist bei dieser Rechnung, daß es sich um monatliche Durchschnittswerte handelt. Saisonale Schwankungen in der Auftragslage werden nicht berücksichtigt. D.h., daß die Einlagerung in einigen Monaten nur durch die vorhandenen Überkapazitäten ohne Überstunden abgedeckt werden können, während in Monaten mit überdurchschnittlicher Auftragslage pro Kommissionierer mehr Überstunden geleistet werden müssen. Die Einstellung einer Aushilfe wäre dann zu überlegen, um die anfallenden Aufträge fristgerecht abarbeiten zu können.

### 7.3.3 Alternative III:
### Abdeckung der Arbeitszeit durch nur für die Einlagerung zuständige Teilzeitarbeiter

| | |
|---|---:|
| erforderliche Arbeitszeit pro Monat im Einlagerungsbereich | 150,0 h |
| erforderliche Arbeitszeit pro Monat im Kommissionierbereich: | 619,0 h |
| Nettoarbeitszeit pro Monat: | 117,4 h |
| erforderliche Anzahl an Kommissionierern: (619 h : 117,4 h) | 5,3 |
| erforderliche Anzahl an Beschäftigten für die Einlagerung: (150 h : 117,4 h) | 1,3 |

Für die Kommissionierung müßten 5 Vollzeit-Kommissionierer, für die Einlagerung ein Vollzeit-Arbeitnehmer und in beiden Bereichen jeweils ein 0,3 Teilzeit-Arbeitnehmer eingestellt werden, die 30 % der normalen Arbeitszeit (2,1 h pro Tag) anwesend sind. Überkapazitäten sind nicht vorhanden. Saisonale Schwankungen in der Auftragslage werden nicht berücksichtigt. D.h., daß bei überdurchschnittlicher Auftragslage Überstunden anfallen, während bei unterdurchschnittlicher Auftragslage Überkapazitäten vorliegen.

## 7.4 Ergebnis

Für das vorgegebene Kommissionierlager mit Auftragsstruktur und dem oben beschriebenen Kommissioniersystem werden in den untersuchten Varianten folgende Ergebnisse gewonnen:

| Alternative | Anzahl Kommissionierer | Anzahl Mitarbeiter für die Einlagerung | Anzahl Mitarbeiter gesamt | Überkapazität/Unterkapazität pro Monat |
|---|---|---|---|---|
| I | 7 | - | 7 | + 52,8 h |
| II | 6 | - | 6 | - 64,6 h |
| III | 5,3 | 1,3 | 6,6 | - |

Diese Auswertung beruht auf monatlichen Durchschnittswerten. Saisonale Schwankungen des Auftragsvolumens sind nicht berücksichtigt. Es kann daher notwendig sein, die Anzahl der Kommissionierer entsprechend der Auftragslage anzupassen. Die Anpassung nach oben kann dabei eventuell durch Leiharbeiter erfolgen, während eine Verminderung der Anzahl der Kommissionierer aus arbeitsrechtlichen Gründen nicht bzw. nur unter erschwerten Bedingungen möglich ist.

Der Unterschied zwischen Netto- und Bruttoarbeitszeit beträgt monatlich 34,3 h (1.820 h − 1.408,4 h = 411,6 h pro Jahr; 411,6 h : 12 = 34,3 h pro monatlich), was ca. 30 % der monatlichen Nettoarbeitszeit entspricht. Von diesen 30 % entfallen ca. 4 % auf Feiertage, ca. 11 % auf Krankheit und ca. 15 % auf Urlaub. Um diese Differenz zu verringern, käme nur eine Automatisierung in Betracht, da Krankheit und Urlaub menschliche Faktoren sind, die nur schwer zu beeinflussen sind. Die Krankheitsrate ist mit 8 % hoch, so daß sie z.B. durch Motivation der Arbeitnehmer verringert werden kann. Gesundheitsgefährdende Einflüsse, z.B. durch Lärm, Temperaturen o.ä. sind im Betrieb nicht erkennbar. Der Urlaub und die Feiertage sind tariflich oder gesetzlich vorgeschrieben und damit nicht zu beeinflussen.

Bei einer Automatisierung ist zu berücksichtigen, daß auch Maschinen defekt sein können und somit Ausfallzeiten entstehen können. Feiertage müßten ebenfalls beachtet werden, da das Überwachungspersonal nicht verfügbar ist. Eine Automatisierung hätte zwar eine Erhöhung der Kommissionierleistung durch Verringerung der Kommissionierzeit und Erhöhung der Nettoarbeitszeit (in diesem Fall der Maschinen) zur Folge, wäre jedoch sehr investitionsintensiv, und es ist zu überlegen, ob eine derartige Investition bei bestehendem Auftragsvolumen lohnend ist.

Eine Möglichkeit zur Einsparung von Arbeitskräften bietet z.B. die Verlagerung der Einlagerung des Fachbodenregals in den Bereich des Hochregallagers. Diese Maßnahme würde die Personalkosten zunächst nur auf eine andere Kostenstelle verschieben. Würde das Fachbodenregal gleichzeitig so gestaltet werden, daß es problemlos im Obergeschoß für die Flurförderzeuge des Hochregallagers, z.B. Schubmaststapler oder Gabelstapler erreichbar ist, könnte die Zeit für den Transport zum Regal erheblich verkürzt werden (ursprünglich Transport per Handwagen). Es kann z.B. ein Lastenaufzug eingebaut werden, der das Transportproblem in das Obergeschoß insofern löst, als die Paletten unmittelbar im Obergeschoß abgestellt werden können. Das zeitintensive Nachfüllen der Lagersichtkästen entfällt dabei jedoch nicht. Dies kann nur durch eine investitionsintensive Automatisierung vermieden werden. Im Hinblick darauf müßte der Bereich des Hochregallagers auf eventuell vorhandene Überkapazitäten der dort vorhanden Arbeitskräfte untersucht werden, die für die Einlagerung genutzt werden könnten.

# 8 Systemplanung einer Paketsortieranlage

## 8.1 Aufgabe:
## Planung eines Distributionslagers für 100.000 Pakete pro Tag

Aufgabe ist es, eine Sortieranlage zu planen, wobei Grundstück, Gebäude und der prinzipielle Ablauf vorgegeben sind. Es sollen alternative technische Lösungen für diese Aufgabe erarbeitet werden.

*Grundstück/ Bauliche Gegebenheiten*

*Grundstück*

- Rechtwinkliges, voll erschlossenes Grundstück.
- Straßenanbindung vorhanden
- Park- und Rangierflächen für Container und LKW

*Gebäudeabmessungen*

- L-förmige Halle mit angeschlossener Verwaltung L x B x H in m: 30 x 30 x 15,5
- Halle Hauptteil L x B x H in m: 110 x 40 x 15 und Schenkel L x B x H in m: 30 x 30 x 15
- Es müssen mindestens 30 Tore vorhanden sein:
  - 10 Entladetore, davon 5 Tore mit Rampenhöhe 1,50 m und 4 Tore mit Rampenhöhe 1,25 m sowie eine stufenlos verstellbare Überladebrücke
  - 30 Ausgangstore, davon 20 Tore mit Rampenhöhe 1,50 m, 9 Tore mit Rampenhöhe 1,25 m sowie eine stufenlos verstellbare Überladebrücke

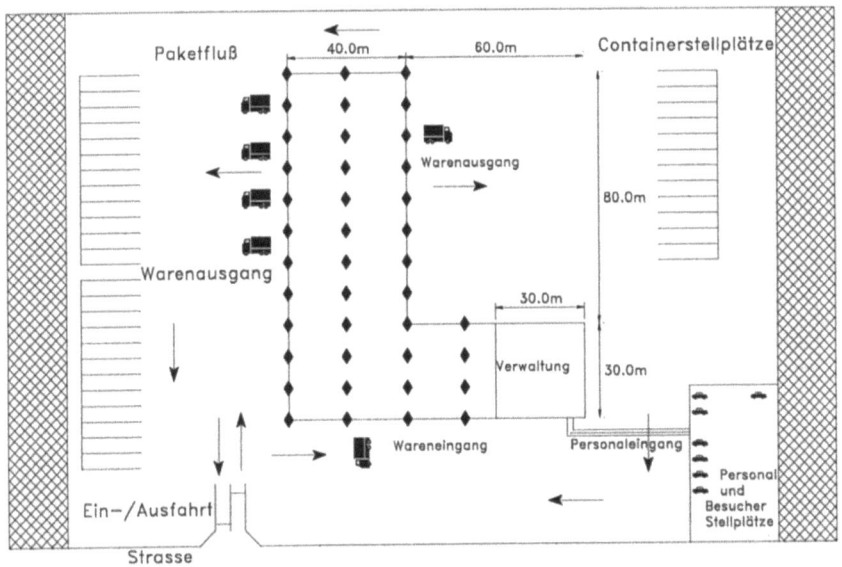

**Bild 53 Grundstückslayout**

*Ablauforganisation*

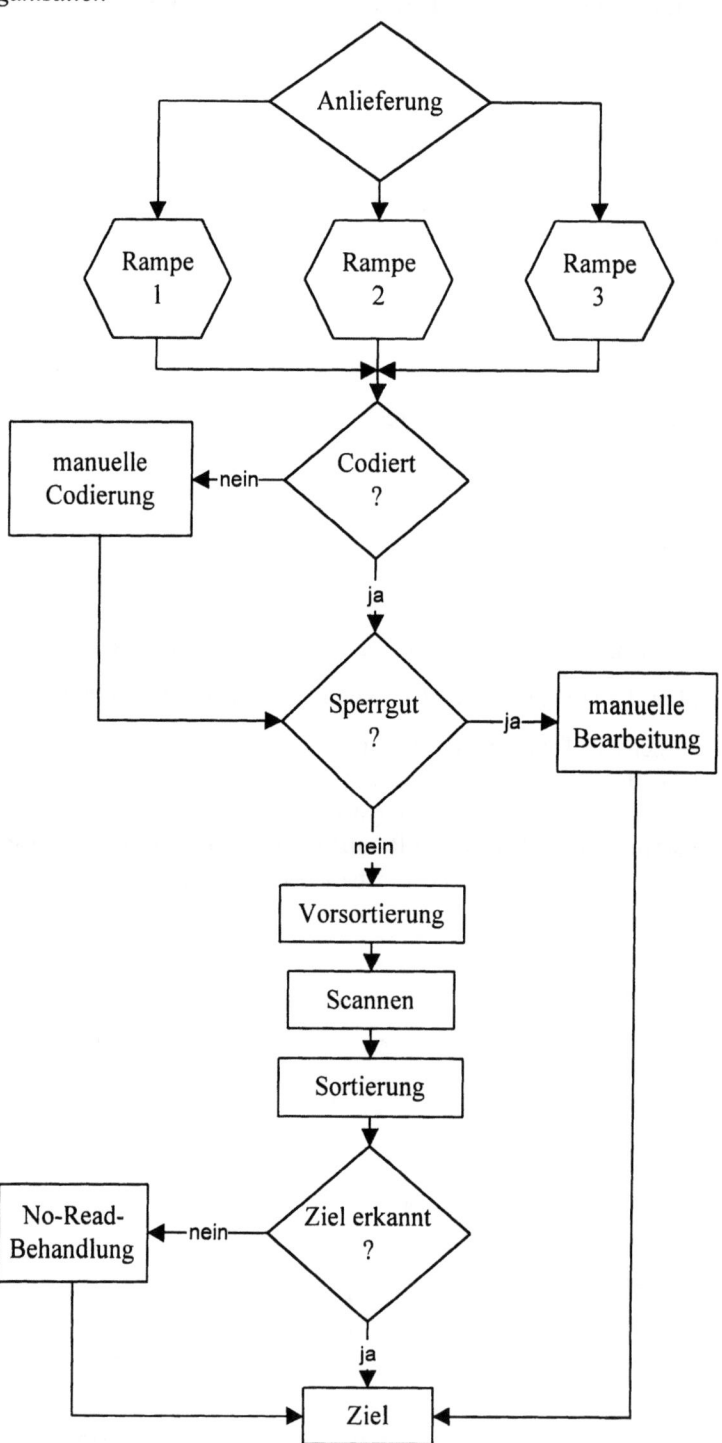

**Bild 53 Ablauforganisation für Paketdurchlauf**

# 8 Systemplanung einer Paketsortieranlage

Im Rahmen dieser Planung sollen die Vorgänge in einem Sortierzentrum näher betrachtet werden. Die Pakete durchlaufen folgende Bearbeitungsstellen:

- Entladen der ankommenden Pakete
- Codierung und Etikettierung der entladenen Pakete
- Vorsortierung auf einem vorgeschalteten Sortierförderer
- Erfassen der Abmessungen, Volumina und Bestimmungsdaten eines Paketes, um eine vollständige Sendungsverfolgung zu ermöglichen
- Zuordnung der Zielstelle bei Übergabe auf den Hauptsortierförderer
- Kann die Zielstelle eines Paketes trotz wiederholten Durchlaufs nicht ermittelt werden, soll es in eine sogenannte "No read" - Schleife gelangen, um nachbearbeitet zu werden
- Sperrgut muß aussortiert und gesondert bearbeitet werden
- An den Zielstellen werden die Pakete gesammelt und auf die jeweiligen Transportmittel geladen

Speziell für den Bereich Vor- und Hauptsortierung werden im Folgenden verschiedene Alternativen dargestellt. Gefordert wird eine Durchsatzleistung von 100.000 Einheiten pro Tag.

*Anforderungen an das Sortiergut*

| Gewichtsgrenze in kg: | 32 |
|---|---|
| Maximale Abmessungen L x B x H in m: | 1,40 x 0,60 x 0,60 |
| Minimale Abmessungen: | 1 cm umlaufende Kantenhöhe |

Die Paketgrößen treten mit unterschiedlichen Häufigkeiten auf und lassen sich in verschiedene Größenklassen einteilen :

| Gruppe | Abmessungen (LxBxH) in m | durchschnittliche Anzahl pro Tag | prozentualer Anteil an der Gesamtmenge |
|---|---|---|---|
| A | bis 0,10x0,05x0,05 | 6.000 | 6,7 |
| B | bis 0,30x0,10x0,10 | 20.000 | 22,2 |
| C | bis 0,60x0,30x0,30 | 30.000 | 33,3 |
| D | bis 1,0x0,50x0,50 | 17.500 | 19,4 |
| E | bis 1,40x0,60x0,60 | 16.000 | 17,8 |
| F (Sperrgut) | > 1,40x0,60x0,60 | 500 | 0,6 |
| Summe | | 90.000 | 100,0 |

Tabelle 10  Paketgrößenverteilung

*Anlieferung der Pakete*

Im überregionalen Transport und bei der Anlieferung von Großkunden werden 20-Fuß-Container verwendet. Im regionalen Verkehr erfolgt die An- und Auslieferung mit Lieferwagen, wobei die Pakete entweder lose gestapelt sind oder in Rollcontainern aufbewahrt werden. Aufgrund der unterschiedlichen Bauweise dieser Transportmittel, sind verschiedene Rampenhöhen und Tore notwendig (s.o.). Standardmäßig stehen stationäre Rampen für aufgeständerte Container und direkt von den Lieferwagen anfahrbare Rampen zur Verfügung. Zusätzlich gibt es 2 Ladeluken mit stufenlos verstellbaren Überladebrücken, die für Sonderanlieferungen zur Verfügung stehen.

## 8.2 Lösungsmöglichkeiten alternativer Systemplanungen

### 8.2.1 Alternative I: Kippschalensortierer

*Entladung der ankommenden Pakete*

Grundsätzlich erfolgt die Anlieferung der Pakete lose entweder in Containern oder in Lieferwagen, optional werden Rollcontainer eingesetzt. Zum Entladen werden verschiebbare Teleskopgurtförderer verwendet, auf denen die Pakete manuell aufgelegt und an die Codierplätze weitergegeben werden. Für bereits kundenseitig vorcodierte Pakete entfällt die manuelle Codierung und die Pakete werden direkt vom Teleskopgurtförderer durchgeschleust zum Vorsortierer.

*Codierung/ Vorsortierung*

Maximal 12 Codierplätze.
Codier-/ Etikettierleistung:          bis zu 200 Paketen/Stunde und Codierplatz.

Die Aufgabe an diesen Codierplätzen besteht darin, die Zieladressen zu erfassen und die Pakete mit einem daraufhin erstellten Etikett zu bekleben. Der auf diesem Etikett vorhandene Leitcode ermöglicht die Erfassung der Paketdaten im weiteren Sortierverlauf mittels Scanner-Technik.

Bei Paketen, die bereits vorcodiert und mit dem Leitcode-Label bestückt sind, werden die Codierlinien auf Durchlauf gestellt und die Pakete direkt zum Vorsortierer durchgeschleust. Der Anteil derart vorcodierter Pakete liegt bei 50 % des täglichen Durchschnitts-Paketaufkommens. Die etikettierten Pakete werden mittels Rollenförderer von den einzelnen Codierlinien aus auf dem Vorsortierer zusammengeführt. Eventuell anfallendes Sperrgut wird zuvor herausgenommen und an den entsprechenden Bearbeitungsplatz weitergeleitet. Lichtschranken ermitteln die Paketabmessungen und bestimmen somit, ob für ein Paket eine einzelne Kippschale ausreicht, oder eventuell zwei Schalen benötigt werden. Die Übergabe auf den Vorsortierer erfolgt in einem Taktbetrieb und mit optimaler Lückenbelegung, um die Pakete möglichst schonend und genau weitergeben zu können. Der Vorsortierer dient der Sammlung und Verdichtung der Pakete, die von hier aus auf den Hauptsortierer weitergegeben werden.

*Sortieranlage in der Halle*

Bei Vor- und Hauptsorter handelt es sich in diesem Fall um Kippschalensortierer. Die Vorsorter laufen in einer Höhe von 1,20 m über dem Boden. Der Hauptsorter hingegen verläuft zum Großteil in einer Höhe von 3 m. Der Höhenübergang befindet sich einmal direkt nach der Weiche zur manuellen Nachbearbeitung und vor der Zuführung von Vorsorter 3. Während der Höhenübergänge verbleiben die Kippschalen jeweils in der Waagerechten. Pakete, die in die No-Read-Schleife gelangen, werden ausgeschleust und nach erfolgter Bearbeitung mittels Rollenförderer dem Hauptsorter wieder zugeführt. Die No-Read-Schleife dient auch als Überlauf. Können Pakete nach dem dritten Umlauf keiner Zielstelle zugeordnet werden, laufen sie automatisch in der Schleife für die manuelle Nachbearbeitung auf.

Um die geforderten maximalen Paketabmessungen zu bewältigen wird eine Schalenteilung von 750 mm gewählt. Die drei vorgegebenen Sortergeschwindigkeiten ermöglichen es, die Sortiergeschwindigkeit an das jeweilige Paketaufkommen anzupassen. Die Geschwindigkeit 0,8 m/s dient außerdem als Wartungsgeschwindigkeit.

8   Systemplanung einer Paketsortieranlage    137

|   | Transportgutlängen | | | Sorterleistung in Schalen/h | | |
|---|---|---|---|---|---|---|
|   | Schalenteilung | max. Paketlänge bei | | Sortiergeschwindigkeit m/s | | |
|   |   | Einzelbelegung | Doppelbelegung | 0,8 | 1,6 | 2,0 |
|   | mm | mm | mm |   |   |   |
| Vorsorter | 750 | 600 | 1400 | 3.840 | 7.680 | 9.600 |
| Hauptsorter | 750 | 600 | 1400 | 3.840 | 7.680 | 9.600 |

Tabelle 11  Auslegung der Kippschalensortierer

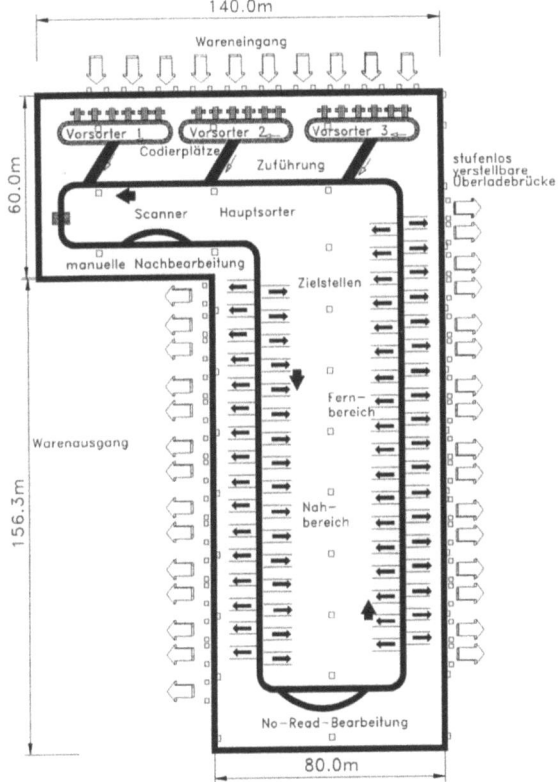

Bild 55 Paketsortieranlage mit Kippschalenförderer

Der auf dem Hauptsorter eingesetzte Scanner dient der kompletten Erfassung der Paketdaten. Mit Hilfe dieser Daten ist es möglich, die Stationen eines jeden Paketes von der Einlieferung bis zur Auslieferung nachzuvollziehen. Bei den eingesetzten Scannern handelt es sich um jeweils drei Laserscanner mit unterschiedlichen Brennweiten, um unabhängig von der Größe der Pakete immer maximale Schärfe beim Einlesen der Daten zu erreichen.

*Transportorganisation auf dem Gelände*

Auf dem Gelände wird der Container- und Lieferwagenverkehr so organisiert, daß jedem Fahrzeug bereits bei der Ankunft ein Bestimmungsort zugeteilt wird. Auf diese Weise soll unnötiger

**Bild 56 Übergabe der Pakete vom Transferförderer auf Kippschalenförderer**
(Quelle: Fa. Mannesmann-Dematic)

Verkehr auf dem Gelände vermieden werden und jederzeit geklärt sein, welches Fahrzeug welche Zielstelle anzulaufen hat.

Basis dieses Betriebslenkungssystems auf dem Gelände ist ein Schrankensystem für Ein- und Ausfahrt. An den Schranken befindet sich jeweils eine Kommunikationssäule, an der die Fahrer ihre Identifikationskarten vorbeiführen müssen und Instruktionen erhalten. Anhand der außerdem an jedem Fahrzeug vorhandenen Transponder werden den Fahrzeugen über den Systemleitrechner bestimmte Tore oder Warteplätze zugeordnet. Maßgebliche Daten, die auf diesem Wege übertragen werden sind: Ladekantenhöhe, Herkunft des Fahrzeugs und anzufahrendes Tor. Ebenso findet beim Verlassen des Geländes ein Abgleich mit den bei Ankunft übertragenen Daten statt und es kann so festgestellt werden, ob das Fahrzeug die richtige Ladung für den anzufahrenden Bestimmungsort mit sich führt. Dieser Abgleich ist möglich, da dem Container über den Transponder bei Ankunft bestimmte Ziele zugewiesen wurden und der Bestimmungsort nun zu diesen Zielen wiederum identisch sein muß. Über den Leitrechner ist jederzeit erkennbar, wo leere Container benötigt bzw. volle abgeholt werden müssen. Um zu verhindern, daß bereits beladene Container bis zur Abholung ein Tor blockieren bzw. umgekehrt leere Container vor den Eingangstoren das Entladen nachfolgender Container behindern, kommen Rangierfahrzeuge zum Einsatz. Diese Rangierfahrzeuge sind nur für Rangierarbeiten auf dem Betriebsgelände zuständig und werden ebenfalls über den Leitrechner eingesetzt, indem die Fahrer ständigen Funkkontakt zur Leitstelle haben.

Durch dieses System werden nicht nur lange Haltezeiten bei Ein- und Ausfahrt vermieden, sondern auch Leertransporte von Containern weitgehend ausgeschlossen.

*Zielstellenorganisation*

Die Paketsortierung wird grundsätzlich aufgeteilt in Nah- und Fernbereich, wobei im Nahbereich vorwiegend Lieferwagen und im Fernbereich Container zum Einsatz kommen.

Die Ausschleusung der Pakete an den Zielstellen (Bild 57) mit Hilfe der Kippmechanik, erfolgt auf Staurollenförderer, die für eine schonende Behandlung der Pakete sorgen, indem sie ein unkontrolliertes Aufeinanderrutschen vermeiden. Auf den angeschlossenen Tischen bzw. in Rollcontainern, für die Zielstellen auf der Innenseite des Hauptsorters, werden die Pakete bis zur Verladung gesammelt.

Für die 32 Zielstellen im Nahbereich stehen 14 Abgangstore zur Verfügung, davon 9 Rampen mit 1,25 m Höhe für Lieferwagen und 5 Rampen mit 1,50 m Höhe für Container. Die Containerrampen werden zur Direktabholung von Großkunden und zur Weitergabe an die nachfolgenden Sammelstellen im Nahbereich benötigt.

Im Fernbereich stehen 15 Rampen mit 1,50 m Höhe für Container und eine stufenlos verstellbare Überladebrücke zur Verfügung. Letztere wird für Ausnahmefälle benötigt, deren Fahrzeuge nicht kompatibel zur Standardrampenhöhe sind. Um ständige Wechsel zu vermeiden, werden bestimmten Zielstellen auch bestimmte Abgangstore zugeordnet. D.h., daß z.B. Pakete für München immer an dieselbe Zielstelle sortiert werden und auch immer am gleichen Tor abgeholt werden. Diese Vorgehensweise spart Zeit, da keine laufende Neuorganisation der Zielstellenzuordnung notwendig ist. Zum Teil werden einer Zielstelle mehrere Zielorte zugeteilt, wenn das Paketaufkommen für Ort A z.B. immer vormittags und das für Ort B immer nachmittags zu sortieren ist.

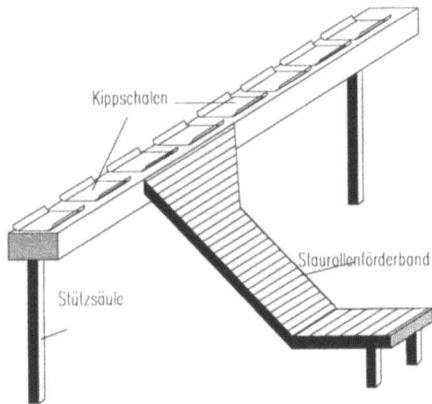

**Bild 57 Kippschalensortierer mit Endstelle**

*Beladung der Container bzw. Lieferwagen*

Die Beladung der Container erfolgt mit Teleskopgurtförderer. Hierbei steht jeweils ein Förderer für 2 Tore zur Verfügung und kann je nach Bedarf an die Zielstellen angeschlossen werden. Zur Bedienung des Förderer und zum Entnehmen der Pakete vom Band wird eine Arbeitskraft benötigt. Die Containerbeladung für die Zielstellen aus dem Innenbereich erfolgt zunächst über die Rollcontainer, die unter dem Hauptsorter hindurchgeführt werden müssen. Zur Bestückung der Lieferwagen werden die im Rollbehälter aufgelaufenen Pakete jedes Zielstellenbereichs vom Zusteller selber in seinen Wagen einsortiert. Mit Hilfe der über den Scanner eingelesenen Daten wird für jede Zielstelle eine Liste der ausgehenden Pakete erstellt, anhand derer sich der Zusteller zu orientieren hat. Auf dieser Liste können nun die Auslieferung bestätigt bzw. Gründe für eine eventuelle Nichtauslieferung vermerkt werden.

## 8.2.2 Alternative II: Quergurt-Sortierförderer

*Entladung der ankommenden Pakete*

Die Anlieferung der Pakete erfolgt analog zur Alternativen I, ebenso deren Entladung über verschiebbare Teleskopförderer bzw. Rollcontainer. Über die geforderte Anzahl von 10 Toren für den Wareneingang hinaus, können 5 weitere Tore genutzt werden. Davon sind 3 Tore mit Rampenhöhe 1,50 m und 2 Tore mit 1,25 m.

*Codierung / Vorsortierung*

Die Vorsortierung erfolgt über 2 Quergurt-Sortierförderer mit jeweils 10 Codierlinien à 2 Codierplätzen. Insgesamt stehen somit 40 Codierterminals zur Verfügung. Ausgehend von einer bei 120 Paketen pro Stunde liegenden durchschnittlichen Codierleistung, können maximal 67.200 Pakete pro Tag codiert werden (angenommene Betriebszeit: $6^{00}$ bis $20^{00}$ Uhr). Um Paketstaus auf den beiden relativ groß dimensionierten Vorsortierern zu vermeiden, werden jeweils 2 Ausschleusgurtförderer eingesetzt. Sie transportieren die Pakete weiter zum Hauptsortierer. Diese Gurtförderer laufen unter einem Winkel von 45° auf den Hauptsortierer zu, da sich die maximalen Paketabmessungen für die Quergurtförderer nur bei einer solchen ausgerichteten Zuleitung realisieren lassen. Die beiden Vorsortierer verlaufen in 1,20 m Höhe. Die Gurtförderer dienen gleichzeitig dazu, die Höhendifferenz zum in 3,0 m Höhe verlaufenden Hauptsortierer zu überbrücken.

*Sortiervorgang*

Eine Schema der gesamten Sortieranlage ist im Bild 58 dargestellt.

Problematisch ist die Bewältigung der geforderten maximalen Paketabmessungen von 1,40 x 0,60 x 0,60 m bzw. des Maximalgewichts bei Einsatz von Quergurtsortierförderern für Vor- und Hauptsortierung.

| | Paketabmessung [mm] | | Transport-gewicht | Sortergeschwindig-keit (max.) | Durchsatz | |
|---|---|---|---|---|---|---|
| Var. | minimal | max. (DD)[1] | [kg] | [m/s] | Wagen/h | Pakete/h |
| A | 75x75x5 | 600x1200x600 | 30 | 2,5 | 12.000 | 11.400 |
| B | 200x200x10 | 900x1300x900 | 50 | 2,0 | 5.760 | 5.400 |

Tabelle 12  Paketdaten

[1] DD = Doppeldeck, d.h. für ein großes Paket werden zwei Decks bereitgestellt.

8   Systemplanung einer Paketsortieranlage                                                            141

Die maximalen Paketabmessungen verdeutlichen die Problematik. Die überhaupt möglichen Quergurtsortierförderer lassen eine maximale Paketgröße von 1,30 m zu und erfüllen in dieser Alternativen auch die Gewichtsanforderungen. Der erzielbare Durchsatz dieser Alternativen liegt jedoch deutlich unter dem der Alternativen I. Im folgenden werden nun zwei alternative Lösungsvorschläge II a und II b vorgestellt. Beide erfüllen jedoch die in der Aufgabenstellung gegebenen Anforderungen nicht vollständig. Da maximale Abmessungen und maximales Gewicht bei dem zu betrachtenden Paketaufkommen nur einem relativ geringen Umfang haben, werden diese Alternativen trotzdem betrachtet.

## 8.2.3 Alternative IIa

Alternative IIa ist Bild 58 zu entnehmen. Zum Einsatz kommen als Vor- und Hauptsortierer Quergurtsortierförderer mit einer Teilung von 300 x 600 x 300 mm, die als Doppeldeckausführung die oben angegebenen maximalen Paketabmessungen und ein Gewicht von 30 kg gestatten. Diese Alternative ermöglicht mit 2,5 m/s eine aufgrund der geringeren Decksgröße höhere maximale Sortergeschwindigkeit gegenüber Alternative IIb mit 2,0 m/s. Analog zum Kippschalensortierförderer in Alternative I gibt es auch für den Quergurtsortierförderer zwei weitere Geschwindigkeiten, zur Anpassung des Betriebs an das jeweilige Paketaufkommen bzw. zur Wartung der Anlage. Bei Alternative IIa kommt ein Scanner auf dem Hauptsortierer zum Einsatz, welcher der Zielstellenzuordnung dient, die Paketdaten einliest und zum Aufarbeiten und Erstellen der Lieferlisten an den Leitrechner weiterleitet. Die Paketabmessungen und das Gewicht werden über Lichtschranken ermittelt und zwar bereits bei der Zuführung von den Codierlinien zum Vorsortierer. Anhand dieser Angaben wird entweder ein einzelnes Deck oder ein Doppeldeck bereitgestellt zur Paketübernahme.

Pakete, denen mehrfach keine Zielstelle zugeordnet werden konnte, werden nach dem dritten vergeblichen Durchlauf in die No-read-Bearbeitung ausgeschleust. An dem dort vorhandenen Arbeitsplatz wird das Paket dann entweder nachcodiert oder z.B. Verpackungsmaterial vom Leitcode entfernt und so das fehlerfreie Erkennen beim nächsten Durchlauf gewährleistet.

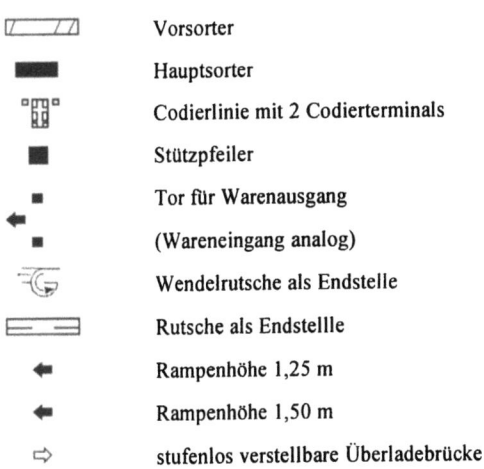

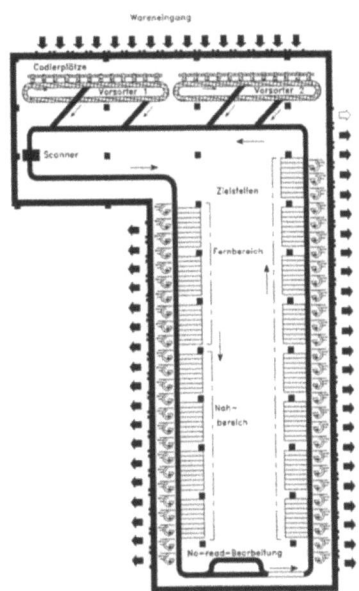

**Bild 58**
**Paketsortieranlage mit Quergurtsortierförderern**

### 8.2.4 Alternative II b

Um den geforderten Durchsatz von 100.000 Paketen pro Tag zu erfüllen, werden in Alternative IIb (Bild 59) zwei Hauptsorter in einer Teilung von 450 x 650 x 450 mm genutzt. Somit können die maximalen Abmessungen beinahe erreicht und die Gewichtsanforderungen erfüllt werden, wobei die maximale Sortergeschwindigkeit auf 2 m/s begrenzt ist.

Diese Alternative erfordert jedoch zusätzlich je einen Scanner auf den Vorsortern und einen Scanner auf dem zweiten Hauptsorter. Mit Hilfe der Scanner auf den Vorsortern wird entschieden, auf welchem Hauptsorter das Paket die anzusteuernde Zielstelle erreichen kann. Dieser Aufwand ist notwendig, da nicht alle Zielstellen von beiden Hauptsortern angesteuert werden, sondern jedem der beiden eine bestimmte Anzahl zugewiesen ist

*Zielstellenorganisation*

Für beide Varianten stehen zum Verladen der zusortierten Pakete insgesamt 42 Tore zur Verfügung, davon 1 Tor mit stufenlos verstellbarer Überladebrücke, 12 Tore mit Rampenhöhe 1,25 m für den Nahbereich und 29 Tore mit Rampenhöhe 1,50 m für den Fernbereich.

Die Ausschleusung der Pakete von den in 3 m Höhe verlaufenden Hauptsortern erfolgt in Alternative IIa zur Innenseite hin über Rutschen und nach außen zu den Toren hin aus Platzgründen über Wendelrutschen. Für Alternative IIb (Bild 59) werden nur Wendelrutschen eingesetzt. Zum Verladen der auf der Innenseite auflaufenden Pakete, werden die zu verwendenden Rollcontainern unter den Hauptsortern hindurch, direkt in die Fahrzeuge gebracht.

Bild 59 Übergabe von Transportgut auf Quergurtförderer mit 45° Zuteilförderer
(Quelle: Fa. Mannesmann-Dematic)

## 8.2.5 Alternative III: Tragplattensortierförderer als Hauptsortierer

Bei diesem System handelt es sich um einen Hochgeschwindigkeitssortierer. Die Entladung der ankommenden Pakete gestaltet sich analog zu den vorherigen Lösungen.

*Codierung/ Vorsortierung*

Die Codierung und Vorsortierung werden analog zu Alternative II durchgeführt, allerdings unter Einsatz zweier Kippschalensortierförderer. Somit werden alle geforderten Abmessungen im Rahmen der Vorsortierung erreicht und hinsichtlich des Maximalgewichtes von 32 kg ergeben sich keine Probleme.

Um den Paketen bedarfsgerecht ein oder zwei Kippschalen zuordnen zu können, befinden sich jeweils an den Übergängen zwischen Codierlinie und Vorsorter Lichtschranken.

Die komplette Erfassung der Paketdaten und -abmessungen erfolgt im Bereich der Vorsorter über je einen Scanner. Bereits hier wird der weitere Weg des Paketes bis zur Zielstelle vorgegeben. Die Pakete werden den Hauptsortierern über Rollenbahnen zugeführt, die unter anderem für die korrekte Ausrichtung der Pakete in Längsrichtung verantwortlich sind. Da jeweils zwei Rollenbahnen vor einem Hauptsorter zusammenlaufen, werden über Lichtschranken die Lücken optimiert und Kollisionen vermieden.

Der Aufbau der gesamten Anlage ist Bild 60 zu entnehmen.

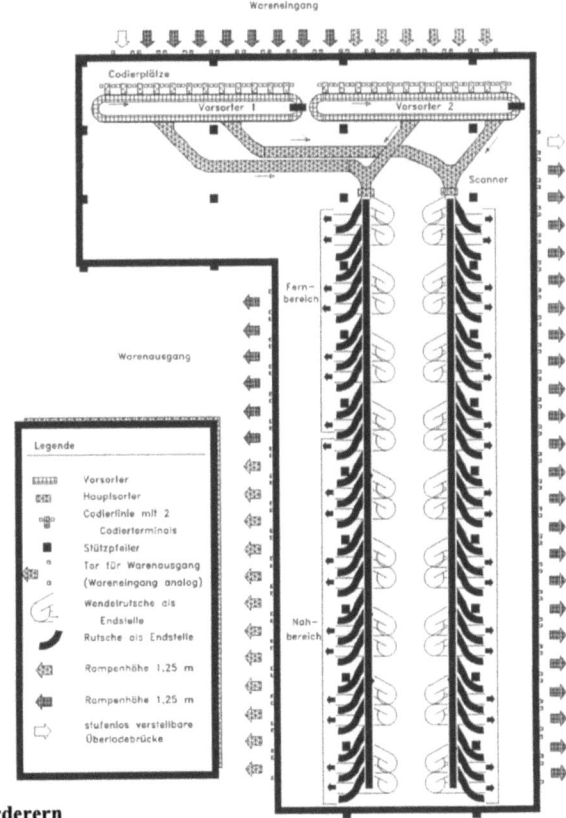

**Bild 60**
**Paketsortieranlage mit Tragplattensortierförderern**

*Sortiervorgang*

Mittels Wegverfolgung – über die auf dem Vorsorter eingescannten Daten – ist bekannt, ob ein Paket nach links oder rechts aussortiert werden soll. Vor Zuführung der Pakete lenkt nun die Steuerung mit Hilfe des vor den Tragplattensortierförderer vorgeschalteten Scanners die erforderliche Anzahl von Gleitschuhen auf die richtige Seite des Paketes. Die Zuführung der Pakete erfolgt frontal.

Anders als in den vorherigen Lösungen vollzieht sich der Sortiervorgang bei dem Tragplattensortierförderer nicht in einem horizontalen Umlauf. Die Tragplatten mit den Gleitschuhen beschreiben einen vertikalen Umlauf, d.h. sie werden auf der Unterseite zurückgeführt.

**Bild 61 Abgabe der Pakete vom Tragplattenförderer auf Röllchenbahnen über Gleitschuhe (Quelle: Fa. Mannesmann-Dematic)**

# 8 Systemplanung einer Paketsortieranlage

*Technische Daten des gewählten Tragplattensortierförderers:*

| | |
|---|---|
| Maximale Länge | 200 m |
| Geschwindigkeiten | 1 bis maximal 2,7 m/s Arbeitsgeschwindigkeit |
| | 0,3 m/s Wartungsgeschwindigkeit |
| Zulässiges Gewicht | 1 kg bis zu 50 kg |
| Abmessungen des Sortiergutes | mindestens 220 x 150 x 25 mm, |
| | maximal 1.200 x 650 x 750 mm |
| Durchsatz | 12.000 Pakete/Stunde |
| | (bei Durchschnittslänge von 400 mm/Paket) |

Zu beachten ist, daß wie schon in Alternative II die geforderte maximale Paketlänge von 1.200 mm nicht erreicht wird.

*Zielstellenorganisation*

Die Zielstellen werden auf zwei verschiedenen Wegen erreicht. Der eine Teil wird auf Rollenbahnen zur Außenseite ausgeschleust, die dann in Rutschen übergehen. Der andere Teil der Pakete wird zur Innenseite hin ausgeschleust und zwar auf Wendelrutschen mit anschließenden Rollenbahnen. Die Rollenbahnen im Anschluß an die Wendelrutschen laufen unter den in 3 m Höhe liegenden Hauptsortern und den Rutschbahnen hindurch. Die an den Zielstellen auflaufenden Pakete befinden sich somit alle an den jeweiligen Außenseiten der beiden Hauptsorter. Die Verladewege sind damit für alle Pakete gleichermaßen gering und die Fläche wird in diesem Bereich optimal genutzt.

Dem Nahbereich sind 27 Zielstellen zugeordnet, davon 11 Wendelrutschen. Für den Fernbereich stehen 63 Zielstellen zur Verfügung, 25 davon sind Wendelrutschen.

Analog zur Alternative II stehen wiederum 42 Warenausgangstore zur Verfügung, davon 1 Tor mit stufenlos verstellbarer Überladebrücke, 12 Tore mit Rampenhöhe 1,25 m für den Nahbereich und 29 Tore mit Rampenhöhe 1,50 m für den Fernbereich.

# 9 Transportmittelvergleich

## 9.1 Aufgabe: Vergleich zwischen Treibgas- und Elektrostapler für einen Einsatz im Wareneingang

In einem Unternehmen müssen im Wareneingang Papierrollen von LKWs über Rampe und Überladebrücke in das Beschaffungslager transportiert und gestapelt werden. Das Bodenlager ist als Einheitenlager geplant, die Papierrollen werden in zweifacher Säulenstapelung übereinander gestellt.

Es ist nach technischen und wirtschaftlichen Gesichtspunkten die Auswahl zwischen einem Treibgas- und einem Elektrostapler mittels Angebots- und Wirtschaftlichkeitsvergleich durchzuführen.

## 9.2 Anforderungen, Randbedingungen, Vorgaben

*Transport- und Lagergut*

| | | |
|---|---|---|
| Papierrollen | Durchmesser | 250 mm bis 1,3 m |
| | Länge | 2 m |
| | maximales Gewicht | 2,5 t |
| Restpapierrollen | | unverpackt |

*Einsatzdaten*

| | |
|---|---|
| Tageseinsatzstunden | 10 Std / d |
| Jahreseinsatzstunden | 4.000 Std / a |
| Anzahl Stapler (aufgrund von Mengen + Wegen) | 1 |
| Stapelhöhen | 3,5 m |
| Bodentragfähigkeit der Halle | 3,5 t |
| Bodenbelag | Estrich mit Kunststoffbelag |

*Lastaufnahmemittel*

Anbaugerät: Papierrollenklammer ohne integrierten oder angebauten Seitenschieber

| | |
|---|---|
| Tragfähigkeit Schwerpunktsabstand | 2,6 t bei 650 mm |
| Rollen- Durchmesserbereich | 400 bis 1.300 mm |
| Gewicht | 720 kg |
| Vorbaumaß | 270 mm |
| Drehsatz | Drehbereich 360° endlos |
| Greifplatten | Riffelblech beschichtet / $\mu = 0{,}55$ bis $0{,}65$ |
| Klammerdruck | 140 bis 160 bar |
| Dauer Klammerwechsel | 5 bis 10 min |

*Verkehrsmitteldaten*

| | |
|---|---|
| Höhe LKW- Pritsche | ca. 1,3 m |
| Höhe Wechselbrücken- Pritsche | ca. 1,5 m |
| Höhe aufgeständerter Container | ca. 1,3 m |
| Lichte Ladehöhe : LKW | ca. 2,4 m |
| Wechselbrücke | ca. 2,2 m |
| Container | ca. 2,4 m |

Pritschenhöhe bei LKW und Wechselbrücke sind im leeren und beladenen Zustand unterschiedlich. Tragfähigkeit der Pritsche ermitteln. Übergangsknick an Überladebrücke (Bodenfreiheit der Stapler) beachten.

## 9.3 Staplerdaten aus Angebot

Aus den Vorgaben und Restriktionen wird ein entsprechender Stapler aus den Firmenkatalogen ermittelt, die dazugehörenden Größen zusammengestellt und als Anfrage zur Erlangung eines Angebotes an Lieferanten / Hersteller geschickt. Aus dem Angebot werden weitere wichtige Daten und Informationen herausgenommen und im folgenden aufgeführt.

### 9.3.1 Elektro-Stapler

1 x Elektro- Stapler 3,5 t incl. Papierrollenklammer und Wechselbatterie 105,000.-DM

| | |
|---|---|
| Tragfähigkeit | 3,5 t |
| Bauhöhe | 2.275 mm |
| Dreifachteleskop- Hubgerüst | Nennhub 3.270 mm |
| | Freihub 1.495 mm |
| Arbeitsgangbreite (Papierrolle quer in Klammer) | 4.925 mm |
| Gewicht incl. Klammer ohne Last | 6.050 kg |
| Bauhöhe (Schutzdach / Mast) | 2.300 mm |
| Bodenfreiheit bei Vollgummi-Reifen | 128 mm |

Bereifung: profillose Vollgummi- Reifen, naturfarben, nicht kreidend

| | |
|---|---|
| Multifunktionales Display für : | Betriebsstundenzähler / Batterieentladeanzeiger / Kohlenbürsten- Verschleißanzeige / Fahrprogrammwahl für Beschleunigungs- und Bremsverhalten von Fahr- und Hubbewegungen |

Weiter sind dem im Angebot beiliegenden Typenblatt zu entnehmen:

| | |
|---|---|
| Radstand, Flächendruck : | Achslasten vorne und hinten im leeren und beladenen Zustand |
| Energierückgewinnung | bis 15 % beim Bremsen |
| Wartungsintervall | alle 1.000 Betriebsstunden |

Full- Service : Wartung und Reparatur des Staplers werden zu festgelegten monatlichen Raten für die Leistung des Kundendienstes basierend auf der Betriebsstundenzahl pro Jahr angegeben.

Batterie: durch Elektrolytumwälzung EUW leistungsgesteigerte Panzerplattenbatterie

2 x  Batterien    80 V 5 PzS 750  (im Staplerpreis enthalten)        je 22.000.- DM

mit Wasserbefüllungssystem : ca. 1 x wöchentlich über geschlossenes halbautomatisches Befüllungssystem Nachfüllen von Wasser ohne Gefahr des Verschüttens oder Überfüllens; bei vorhandenem Raumvolumen von 1.000m³ (Grundfläche 125m² ,Raumhöhe 8 m) ist keine technische Belüftung erforderlich. Batteriegewicht ca. 1,5 t.

Ladestation : Batteriewechsel durch Kran mit 2 t Tragfähigkeit z. B. als Säulendrehkran (Dauer ca. 8 min)

Ladegerät D 80 / 120 B- FBHF- Standgerät / Ladezeit durch EUW ca. 8 Stunden

Fahrerausbildung : nach Anforderungen der Berufsgenossenschaften benötigen Staplerfahrer eine Fahrerausbildung, die einen theoretischen und einen praktischen Teil beinhaltet. Nach bestandener Prüfung erhält der Fahrer einen Fahrerausweis für Flurförderzeuge.

### 9.3.2 Treibgas-Stapler

Ausführung siehe Kapitel 9.3.1, aber mit Treibgasmotor inkl. Doppelflasche 90.000.- DM und 3-Wege- Katalysator (bei Dieselmotor Rußfilter)

| | |
|---|---|
| Arbeitsgangbreite | 4.485 mm |
| Gewicht incl. Klammern | 6.420 kg |
| Bauhöhe (Schutzdach / Mast) | 2.200 mm |
| Bodenfreiheit Mitte Radabstand (Superelastikreifen) | 160 mm |

## 9.4 Lieferung / Kosten, Finanzierung

Lieferung: Lieferzeit, Lieferung frei Haus, Transportversicherung

Kosten:

- Kaufpreis
- Betriebskosten
- Versicherungen

Berechnung der laufenden Betriebskosten:

Die Betriebskosten sind abhängig von der Betriebsstundenzahl pro Jahr und dem Belastungsgrad des Staplers. Für den hier vorliegenden Belastungsfall II ergeben sich nach der VDI-Richtlinie 2695 die Einsatzmittelfaktoren zu : Elektro- Stapler = 0,15 / Treibgas- Stapler = 0,24.

## 9 Transportmittelvergleich

Die Wartungskosten bei Full- Service und 4.000 Betriebsstunden (Bh) pro Jahr betragen:

|  | Grundrate DM / Monat | Stundenrate DM / Bh | Anzahl Bh / a | Service- Rate DM / Jahr |
|---|---|---|---|---|
| Elektro- Stapler | 41 | 3,24 | 4.000 | 13.960.- |
| Treibgas- Stapler | 52 | 4,50 | 4.000 | 18.624.- |

Die Energiekosten werden nach VDI 2695 berechnet.

*Finanzierungsmöglichkeiten:*

- Teilzahlung
- Leasing
- Mietkauf
- Rental
- Vertragsdauer / Gewährleistung

Leasing ist die Überlassung z.B. eines Staplers auf der Basis mietähnlicher Verträge zum Gebrauch. Leasingbedingungen werden berechnet z. B. : Neuanschaffungssumme in DM x Faktor = Leasingrate. Laufzeiten für Leasing sind i.d. Regel 36 oder 54 Monate; weiterhin zu beachten sind eventuelle Anzahlung und ein vereinbarter Restwert. Bei einem Restwert von > 0 ist ein Restwertrisiko vorhanden.

| Leasingzeit | 36 Monate | 54 Monate |
|---|---|---|
| Anzahlung | 0 DM | 0 DM |
| Restwert | 20 % | 10 % |
| Leasing- Faktor | 2,4 % | 1,8 % |
| Leasing- Rate : | | |
| ■ Elektro- Stapler | 105.000 x 0,024 = DM / Monat | 105.000 x 0,018 = 1.890.- DM / Monat |
| ■ Treibgas- Stapler | 90.000.- x 0,024 = DM / Monat | 90.000.- x 0,018 = 1.620.- DM / Monat |

Bei Mietkauf-Finanzierung ist das Unternehmen wirtschaftlicher Eigentümer des finanzierten Staplers, so daß der Anschaffungswert zu bilanzieren ist und wie ein gekaufter Stapler abgeschrieben werden kann. Nach Ablauf der Mietkauf- Finanzierung geht der Stapler auch juristisch in das Eigentum des Unternehmens über. Die Faktoren sind bei Mietkauf höher als bei Leasing. Außerdem ist zu beachten, daß die Umsatzsteuer auf die gesamte Mietkauf-Ratenforderung ( alle Monatsraten + Schlußrate) mit der ersten Mietkaufrate fällig wird.

Rental ist eine besondere Form der Miete für einen Stapler, die durch längere Vertragsdauer und unter Einbeziehung von Full- Service- Leistungen für den Stapler gekennzeichnet ist.

## 9.5 Ergebnis des technischen und wirtschaftlichen Vergleiches

Bei der Wahl zwischen den beiden Staplertypen spielen technische und wirtschaftliche Größen in quantitativer und qualitativer Form eine Rolle. Bei den Auswahlkriterien ist zwischen K.O.-Kriterien, die unerläßlich erfüllt sein müssen (z.B. die Bauhöhe des Staplers, um in den LKW einfahren zu können) und Vergleichkriterien zu unterscheiden. Technische Kriterien sind z.B. Tragfähigkeit, Hubhöhen, Gewicht des Staplers, Arbeitsgangbreite, Bodenfreiheit und Raddruck sowie Zusatzausstattung.

Wirtschaftliche Kriterien sind Kaufpreis, Wartungskonditionen, Art der Störungsbeseitigung, Entfernung zur nächsten Niederlassung, Leasingraten, Full- Service Raten, Sonderkonditionen, Betriebskosten sowie der Eindruck bei der Präsentation des Angebotes.

Die Zusammenstellung der Anschaffungs- und Betriebskosten ist in der Tabelle 13 durchgeführt.

| Lfd.- Nr.: | Kriterium | Elektro- Stapler | Treibgas- Stapler | Mehrkosten /Jahr Elektro- Stapler | Mehrkosten /Jahr Treibgas- Stapler |
|---|---|---|---|---|---|
| 1 | 2 | 3 | 4 | 5 | 6 |
| 1 | Kaufpreis | DM 105.000.- | DM 90.000.- | DM 15.000.- | |
| 2 | 2.Wechselbatterie nach 3 – 4 Jahren | DM 22.000.- | | DM 22.000.- | |
| 3 | Summe einmalig anfallende Kosten | DM 127.000.- | DM 90.000.- | DM 37.000.- | |
| 4 | Energiekosten 4000 Bh / a | DM 4.000.- | DM 32.000.- | | DM 28.000.- |
| 5 | Betriebskosten pro Jahr ohne Nr.4 | 0,15 x 105.000.- = DM 15.750.- | 0,24 x 90.000.- = DM 21.000.- | | DM 5.850.- |
| 6 | Wartungskosten Full- Service bei 4000 Bh / a | DM 13.452.- | DM 18.624.- | | DM 5.172.- |
| 7 | Summe laufende Kosten pro Jahr | DM 33.202.- | DM 72.224.- | | DM 39.022.- |

Tabelle 13   Zusammenstellung der Anschaffungs- und Betriebskosten

*Ergebnis des Vergleiches:*

a) Für die technischen Werte erfüllen beide Staplertypen die Bedingungen zur Entladung aus dem LKW und Stapelung im Beschaffungslager der Papierrollen. Vorteilhaft für den Elektro- Stapler sind der geringe Lärm und das Fehlen von Abgasen.

b) Sowohl die einmal anfallenden Anschaffungskosten, wie auch die Betriebskosten liegen beim Elektro- Stapler wesentlich günstiger.

c) Fazit : die Wahl fällt somit auf den Elektro- Stapler.

# 10 Systemplanung Einheitenlager für Tiefkühlartikel

## 10.1 Aufgabe: Planung eines Distributionslagers mit Wirtschaftlichkeitsvergleich

Für einen Nahrungsmittelhersteller sollen alternative Planungskonzepte für ein Tiefkühllager auf der Basis verschiedener Lagersystemtechniken entwickelt werden. Bei diesen Systemplanungen werden besonders wirtschaftliche, logistische und ablauforganisatorische Aspekte und der vorbeugende Brandschutz berücksichtigt. Den zwiestufigen Distributionsaufbau zeigt Bild 62.

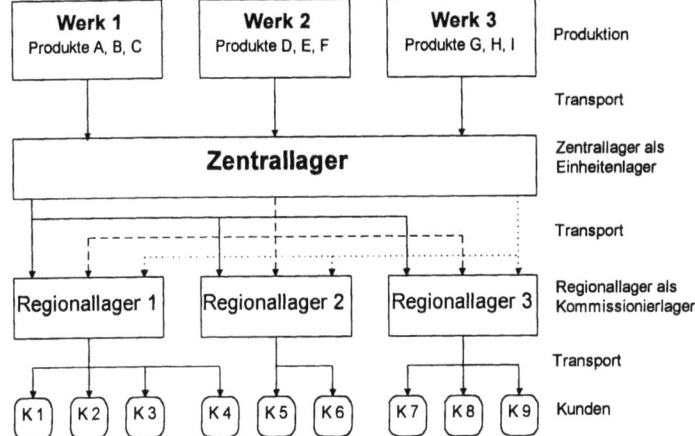

**Bild 62** Distributionsstruktur des Unternehmens

Die Planungskonzepte sollen unter Berücksichtigung folgender Zielsetzungen durchgeführt werden:

- Optimierung der Flächen- und Raumausnutzung z.B. Lagervorzone als Lagerunterzone
- Hoher Automatisierungsgrad
- Minimierung der Energie-, Personal- und Betriebskosten
- Minimierung der Gesamtinvestitionen und der laufenden Betriebskosten.

### 10.1.1 Statische Planungsdaten

*Funktionen des Tiefkühllagers*

Einheiten- und Kommissionierlager für ganze Ladeeinheiten:

- Anlieferung ganzer sortenreiner Paletten aus Produktionswerken in werkseigenen LKWs
- Auslieferung ganzer sortenreiner Paletten an Regionallager
- Auslieferung ganzer sortenunreiner Lagenpaletten an Regionallager

## Grundstück und Grundstückslage

Voll erschlossenes rechteckiges Grundstück

- im Industriegebiet: 250 m x 150 m
- keine Möglichkeit der Grundstückserweiterung.
- Baumassenzahl BMZ = 9
- Grundflächenzahl GRZ = 0,8
- Bauhöhe: max. 40 m
- einseitige Straßenanbindung
- 30 PKW-Parkplätze erforderlich

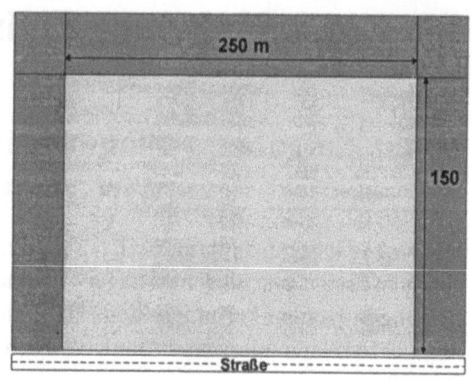

Bild 62 Grundstück

## Gebäude

- Lagerhalle in Silobauweise, d.h. die Regalkonstruktion trägt die Außenhaut und das Dach
- Verwaltungs- und Sozialfläche: 700 m²

## Lagerkapazität und -umschlag

- Lagerkapazität: 20.000 LE
- Einlagerung pro Stunde: max. 250 Paletten
- Auslagerung pro Stunde: max. 250 Paletten
- Anzahl Anlieferung Paletten pro Tag: max. 500
- Anzahl Auslieferung Paletten pro Tag: max. 500

## Lagereinheit (LE)

- DIN-Palette (1.200 x 800 x 150 mm)
- Lagengewicht eines Artikels: max. 200 kg
- Kein Ladungsüberstand / keine Stapelbarkeit
- Ladunsgsicherung durch Stretch-(Dehn-) Folie (transportsicher bis 0,5 m/s²)
- Anlieferung transportsicherer LE

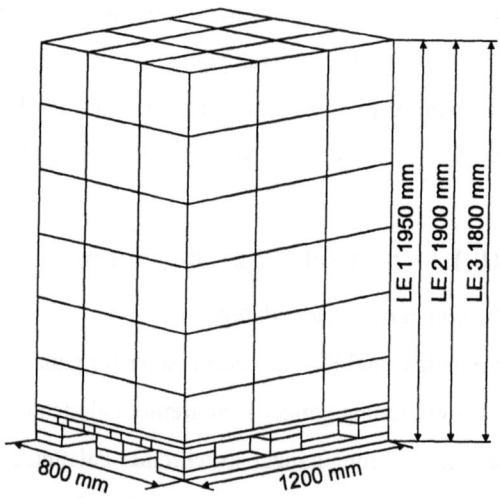

Bild 63 Abmessungen Lagereinheit

|  | Gewicht | Höhe | Artikelaufteilung |
|---|---|---|---|
| LE 1 | 1.400 kg | 1.950 mm | 30 (nicht sortenrein) |
| LE 2 | 1.400 kg | 1.900 mm | 45 (sortenrein) |
| LE 3 | 1.100 kg | 1.800 mm | 75 (nicht sortenrein) |

*Lagerorganisation*

- FIFO-Prinzip
- Freie Lagerplatzwahl (chaotische Lagerung)
- Querverteilungsstrategie (Redundanz für Auslagerung)
- Einschichtbetrieb

*Spezifische Daten für das Tiefkühllager*

- Lagerbereich: -28 °C
- Lagervorzone / WE / WA: -28 °C

*Brandschutz*

- Vorbeugender Brandschutz
- Lagergüter:
  - Nahrungsmittel in Pappe und Kartons verpackt
  - Nahrungsmittel in Kunststoff und Kartons verpackt
- Feuerwehrwege auf Grundstück

*Zusatzbedingungen*

- Herstellung von Lagenpaletten für Güter mit mittlerem und geringem Umsatz

## 10.1.2 Dynamische Planungsdaten

*Materialfluß*

- Trennung von Personal- und Materialfluß
- Minimierung der innerbetrieblichen Transportwege

*Auftragsstruktur*

- Kundenaufträge lagenweise möglich
- Anzahl Aufträge pro Tag: max. 100
- Anzahl Positionen pro Auftrag: max. 5
- Anzahl Artikel pro Position: max. 1
- Anzahl Lagen pro Position: max. 5
- Anzahl Paletten pro Auftrag: max. 5
- Anzahl Artikel pro Palette: max. 10
- Auslieferung Paletten pro Tag: max. 300 sortenreine Paletten
  max. 200 Auftragspaletten (Lagenpaletten)

*Sortimentsstruktur*

- Anzahl der Artikel: 150
- ABC-Struktur der Artikel:
  - Anzahl A-Artikel (80 % des Umsatzes und 20 % aller Artikel): 30
  - Anzahl B-Artikel (15 % des Umsatzes und 30 % aller Artikel): 45
  - Anzahl C-Artikel ( 5 % des Umsatzes und 50 % aller Artikel): 75
- Abmessungen der Artikelkartons (L x B x H): max. 300 x 200 x 200 mm

## 10.1.3 Lösungsmöglichkeiten alternativer Systemplanungen

Die obige Aufgabenstellung kann mit verschiedenen Lagersystemen und Materialflußsteuerungen gelöst werden. Die folgende Abbildung zeigt, welche möglichen Lösungsansätze entwickelt wurden:

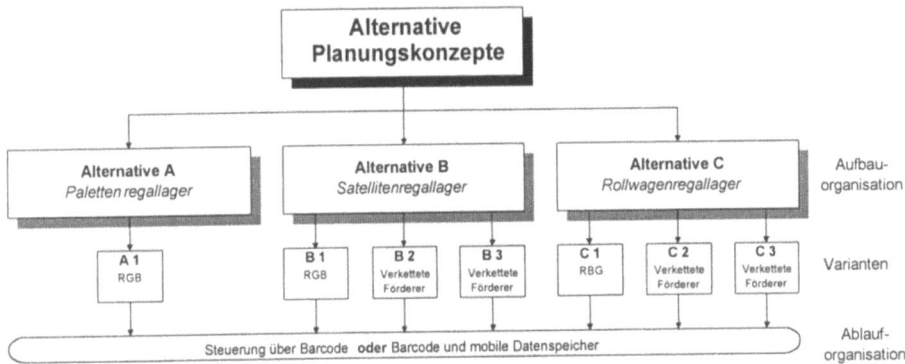

**Bild 64** Mögliche Lösungsansätze

Tabelle 13 zeigt den Aufbau der alternativen Planungskonzepte mit Lagersystem, Bedienart und Steuerung. Die Planungskonzepte B3 und C3 basieren auf Verbesserungsvorschlägen für die Planungskonzepte B2 und C2 und stellen keiner neuen Lagersysteme dar.

**Als Lösungsmöglichkeiten werden im Folgenden nur die Alternativen A1, B2 und C2 behandelt.**

| Mögliche Alternativen | Lagersystem | Bedienungsart | Ablauforganisation (Steuerung) |
|---|---|---|---|
| A 1 | Palettenregal | Regalbediengerät | Barcode |
| B 1 | Satellitenregal | Regalbediengerät | Barcode |
| B 2 | Satellitenregal | Verschiebewagen | Barcode |
| B 3 | Satellitenregal | Verschiebewagen | Barcode |
| C 1 | Rollpalettenregal | Verschiebewagen | Barcode |
| C 2 | Rollpalettenregal | Verschiebewagen | Barcode + mobile Datenspeicher |
| C 3 | Rollpalettenregal | Verschiebewagen | Barcode + mobile Datenspeicher |

**Tabelle 13** Aufbau der Alternativen

Das Rollpalettenregal entspricht einem Rollwagenregal, bei dem die DIN- Palette auf einem Rollrahmen oder Rollwagen gesetzt ist.

Bild 65 zeigt auf, wie bei Entwicklung der Lösungskonzepte vorgegangen und von welchen gegebenen Größen ausgegangen wurde.

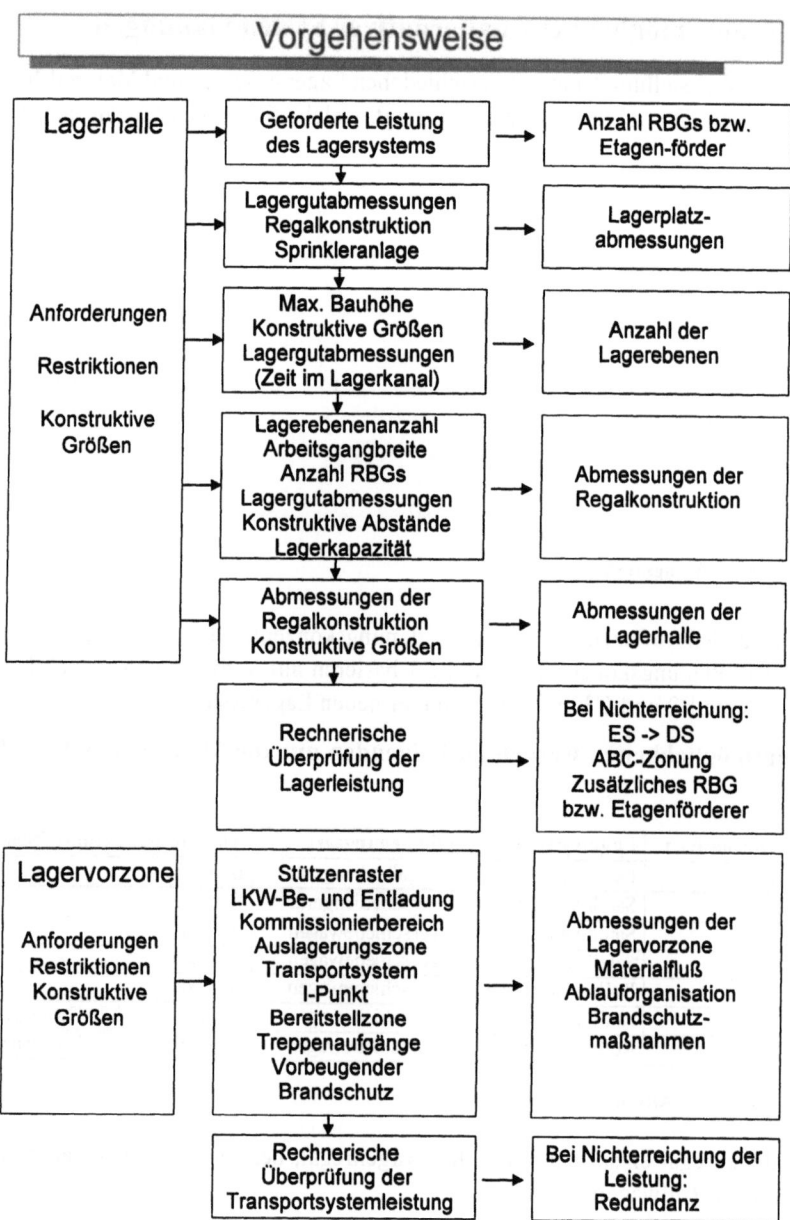

Bild 65   Vorgehensweise bei der Entwicklung der Alternativen
ES- Einzelspiel; DS- Doppelspiel

## 10.1.4 Zeichenerklärung für alle Planungskonzepte

Die folgende Übersicht stellt die wichtigsten Symbole vor, die in allen Planungskonzepten verwendet werden:

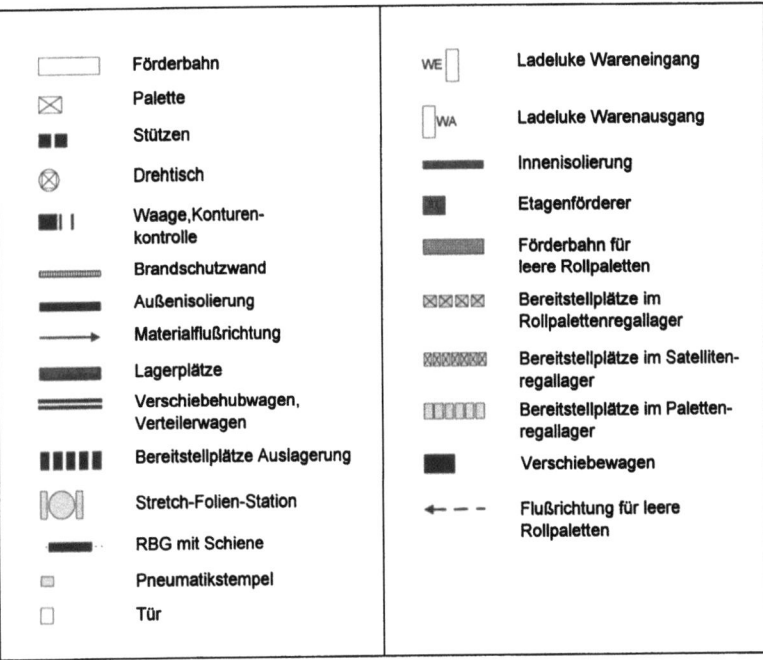

**Bild 66**  Zeichenerklärung

## 10.2 Alternative A1: Palettenregallager mit Regalbediengerät

### 10.2.1 Lageraufbau

Lagerhalle

Aufgrund der geforderten Umschlagleistung vom maximal 500 Ein- und Auslagerungen (500 ES) pro Stunde ergibt sich die Anzahl der notwendigen RBGs aus der folgenden Rechnung.

| Anzahl RBGs | 500 ES : 70 ES / RBG = 7,14 RBGs | ⇒ 7 RBGs |
|---|---|---|
| **Regalbediengerät (RBG)** | **Ausprägung** | |
| Umschlagleistung | max. 75 Einzelspiele pro Stunde | |
| Höhe | max. 40 m | |
| Traglast | max. 1.500 kg | |
| Regalgangbreite | Längseinlagerung : 1.500 mm | |
| | Quereinlagerung : 1.100 mm | |
| Länge | 4,0 m (in Lagergasse) | |
| Geschwindigkeiten (bei 1.500 kg Traglast) | Fahren: max. 160 m/min = 2,67 m/s | |
| | Heben: max. 60 m/min = 1,0 m/s | |
| | Senken: max. 60 m/min = 1,0 m/s | |
| | Teleskopieren: max. 48 m/min = 0,8 m/s | |

**Tabelle 14**  Technische Daten eines Regalbediengerätes

| Beschleunigung | max. 0,5 m/s² |
| --- | --- |
| Art der Sicherung der LE während des Transportes | automatische Ladungssicherung z.B. durch bewegliche Rahmenteile |
| Steuerung der Antriebe | frequenzgeregelt |
| Anzahl der RBGs | ein Gerät pro Lagergasse |
| RBG bedingte Abstände | Ein- /Auslagerhöhe: mind. 600 mm |

**Tabelle 14   Technische Daten eines Regalbediengerätes (Fortsetzung)**

Die Lagerkapazität soll 20.000 LE betragen. Bei den Berechnungen wird auf spezifische Daten z.B für die Regalkonstruktion wie Tragfähigkeit für Lagergüter und Dach- und Außenwände, Lochabstände für die Quertraversen etc. nicht eingegangen. Die Lagerungsart der Paletten ist die **Längseinlagerung**, die weniger Lagerfläche benötigt. Aus diesem Grund wird diese Lagerungsart in diesem Planungskonzept verwendet. Die Abmessungen des einzelnen Lagerplatzes – bei drei Lagerplätzen auf einer Quertraverse – ergeben sich aus der notwendigen Regalkonstruktion, Manipulations- bzw. Sicherheitsabständen und der Lagereinheit. Die Höhe eines Lagerplatzes ergibt sich aus der maximalen Höhe der Lagereinheit, der Manipulationshöhe inklusive Sicherheitsabstand und der Regalkonstruktion (Tabelle 15).

| Breite | 2.700 mm für 3 Plätze pro Fach + 100 mm für das erste Regal |
| --- | --- |
| Tiefe | 1.300 mm (1.200 mm LE + 100 mm Konstruktion) |
| Höhe | 2.200 mm (max. 1.950 mm LE + 100 mm Manipulation + 150 mm Konstruktion) |
| Abstand | Konstruktiver Abstand zwischen einem Doppelregal: 100 mm |

**Tabelle 15   Lagerplatzabmessungen**

Der vorbeugende Brandschutz, welcher gesetzlich z.B. in der Bauordnung der Länder vorgeschrieben ist und von den Brandversicherungsgesellschaften gefordert wird, hat großen Einfluß auf die Gestaltung des Lagerraumes. Deshalb muß er schon an dieser Stelle berücksichtigt werden. Durch den Einsatz einer Sprinkleranlage kann ein Nachlaß der zu zahlenden Versicherungsprämie bis zu 65 % erreicht werden. Wie der genaue Einsatz einer Sprinkleranlage zu erfolgen hat, ist der Richtlinie 2092 des VdS zu entnehmen.

Aufgrund der gelagerten Materialien – Nahrungsmittel in Papier und Plastik eingepackt und in Kartons verpackt, welche zur Ladungssicherung in Folie eingewickelt sind und auf Holzpaletten stehen – ergibt sich eine Brandgefahrklasse BG von 4.2. Wegen der geforderten Lagerkapazität von 20.000 LE ist davon auszugehen, daß die maximal gestattete Lagerhöhe von 7,5 m für eine reine Deckensprinklung bei einer BG von 4.2 überschritten wird, d.h. zusätzlich zu Deckensprinklern müssen in der Regalanlage Regalsprinkler in Zwischenebenen installiert werden. Hierbei ist folgendes zu beachten:

- Vertikaler Abstand der Sprinkler-Zwischenebenen: max. 4 m

- Horizontaler Abstand der Sprinkler: max. 2,5 m (vergrößerbar auf maximal 4 m, wenn maximaler vertikaler Abstand der Zwischenebenen unterschritten wird)

- Wirkfläche für Sprinkler je Zwischenebene: 45 m² (rechnerischer Wert für Wasserbeaufschlagung)

- Wirkfläche für Deckensprinkler: 300 m² (rechnerischer Wert für Wasserbeaufschlagung)

- Wirkfläche je Einzelsprinkler: 9 m²

# 10 Systemplanung Einheitenlager für Tiefkühlartikel

- Sprinklerebenen sind versetzt anzubringen (vertikaler Abstand der Sprinkler: max. 10,5 m)
- Mindestabstand zu Regalkonstruktion oder Lagergut: 100 mm
- Installation einer Trockenschnellanlage aufgrund der niedrigen Betriebstemperatur.

Wegen dieser Punkte ist für jede Lagerebene eine Sprinklung vorzusehen, da zwei Palettenplatzhöhen die maximal mögliche Höhe von 4 m überschreiten. Folgende Maße müssen aufgrund der Sprinkleranlage in die Berechnungen zur Gesamtlagerplatzhöhe einfließen:

| Höhe je Zwischenebene | 100 mm für Sprinkler + 100 mm Mindestabstand zum Lagergut |
|---|---|
| Höhe je Palettenplatz | 2.200 mm + 200 mm Sprinklerschutz = 2.400 mm |

Unter Berücksichtigung der notwendigen Lagerkapazität von 20.000 LE können nun die Abmessungen der Regalkonstruktion bestimmt werden. Prämisse dabei ist, die maximal zulässige Bauhöhe von 40 m auszunutzen, um eine minimale Ausnutzung der Grundstücksfläche für die Lagerhalle zu erreichen. Da es sich bei der maximal zulässigen Bauhöhe um ein Außenmaß (Lagerhalle) handelt, müssen für die maximal mögliche Höhe zur Lagerung der Paletten 1200 mm die Dachkonstruktion und die Isolierung subtrahiert werden. Außerdem muß für diese Höhe noch berücksichtigt werden, daß die RBGs eine Mindesteinlagerungshöhe von 600 mm benötigen:

Maximal mögliche Höhe  
für die Lagerung  
40 m (Außenlagerhöhe) −  
1,2 m (Dachkonstruktion und Isolierung) −  
0,6 m (Mindesteinlagerungshöhe RBG)  
= **38,2 m**

Die Anzahl möglicher Lagerebenen ergibt sich zu:

Anzahl der Lagerebenen  
38,2 m (maximale Lagerhöhe) :  
2,4 m (Palettenplatzhöhe) = 15,92 ⇒ **15**

Damit ist die Bauhöhe der Lagerhalle und die Höhe der Regalkonstruktion festgelegt:

Höhe der Regalkonstruktion  
15 (Lagerebenen) x 2,4 m (Palettenplatzhöhe) +  
0,6 m (Mindesteinlagerungshöhe RBG) = **36,6 m**

Bauhöhe der Lagerhalle  
15 (Lagerebenen) x 2,4 m (Palettenplatzhöhe) +  
1,2 m (Dachkonstruktion und Isolierung) +  
0,6 m (Mindesteinlagerungshöhe RBG) = **37,8 m**

Durch die oben berechnete Anzahl der notwendigen sieben RBGs und der daraus resultierenden Anzahl von 14 Regalen ( 2 Einzelregale + 6 Doppelregale ) ist die Breite der Regalkonstruktion bereits festgelegt sowie die Breite der Lagerhalle. Diese ergibt sich zu:

Breite der Regalkonstruktion  
7 (RBGs) x 1,5 m (Arbeitsgangbreite) +  
14 (Palettenplätze) x 1,2 m (Palettenlänge) +  
6 x 0,1 m (Konstruktiver Abstand der Regale) +  
1 x 0,2 m (Brandschutzwand) = **28,1 m**

Breite der Lagerhalle  
28,1 m (Breite Regalkonstruktion) +  
2 x 0,5 m (Isolierung + Außenwand) = **29,1 m**

Bei der Bestimmung der Länge der Regalkonstruktion und der Lagerhalle muß die geforderte Lagerkapazität berücksichtigt werden. Die Kapazität eines Lagerblockes ergibt sich aus 15 Lagerebenen, sieben Doppelregalen und mit drei Palettenplätzen pro Regalfach:

| | |
|---|---|
| Kapazität eines Lagerblockes | 15 (Lagerebenen) x<br>7 (Doppelregale) x<br>3 (Regalplätze) = **630** |
| Anzahl notwendiger Blöcke | 20.000 (LE) :<br>630 (Kapazität eines Lagerblockes) = 31,74 ⇒ **32** |
| Gesamtlagerkapazität | 32 (Blöcke) x<br>630 (Kapazität eines Lagerblockes) = **20.160 LE** |

Mit der Anzahl der Lagerblöcke kann nun die Länge der Regalkonstruktion bestimmt werden:

| | |
|---|---|
| Länge der Regalkonstruktion | 32 (Blöcke) x 2,7 m (Regalkonstruktion) +<br>1 x 0,1 m (erstes Regal) = **86,5 m** |
| Länge der Lagerhalle | 86,5 m (Länge der Regalkonstruktion) +<br>1 x 1 m (RBG-Raum am Ende der Regalgasse) +<br>1 x 3 m (Bereitstellbahnen für Paletten und Förderbahn) + 1 x 0,5 (Isolierung + Außenwand)<br>= **91 m** |

Damit sind die Abmessungen und das Volumen der Lagerhalle bestimmt:

| | |
|---|---|
| Länge: | 91 m |
| Breite: | 29,1 m |
| Höhe: | 37,8 m |
| Volumen: | 100.098 m$^3$ |

Das Fundament der Lagerhalle ist aufgrund der niedrigen Betriebstemperatur gegen Durchfrierung zu isolieren und mit einer Heizung auszustatten. Die Lagerhalle wurde so konstruiert, daß eine Erweiterung der Lagerkapazität möglich ist.

*Lagervorzone*

Genau wie bei der Planung der Lagerhalle wird auch bei der Planung der Lagervorzone die Prämisse berücksichtigt, diese mit minimaler Ausnutzung der Grundstücksfläche zu bauen. Die Vorzone befindet sich vor der Lagerhalle in einem Extragebäude und hat die Abmessungen (L x B x H) 30 x 60 x 5 m. Um die Energiekosten, die durch die Lagervorzone entstehen, so niedrig wie möglich zu halten, wird der Bereich der automatischen LKW-Entladung durch eine Brand- und Isolierwand abgetrennt. Die Übergabe von Paletten zwischen der Lagerhalle, der Vorzone und der automatischen LKW-Entladung erfolgt durch Tore, die sich nur für die Durchfahrt einer Palette öffnen. Folgende Bereiche müssen in der Vorlagezone untergebracht werden:

- Treppenhaus bzw. Aufgang zu den Räumen des Verwaltungspersonals
- Treppenhaus bzw. Aufgang zu den Räumen des Lagerpersonals

## 10 Systemplanung Einheitenlager für Tiefkühlartikel

- Automatische LKW-Entladung
- I-Punkt
- Kommissionierung mit Sortierbahnhof, Lagenpalettierer und Stretch-Folien-Station
- Automatische LKW-Beladung
- Auslagerungszone mit Bereitstellplätzen für die manuelle LKW-Beladung.

Die Planung für die Anordnung der einzelnen Bereiche erfolgt am Computer und in enger Anlehnung an die Materialflußplanung. Das Layout des Lagers mit der Lagervorzone zeigen Bild 67 bis Bild 70. Dabei wurde darauf geachtet, daß alle Bereiche und ihre Komponenten (z.B. Förderbahnen, Lagenpalettierer, Stretch-Folien-Station, etc.) so dicht wie möglich nebeneinanderliegen, um Transportwege zu minimieren.

Der Kommissionierbereich besteht aus dem Sortierbahnhof, dem Lagenpalettierer mit Warteplätzen für Auftragspaletten und der automatischen Stretch-Folien-Station. Für die manuelle Auslagerung stehen zwei Palettenbereitstellbereiche mit 20 Palettenplätze zur Verfügung, die vom Lagerverwaltungsrechner automatisch mit auszulagernden Paletten versorgt werden. Zwischen den Andockstationen befinden sich jeweils Bereitstellplätze für Paletten, die auf die LKW-Beladung warten.

Für die manuelle LKW-Beladung ist die Vorzone mit vier Andockstationen mit Thermoschleusen ausgestattet. Vier weitere Andockstationen mit Thermoschleusen stehen zur automatischen Be- und Entladung von LKW zur Verfügung (die Thermoschleusen sind nicht in den Abbildungen aufgeführt). Damit ist die automatische Be- und Entladung bezogen auf ihre Leistung überdimensioniert.

Durch die Überdimensionierung soll hier eine Pufferfunktion erreicht werden, die letztendlich hilft, Wartezeiten von LKWs zu reduzieren und somit Personalkosten einzusparen. Die Vorzone wird 1,1 m über dem Niveau des Verladehofes konzipiert. Etwaige Höhendifferenzen zwischen dem Niveau der Vorzone und der LKW-Ladefläche werden durch hydraulisch verstellbare Überladebrücken überbrückt. Zur Überbrückung der Höhendifferenzen zwischen den Kettenförderern der LKWs und den Rollenförderern der automatischen Be- und Entladung wird der Verladehof an diesen Stellen in der notwendigen Höhe konzipiert (500 mm höher).

Um den Staplerverkehr nicht zu behindern, wird für die Vorzone ein Stützenraster von 15 x 10 m gewählt. Hieraus resultiert eine minimale Anzahl von 6 Stützen, welche den Materialfluß (Staplerverkehr) behindern könnten. Das Bodenmaterial ist Beton mit einer Schicht Estrich, wobei das Fundament der Vorzone aufgrund der niedrigen Betriebstemperatur auch durch spezielle Dämmung und einer Heizung gegen Durchfrierung isoliert werden muß.

Auf der Lagervorzone werden der Verwaltungs- und Sozialtrakt (Abmessungen L x B x H: 60 x 15 x 3 m) mit 10 Verwaltungsräumen, 5 Sozialräumen und die Kältetechnikzentrale (Abmessungen L x B x H: 10 x 15 x 3 m) untergebracht.

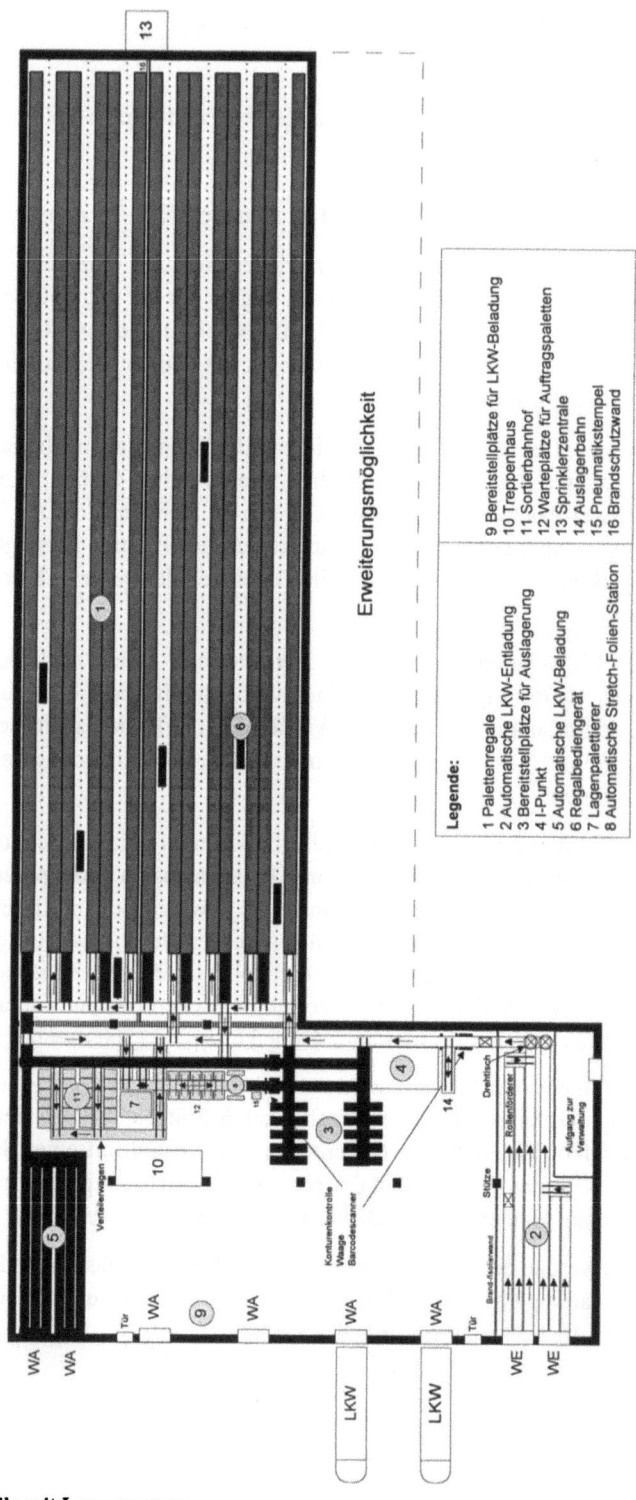

Bild 67  Lagerhalle mit Lagervorzone

# 10 Systemplanung Einheitenlager für Tiefkühlartikel

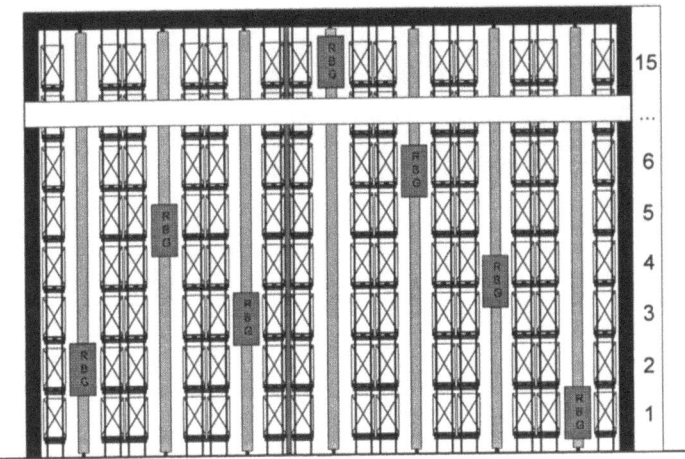

**Bild 68** Schematischer Querschnitt Lagerhalle

**Bild 69** Straßenansicht des Lagerkomplexes

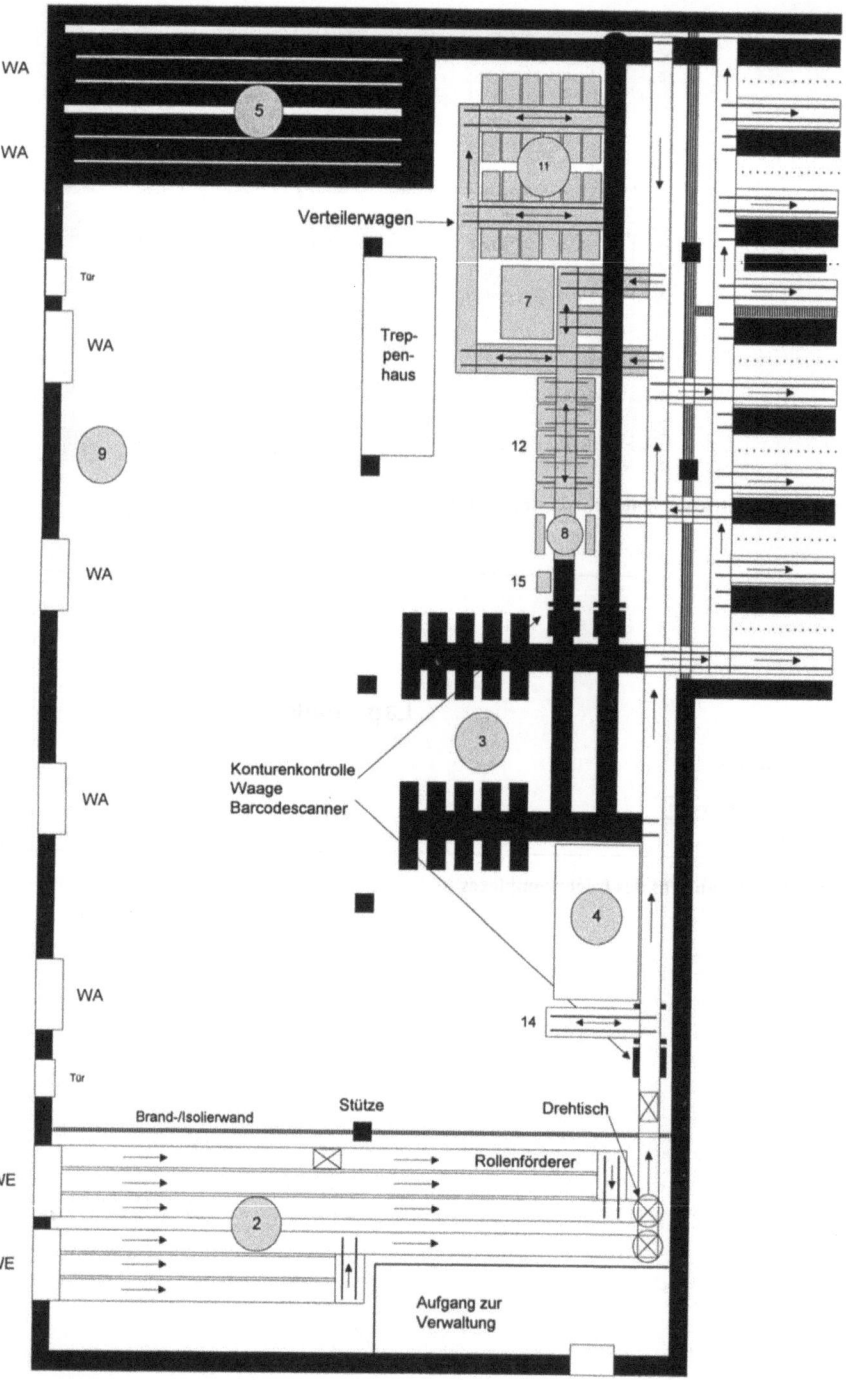

**Bild 70 Lagervorzone**

## 10.2.2 Materialfluß

*Spezifische Daten des Transportsystems:*

| Transportmittel | Ausprägung |
|---|---|
| Alle Transportelemente | • Nennbreite: 975 mm<br>• Höhe Rollenoberkante: 500 mm + 60 mm Verstellbereich<br>• Traglast: max. 2.000 kg<br>• Positionierung des Fördergutes: ± 20 mm<br>• Einsatztemperaturbereich: -30 °C bis +110 °C |
| Angetriebene Rollenförderer | • Fördergeschwindigkeit: max. 0,3 m/s |
| Staurollenförderer | • Fördergeschwindigkeit: max. 0,3 m/s |
| Verschiebehubwagen | • Nennlänge (in Fahrtrichtung): 890 mm<br>• Heben /Senken: 2 s pro Vorgang<br>• Verfahrgeschwindigkeit: max. 0,25 m/s<br>• Fördergeschwindigkeit: max. 0,3 m/s<br>• Mögliche Lastspielzahl bei maximalen Geschwindigkeiten und 6 m Verschiebeweg für Fördergut aufnehmen, verschieben, Fördergut abgeben und zurück in Ausgangsposition fahren: 62 pro Stunde |
| Verteilerwagen | • Nennlänge: 1.350 mm<br>• Verfahrgeschwindigkeit: max. 0,25 m/s<br>• Fördergeschwindigkeit: max. 0,3 m/s<br>• Mögliche Lastspielzahl bei maximalen Geschwindigkeiten und 6 m Verschiebeweg für Fördergut aufnehmen, verschieben, Fördergut abgeben und zurück in Ausgangsposition fahren: 53 pro Stunde |
| Drehtische | • Drehwinkel: wahlweise 90° nach rechts und links oder<br>• 180° in einem Drehvorgang<br>• Drehzeit 90°-Drehung: 6,5 s<br>• Fördergeschwindigkeit: max. 0,3 m/s<br>• Drehkreisdurchmesser: 1.815 mm |

**Tabelle 16  Daten der Transportmittel**

*Wareneingang*

Nachdem ein LKW das Pförtnerhaus passiert hat und mittels einer Einfahrhilfe rückwärts an die Andockstation mit der Thermoschleuse gefahren ist, wird der automatische Entladevorgang vorbereitet. Hierzu werden die Verladeschürzen aufgepumpt, um nur geringe Mengen warmer Umgebungsluft in die -28 °C kalte Entladestelle gelangen zu lassen (warme, feuchte Luft würde zu unerwünschter Vereisung der Thermoschleusen und Energieverlust führen). Beim Entladevorgang übergeben die drei Kettenförderer, mit denen die werkseigenen LKWs ausgestattet sind, die Paletten auf die getakteten Staurollenförderer der Vorzone, wo sie bis zum Ende der Entladung gestaut werden. Der Entladevorgang für einen LKW mit 30 Paletten dauert (inklusive Rangierarbeiten und Öffnung/Schließung der Tore) 20 min. Nach der Entladung werden die Paletten über die Rollenförderer zur Konturenkontrolle, Waage und einem Barcodescanner transportiert. Meldet die Konturenkontrolle eine fehlerhafte Palette, wird diese durch einen Verschiebehubwagen seitlich ausgelagert, manuell überprüft und ggf. manuell ausgerichtet. Durch den Reversierbetrieb des Auslagerförderers wird die Palette zurück ins Transportsystem gegeben (weitere Möglichkeiten der Rückgabe an das Transportsystem sind z.B. eine Förderschleife oder manuell durch Stapler). Vor der Einlagerung erfolgt eine erneute Konturenkontrolle. Mit Hilfe des Auslagerungsförderers können z.B. auch Leerpaletten ins Transportsystem gebracht werden.

*I-Punkt*

In dem normal temperierten I-Punkt befindet sich der Lagerverwaltungsrechner, der die Steuerung sämtlicher Vorgänge (z.B. Einlagerung, Auslagerung, Auftragszusammenstellung, Ladungssicherung, etc.) übernimmt. Der Lagerverwaltungsrechner ist als Doppelrechner konzipiert, so daß bei Ausfall eines Rechners der andere sofort die gesamte Lagersteuerung, ohne vorhergehende Aktivierung, übernehmen kann.

Die einzulagernden Paletten werden am Barcodescanner, welcher sich in Höhe der Auslagerbahn befindet und direkt mit dem I-Punkt verbunden ist, vorbeigeführt. Mit dem Scanner werden die Daten des Barcodes, welches die Palette schon bei der Produktion erhalten hat, eingelesen und der Palette ein Lagerplatz zugewiesen. Stellt der Barcodescanner einen Fehler fest, so wird die Palette seitlich durch den Verschiebehubwagen des Auslagerförderers in eine Warteposition gebracht und manuell überprüft (gegebenenfalls manuell mit einem neuen Barcodelabel versehen). Nach Überprüfung und erneuter Konturenkontrolle bzw. Einscannung des Barcodelabels wird die Palette wieder ins System zurückgefördert. Vor der Einlagerung wird die Palette gewogen und die Daten vom Lagerverwaltungsrechner gespeichert.

*Einlagerung*

Die Palette wird über die Rollenförderer zu einem der vier Verbindungstore der Lagerhalle transportiert, das sich nur für den kurzen Moment der Palettendurchfahrt öffnet, transportiert und von einem Verschiebehubwagen in die Lagerhalle gebracht. Dort wird die Palette zu der vom Lagerverwaltungsrechner festgelegten Lagergasse transportiert und von einem Verschiebehubwagen für das RBG bereitgestellt, das die Einlagerung zu dem vorgegebenen Lagerplatz übernimmt, bereitgestellt. In dem Moment, in dem eine Palette vom RBG zur Auslagerung gebracht wird, steht auf der anderen Seite eine Palette zur Einlagerung bereit, bzw. das RBG wartet kurz auf eine Palette. Hat ein RBG nach einer Ein- oder Auslagerung für eine gewisse Zeit keinen Transport durchzuführen, verbleibt es in der Position, in der die letzte Ein- oder Auslagerung stattgefunden hat. Die bereitstehende Palette wird von den Teleskopgabeln des RBGs aufgenommen und auf das RBG gehoben. Nach dem Transport zum Lagerplatz wird die Palette durch die Teleskopgabel auf dem Lagerplatz abgestellt. Eine Transportsicherung ist auf dem RBG nicht notwendig, da die Beschleunigung eines RBGs nur 0,5 m/s$^2$ beträgt und die Paletten mit Stretch-Folie umwickelt sind.

*Auslagerung*

Die zur Auslagerung vom Lagerverwaltungsrechner bestimmte Palette wird vom RBG am Lagerplatz abgeholt und zum Verschiebehubwagen gebracht, der sie auf die Rollenförderer setzt. Von dort wird die Palette nach kurzem Transportweg mit einem Verschiebehubwagen durch eines der vier Verbindungstore zum Transportsystem der Vorzone gebracht. Hier besteht die Möglichkeit des Transportes zur automatischen LKW-Beladestelle, zur Kommissionierung oder der Auslagerungszone mit den Bereitstellplätzen. In der Auslagerungszone übernehmen vier Verteilerwagen den Transport zu den Bereitstellplätzen.

*Kommissionierung / Herstellung der Lagenpaletten*

Sortenreine Paletten eines Auftrages werden vom Lagerverwaltungsrechner angefordert und aus der Lagerhalle über das Transportsystem zum Sortierbahnhof gebracht. Dort übernehmen zwei Verteilerwagen pro Sortierbahnhofgasse den Transport der Paletten zu den vorbestimmten Warteplätzen. Von dort aus werden diese dem Lagenpalettierer in vom Lagerverwaltungsrechner genau festgelegter Reihenfolge zugeführt. Der Lagenpalettierer hat eine maximale Leistung von 125 Lagen pro Stunde und erfüllt somit die geforderte maximale Leistung von 1.000 Lagen pro Tag bzw. Schicht. Die Arbeitsweise des Lagenpalettierers sieht vor, daß die sortenreine Palette vor den Lagenpalettierer fährt. Die für einen bestimmten Auftrag benötigten Lagen werden im „Slip-Sheet-Verfahren" (d.h. die benötigten Lagen werden von der Palette auf einen Teller des Lagenpalettierers gezogen) abgezogen und verbleiben für einen Moment auf dem Teller des Lagenpalettierers.

Wird die sortenreine Palette für weitere Aufträge benötigt, wird sie über das Transportsystem dem Sortierbahnhof zurückgeführt. Entweder bringen die Verteilerwagen des Sortierbahnhofs die Anbruchpalette in eine vorbestimmte Warteposition im Sortierbahnhof oder es wird die Anbruchpalette über das Transportsystem rückgelagert. Vor der Rücklagerung findet eine Überprüfung des Gewichts, der Konturen und des Barcodes statt. Diese Informationen werden vom Lagerverwaltungsrechner verarbeitet bzw. gespeichert und ein Lagerplatz festgelegt.

Parallel zum Abtransport der Anbruchpalette wird durch einen Verschiebehubwagen eine leere DIN-Palette, die vor dem Lagenpalettierer zwischengepuffert wird, transportiert. Die abgezogenen Lagen, die noch auf dem Lagenpalettierer stehen, werden auf die DIN-Palette abgesetzt. Die angefangene Auftragspalette wird zu den Auftragswarteplätzen für Auftragspaletten transportiert. Gleichzeitig wird die nächste sortenreine Palette aus dem Sortierbahnhof vor den Lagenpalettierer gefördert und die benötigten Lagen abgezogen. Nach dem Abtransport der Anbruchpalette wird eine angefangene Auftragspalette oder eine leere DIN-Palette bereitgestellt und die abgezogenen Lagen abgesetzt. Dieser Vorgang wiederholt sich, bis eine Auftragspalette fertigkommissioniert ist. Wenn mehr Auftragspaletten, als Warteplätze vorhanden sind, gleichzeitig bearbeitet werden sollen, können diese Auftragspaletten auch im Sortierbahnhof zwischengelagert werden. Es werden immer mehrere Aufträge gleichzeitig kommissioniert, um die Transportwege für Paletten zu minimieren.

Fertig kommissionierte Auftragspaletten werden über das Transportsystem zur automatischen Stretch-Folien-Station transportiert und erhalten die für den Transport notwendige Ladungssicherung. Dazu fährt die Auftragspalette auf den Drehteller der Stretch-Folien-Station. Die Ladungssicherung erfolgt dadurch, daß die Palette auf dem Drehteller gedreht wird und dabei die Folie in mehreren Lagen von unten nach oben um die Palette gewickelt wird, so daß eine spiralförmige Umwicklung entsteht. Durch Abbremsen der Folienrolle während des Wickelvorganges wird die Folie bis zu 80 % gedehnt. Die sich aus dieser Dehnung ergebenden Rückstellkräfte bewirken die Ladungssicherung der Auftragspalette.

Nach der automatischen Stretch-Folien-Station wird die Auftragspalette mit Hilfe eines Pneumatikstempels mit einem Barcodelabel versehen und zur automatischen LKW-Beladestelle, zur Auslagerungszone mit den Bereitstellplätzen transportiert oder bis zum Abtransport durch den LKW rückgelagert. Im letzten Fall legt der Lagerverwaltungsrechner einen neuen Lagerplatz fest. Die Pfeile in Bild 67 und Bild 70 zeigen den Materialfluß auf.

*Warenausgang*

Der Warenausgang kann auf zwei verschiedene Arten erfolgen. Zum einen durch die automatische und zum anderen durch die manuelle LKW-Beladung.

Für die automatische LKW-Beladung werden die zur Auslagerung vorgesehenen Ladeeinheiten über das Transportsystem zur automatischen LKW-Beladung transportiert. Dort werden sie gestaut, bis eine LKW-Ladung komplett ist und diese Ladung von einem LKW abgeholt wird. Steht der LKW bereit, übergeben die Staurollenförderer die Ladung an die drei Kettenförderer des LKWs.

Für die manuelle LKW-Beladung werden die zur Auslagerung vorgesehenen Ladeeinheiten über das Transportsystem zur Auslagerungszone transportiert. Die Auftragspaletten werden mit einem Verteilerwagen zu den Bereitstellplätzen gefördert und beim Eintritt in die Auslagerungszone pneumatisch mit einem Etikett versehen, welches dem Staplerfahrer genau zeigt, vor welchem Tor er diese Auftragspalette bereitstellen muß (alternativ kann dem Staplerfahrer visuell angezeigt werden, vor welchem Tor er die Palette bereitstellen muß. Damit er diese Information während seiner Fahrt zum Bereitstellplatz nicht vergißt, wird sie per Infrarotdatenübertragung zu einem Display in seinem Stapler übertragen und erst gelöscht, wenn er die nächste Palette abholt). Steht der LKW zur Beladung bereit, wird er durch Stapler beladen.

Bei beiden Beladungsarten fährt der LKW mittels Einfahrhilfe rückwärts an die Thermoschleuse heran. Bevor sich die Tore von LKW und Thermoschleuse öffnen, werden die Verladeschürzen aufgepumpt, um das Eindringen warmer Luft zu vermeiden. Nach der Beladung fährt der LKW vor Verlassen des Lagergeländes wieder am Pförtnerhaus vorbei.

### 10.2.3 Ablauforganisation

*Ablaufsteuerung*

Der Lagerverwaltungsrechner übernimmt die Steuerung sämtlicher Prozesse, die im Lager ablaufen. Nachdem der Barcode einer einzulagernden Palette eingescannt wurde, kann der Lagerverwaltungsrechner zu jedem Zeitpunkt Informationen darüber geben, an welcher Stelle sich die Palette gerade im Gesamtsystem „Lager" befindet. Es bedarf hierzu keiner erneuten Einscannung des Barcodes. Jedoch wird vor der Rücklagerung einer Palette bzw. vor der Einlagerung einer Auftragspalette der Barcode zur Kontrolle eingescannt. An den Transportstrecken sind hierfür Lichtschranken und Grenztaster installiert, die den Lagerverwaltungsrechner über den jeweiligen Standort einer Lagereinheit informieren. Außerdem sind die Rollbahnen in hintereinanderliegende Abschnitte unterteilt, die der Lagerverwaltungsrechner unabhängig voneinander steuern kann (getaktete Rollbahnen).

Die RBGs arbeiten vollautomatisch und erhalten ihre Steuerungsinformationen über Infrarotdatenübertragung, wodurch eine Abnutzung von z.B. Schleppleitungen oder Schleifkontakten vermieden wird. Das RBG verbleibt immer in der Position des letzten Ein- oder Auslagerungsplatzes, sofern kein neuer Ein- oder Auslagerungsvorgang anliegt.

*Lagerorganisation*

Der Lagerverwaltungsrechner teilt jeder ein- oder rückzulagernden Palette einen Lagerplatz zu. Dabei werden folgende Strategien angewandt:
- Neu ein- und rückzulagernden Paletten teilt der Lagerverwaltungsrechner irgendeinen Lagerplatz zu (chaotische Lagerung). Dabei beachtet er aber, daß sortengleiche Paletten auf verschiedene Lagergassen verteilt werden (Querverteilungsstrategie), um bei Ausfall eines RBGs die Lieferfähigkeit des Unternehmens zu erhalten.

- Ein- und Auslagerungsvorgänge werden kombiniert durchgeführt (Doppelspielstrategie).
- Bei der Auslagerung wendet der Lagerverwaltungsrechner das FIFO-Prinzip an.
- Für fertig kommissionierte Auftragspaletten, die bis zu ihrer Abholung durch LKWs wieder eingelagert werden, reserviert der Lagerverwaltungsrechner im unteren Lagerbereich Lagerplätze, um die Auftragspaletten aufgrund kurzer Wege zügig bereitstellen zu können.

Das Lager wird im Einschichtbetrieb gefahren, d.h. acht Stunden pro Tag.

*Notstrategien*

- Bei Ausfall der vollautomatischen Steuerung der Regalbediengeräte können diese im Mitfahrbetrieb manuell bedient werden.
- Die Förderbahnen des Transportsystems sind steuerungstechnisch in Einzelabschnitte unterteilt, so daß bei Ausfall eines Teilabschnittes die anderen Teilabschnitte unabhängig weiterarbeiten können.
- Bestimmte Ersatzteile (z.B. Verschleißteile) werden im Lager in kleineren Mengen vorrätig gehalten und können durch das Lagerpersonal innerhalb kurzer Zeit in Eigenverantwortung ausgetauscht werden.
- Durch den Abschluß von Serviceverträgen mit den Herstellerfirmen der Lagersystemkomponenten (z.B. für Transporttechnik) kann eine bestimmte Höchstausfallzeit der Systemkomponenten festgelegt bzw. garantiert werden (Verfügbarkeitsangabe).
- Bei Ausfall der automatischen LKW-Entladung können die Paletten manuell mit Staplern entladen und über die Auslagerbahn ins Transportsystem gebracht werden.
- Der Ausfall von Lagersystemkomponenten hat eine Verringerung der Leistung des Lagers zur Folge. Diese Minderleistung kann durch die Aufnahme eines vorübergehenden Zweischichtbetriebes kompensiert werden.

### 10.2.4 Vorbeugender Brandschutz

*Brandschutzmaßnahmen Lagerhalle*

In bezug auf ihre Genehmigung werden Hochregallager als bauliche Anlagen besonderer Art und Nutzung durch das Baurecht (Bauordnung der Länder) gehandhabt. Jedoch wird der Brandschutz in den Bauordnungen nur in groben Zügen vorgeschrieben, da es viele Möglichkeiten der Nutzung solcher Anlagen gibt. Im Prinzip wird für jede Anlage besonderer Art und Nutzung ein individuelles Brandschutzkonzept in Zusammenarbeit mit der Bauaufsichtsbehörde, der Feuerwehr und dem VdS entwickelt (der VdS spielt allerdings für das Genehmigungsverfahren selbst keine Rolle). Der VDI (VDI-R 3564) hat „Empfehlungen für den Brandschutz in Hochregalanlagen" herausgegeben, in der bestehende Regelwerke berücksichtigt wurden.

Wie oben ausgeführt, erhält die Lagerhalle eine Sprinkleranlage, die als Trockenschnellanlage arbeitet, d.h. die Sprinklerrohre in der Lagerhalle sind mit Druckluft gefüllt. Die gesamte Sprinkleranlage wird durch Brandmelder vorgesteuert. Die Sprinkler haben den horizontal möglichen Maximalabstand von 4 m und werden in vertikaler Richtung versetzt angeordnet. Die Sprinklerzentrale mit den Abmessungen (L x B x H) 7 x 4 x 3 m befindet sich auf der Stirnseite der Lagerhalle, wo sich auch der Zwischenbehälter für die Wasserversorgung im Boden eingelassen befindet. Der Wasserinhalt des Zwischenbehälters muß, ohne nachgespeist zu werden, eine Betriebszeit der Sprinkleranlage von mindestens 10 Minuten gewährleisten. Wird der Zwischenbehälter als Behälter für die Gesamtlöschwasserbevorratung (also ohne Nachspeisemöglichkeit durch eine unerschöpfliche Wasserquelle) konzipiert, ergibt sich das Gesamtbevorratungsvolumen aus folgender Berechnung:

| | |
|---|---|
| Fassungsvolumen des Behälters für Gesamtlöschwasserbevorratung | [7,5 mm/min (Wasserbeaufschlagung Decke) x 375 m² (Wirkfläche Decke inklusive 25 % Aufschlag) + 45 m² (Regalwirkfläche) x 15 (Anzahl Sprinklerebenen) x 5 mm/min (Wasserbeaufschlagung Zwischenebenen)] x 0,09 x 1,4 (vorgegebene Faktoren) = **779,625 mm x m²/min** |

Damit muß der Behälter ein Volumen von 780 m³ fassen. In Absprache mit der zuständigen Feuerwehr muß geklärt werden, ob eine ausreichende (unerschöpfliche) Wasserversorgung durch das öffentliche Wasserleitungsnetz zur Verfügung steht. Der Behälter könnte dann z.B. nur für ein Fassungsvolumen von 200 m³ konzipiert werden.

Die Brandmeldeanlage wird über Rauchgasdetektoren aktiviert, Störmeldungen an die Brandmeldezentrale im Verwaltungsgebäude weitergeleitet, und bei Feueralarm wird die Feuerwehr automatisch alarmiert. Die Lagerhalle ist in der Mitte durch eine Brandwand F90-A-Wand (es handelt sich um eine Brandschutzwand aus einer nichtbrennbaren Material, die eine Feuerwiderstandsdauer von 90 Minuten erreicht) geteilt, die auf dem Dach einen Überstand von 0,5 m aufweist und durch die Regalkonstruktion gehalten wird. Die Verbindungswand zwischen Lagerhalle und Vorzone ist ebenfalls eine F90-A-Wand. Als Angriffs- und Brandüberschlagssicherung von außen bekommt die Lagerhalle eine 5 m hohe Brandschürze. Alle RBGs werden mit einem Feuerlöscher ausgestattet.

Da Fluchtwege in der Lagerhalle laut Bauordnung 35 m (dieser Wert ist mit Sondergenehmigung durch die Baubehörde auf 70 m erhöhbar) nicht überschreiten dürfen, werden auf der Stirnseite der Lagerhalle und in die Brandwand zwischen Lagerhalle und Lagervorzone Fluchttüren eingebaut. Zusätzlich müssen Quergänge mit Fluchttüren an den Seiten der Lagerhalle eingerichtet werden, die eine Flucht durch die Regalkonstruktion ermöglichen. Damit die Flucht in den Quergängen nicht behindert oder gefährdet werden kann, werden an den Quergängen Notausschalter für die RBGs angebracht. Sicherheitstüren in den Quergängen ermöglichen durch ihre Öffnung eine Flucht erst dann, wenn der Notausschalter betätigt wurde und die RBGs zum Stillstand gekommen sind.

*Brandschutzmaßnahmen Lagervorzone*

Die Lagervorzone und die Verwaltungs- und Sozialräume entsprechen einem Industriebau und können brandschutztechnisch nach der Industriebaurichtlinie ausgelegt werden. Diese stellt spezielle Anforderungen an:

- Brandbekämpfungsabschnitte
- Rauchabzug
- Lage und Zugänglichkeit
- Rettungswege
- Treppen und Treppenräume
- Sonstige Brandschutzeinrichtungen (Feuerlöscher, Hydranten, etc.)
- Zusätzliche Bauvorlagen für die Genehmigung (Löschwasserverhältnisse, etc.).

Auf die Anwendung des Rechenverfahrens nach DIN 18230 kann verzichtet werden, wenn der Industriebau den Anforderungen der Brandschutzklasse IV entspricht und die Brandabschnitte nicht breiter als 40 m sind. Brandschutzklasse IV bedeutet, daß Bauteile, die tragende Funktionen ausüben, eine Feuerwiderstandsdauer von bis zu 90 Minuten haben müssen. Das gleiche gilt für Bauteile, die Brandbekämpfungsabschnitte trennen oder überbrücken. Bei den Isolierwänden der Vorzone handelt es sich um F90-A-Wände. Die beiden Bereiche der Vorzone stellen jeweils Brandbekämpfungsabschnitte dar.

Die Bereiche der Vorzone, die keine Öffnung wie z.B. Ladeluken, Fenster, etc. haben, erhalten eine Rauchabzugsanlage.

Die Brandbekämpfungsabschnitte müssen von einer Außenwand für die Feuerwehr zugänglich sein. Die Anforderungen an Fluchtwege sind erfüllt, da von jedem Punkt in der Vorzone innerhalb von 35 m ein Ausgang erreichbar ist. Weil der Flur im Verwaltungs- und Sozialtrakt länger als 40 m ist, wird er mit einer Rauchschutztür versehen.

Feuerlöscher werden in der Vorzone so angeordnet, daß sie innerhalb eines Weges von 15 m erreichbar sind. Das gleiche gilt für Feuermelder. Auf dem Flur des Verwaltungs- und Sozialtraktes werden drei Feuerlöscher und zwei Feuermelder installiert.

Alle Verbindungstore (z.B. zwischen der Vorzone und der Lagerhalle) entsprechen der Feuerwiderstandsklasse T90.

*Brandschutzmaßnahmen Grundstück*

Die Verkehrswege um die Vorzone und Lagerhalle müssen mindestens 2 m entfernt und ausreichend befestigt sein. Im Abstand von 100 m werden Ausbuchtungen bzw. Stellplätze für Feuerwehrfahrzeuge angelegt.

## 10.2.5 Kennzahlen

| | |
|---|---|
| Flächennutzungsgrad:<br>53,5 % | Länge 32 x 2,7 m + 0,1 (Regalkonstruktion) = 86,5 m<br>Breite 28,1 m (Länge Innenraum) – 0,2 m (Brandwand) = 27,9 m<br>**Bruttolagerfläche: 86,5 x 27,9 m = 2.413,35 m²**<br>Anzahl Lagerplätze: 14 (Doppelregale) x 3 (Mehrplatzsystem) x 32 (Lagerblock) = 1344<br>Fläche Palettenplatz: 1,2 m (Länge) x 0,8 m (Breite) = 0,96 m²<br>**Nettolagerfläche: 1.344 x 0,96 m² = 1.290,24 m²**<br>**Flächennutzungsgrad: 1.290,24 m² : 2.413,35 m² = 0,535** |
| Raumnutzungsgrad:<br>42,7 % | Höhe der Regalkonstruktion: 36,6 m<br>**Bruttolagervolumen: 2.413,35 m² x 36,6 m = 88.328,61 m³**<br>Höhe Lagereinheit: max. 1,95 m<br>Anzahl Lagerplätze: 20.160<br>**Nettolagervolumen: 20.160 x 1,95 m x 0,96 m² = 37.739,52 m³**<br>**Raumnutzungsgrad: 37.739,52 m³ : 88.328,61 m³ = 0,427** |
| Außenfläche der tiefge-<br>kühlten Lagerräume<br>(Energieabstrahlungs-<br>fläche):<br>13669,7 m² | Lagerhalle: 2 x 91 m x 37,8 m (Seitenflächen) +<br>           2 x 29,1 m x 37,8 m (Vorder- und Rückseite) –<br>           1 x 29,1 m x 5 m (Vorzone) –<br>           1 x 10 m x 3 m (Kältezentrale) –<br>           1 x 7 m x 3 m (Sprinklerzentrale) +<br>           1 x 91 m x 29,1 m (Dachfläche) = 11.924,2 m²<br>Vorzone:   2 x 29,1 m x 5 m (Seitenflächen) +<br>           2 x 60 m x 5 m (Vorder- und Rückseite) –<br>           1 x 30,9 m x 5 m (Verbindung Lagerhalle) +<br>           1 x 700 m² (Dachfläche) = 1.745,5 m²<br>**Abstrahlungsfläche: 12.028,9 m² + 1.745,5 m² = 13.669,7 m²** |
| Kühlvolumen:<br>109098,2 | **Lagerhalle:** 91 m x 29,1 m x 37,8 m = 100.098,2 m³<br>**Vorzone:** 60 m x 30 m x 5 m = 9.000 m³<br>**Kühlvolumen: 100.098,2 m³ + 9.000 m³ = 109.098,2 m³** |
| Minimale und maximale<br>Einlagerungszeit für eine<br>Lagereinheit vom Waren-<br>eingang<br>min. = 182,5 s<br>max. = 432,5 s | Transport LE aus LKW:            min. 4 s max. 60 s<br>Transport im WE-Bereich:           82 s<br>Umsetzen LE durch VHW:           min. 0 s max. 11 s<br>Drehen LE auf Drehtisch:            6,5 s<br>Transport bis Scanner/Konturen-<br>kontrolle (inklusive Toröffnung):   min. 21 s, max. 26 s Scannvorgang: 2 s<br>Transport zur Waage/Wiegezeit:  12 s<br>Transport bis Tor zur Lagerhalle:  32 s<br>Öffnung Tor, Durchfahrt LE,<br>Schließung Tor:                       9 s<br>Transport zur Regalgasse:           min. 0 s max. 104 s<br>Umsetzen LE durch VHW:           4 s<br>Wartezeit LE bis Abholung:          min. 0 s max. 38 s<br>Aufnahme der LE:                  5 s<br>Transport LE zum Lagerplatz:      min. 2 s max. 38 s<br>Abstellen LE durch RBG:            3 s<br>**Minimale Einlagerungszeit:**       **182,5 s = 3,04 min**<br>**Maximale Einlagerungszeit:**      **432,5 s = 7,21 min** |

Fortsetzung nächste Seite

10 Systemplanung Einheitenlager für Tiefkühlartikel

| | | |
|---|---|---|
| Minimale und maximale Auslagerungszeit für eine Lagereinheit (manuell) min. 49 s max. 335,5 s (Transport zur Ladeluke und in den LKW sind nicht mitgerechnet) | Fahren RBG zum Lagerplatz: Aufnahme der LE: Transport LE zum VHW: Umsetzen LE durch VHW: Transport zum Drehtisch: Öffnung Tor, Durchfahrt LE, Schließung Tor: Drehen LE auf Drehtisch: Transport bis Auslagerungszone: Transport Verteilerwagen: Transport auf Bereitstellplatz: **Minimale Auslagerungszeit: Maximale Auslagerungszeit:** | min. 0 s max. 38 s 5 s min. 2 s max. 38 s 4 s min. 0 s max. 91 s 9 s min. 0 s max. 6,5 s min. 11 s max. 102 s min. 14 s max. 38 s 4 s **49 s = 0,82 min 335,5 s = 5,59 min** |
| Minimale und maximale Auslagerungszeit für eine Lagereinheit (automatisch) min. 111,5 s max. 353,5 s | Fahren RBG zum Lagerplatz: Aufnahme der LE: Transport LE zum VHW: Transport zum Drehtisch: Öffnung Tor, Durchfahrt LE, Schließung Tor: Drehen LE auf Drehtisch: Transport im WA-Bereich bis VHW: Umsetzen durch VHW: Weitertransport im WA-Bereich: Transport LE in LKW: **Minimale Auslagerungszeit: Maximale Auslagerungszeit:** | min. 0 s max. 38 s 5 s min. 2 s max. 38 s min. 0 s max. 91 s 9 s 6,5 s 39 s min. 0 s max. 21 s 51 s min. 4 s max. 60 s **111,5 s = 1,86 min 353,5 s = 5,89 min** |

Tabelle 17 Kennzahlen Alternative A1

## 10.3 Alternative B2: Satellitenregallager mit verketteten Förderern

### 10.3.1 Lageraufbau

*Lagerhalle*

Gefordert ist eine Umschlagleistung von maximal 500 Ein- und Auslagerungen (500 ES) pro Stunde. Das System muß so ausgelegt werden, daß die Etagenförderer in der Lage sind, die geforderte Leistung zu erbringen, sie stellen in der Regel den „Engpaß" beim Transport der Lagereinheiten dar. Die technischen Daten von Verschiebewagen mit Satellitenfahrzeug und Etagenförderern sind in Tabelle 18 zusammengefaßt:

| Verschiebewagen und Etagenförderer | Ausprägung |
|---|---|
| Umschlagleistung | Verschiebewagen: max. 100 Einzelspiele pro Stunde<br>Etagenförderer: max. 95 ES/h, (30 m Hubhöhe) |
| Etagenförderer | Hubhöhe (Oberkante Ladeeinheit): max. 30 m |
| Traglast | max. 1.500 kg |
| Leergewicht | Verschiebewagen: 1.000 kg |
| Regalgangbreite | Quereinlagerung: 1.100 mm |
| Länge Verschiebewagen | 2,5 m |
| Geschwindigkeiten<br>(bei 1.500 kg Traglast) | Verschiebewagen : leer max. 360 m/min = 6 m/s<br>: beladen max. 240 m/min = 4 m/s<br>Etagenförderer : leer max. 72 m/min = 1,2 m/s<br>: beladen max. 72 m/min = 1,2 m/s<br>Satellitenfahrzeug : max. 60 m/min = 1,0 m/s |
| Beschleunigungen<br>(bei 1.500 kg Traglast) | Verschiebewagen : max. 2,2 m/s² (vier Antriebsräder)<br>Etagenförderer : max. 0,7 m/s²<br>Satellitenfahrzeug : max. 0,5 m/s² |
| Art der Sicherung der LE während des Transportes | automatische Ladungssicherung z.B. durch bewegliche Rahmenteile |
| Steuerung der Antriebe | Servoantriebe, d.h. Haltepunkt ist programmierbar und kein Restdrehmoment im Stillstand |
| Anzahl Verschiebewagen | mehr als einer pro Lagergasse möglich |
| Verschiebewagen bedingte Abstände | Ein- /Auslagerhöhe: mind. 400 mm |

**Tabelle 18   Daten Verschiebewagen und Etagenförderer**

Die Abmessungen des einzelnen Lagerplatzes ergeben sich aus der notwendigen Regalkonstruktion, der Lagereinheit und Sicherheitsabständen. Die Höhe eines Lagerplatzes ergibt sich aus der maximalen Höhe der Lagereinheit, der Höhe des Satellitenfahrzeuges, eines Sicherheitsabstandes, der Regalkonstruktion und des Abstandes für die Sprinkleranlage.

| | |
|---|---|
| Breite | 1.200 mm Palette + 100 Sicherheit + 100 mm für Konstruktion<br>= 1.400 mm + 100 mm für das erste Regal |
| Tiefe | 800 mm + 100 mm Sicherheitsabstand = 900 mm<br>Konstruktiver Abstand zwischen Lagerkanälen = 100 mm |
| Höhe | max. 1.950 mm LE + 150 mm Konstruktion + 150 mm Satellitenfahrzeug + 50 mm Sicherheitsabstand = 2.300 mm<br>2.300 mm + 200 mm (Sprinkleranlage, siehe Abschnitt 10.2.4)<br>= 2.500 mm |

Als Einlagerungsart wird die **Quereinlagerung** der DIN-Palette gewählt, dadurch ist die Kanalplatztiefe geringer. Ein weiterer Vorteil ist durch die größere Kanalplatzbreite gegeben, die weniger Stützen bedeuten.

Im folgenden werden die Abmessungen der Lagerhalle für einer Kapazität von 20.000 LE ausgelegt. Dazu ist zu überprüfen, bei welcher Hubhöhe die Etagenförderer (bei gegebener Geschwindigkeit und Beschleunigung) welche Leistung erbringen und wie groß die Kanaltiefe gewählt werden muß.

10 Systemplanung Einheitenlager für Tiefkühlartikel

Für die Leistungsberechnungen der Etagenförderer werden folgende Annahmen getroffen:

- Der horizontale Weg einer Ladeeinheit in einen Etagenförderer hinein bzw. heraus beträgt 1,1 m.

- Nach der Abgabe der Palette kann der Etagenförderer sofort wieder zum Nullpunkt, d.h. zur Lagerunterzone zurückkehren (Einzelspiel). Die Zeit für ein Einzelspiel wird berechnet aus: Ladeeinheit aufnehmen und abgeben (jeweils 3,9 s) und zweimaliges Durchfahren der Hubhöhe. Da jedoch nicht jeder Ein- oder Auslagerungsvorgang die volle Hubhöhe umfaßt, wird angenommen, daß der Etagenförderer im Mittel nur zweimal die halbe Hubhöhe zurücklegen muß.

- Beschleunigung und Abbremsung des Etagenförderers werden berücksichtigt.

| Hubhöhe [m] | Weglänge [m] für Einzelspiel | Gesamtzeit [s] | Einzelspiele pro Stunde |
|---|---|---|---|
| 10 | 12,2 | 21,2 | 169,7 |
| 12 | 14,2 | 22,9 | 157,3 |
| 14 | 16,2 | 24,6 | 146,6 |
| 16 | 18,2 | 26,2 | 137,3 |
| 18 | 20,2 | 27,9 | 129,1 |
| 20 | 22,2 | 29,6 | 121,8 |
| 22 | 24,2 | 31,2 | 115,3 |
| 24 | 26,2 | 32,9 | 109,5 |
| 26 | 28,2 | 34,6 | 104,2 |
| 28 | 30,2 | 36,2 | 99,4 |
| 30 | 32,2 | 37,9 | 95,0 |

Tabelle 19 Zeitbedarf und mögliche Einzelspiele des Etagenförderers

Bei diesem Planungskonzept wird die **Lagervorzone unterhalb der Lagerhalle** angeordnet, d.h. die Höhe der Lagervorzone (5 m) muß in der Hubhöhe enthalten sein.

Geht man davon aus, daß A-Artikel und fertigkommissionierte Paletten auf den unteren Lagerebenen gelagert werden, so ist die Anzahl möglicher Einzelspiele höher als die in Tabelle 19 angegebene Anzahl, da der Etagenförderer im Mittel durch geschickte Lagerung der LE weniger als die halbe Hubhöhe zurücklegen muß.

Um die maximal zulässige Bauhöhe von 40 m möglichst auszunutzen, aber gleichzeitig die statische Belastung der Lagerunterzonendecke nicht zu groß werden zu lassen, wird die Bauhöhe auf 10 Lagerebenen begrenzt. Eine weitere Einschränkung für die erreichbare Bauhöhe ist die maximale Hubhöhe des Etagenförderers von 30 m. Daraus folgt, daß für die geforderte Umschlagsleistung von 500 Paletten pro Stunde bei einer Hubhöhe von 30 m 6 Etagenförderer benötigt werden.

An dieser Stelle soll gezeigt werden, daß der Verschiebewagen mit Satellitenfahrzeug keinen Engpaß in der Transportkette Fördertechnik Lagerunterzone – Etagenförderer – Verschiebewagen mit Satellitenfahrzeug darstellt.

| Kanaltiefe | Weg [m] | Zeit (einfach) [s] | Gesamtzeit (inklusive Hubzeit 0,5 s) [s] |
|---|---|---|---|
| 1 | 1,0 | 2,8 | 6,1 |
| 2 | 1,9 | 3,7 | 7,9 |
| 3 | 2,8 | 4,8 | 10,1 |
| 4 | 3,7 | 5,7 | 11,9 |
| 5 | 4,6 | 6,6 | 13,7 |
| 6 | 5,5 | 7,5 | 15,5 |
| 7 | 6,4 | 8,4 | 17,3 |
| 8 | 7,3 | 9,3 | 19,1 |
| 9 | 8,2 | 10,2 | 20,9 |
| 10 | 9,1 | 11,1 | 22,7 |

**Tabelle 20   Zeitbedarf des Satellitenfahrzeuges im Lagerkanal**

Bei einer Kanaltiefe von sieben Paletten hintereinander und einem fiktiven Fahrweg in der Lagergasse von 100 m erreicht ein Verschiebewagen mit Satellitentransport 58 Einzelspiele. Bei einer Kanaltiefe von zehn und einem Fahrweg von 100 m erreicht ein Verschiebewagen 54 Einzelspiele pro Stunde. Bei 30 Verschiebewagen entspricht das einer Gesamtleistung der Verschiebewagen von 1.620 Einzelspielen. Daraus folgt, daß der Verschiebewagen einer Lagergasse in einer Lagerebene keinen Engpaß im Transport von Ladeeinheiten darstellt.

Die Lagerebenenanzahl wird aus statischen Gründen auf zehn begrenzt. Damit kann die Höhe der Regalkonstruktion bestimmt werden.

Höhe der Regalkonstruktion   30 m (Hubhöhe) –
5 m (Höhe Lagervorzone) = 25 m
25 m (effektiv nutzbare Hubhöhe):
2,5 m (Höhe Lagerplatz) = 10
⇒ **11 Lagerebenen (Begrenzung: 10 Lagerebenen)**
Höhe der Regalkonstruktion:   10 x 2,5 m = **25 m**

Effektive Hubhöhe   max. 22,5 m + 5 m = **27,5 m**

Bevor die Abmessungen des Lagerkomplexes bestimmt werden können, muß die Kanaltiefe festgelegt bzw. bestimmt werden.

Die folgende Tabelle 21 zeigt mögliche Abmessungen der Regalkonstruktion bei drei Lagergassen und sechs Etagenförderern (zwei pro Lagergasse) in Abhängigkeit von der Kanaltiefe. Zwei Etagenförderer (L x B: 1,7 m x 1,7 m) werden an einer Lagergasse sich gegenüberliegend angeordnet. Die Tabelle 21 gibt außerdem die Bruttolagerfläche und den Bruttolagerraum an:

## 10 Systemplanung Einheitenlager für Tiefkühlartikel

| Kanaltiefe | Länge [m] | Breite [m] | Höhe [m] | Lagerkapazität | Fläche [m²] | Raum [m³] |
|---|---|---|---|---|---|---|
| 1 | 469,1 | 8,7 | 25 | 20100 | 4081,2 | 102029,3 |
| 2 | 235,3 | 14,1 | 25 | 20160 | 3317,7 | 82943,3 |
| 3 | 158,3 | 19,5 | 25 | 20340 | 3086,9 | 77171,3 |
| 4 | 119,1 | 24,9 | 25 | 20400 | 2965,6 | 74139,8 |
| 5 | 95,3 | 30,3 | 25 | 20400 | 2887,6 | 72189,8 |
| 6 | 79,9 | 35,7 | 25 | 20520 | 2852,4 | 71310,8 |
| 7 | 68,7 | 41,1 | 25 | 20580 | 2823,6 | 70589,3 |
| 8 | 60,3 | 46,5 | 25 | 20640 | 2804,0 | 70098,8 |
| 9 | 54,7 | 51,9 | 25 | 21060 | 2838,9 | 70973,3 |
| 10 | 49,1 | 57,3 | 25 | 21000 | 2813,4 | 70335,8 |

**Tabelle 21  Mögliche Abmessungen der Regalkonstruktion**

Die Kanaltiefe wird auf sieben Paletten festgelegt, um eine mittlere Kanaltiefe zu wählen. Anhand der Artikelstruktur muß überprüft werden, ob bei der Kanaltiefe „sieben Paletten" die Kanäle trotzdem noch weitgehend sortenrein belegt werden können, damit der Zeitaufwand für eventuelle Umlagerungsvorgänge nicht größer als 20 % (Erfahrungswert) des gesamten Zeitaufwandes für Ein- und Auslagerungsvorgänge ist. Ist das der Fall, muß eine geringere Kanaltiefe gewählt werden. Aufgrund der geringen Artikelanzahl von 150 werden die Kanäle weitgehend sortenrein belegt, d.h. der Umlagerungsanteil wird auf jeden Fall weit unter 20 % liegen. Diese Annahme resultiert aus folgender Überlegung: bei der Lagerkapazität von 20.000 LE und einer Artikelanzahl von 150 liegen theoretisch 133,3 LE von jedem Artikel vor. Mit dieser Anzahl LE lassen sich 19 Kanäle (bei Kanaltiefe sieben Paletten) komplett füllen. Unbeachtet bleibt bei dieser Annahme die ABC-Struktur der Artikel.

Wird die ABC-Struktur der Artikel in die Überlegungen miteinbezogen, so ergeben die Berechnungen, daß bei Ausschöpfung der Lagerkapazität von 20.000 LE nur ein Kanal je A-Artikel (Anzahl 30), B-Artikel (Anzahl 45) und C-Artikel (Anzahl 75) nicht vollständig sortenrein belegt werden kann. Bei der tatsächlichen Kanalanzahl von 2.916 haben die eben erwähnten Kanäle einen Anteil von 5,1 %, d.h. der Umlagerungsanteil für sortenreine Ladeeinheiten kann nicht größer als dieser Anteil werden.

Der Umlagerungsanteil für Auftragpaletten ist sehr gering, da im Schnitt nur 25 Auftragpaletten pro Stunde ausgelagert werden müssen. Alle Verschiebewagen arbeiten unabhängig voneinander.

Länge der Lagerhalle   68,7 m (Regalkonstruktion) +
2,5 m (Raum für Etagenförderer und Verschiebewagen) +
1,0 m (Isolierung)  = **72,2 m**

Breite der Lagerhalle   41,1 m (Regalkonstruktion) + 1,0 m (Isolierung) +
0,2 m (Brandschutzwand) + 2 x 0,1 m (konstruktiver Abstand Kanäle) = **42,5 m**

Höhe der Lagerhalle   25 m (Regalkonstruktion) +
5 m (Lagervorzone inklusive 0,5 m starke Decke) +
1,2 m (Dachkonstruktion und Isolierung) +
0,4 m (Abstand untere Kanäle vom Boden) = **31,6 m**

Damit ergeben sich die Abmessungen des Lagerkomplexes (Lagerhalle inklusive Lagervorzone, siehe Bild 71 bis Bild 75 zu:

> Länge: 72,2 m
>
> Breite: 42,5 m
>
> Höhe: 31,6 m
>
> Volumen: 96.964,6 m³

**Bild 71** Straßenansicht des Lagerkomplexes

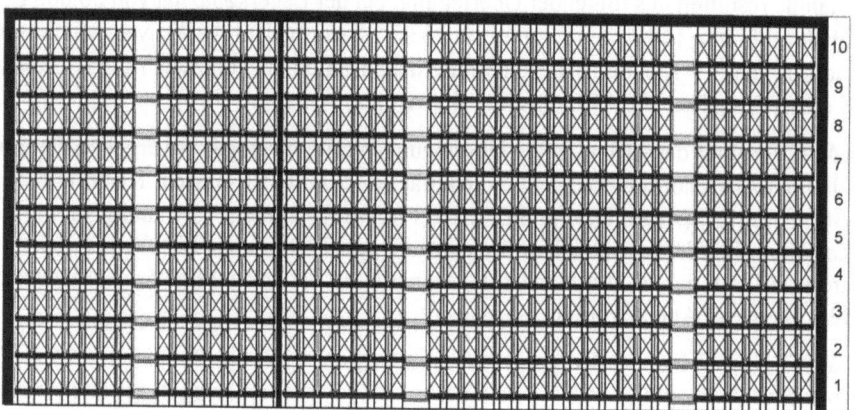

**Bild 72** Schematischer Querschnitt Lagerhalle

Bei dieser Planungsalternative ist die Erweiterung der Lagerhalle nicht sinnvoll, da sich die Lagervorzone unter der Lagerhalle befindet.

10 Systemplanung Einheitenlager für Tiefkühlartikel

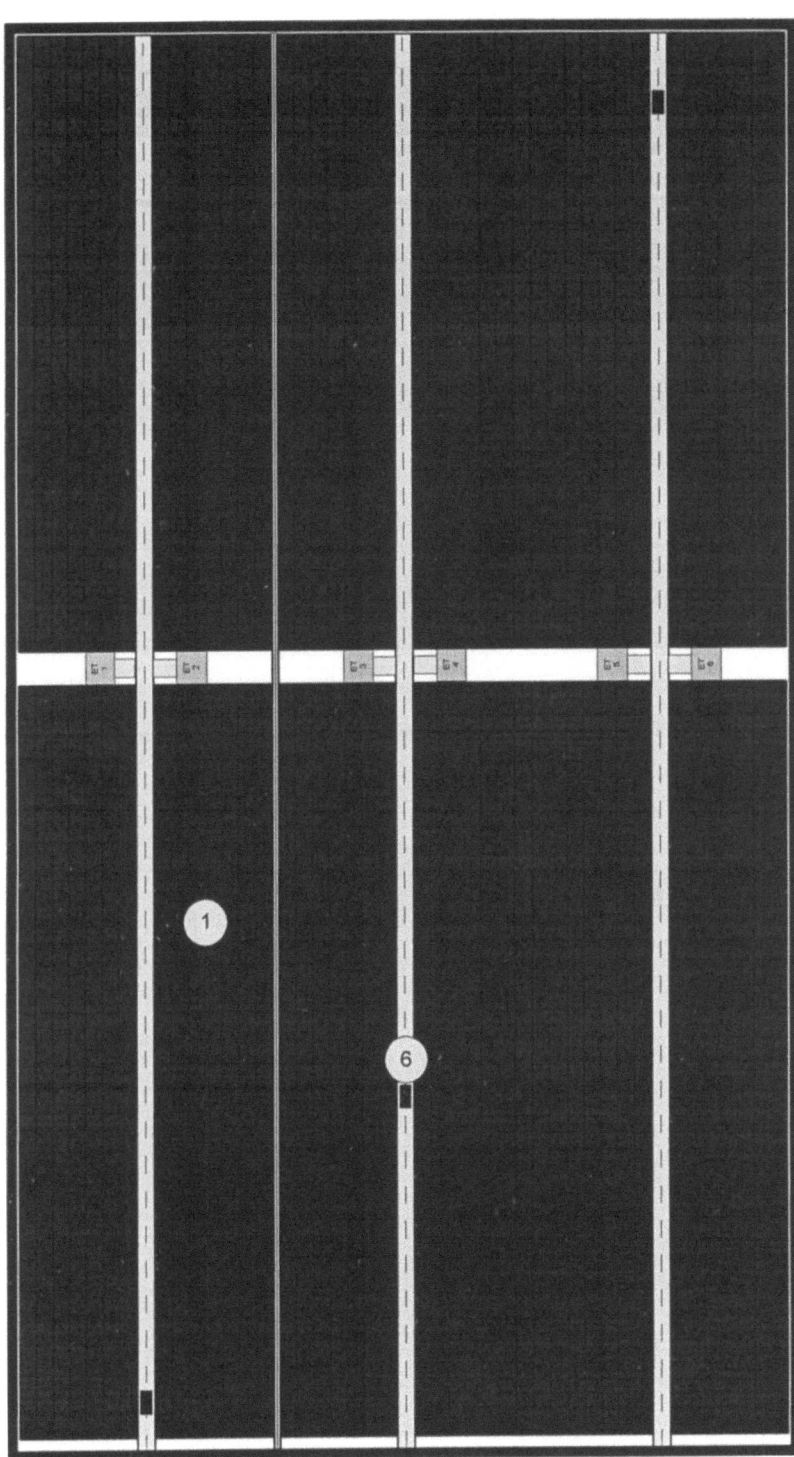

**Bild 73  Lagerhalle**

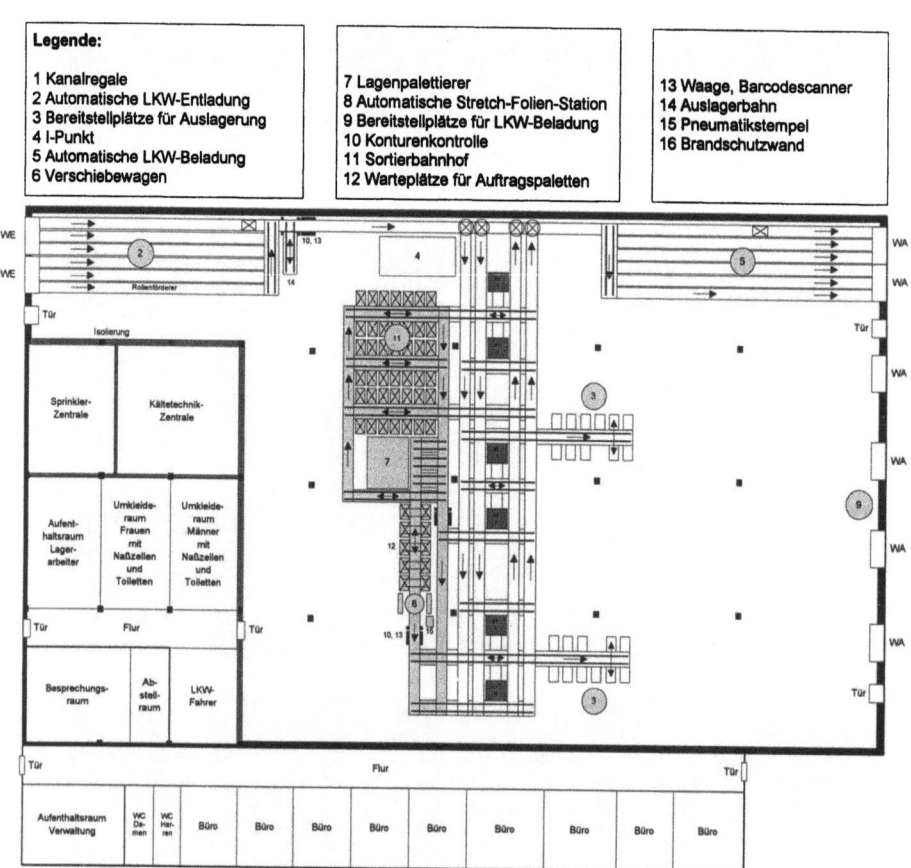

**Bild 74** Lagervorzone als Lagerunterzone

## 10 Systemplanung Einheitenlager für Tiefkühlartikel

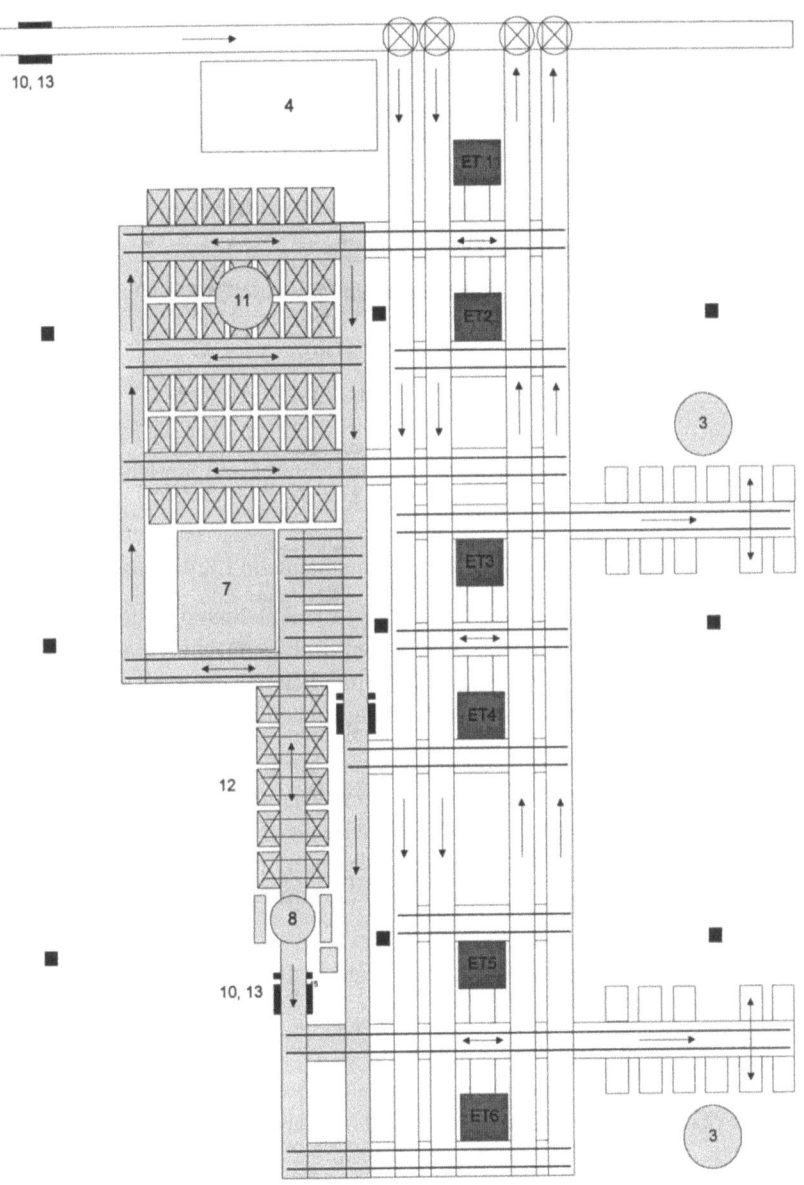

**Bild 75** Ausschnitt aus dem Transportsystem

*Lagerunterzone*

Die Lagervorzone wird unterhalb der Lagerhalle angeordnet (die Begriffe „Vorzone" und „Lagerunterzone" werden synonym verwendet). Dadurch wird die notwendige Grundstücksfläche für den gesamten Lagerkomplex minimalisiert. Die Abmessungen der Lagerunterzone entsprechen den Abmessungen der Lagerhalle. Die Höhe der Lagervorzone beträgt 5 m. Das Stützenraster wird auf 12 m x 10 m (genau: 12 m x 10,3 m) festgelegt. Dadurch wird ein relativ reibungsloser Staplerverkehr gewährleistet.

Wie auch bei den vorhergehenden Planungskonzepten werden folgende Bereiche in der Lagerunterzone angeordnet:

- Automatische LKW-Entladung
- I-Punkt
- Kommissionierung mit Sortierbahnhof, Lagenpalettierer und Stretch-Folien-Station
- Automatische LKW-Be- und Entladung
- Auslagerungszone mit Bereitstellplätzen für die manuelle LKW-Beladung.

Die Planung des Layouts der Lagerunterzone erfolgte in Anlehnung an die Materialflußplanung mit dem Computer. Das Layout zeigen Bild 74 und Bild 75. Dabei wurde darauf geachtet, daß alle Bereiche und ihre Komponenten so dicht wie möglich nebeneinanderliegen, um Transportwege zu minimieren. Für die manuelle Auslagerung stehen 22 Bereitstellplätze zur Verfügung.

Ein Teil des Verwaltungs- und Sozialbereiches, die Sprinklerzentrale und die Kältetechnikzentrale werden in der Lagervorzone und die gesamte Verwaltung in einem zusätzlichen Nebengebäude (L x B x H: 61 m x 9,5 x 3 m) untergebracht. Der Teil des Verwaltungs- und Sozialbereiches in der Lagerunterzone wird seitlich und von oben gegen die niedrige Betriebstemperatur isoliert. In diesem Bereich wird das Stützenraster verkleinert, um Zwischenwände und Isolierung zu tragen.

Alle übrigen Angaben stimmen mit denen der Planungsalternative A1 überein.

### 10.3.2 Materialfluß

Die spezifischen Daten des Transportsystems sind der Tabelle 16 zu entnehmen.

*Wareneingang*

Der Wareneingang erfolgt wie in Planungsaltenrative A1 beschrieben.

*I-Punkt*

Der Aufbau und die Arbeitsweise des I-Punktes stimmen mit Planungskonzept A1 überein.

*Einlagerung*

Zur Einlagerung wird die Ladeeinheit über die Rollenförderer zu den Etagenförderern transportiert. Beim Etagenförderer wird sie entweder direkt aufgenommen oder auf einem Pufferplatz zur Abholung bereitgestellt. Im Etagenförderer wird die Ladeeinheit um 90° gedreht ,er bringt diese zur vorbestimmten Lagerebene und übergibt sie dort an den Pufferplatz des Etagenförderers. Der Verschiebewagen dieser Lagergasse transportiert die Ladeeinheit zum vom Lagerverwaltungsrechner vorbestimmten Lagerkanal. Dort lösen sich die automatischen Rahmenteile für die Transportsicherung (dieses geschieht schon kurz bevor der Verschiebewagen stillsteht), und das Satellitenfahrzeug bringt die Ladeeinheit zum vorgesehenen Lagerplatz.

*Auslagerung*

Für die Auslagerung einer Ladeeinheit fährt der Verschiebewagen zu der vom Lagerverwaltungsrechner bestimmten Position, das Satellitenfahrzeug fährt in den Lagerkanal hinein, nimmt die Ladeeinheit auf und fährt zum Verschiebewagen zurück. Die Ladeeinheit auf dem Verschiebewagen wird durch die automatischen Rahmenteile gesichert.

Der Verschiebewagen bringt die Ladeeinheit zu dem Pufferplatz vor dem Etagenförderer. Nach dem Transport durch den Etagenförderermit einer Drehung um 90°, wird diese zum automatischen Warenausgang, zur Auslagerungszone mit den Bereitstellplätzen oder Kommissionierung transportiert. In der Auslagerungszone übernimmt je ein Verteilerwagen den Transport zu den Bereitstellplätzen. Für den Transport zum automatischen Warenausgang stehen zwei Verschiebehubwagen zur Verfügung.

*Umlagerung*

Für Umlagerungen stehen in jeder Lagergasse zwei Leerkanäle zur Verfügung. Umlagerungen treten insbesondere dann auf, wenn fertigkommissionierte Auftragspaletten in einer anderen Reihenfolge im Lagerkanal stehen als sie ausgelagert werden müssen.

*Kommissionierung / Bildung einer Lagenpalette*

Die Kommissionierung entspricht der Planungslaternative A1.

*Warenausgang*

Der Warenausgang läuft wie in Planungsalernative A1 beschrieben ab.

### 10.3.3 Ablauforganisation

*Ablaufsteuerung*

Die Verschiebewagen der Lagergassen erhalten ihre Steuerungsinformationen über Infrarotdatenübertragung, wodurch eine Abnutzung von z.B. Schleppleitungen oder Schleifkontakten vermieden wird. Die Etagenförderer werden durch den Lagerverwaltungsrechner mit Steuerungsinformationen versorgt. Verschiebewagen und Etagenförderer arbeiten vollautomatisch. Verschiebewagen, die nicht arbeiten, bleiben an dem Platz in der Lagergasse stehen, an dem sie zuletzt eine Ein- oder Auslagerung vorgenommen haben. Die übrigen Angaben stimmen mit dem Planungsalternative A1 überein.

*Lagerorganisation und Notstrategien*

Die Lagerorganisation und die Notstrategien stimmen mit der Planungsalternative A1 bis auf eine Ausnahme in der Notstrategien überein:

- Bei Ausfall der vollautomatischen Steuerung eines Etagenförderer kann der andere Etagenförderer einen Teil der notwendigen Transporte übernehmen. Der Ausfall eines Verschiebewagens beeinträchtigt die Leistung des Systems nur wenig, da auf jeder Lagerebene in jeder Lagergasse ein Verschiebewagen arbeitet.

### 10.3.4 Vorbeugender Brandschutz

Gegenüber der in der Planungsalternative A1 vorgestellten Brandschutzmaßnahmen für die Lagerhalle und die Lagervorzone ändern sich dahingehend, daß die Sprinklerzentrale mit in der Lagervorzone integriert wird (der Behälter für die Wasserbevorratung befindet sich außerhalb der Lagerunterzone in unmittelbarer Nähe der Sprinklerzentrale). Die Lagerhalle und die Lagerunterzone sind nicht mehr durch eine Brandschutzwand getrennt sind, sondern durch eine 0,5 m starke Betondecke. Für die Fluchttüren der Lagerhalle werden außen an der Lagerhalle Fluchttreppen angebracht. Im Flur der Sozialräume für die Lagerarbeiter werden zwei weitere manuelle Brandmelder und zwei Feuerlöscher installiert.

### 10.3.5 Kennzahlen

| | |
|---|---|
| Flächennutzungsgrad:<br>70,0 % | 68,7 m (Regalkonstruktion) x 41,1 m (Regalkonstruktion) =<br>**Bruttolagerfläche: 2.23,6 m²**<br>Anzahl Lagerplätze: 7 (Kanaltiefe) x 6 (Lagerblockanzahl) x<br>49 (Lagerplätze) = 2.058<br>Fläche DIN-Paletten: 1,2 m (Länge) x 0,8 m (Breite) = 0,96 m²<br>**Nettolagerfläche: 2.058 x 0,96 m² = 1.975,7 m²**<br>**Flächennutzungsgrad:** 1.975,7 m² : 2.823,6 m² = **0,700** |
| Raumnutzungsgrad:<br>54,1 % | Höhe der Regalkonstruktion: 25,0 m<br>**Bruttolagervolumen:** 2.823,6 m² x 25,0 m = **70.590 m³**<br>Höhe Lagereinheit: max. 1,95 m<br>Anzahl Lagerplätze: 20.412<br>**Nettolagervolumen:** 20.412 x 1,95 m x 0,96 m² = **38.211,3 m³**<br>**Raumnutzungsgrad:** 38.211,3 m³ : 70590 m³ = **0,541** |
| Außenfläche der tiefgekühlten Lagerräume (Energieabstrahlungsfläche):<br>9.948,5 m² | **Lagerhalle inklusive Lagervorzone:**<br>2 x 72,2 m x 31,6 m (Seitenflächen) +<br>2 x 42,5 m x 31,6 m (Vorder- und Rückseite) +<br>1 x 72,2 m x 42,5 m (Dachfläche) –<br>1 x (30 + 18) m x 5 m (Sozialräume) –<br>1 x 43 m x 3 m (Verwaltung) = **9.948,5 m²**<br>**Abstrahlungsfläche: 9.948,5 m²** |
| Kühlvolumen:<br>94264,6 m³ | **Lagerhalle:** 72,2 m x 42,5 m x 26,6 m = **81.622,1 m³**<br>**Lagervorzone:** 72,2 m x 42,5 m x 5 m –<br>30 m x 18 m x 5 m (Sozialräume) = **12.642,5 m³**<br>**Kühlvolumen: 94.264,6 m³** |

**Fortsetzung nächste Seite**

# 10 Systemplanung Einheitenlager für Tiefkühlartikel

| | | |
|---|---|---|
| Minimale und maximale Einlagerungszeit für eine Lagereinheit vom Wareneingang<br>min. = 165 s<br>max. = 403,5 s | Transport LE aus LKW:<br>Transport im WE-Bereich:<br>Umsetzen LE durch VHW:<br>Transport bis Scanner/Konturenkontrolle:<br>Scannvorgang:<br>Transport zur Waage/Wiegezeit:<br>Transport LE zum Etagenförderer:<br>Drehen LE Drehtisch:<br>Abgabe LE an Pufferplatz:<br>Wartezeit LE bis Abholung:<br>Hubzeit LE:<br>Aufnahme LE Etagenförderer<br>Abgabe LE an Pufferplatz:<br>Aufnahme LE Verschiebewagen:<br>Transport LE zum Lagerplatz:<br>Abgabe der LE:<br>**Minimale Einlagerungszeit:**<br>**Maximale Einlagerungszeit:** | min. 4 s   max. 60 s<br>76 s<br>min. 0 s max. 11 s<br>5 s<br>2 s<br>3 s<br>min. 52 s        max. 165 s<br>min. 0 s max. 6,5 s<br>min. 0 s max. 4 s<br>min. 0 s        max. 25 s<br>min. 6 s        max. 21 s<br>4 s<br>4 s<br>4 s<br>min. 2 s        max. 12 s<br>min. 3 s        max. 11 s<br>**165 s = 2,75 min**<br>**403,5 s = 6,73 min** |
| Minimale und maximale Auslagerungszeit für eine Lagereinheit (manuell)<br>min. 56 s<br>max. 241 s<br><br>(Transport zur Ladeluke und in den LKW sind nicht mitgerechnet, da Wartezeit auf LKW stark variieren kann) | Verschiebewagen zum Lagerplatz:<br>Aufnahme der LE:<br>Transport LE zum Etagenförderer:<br>Abgabe LE an Pufferplatz:<br>Wartezeit LE bis Abholung:<br>Aufnahme LE Etagenförderer<br>Hubzeit LE:<br>Abgabe LE an Pufferplatz:<br>Transport bis Auslagerungszone:<br>Transport Verteilerwagen:<br>Transport auf Bereitstellplatz:<br>**Minimale Auslagerungszeit:**<br>**Maximale Auslagerungszeit:** | min. 0 s max. 24 s<br>min. 7 s max. 23 s<br>min. 2 s max. 12 s<br>4 s<br>min. 0 s max. 25 s<br>4 s<br>min. 6 s max. 21 s<br>min. 0 s max. 4 s<br>min. 15 s max. 82 s<br>min. 14 s        max. 38 s<br>4 s<br>**56 s = 0,93 min**<br>**241 s = 4,02 min** |
| Minimale und maximale Auslagerungszeit für eine Lagereinheit (automatisch)<br>min. 108 s<br>max. 380,5 s | Verschiebewagen zum Lagerplatz:<br>Aufnahme der LE:<br>Transport LE zum Etagenförderer:<br>Abgabe LE an Pufferplatz:<br>Wartezeit LE bis Abholung:<br>Aufnahme LE Etagenförderer<br>Hubzeit LE:<br>Abgabe LE an Pufferplatz:<br>Drehen LE Drehtisch:<br>Transport bis VHW:<br>Umsetzen LE durch VHW:<br>Weitertransport im WA-Bereich:<br>Transport LE in LKW:<br>**Minimale Auslagerungszeit:**<br>**Maximale Auslagerungszeit:** | min. 0 s        max. 24 s<br>min. 7 s max. 23 s<br>min. 2 s max. 12 s<br>4 s<br>min. 0 s max. 25 s<br>4 s<br>min. 6 s max. 21 s<br>min. 0 s        max. 4 s<br>min. 0 s        max. 6,5 s<br>min. 30 s        max. 135 s<br>min. 0 s max. 11 s<br>51 s<br>min. 4 s max. 60 s<br>**108 s = 1,80 min**<br>**380,5 s = 6,34 min** |

Tabelle 22   Kennzahlen Alternative B2

## 10.4 Alternative C2: Rollwagen-Palettenregallager mit verketteten Förderern

### 10.4.1 Lageraufbau

*Lagerhalle*

Gefordert ist eine Umschlagsleistung von maximal 500 Ein- und Auslagerungen (500 ES) pro Stunde. Das System muß so ausgelegt werden, daß die Etagenförderer die geforderte Leistung erbringen, weil sie in der Regel den „Engpaß" in dem Transport der Lagereinheiten darstellen. Die technischen Daten von Verschiebewagen und Etagenförderern stimmen mit denen aus der Planungsalternative B2 weitgehend überein:

| Verschiebewagen und Etagenförderer | Ausprägung | |
|---|---|---|
| Geschwindigkeiten (bei 1.500 kg Traglast) | Verschiebewagen | : leer max. 360 m/min = 6 m/s |
| | | : beladen max. 240 m/min = 4 m/s |
| | Etagenförderer | : leer max. 72 m/min = 1,2 m/s |
| | | : beladen max. 72 m/min = 1,2 m/s |
| | Rollwagen | : im Kanal: 30 m/min = 0,5 m/s |
| Beschleunigungen (bei 1.500 kg Traglast) | Verschiebewagen | : max. 2,2 m/s$^2$ (vier Antriebsräder) |
| | Etagenförderer | : max. 0,7 m/s$^2$ |
| | Rollwagen im Kanal | : max. 0,3 m/s$^2$ |

Die Abmessungen des einzelnen Lagerplatzes ergeben sich aus der notwendigen Regalkonstruktion, der Lagereinheit inklusive <u>Rollwagen</u> (=Rollrahmen zur Aufnahme der DIN- Palette) und Sicherheitsabständen. Die Höhe eines Lagerplatzes ergibt sich aus der maximalen Höhe der Lagereinheit, eines Sicherheitsabstandes, der Regalkonstruktion inklusive Rollwagen und des Abstandes für die Sprinkleranlage.

| | |
|---|---|
| Breite | 1.200 Palette + 100 mm Konstruktion + 100 mm + 100 mm Sicherheit = 1.400 mm + 100 mm für erstes Regal |
| Tiefe | 800 mm Palette + 100 mm beide „Haken" der Rollwagen = 900 mm (hintereinanderstehende Rollwagen sind aneinandergekoppelt) Abstand zwischen zwei hintereinanderliegenden Kanälen: 100 mm |
| Höhe | max. 1.950 mm LE + 150 mm Konstruktion + 80 mm Schiene + 125 mm Rollwagen + 50 mm Sicherheitsabstand = 2.335 mm + 200 mm Sprinkleranlage (siehe Abschnitt 3.3.1) = 2.535 mm |

Als Einlagerungsart wird wie bei der Planungsalternative B2 die **Quereinlagerung** bevorzugt. Die Ausführungen zum Nachweis für die Leistungsfähigkeit der Etagenförderer sind Planungskonzept B2 zu entnehmen. Wie dort wird auch bei diesem Planungskonzept die Anzahl möglicher Lagerebenen auf zehn und die mögliche Hubhöhe auf 30 m begrenzt.

Die in jeder Lagerebene operierenden Verschiebewagen stellen beim Transport von Rollwagen keinen Engpaß dar: bei einer Lagergassenlänge von 100 m erreicht ein Verschiebewagen 66 Einzelspiele pro Stunde. Bei 30 Verschiebewagen entspricht das einer Umschlagsleistung von 1.980 Einzelspielen pro Stunde. Ein einzelner Etagenförderer erreicht, wie oben ausgeführt, bei einer Hubhöhe von 30 m nur 95 Einzelspiele.

## 10 Systemplanung Einheitenlager für Tiefkühlartikel

Höhe der Regalkonstruktion    30 m (Hubhöhe) – 5 m (Höhe Lagervorzone) = 25 m
25 m (effektiv nutzbare Lagerhöhe) : 2,535 m = 9,86
⇒ **10 Lagerebenen**
Höhe der Regalkonstruktion:   10 x 2,535 m = **25,35 m**
Effektive Hubhöhe    max. 22,82 m + 5 m = **27,82 m**

Vor der Bestimmung der Abmessungen der Lagerhalle muß die Kanaltiefe festgelegt bzw. bestimmt werden. Bei der Verwendung von Rollwagen hat die Kanaltiefe keinen großen Einfluß auf die Anzahl möglicher Einzelspiele, da immer ein Rollwagen auf dem ersten Lagerplatz steht. Jedoch läßt sich folgender Einfluß feststellen: je tiefer der Kanal, desto größer wird der Rollwiderstand der Rollwagen, d.h. die Schubeinrichtung des Verschiebewagen muß mit tiefer werdendem Kanal entweder eine größere Kraft aufwenden, um den Zug im Kanal mit gleichbleibender Geschwindigkeit zu bewegen, oder bei gleichbleibendem Kraftaufwand verringert sich die Geschwindigkeit. Dieser Einfluß kann bis zu einer Kanaltiefe von 12 – 15 und den hier verwendeten Traglasten der Rollwagen vernachlässigt werden, da die Rollwagen mit leichtlaufenden eingelagerten Vulkanrädern ausgestattet sind.

Die folgende Tabelle 23 zeigt mögliche Abmessungen der Regalkonstruktion bei drei Lagergassen und sechs Etagenförderern (zwei pro Lagergasse) in Abhängigkeit von der Kanaltiefe. Zwei Etagenförderer (L x B: 1,7 m x 1,3 m) werden an einer Lagergasse sich gegenüberliegend angeordnet. Die Tabelle 23 gibt außerdem die von der Regalkonstruktion inklusive Etagenförderer notwendige Bruttolagerfläche und den Bruttolagerraum an:

| Kanaltiefe | Länge [m] | Breite [m] | Höhe [m] | Lagerkapazität | Fläche [m²] | Raum [m³] |
|---|---|---|---|---|---|---|
| 1 | 469,1 | 8,7 | 25,35 | 20100 | 4081,2 | 103457,7 |
| 2 | 235,3 | 14,1 | 25,35 | 20160 | 3317,7 | 84104,5 |
| 3 | 158,3 | 19,5 | 25,35 | 20340 | 3086,9 | 78251,6 |
| 4 | 119,1 | 24,9 | 25,35 | 20400 | 2965,6 | 75177,7 |
| 5 | 95,3 | 30,3 | 25,35 | 20400 | 2887,6 | 73200,4 |
| 6 | 79,9 | 35,7 | 25,35 | 20520 | 2852,4 | 72309,1 |
| 7 | 68,7 | 41,1 | 25,35 | 20580 | 2823,6 | 71577,5 |
| 8 | 60,3 | 46,5 | 25,35 | 20640 | 2804,0 | 71080,1 |
| 9 | 54,7 | 51,9 | 25,35 | 21060 | 2838,9 | 71966,9 |
| 10 | 49,1 | 57,3 | 25,35 | 21000 | 2813,4 | 71320,5 |

Tabelle 23  **Mögliche Abmessungen der Regalkonstruktion**

Die Kanaltiefe wird zu Vergleichszwecken wie in der Planungsalternative B2 auf sieben Rollwagen festgelegt. Die Ausführungen von Planungskonzept B2 zur Artikelstruktur haben auch hier Gültigkeit. Im folgenden werden die Abmessungen des Lagerkomplexes bestimmt.

| | |
|---|---|
| Länge der Lagerhalle | 68,7 m (Regalkonstruktion) +<br>2,5 m (Raum für Etagenförderer und Verschiebewagen) +<br>1,0 m (Isolierung) = **72,2 m** |
| Breite der Lagerhalle | 41,1 m (Regalkonstruktion) + 1,0 m (Isolierung) +<br>0,2 m (Brandschutzwand) + 2 x 0,1 m<br>(konstruktiver Abstand Kanäle) = **42,5 m** |
| Höhe der Lagerhalle | 25,4 m (Regalkonstruktion) + 5 m<br>(Lagervorzone inklusive 0,5 m starke Decke) +<br>1,2 m (Dachkonstruktion und Isolierung) +<br>0,4 m (Abstand untere Kanäle vom Boden) = **32 m** |

Damit ergeben sich die Abmessungen des Lagerkomplexes (Lagerhalle inklusive Lagervorzone) zu:

Länge: 72,2 m

Breite: 42,5 m

Höhe: 32,0 m

Volumen: 98.192,0 m$^3$

Bei diesem Planungskonzept ist die Erweiterung der Lagerhalle nicht sinnvoll, da sich die Lagervorzone unter der Lagerhalle befindet.

**Bild 76** Straßenansicht des Lagerkomplexes

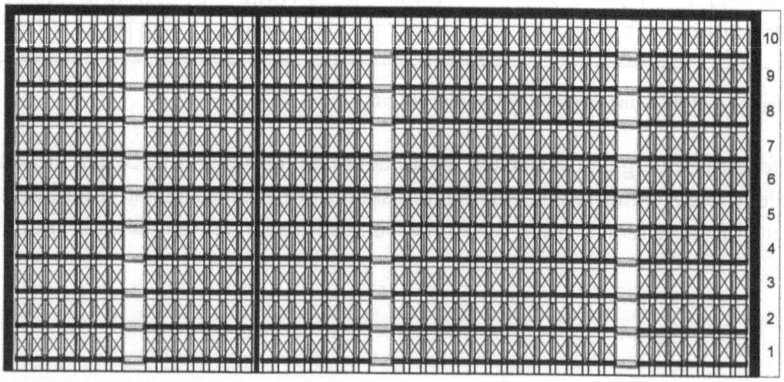

**Bild 77** Schematischer Querschnitt Lagerhalle

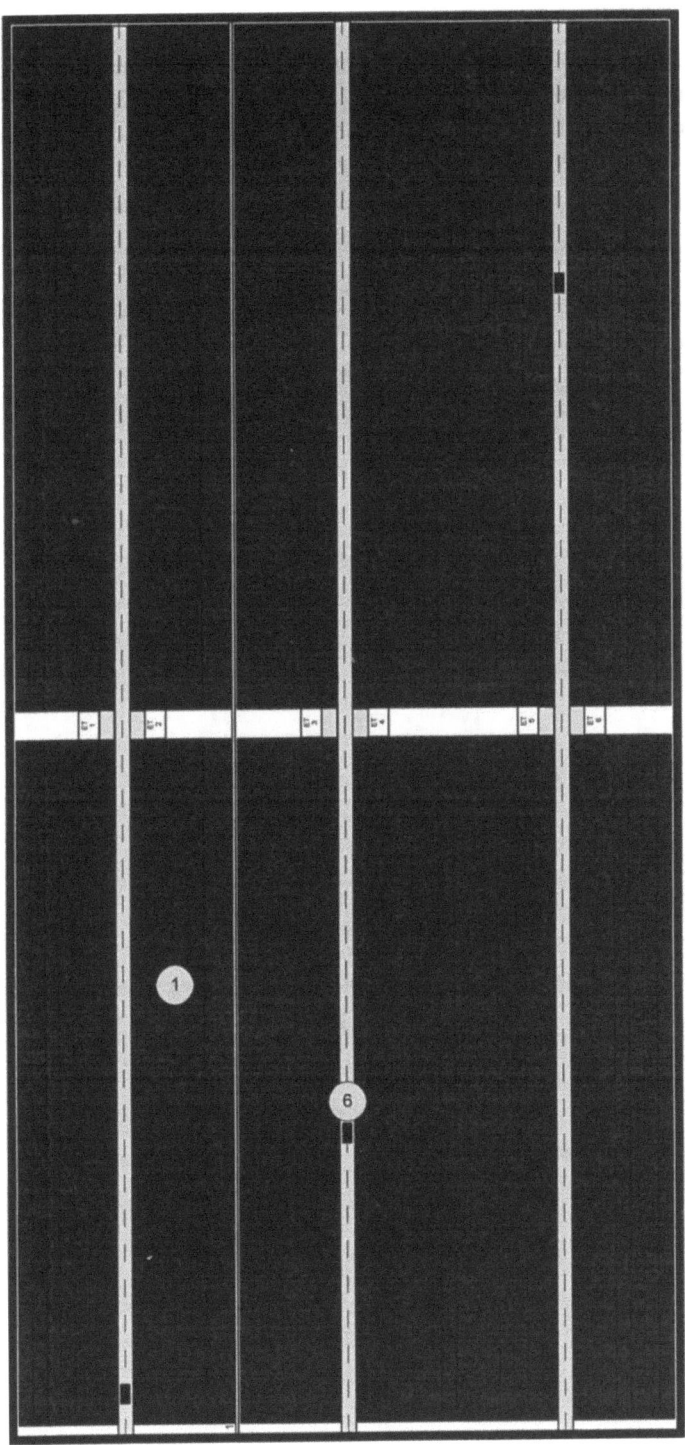

**Bild 78 Lagerhalle**

*Lagerunterzone*

Die Lagerunterzone entspricht der Planungsalternative B2. Die Änderungen des Layouts der Lagerunterzone gegenüber der Alternative B2 sind Bild 79 und Bild 80 zu entnehmen. Die wichtigste Änderung ist die Installation eines Kreislaufes für die Rollwagen und von Hubstationen für die Trennung und Zusammenführung von Rollwagen und Paletten-Ladeeinheiten.

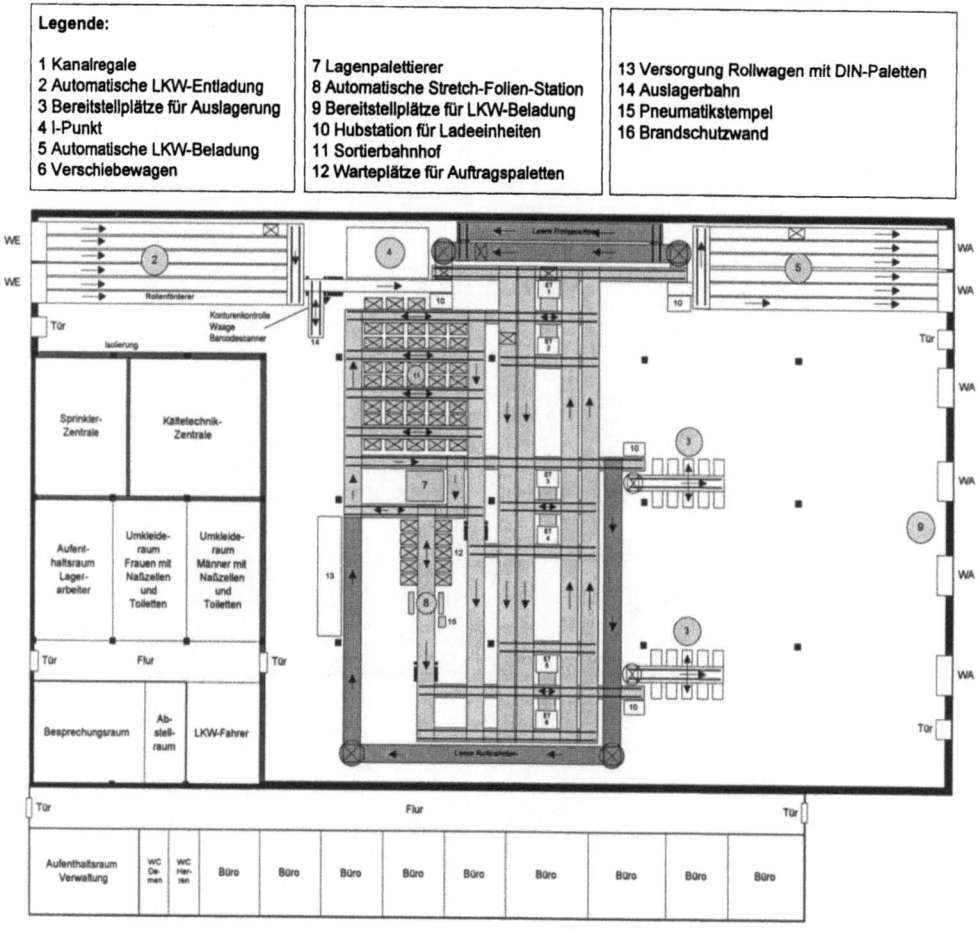

**Bild 79  Lagervorzone als Lagerunterzone**

# 10 Systemplanung Einheitenlager für Tiefkühlartikel

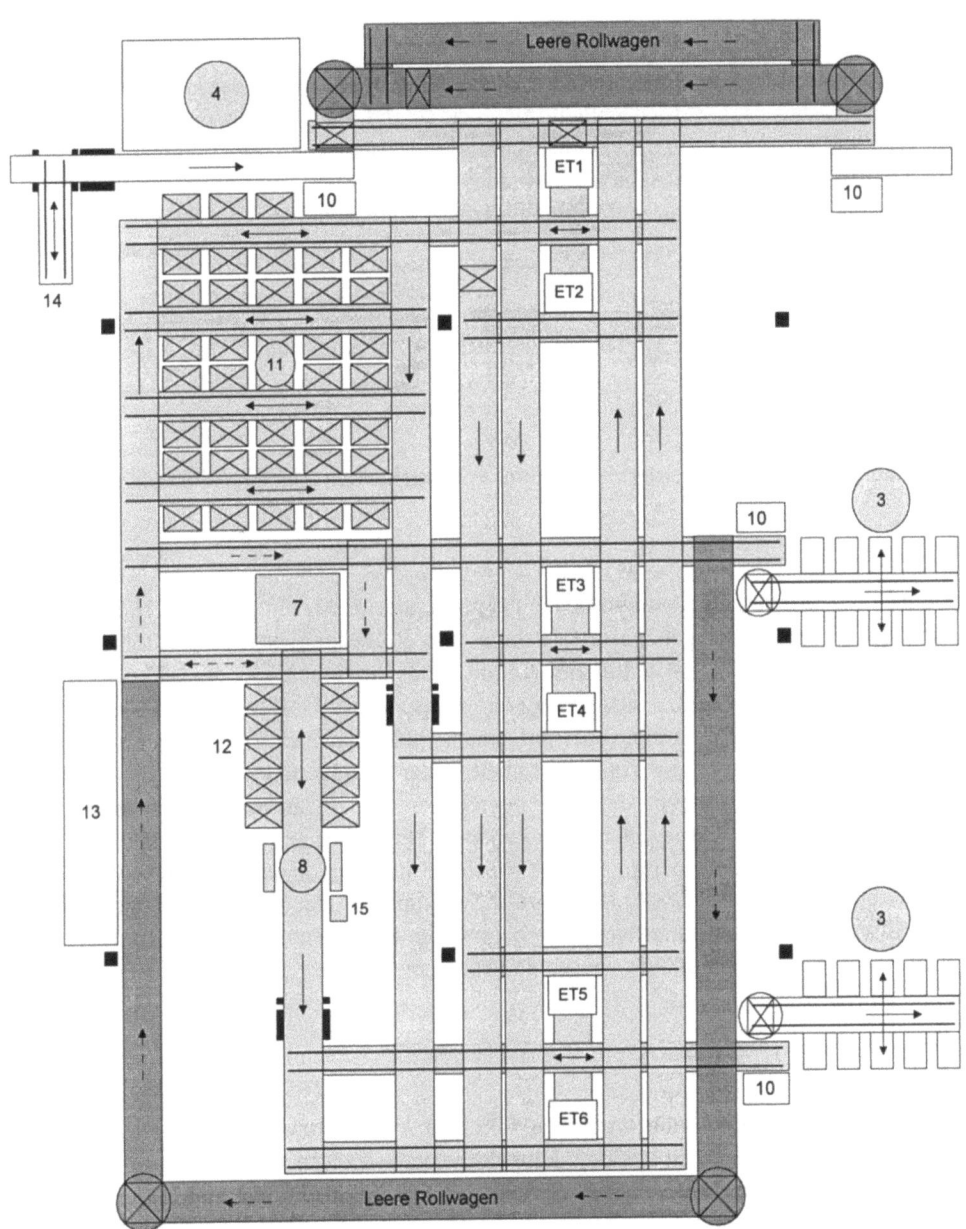

**Bild 80** Ausschnitt Transportsystem

## 10.4.2 Materialfluß

Für den automatischen Warenein- und Warenausgang und den Bereich der Bereitstellplätze für die manuelle Auslagerung werden Rollenförderer eingesetzt. Für alle weiteren Transportbahnen werden Reibradförderer benutzt, die durch Reibschluß zwischen den Metallrahmen der Rollwagen und den über Ketten angetriebenen Reibrädern den Transport der Rollwagen durchführen. Die spezifischen Daten der Reibradförderersystems entsprechen denen der Rollenförderer.

*Wareneingang*

Der Wareneingang erfolgt wie in Planungsalternative A1 beschrieben.

*I-Punkt*

Der Aufbau und die Arbeitsweise des I-Punktes entsprechen der Planungsalternative A1.

*Einlagerung*

Nach dem Transport zur Hubstation wird die Palette (Ladeeinheit) mit Teleskopgabeln angehoben und auf einen Rollwagen gesetzt (Palette und Rollwagen werden im folgenden als Transporteinheit bezeichnet). Von dort aus wird die Transporteinheit über einen Verteilerwagen und das Transportsystem zu den Etagenförderern transportiert. Dort wird sie entweder direkt vom Etagenförderer aufgenommen oder auf einem Pufferplatz zur Abholung bereitgestellt. Nachdem der Etagenförderer die Transporteinheit zu der Einlagerungsebene transportiert hat, bringt der Verschiebewagen dieser Lagerebene die Transporteinheit zum vom Lagerverwaltungsrechner vorbestimmten Lagerkanal. Dort lösen sich die automatischen Rahmenteile für die Transportsicherung (dieses geschieht kurz bevor der Verschiebewagen zum Stillstand kommt). Während der Anfahrt wird die Ankopplung der Transporteinheit an die im Lagerkanal stehenden Transporteinheiten vorbereitet. Ist der Verschiebewagen zum Stehen gekommen, ist auch die Ankopplung vonstatten gegangen, wird der gesamte Zug in den Lagerkanal hineingeschoben.

*Auslagerung*

Für die Auslagerung einer Transporteinheit fährt der Verschiebewagen zu der vom Lagerverwaltungsrechner bestimmten Position, koppelt die erste Transporteinheit an und zieht diese auf den Verschiebewagen. Dadurch wird der gesamte Zug im Lagerkanal um einen Lagerplatz in Richtung Lagergasse verschoben. Ist die Transporteinheit auf dem Verschiebewagen, ist auch die Transportsicherung durch die automatischen Rahmenteile abgeschlossen.

Der Verschiebewagen bringt die Transporteinheit zu dem Pufferplatz vor dem Etagenförderer. Nach dem Transport durch den Etagenförderer wird die Transporteinheit über das Transportsystem zum automatischen Warenausgang, zur Auslagerungszone mit den Bereitstellplätzen oder Kommissionierung transportiert. In der Auslagerungszone übernimmt je ein Verteilerwagen den Transport zu den Bereitstellplätzen. Für den Transport zum automatischen Warenausgang stehen zwei Verschiebehubwagen zur Verfügung.

*Umlagerung*

Für Umlagerungen stehen in jeder Lagergasse zwei Leerkanäle zur Verfügung. Umlagerungen treten insbesondere dann auf, wenn fertigkommissionierte Auftragspaletten in einer anderen Reihenfolge im Lagerkanal stehen als sie ausgelagert werden müssen.

*Kommissionierung / Bildung einer Lagenpalette*

Die Kommissionierung entspricht weitestgehend der Planungsalternative A1. Der wesentliche Unterschied zu A1 ist der, daß die Ladeeinheiten auf dem Rollwagen die Kommissionierung durchlaufen. Die leeren Rollwagen werden auf dem Förderer neben dem Lagenpalettierer zwischengepuffert. Sind alle Lagen einer sortenreinen Palette vom Lagenpalettierer abgezogen, kommt die Palette auf einen leeren Rollwagen und dort wird die Einheit zwischengepuffert.

Während der Ladungssicherung einer fertig kommissionierten Auftragspalette verbleibt diese auf der Rollwagen.

*Warenausgang*

Der Warenausgang erfolgt in der gleiche Weise, wie in Planungsalternative A1 beschrieben. Für beide Warenausgangsarten werden allerdings Rollwagen und Auftragspaletten (in diesem Fall sowohl sortenrein als auch nicht-sortenrein) an einer der Hubstationen getrennt. Die leeren Rollwagen werden an den jeweiligen Transportmittel für leere Rollwagen abgegeben.

### 10.4.3 Ablauforganisation

*Ablaufsteuerung*

Die Möglichkeit der Steuerung mit Barcode besteht auch bei diesem Planungskonzept (siehe Planungsalternative A1). Eine weitere Möglichkeit der Ablaufsteuerung, die im Prinzip auch für die vorhergehenden Planungsalternativen besteht, ist die Steuerung des Materialflusses über mobile Datenspeicher.

Mobile Datenspeicher, die direkt an dem Lagergut oder bei dieser Planungsalternative dauerhaft an dem Rollwagen angebracht werden, sind programmierbare Datenträger, die mit Hilfe von Schreib-/Lesegeräten ihre Informationen berührungslos empfangen oder abgeben können. Zur Datenübertragung werden verschiedene Übertragungstechniken verwendet. Durch mobile Datenspeicher verringert sich der Kommunikations- und Koordinationsaufwand zwischen dem Lagerverwaltungsrechner und dem Subsystem (in diesem Fall dem Rollwagen), weil die Daten dezentral gespeichert sind. Zwei weitere wichtige Vorteile der dezentralen Datenhaltung in den mobilen Datenspeichern sind:

- Bei Ausfall oder Störung des Lagerverwaltungsrechners bleiben die Daten in den mobilen Datenspeichern erhalten. Dadurch kann der Materialfluß eine gewisse Zeit ohne Beeinträchtigung aufrechterhalten werden.
- Der Wiederanlauf des Lagerverwaltungsrechners wird nach einem Ausfall erleichtert.

Die Ablaufsteuerung sieht vor, daß in dem Moment, in dem die Ladeeinheit auf den Rollwagen gesetzt wird, der mobile Datenspeicher mit Informationen über diese Ladeeinheit beschrieben wird („Verheiratung" von Rollwagen und Palette). Zu diesen Informationen gehören unter anderem:

- Artikel
- Anzahl Lagen des Artikel
- Gewicht der Transporteinheit (Rollwagen und Ladeeinheit)
- Vom Lagerverwaltungsrechner vorbestimmter Lagerplatz
- Vom Lagerverwaltungsrechner vorbestimmter Weg zum Lagerplatz.

Im Transportsystem sind an allen Entscheidungsstellen (z.B. Etagenförderer, Verschiebehubwagen, Drehtischen, usw.) Schreib-/Lesegeräte mit Auswerteeinheiten installiert, die die gespeicherten Informationen des mobilen Datenspeichers lesen (und gegebenenfalls auch Daten ändern können), auswerten und Steuerbefehle an die Entscheidungsstellen geben, damit die Transporteinheit zum vorbestimmten Lagerplatz (oder einem anderen Zielort) transportiert wird.

Für die Auslagerung einer Transporteinheit läßt der Lagerverwaltungsrechner die Transporteinheit von einem Verschiebewagen abholen. Bevor diese an das Transportsystem abgegeben wird, wird der Zielort vom Lagerverwaltungsrechner an eine Auswerteeinheit weitergegeben, welche die Steuerbefehle an ein Schreib-/ Lesegerät gibt, um den Zielort auf den mobilen Datenspeicher zu schreiben.

Vorteile von mobilen Datenspeichern:

- Entlastung des Lagerverwaltungsrechners
- Hohe Speicherkapazität
- Unempfindlichkeit gegenüber Umwelteinflüssen (z.B. extreme Temperaturen, Verschmutzungen, Stoßbelastungen und Erschütterungen, Schadstoffatmosphäre).

Nachteile von mobilen Datenspeichern sind:

- Zusätzliche Kosten
- Bei Beschädigung gehen die gespeicherten Daten verloren.

Die Verschiebewagen der Lagergassen erhalten ihre Steuerungsinformationen über Infrarotdatenübertragung, wodurch eine Abnutzung von z.B. Schleppleitungen oder Schleifkontakten vermieden wird. Die Etagenförderer werden durch den Lagerverwaltungsrechner gesteuert. Verschiebewagen und Etagenförderer arbeiten vollautomatisch. Verschiebewagen, die nicht arbeiten, bleiben an dem Platz in der Lagergasse stehen, an dem sie zuletzt eine Ein- oder Auslagerung vorgenommen haben.

*Lagerorganisation und Notstrategien*

Die Lagerorganisation und die Notstrategien stimmen mit Planungsalternative A1 bis auf eine Ausnahme in der Notstrategien überein:

- Bei Ausfall der vollautomatischen Steuerung eines Etagenförderer kann der andere Etagenförderer einen Teil der notwendigen Transporte übernehmen. Der Ausfall eines Verschiebewagens beeinträchtigt die Leistung des Systems nur wenig, da auf jeder Lagerebene in jeder Lagergasse ein Verschiebewagen arbeitet.

# 10 Systemplanung Einheitenlager für Tiefkühlartikel

## 10.4.4 Vorbeugender Brandschutz

Der vorbeugende Brandschutz entspricht dem aus der Planungsalternative B2 bzw. A1.

## 10.4.5 Kennzahlen

| | |
|---|---|
| Flächennutzungsgrad: 70,0 % | 68,7 m (Regalkonstruktion) x 41,1 m (Regalkonstruktion) = **Bruttolagerfläche: 2.823,6 m²** <br> Anzahl Lagerplätze: 7 (Kanaltiefe) x 6 (Lagerblockanzahl) x 49 (Lagerplätze) = 2.058 <br> Fläche DIN-Paletten: 1,2 m (Länge) x 0,8 m (Breite) = 0,96 m² <br> **Nettolagerfläche: 2.058 x 0,96 m² = 1.975,7 m²** <br> **Flächennutzungsgrad: 1.975,7 m² : 2.823,6 m² = 0,700** |
| Raumnutzungsgrad: 53,8 % | Höhe der Regalkonstruktion: 25,35 m <br> **Bruttolagervolumen: 2.823,6 m² x 25,35 m = 71.577,5 m³** <br> Höhe Lagereinheit: max. 1,95 m <br> Anzahl Lagerplätze: 20.580 <br> **Nettolagervolumen: 20.580 x 1,95 m x 0,96 m² = 38.525,8 m³** <br> **Raumnutzungsgrad: 38.525,8 m³ : 71.577,5 m³ = 0,538** |
| Außenfläche der tiefgekühlten Lagerräume (Energieabstrahlungsfläche): 10.053,1 m² | **Lagerhalle inklusive Lagervorzone:** <br> 2 x 72,2 m x 32,0 m (Seitenflächen) + <br> 2 x 42,5 m x 32,0 m (Vorder- und Rückseite) + <br> 1 x 72,2 m x 42,5 m (Dachfläche) – <br> 1 x (30 + 18) m x 5 m (Sozialräume) – <br> 1 x 43 m x 3 m (Verwaltung) = **10053,1 m²** <br> **Abstrahlfläche: 10.053,1 m²** |
| Kühlvolumen: 95.492,0 m³ | **Lagerhalle:** 72,2 m x 42,5 m x 27,0 m = **82.849,5 m³** <br> **Lagervorzone:** 72,2 m x 42,5 m x 5 m – <br> 30 m x 18 m x 5 m (Sozialräume) = **12.642,5 m³** <br> **Kühlvolumen: 95.492,0 m³** |
| Minimale und maximale Einlagerungszeit für eine Lagereinheit vom Wareneingang min. = 171 s max. = 409 s | Transport LE aus LKW: min. 4 s max. 60 s <br> Transport im WE-Bereich: 69 s <br> Umsetzen LE durch VHW: min. 0 s max. 11 s <br> Transport bis Scanner/Konturenkontrolle: 5 s <br> Scannvorgang: 2 s <br> Transport zur Waage/Wiegezeit: 3 s <br> Transport bis Hubstation: 39 s <br> Zusammenführen Rollwagen und Palette (TE): 7 s <br> Transport TE zum Etagenförderer: min. 17 s max. 122 s <br> Abgabe TE an Pufferplatz: min. 0 s max. 4 s <br> Wartezeit TE bis Abholung: min. 0 s max. 25 s <br> Hubzeit TE: min. 6 s max. 21 s <br> Aufnahme TE Etagenförderer: 4 s <br> Abgabe TE an Pufferplatz: 4 s <br> Aufnahme TE Verschiebewagen: 4 s <br> Transport TE zum Lagerplatz: min. 2 s max. 12 s <br> TE in Kanal schieben: 5 s <br> **Minimale Einlagerungszeit: 171 s = 2,85 min** <br> **Maximale Einlagerungszeit: 409 s = 6,82 min** |

**Fortsetzung nächste Seite**

| Minimale und maximale Auslagerungszeit für eine Lagereinheit (manuell) min. 62 s max. 261 s (Transport zur Ladeluke und in den LKW sind nicht mitgerechnet) | Verschiebewagen zum Lagerplatz: | min. 0 s max. 15 s |
|---|---|---|
| | TE aus Kanal ziehen: | 5 s |
| | Transport TE zum Etagenförderer: | min. 2 s max. 12 s |
| | Abgabe TE an Pufferplatz: | 4 s |
| | Wartezeit TE bis Abholung: | min. 0 s max. 21 s |
| | Aufnahme TE Etagenförderer | 4 s |
| | Hubzeit TE: | min. 6 s max. 21 s |
| | Abgabe TE an Pufferplatz: | min. 0 s max. 4 s |
| | Transport bis Auslagerungszone: | min. 22 s max. 126 s |
| | Trennen TE (Rollwagen - Palette): | 7 s |
| | Transport Verteilerwagen: | min. 8 s max. 38 s |
| | Transport auf Bereitstellplatz: | 4 s |

Tabelle 23   Kennzahlen Alternative C2

## 10.5   Darstellung ermittelter Abmessungen und Kennzahlen

*Konstruktive Abmessungen*

Die folgende Tabelle 24 gibt einen Überblick über die in den einzelnen Planungskonzepten ermittelten konstruktiven Abmessungen:

| Lfd. Nr. | Merkmal | Einheit | A1 | B2 | C2 |
|---|---|---|---|---|---|
| 0 | 1 | 2 | 3 | 4 | 5 |
| 1 | Lagerplatztiefe | m | 1,30 | 0,90 | 0,90 |
| 2 | Lagerplatzbreite | m | 0,90 | 1,40 | 1,40 |
| 3 | Lagerplatzhöhe | m | 2,40 | 2,50 | 2,54 |
| 4 | Länge Regalkonstruktion | m | 86,50 | 68,70 | 68,70 |
| 5 | Breite Regalkonstruktion | m | 28,10 | 41,10 | 41,10 |
| 6 | Höhe Regalkonstruktion | m | 36,60 | 25,00 | 25,35 |
| 7 | Länge Lagerhalle | m | 91,00 | 72,20 | 72,20 |
| 8 | Breite Lagerhalle | m | 29,10 | 42,50 | 42,50 |
| 9 | Höhe Lagerhalle | m | 37,80 | 31,60 | 32,00 |
| 10 | Länge Vorzone / Unterzone | m | 30,00 | 72,20 | 72,20 |
| 11 | Breite Vorzone / Unterzone | m | 60,00 | 42,50 | 42,50 |
| 12 | Höhe Vorzone / Unterzone | m | 5,00 | 5,00 | 5,00 |

Tabelle 24   Konstruktive Abmessungen der Planungsalternativen

*Kennzahlen aller Planungsalternativen*

Tabelle 25 zeigt die Kennzahlen mit ihren Ausprägungen in den einzelnen Planungsalternativen. Der Personalbedarf ergibt sich zu zehn Mitarbeitern im Lagerbereich (vier Staplerfahrer, ein Maschinenschlosser, ein Elektriker, ein Betreuer des I-Punktes, je ein Betreuer des Wareneingangs und des Warenausgangs, ein Springer). Der Energieverbrauch, der mit der Abstrahlungsfläche und dem Kühlvolumen korreliert, wird hier nicht absolut, d.h. mit "tatsächlichen" Werten, sondern nur relativ angegeben. Weil die Planungsalternative A1 die größte Energieabstrahlungsfläche und das größte Kühlvolumen hat, wird der Energieverbrauch Alternative A1

10 Systemplanung Einheitenlager für Tiefkühlartikel

mit 100% angenommen. Der Energieverbrauch der übrigen Alternativen wird als %-Bruchteil von A1 angegeben. Die jeweils fettgedruckte Zahl einer Tabellenzeile markiert die optimale Ausprägung einer Kennzahl und somit die Planungsalternative.

| Lfd. Nr. | Kennzahlen | Einheit | A1 | B2 | C2 |
|---|---|---|---|---|---|
| 0 | 1 | 2 | 3 | 4 | 5 |
| 1 | Abstrahlungsfläche | m² | 13.670 | **9.949** | 10.053 |
| 2 | Kühlvolumen | m³ | 109.098 | **94.365** | 95.492 |
| 3 | Grundstücksflächenbedarf | m² | 4.476 | **3.648** | **3.648** |
| 4 | Baumasse | m³ | 112.336 | **98.703** | 99.931 |
| 5 | Energieverbrauch | % | 100,0 | **86,5** | 87,5 |
| 6 | Flächennutzungsgrad (Lager) | % | 53,5 | **70,0** | **70,0** |
| 7 | Raumnutzungsgrad (Lager) | % | 42,7 | **54,1** | 53,8 |
| 8 | Lagerkapazität | LE | 20.160 | **20.580** | **20.580** |
| 9 | Manuelle Einlagerung (min.) | s | 183,0 | **165,0** | 171,0 |
| 10 | Manuelle Auslagerung (min.) | s | **49,0** | 56,0 | 62,0 |
| 11 | Automatische Auslagerung (min.) | s | 112,0 | **108,0** | 163,0 |
| 12 | Manuelle Einlagerung (max.) | s | 433 | **404** | 409 |
| 13 | Manuelle Auslagerung (max.) | s | 336 | **241** | 261 |
| 14 | Automatische Auslagerung (max.) | s | **354** | 381 | 422 |
| 15 | Personalbedarf | - | 10 | 10 | 10 |

**Tabelle 25** Zusammenfassende Darstellung der Kennzahlen

## 10.6 Beurteilung der alternativen Planungskonzepte

*Bewertung der alternativen Planungskonzepte*

Im folgenden wird für die Bewertung der alternativen Planungskonzepte eine zweistufige Punktbewertung als verkürzte Nutzwertanalyse durchgeführt

Der Vorteil dieser Vorgehensweise liegt darin, daß anhand qualitativer und quantitativer Bewertungskriterien in kurzer Zeit eine zuverlässige Entscheidung darüber herbeigeführt werden kann, welches Planungskonzept für den vorliegenden Entscheidungsfall (die Erfüllung der Aufgabenstellung) das optimale ist.

Nachteil dieser Vorgehensweise ist, daß über die Optimalität eines Planungskonzeptes keine eindeutige Aussage getroffen werden kann, wenn die während des Verfahrens bestimmten Punktsummen der besten Planungskonzepte dicht beieinander liegen. Aus diesem Grund empfiehlt es sich immer, zusätzlich eine Investitions- und Kostenrechnung für die alternativen Planungskonzepte durchzuführen, um weiteres Datenmaterial als Entscheidungsgrundlage zur Verfügung zu haben.

Für die Durchführung der abgekürzten Nutzwertanalyse werden aus den Planungsprämissen Bewertungskriterien abgeleitet, welche miteinander verglichen und in einer Gewichtungsmatrix (Tabelle 26) gewichtet werden. Dabei bedeuten:

- 0 Punkte    = das Kriterium ist weniger wert als das andere
- 0,5 Punkte  = beide Kriterien sind gleichwertig
- 1 Punkt     = das Kriterium ist mehr wert als das andere

| Bewertungskriterien | | A | B | C | D | E | F | G | H | I | Gewichtung | Prozentanteil | Rang |
|---|---|---|---|---|---|---|---|---|---|---|---|---|---|
| Flexibilität | A | | 0 | 0 | 0,5 | 0 | 0 | 1 | 1 | 0 | 2,5 | 6,9 | 8 |
| Flächennutzungsgrad | B | 1 | | 0,5 | 0,5 | 0,5 | 0 | 0,5 | 0,5 | 0 | 3,5 | 9,7 | 6 |
| Raumnutzungsgrad | C | 1 | 0,5 | | 0,5 | 0,5 | 0,5 | 0,5 | 0,5 | 0 | 4 | 11,1 | 5 |
| Automatisierungsgrad | D | 0,5 | 0,5 | 0,5 | | 0,5 | 0,5 | 0,5 | 1 | 0,5 | 4,5 | 12,5 | 4 |
| Energieverbrauch | E | 1 | 0,5 | 0,5 | 1 | | 0,5 | 1 | 1 | 0,5 | 6 | 16,7 | 2 |
| Grundstücksflächenbedarf | F | 1 | 1 | 0 | 0,5 | 0,5 | | 0,5 | 1 | 0,5 | 5 | 13,9 | 3 |
| Erweiterungsmöglichkeit | G | 0 | 0,5 | 0,5 | 0,5 | 0 | 0,5 | | 1 | 0 | 3 | 8,3 | 7 |
| Zeitbedarf Ein-/Auslagerung | H | 0 | 0,5 | 0,5 | 0 | 0 | 0 | 0 | | 0 | 1 | 2,8 | 9 |
| Personalbedarf | I | 1 | 1 | 1 | 0,5 | 0,5 | 0,5 | 1 | 1 | | 6,5 | 18,1 | 1 |
| Bewertungssumme | | - | - | - | - | - | - | - | - | - | 36 | 100,0 | |

Tabelle 26 Gewichtungsmatrix

Erläuterung einiger Bewertungskriterien:

- Die Flexibilität beschreibt hier bestehende Möglichkeiten, Lagerhalle und Lagervorzone an eventuelle Veränderungen in den statischen und dynamischen Planungsdaten anzupassen.

- Der Automatisierungsgrad gibt den Anteil aller für den Lagerbetrieb notwendigen Prozesse an, die automatisch ablaufen.

- Der Energieverbrauch wird in der Weise bewertet, daß der niedrigste Energieverbrauch die höchste Punktzahl (im Rahmen der in Rangordnung zu vergebenden Punkte) erhält.

- Die Erweiterungsmöglichkeit bezieht sich auf die Lagerhalle (dabei wird davon ausgegangen, daß nur die Lagerkapazität erhöht werden muß, nicht aber die Leistungsdaten).

- Der maximale Zeitbedarf für Ein- und Auslagerung beschreibt die Zeitwerte, die für die Einlagerung einer Lagereinheit vom Wareneingang bis zum Lagerplatz und vom Lagerplatz bis zur Bereitstellung bei der automatischen LKW-Beladung benötigt werden. Der Zeitbedarf zeigt auf, wie aufwendig die Transporttechnik eines Planungskonzeptes konstruiert wurde.

- Der Personalbedarf bezieht sich auf die Arbeitskräfte, die für Lager- und Kommissionierarbeiten benötigt werden. Es wurde gezeigt, daß der Personalbedarf bei allen Planungskonzepten gleich ist, d.h. dieses Bewertungskriterium könnte aus der Bewertung herausgenommen werden, da es nicht direkt zur Entscheidungsfindung beiträgt. Da der Personalbedarf den größten Prozentanteil aller Gewichtungspunkte hat, bleibt dieses Kriterium in der Bewertung.

# 10 Systemplanung Einheitenlager für Tiefkühlartikel

Für die Bewertung der alternativen Planungskonzepte wird folgendes Punktsystem verwendet, welches fünf Bereiche mit je zwei Abstufungen vorsieht:

- 1 bis 2 Punkte = Planungskonzept wurde schlecht gelöst
- 3 bis 4 Punkte = Planungskonzept wurde ausreichend gelöst
- 5 bis 6 Punkte = Planungskonzept wurde zufriedenstellend gelöst
- 7 bis 8 Punkte = Planungskonzept wurde gut gelöst
- 9 bis 10 Punkte = Planungskonzept wurde sehr gut gelöst.

Die Bewertung wird durchgeführt, indem für jedes Bewertungskriterium in den einzelnen Planungskonzepten mit einer Punktzahl nach dem obigen Punktsystem benotet und diese Punktzahl mit der Gewichtung der Bewertungskriterien multipliziert wird.

Die Punktevergabe für die quantifizierbaren Bewertungskriterien erfolgt durch Festlegung der maximalen Punktzahl bei der optimalen Ausprägung und dann linear nach unten.

Die Punktevergabe für die qualitativen Bewertungskriterien ist subjektiv, wird aber durch ein Bewertungsteam objektiviert.

Die Ergebnisse aus Punktevergabe und Multiplikation werden in die Bewertungsmatrix (Tabelle 27) eingetragen.

| Lfd. Nr. | Bewertungskriterien | G | A1 | | B2 | | C2 | |
|---|---|---|---|---|---|---|---|---|
| | | | P | P x G | P | P x G | P | P x G |
| 0 | 1 | 2 | 3 | 4 | 5 | 6 | 7 | 8 |
| 1 | Flexibilität | 2,5 | 5 | 12,5 | 8 | 20 | 8 | 20 |
| 2 | Flächennutzungsgrad | 3,5 | 1 | 3,5 | 4 | 14 | 4 | 14 |
| 3 | Raumnutzungsgrad | 4 | 2 | 8 | 5 | 20 | 4 | 16 |
| 4 | Automatisierungsgrad | 4,5 | 8 | 36 | 8 | 36 | 8 | 36 |
| 5 | Energieverbrauch | 6 | 5 | 30 | 8 | 48 | 7 | 42 |
| 6 | Grundstücksflächenbedarf | 5 | 4 | 20 | 7 | 35 | 7 | 35 |
| 7 | Erweiterungsmöglichkeit | 3 | 10 | 30 | 0 | 0 | 0 | 0 |
| 8 | Zeitbedarf Ein-/Auslagerung | 1 | 2 | 2 | 3 | 3 | 1 | 1 |
| 9 | Personalbedarf | 6,5 | 10 | 65 | 10 | 65 | 10 | 65 |
| 10 | Bewertungssumme | - | - | 207 | - | 241 | - | 229 |
| 11 | Rang | - | | 3 | | 1 | | 2 |

Tabelle 27 Bewertungsmatrix

Die Bewertung zeigt, daß das Planungskonzept B2 mit 241 Punkten die höchste Gesamtpunktzahl erreicht hat und somit die gestellten Anforderungen aus den Planungsprämissen am besten erfüllt. Da die Gesamtpunktzahlen der möglichen Alternativen dicht beieinanderliegen (Abweichung hier nur ca. 5 %) wird zur Entscheidungshilfe zusätzlich zur verkürzten Nutzwertanalyse eine Investitions- und Kostenrechnung durchgeführt.

*Investitions- und Kostenrechnung*

Um eine weitere wichtige Entscheidungsbasis für die Auswahl des Planungskonzeptes zu erhalten, wird eine Investitions- und Kostenrechnung für jedes Planungskonzept durchgeführt (Stand der Zahlenwerte: März 1997).

Bei den vorgestellten Zahlenwerten handelt es sich um fundierte ca.- Größen, d.h. die Investitionsbeträge und Betriebskosten für die einzelnen Planungskonzepte stellen gute Schätzungen der tatsächlichen Werte dar.

Da bestimmte Investitionsbeträge für alle Planungskonzepte gleich sind, werden diese nicht mit in die erforderlichen Gesamtinvestitionen und damit den Vergleich der alternativen Planungskonzepte miteinbezogen. Dies sind:

- Außenanlagen (Parkplatz, Wege, Grünanlagen, Beleuchtung, etc.)
- Pförtnerhaus
- Bereiche der automatischen LKW-Be- und Entladung (inklusive deren Transporttechnik)
- Thermoschleusen
- Verwaltungsbereich
- Große Brandschutzwand in der Lagerhalle und Brandschutzmaßnahmen in der Lagerhalle wie Fluchttüren oder -treppen

Für die Höhe der notwendigen Investitionen der folgenden Bereichen werden in dieser Arbeit keine Angaben gemacht:

- Erd- und Aushubarbeiten Grundstück
- Sämtliche Elektroinstallationsarbeiten (Lagerhalle, Vorzone, etc.)
- Baunebenkosten und Planungskosten.

Für eine erste grobe Schätzung des Investitionsvolumens für den **Baukörper** eines Tiefkühllagers in Silobauweise und Lagervorzone, welches mit Standardkomponenten geplant wird, gibt Tabelle 28 einen guten Anhaltspunkt:

| Bauobjekt | Investitionen DM/m$^3$ | Bauleistungen |
|---|---|---|
| Tiefkühllagerhalle | 70 | Gründung, Regalkonstruktion, Dach, Fassade, Isolierung, Dämmung, Unterfrierheizung, Bodenplatte, Estrich, Brandschutz (5m hohe Trennwand in Regalkonstruktion), Erdarbeiten |
| Lagervorzone | 180 | Gründung, Stahlkonstruktion, Dämmung, Unterfrierheizung, Bodenplatte, Estrich |
| Kältezentrale | 230 | Kältetechnikraum |

**Tabelle 28 Kostenvoranschläge für den Baukörper**

# 10 Systemplanung Einheitenlager für Tiefkühlartikel

Für ein Tiefkühllager in Silobauweise (Bauvolumen: 100.000 m³), einer Lagervorzone (Bauvolumen: 1.800 m³) und einer Kältetechnikzentrale (Bauvolumen: 500 m³) ergibt sich ein geschätztes Investitionsvolumen von 9.275.000 DM (die Kältetechnik des Tiefkühllagers kann zusätzlich mit 1.300 DM pro m³-Kältezentrale angesetzt werden). Da das Layout der Transporttechnik eines Lagersystems im Prinzip für jedes Lager neu entworfen wird, ist es nicht sinnvoll, für die Transporttechnik einen Standardpreis bzw. eine Art "Standardinvestitionsvolumen" anzugeben. Sicher ist jedoch, daß die Investitionen für die Transporttechnik einen großen Teil am Gesamtinvestitionsvolumen einnehmen.

Die Tabelle 29 zeigt, welche Kubikmeterpreise sich in den Planungskonzepten für den Baukörper der Lagerhalle ergeben, wenn Preise für einzelne Komponenten zugrundegelegt werden:

| Lfd. Nr. | Kukibmeterpreise Tiefkühllagerhalle | A1 | B2 | C2 |
|---|---|---|---|---|
| 0 | 1 | 2 | 3 | 4 |
| 1 | Lagerhalle [DM] | 6.170.810 | 7.045.450 | 7.059.250 |
| 2 | Volumen Lagerhalle [m³] | 100.098 | 81.622 | 82.850 |
| 3 | DM pro m³ | 62 | 86 | 85 |
| 4 | Durchschnittspreis [DM/m³] | 62 | 85 | |

Tabelle 29  Errechnete Kubikmeterpreise für die Tiefkühllagerhalle

Im Durchschnitt ergeben sich 62 DM bei Mehrplatzlagerung und 85 DM bei Einzelplatzlagerung für einen Kubikmeter Lagerhalle. Der zugrundegelegte Baustandard wird weiter unten erläutert.

| Lfd. Nr. | Baumaßnahmen | | | Alternative A1 | |
|---|---|---|---|---|---|
| 0 | 1 | 2 | 3 | 4 | 5 |
| 1 | Merkmal | Einheit | DM/Einheit | Anzahl | Kosten |
| 2 | Dach | m² | 150 | 2619 | 392.850 |
| 3 | Fassade | m² | 150 | 8883 | 1.332.450 |
| 4 | Streifenfundament | m | 350 | 238 | 83.300 |
| 5 | Unterplatte | m² | 125 | 2529 | 316.125 |
| 6 | Dämmung | m² | 100 | 2529 | 252.900 |
| 7 | Heizung | m² | 15 | 2529 | 37.935 |
| 8 | Sohle | m² | 50 | 2529 | 126.450 |
| 9 | Vorzone | m² | 1200 | 1800 | 2.160.000 |
| 10 | Vorzone (Decke) | m² | 300 | 930 | 279.000 |
| 11 | Einzellagerplatz | | 230 | 0 | 0 |
| 12 | Mehrfachlagerplatz | | 180 | 20160 | 3.628.800 |
| 13 | Grundstück | m² | 325 | 4476 | 1.454.700 |
| 14 | **Summe** | | | | 10.064.510 |

Tabelle: 30  Investitionen für Baumaßnahmen A1

| Zugrundegelegter Baustandard: | |
|---|---|
| Dach, Fassade | wetterfest, isoliert (bis -30°C) |
| Streifenfundament | ca. 50 cm stark, Beton |
| Unterplatte | ca. 40 cm stark, Beton |
| Dämmung | ca. 20 cm stark |
| Heizung | ca. 6 cm stark, Schutz gegen Durchfrierung |
| Sohle | ca. 10-15 cm stark, Beton |
| Vorzone | Dach, Fassade, Streifenfundament, Unterplatte, Dämmung, Heizung, Sohle, Stützen, schlüsselfertig |
| Vorzone (Decke) | Stützen und Decke höhere statische Belastbarkeit für den Verwaltungs- und Sozialtrakt |
| Einzellagerplatz | Stahlbau, Platzhöhe ca. 2,5 m, Belastbarkeit: 1.500 kg, Einzellagerplatz, Fracht, Montage, Silobau |
| Mehrlagerplatz | Stahlbau, Platzhöhe ca. 2,5 m, Belastbarkeit: 1.500 kg, Mehrlagerplatz (drei Lagerplätze), Fracht, Montage, Silobau |
| Grundstück | Industriegebiet, BMZ=9, GRZ=0,8, Hamburg |
| | Hammerbrook : ca. 310 - 380 DM/m² |
| | Hamm Süd : ca. 210 - 280 DM/m² |
| | Rothenburgsort : ca. 480 - 530 DM/m² |
| | Harburg : ca. 120 DM/m² (Heykenaukamp) |
| | Harburg : ca. 170 DM/m² (Fürstenmoor) |
| | Heimfeld : ca. 110 - 140 DM/m² |
| | **Durchschnittswert : 325 DM/m²** |

| Lfd. Nr. | Baumaßnahmen | | | Alternative B2 | | Alternative C2 | |
|---|---|---|---|---|---|---|---|
| 0 | 1 | 2 | 3 | 4 | 5 | 4 | 5 |
| 1 | Merkmal | Einheit | DM/Einheit | Anzahl | Kosten | Anzahl | Kosten |
| 2 | Dach | m² | 150 | 3069 | 460.350 | 3069 | 460.350 |
| 3 | Fassade | m² | 150 | 7249 | 1.087.350 | 7341 | 1.101.150 |
| 4 | Streifenfundament | m | 350 | 227 | 79.450 | 227 | 79.450 |
| 5 | Unterplatte | m² | 125 | 2955 | 369.375 | 2955 | 369.375 |
| 6 | Dämmung | m² | 100 | 5910 | 591.000 | 5910 | 591.000 |
| 7 | Heizung | m² | 15 | 5910 | 88.650 | 5910 | 88.650 |
| 8 | Sohle | m² | 50 | 2955 | 147.750 | 2955 | 147.750 |
| 9 | Unterzone (Decke) | m² | 800 | 3069 | 2.455.200 | 3069 | 2.455.200 |
| 10 | Einzellagerplatz | | 230 | 20580 | 4.733.400 | 20580 | 4.733.400 |
| 11 | Grundstück | m² | 325 | 3648 | 1.185.600 | 3648 | 1.185.600 |
| 12 | Summe | | | | 11.198.125 | | 11.211.925 |

Tabelle 31  Investitionen für Baumaßnahmen B2 mit C2

# 10 Systemplanung Einheitenlager für Tiefkühlartikel

| Zugrundegelegter Baustandard: | |
|---|---|
| Dach, Fassade | wetterfest, isoliert (bis -30°C) |
| Streifenfundament | ca. 50 cm stark, Beton |
| Unterplatte | ca. 40 cm stark, Beton |
| Dämmung | ca. 20 cm stark (für Boden Lagerhalle und Unterzone) |
| Heizung | ca. 6 cm stark, Schutz gegen Durchfrierung (für Boden Lagerhalle und Unterzone) |
| Sohle | ca. 10-15 cm stark, Beton |
| Unterzone (Decke) | Decke und Stützen mit sehr hoher statischer Belastbarkeit (bis ca. 12 t/m²) |
| Einzellagerplatz | Stahlbau, Platzhöhe ca. 2,5 m, Belastbarkeit: 1500 kg, Einzelplatz, Fracht, Montage, Silobau |
| Grundstück | Industriegebiet, BMZ=9, GRZ=0,8, Hamburg |
| | Hammerbrook : ca. 310 - 380 DM/m² |
| | Hamm Süd : ca. 210 - 280 DM/m² |
| | Rothenburgsort : ca. 480 - 530 DM/m² |
| | Harburg : ca. 120 DM/m² (Heykenaukamp) |
| | Harburg : ca. 170 DM/m² (Fürstenmoor) |
| | Heimfeld : ca. 110 - 140 DM/m² |
| | **Durchschnittswert : 325 DM/m²** |

| | Merkmal | DM/Einheit | Anzahl | Kosten |
|---|---|---|---|---|
| 1 | | | | |
| 2 | RBG (Teleskopgabel) | 600.000 | 7 | 4.200.000 |
| 3 | RBG (Satellitenfahrzeug) | 650.000 | 0 | 0 |
| 4 | Gangkosten [m] | 2.000 | 634 | 1.268.000 |
| 5 | Verschiebehubwagen | 31.800 | 24 | 763.200 |
| 6 | Verschiebeweg [m] | 430 | 84 | 36.120 |
| 7 | Drehtisch | 8.800 | 3 | 26.400 |
| 8 | Verteilerwagen | 12.000 | 8 | 96.000 |
| 9 | Verteilweg [m] | 550 | 22 | 12.100 |
| 10 | Rollenförderer [m] | 1.600 | 147 | 235.200 |
| 11 | Bereitstellplätze | 1.400 | 44 | 61.600 |
| 12 | **Summe** | | | **6.698.620** |
| 13 | **Kommissionierung** | | | |
| 14 | Folien-Stretch-Station | 150.000 | 1 | 150.000 |
| 15 | Lagenpalettierer | 300.000 | 1 | 300.000 |
| 16 | Konturenkontrolle | 2.500 | 3 | 7.500 |
| 17 | Waage | 15.000 | 3 | 45.000 |
| 18 | Gabelstapler | 50.000 | 6 | 300.000 |
| 19 | **Summe** | | | **802.500** |

Tabelle 32  Investitionen für Transporttechnik A1

Zugrundegelegter Transporttechnik- und Kommissionierungsstandard:

| | |
|---|---|
| RBG (Teleskopgabel) | ca. 40 m hoch, Belastung bis 1.500 kg, Einsäulenausführung, Teleskopgabel für Lastaufnahme |
| RBG (Satellitenfahrzeug) | ca. 40 m hoch, Belastung bis 1.500 kg, Einsäulenausführung, Satellitenfahrzeug für Lastaufnahme |
| Gangkosten | Schiene, Kabelverbindung für RBG, Führungsschiene (oben) |
| Verschiebehubwagen | Rollenförderer und Laufbahn, Hubtisch, Verfahreinrichtung, 2m Verschiebeweg (Schienen), 3 Motoren (0,45 KW) |
| Verschiebeweg | Schienen, Kabelschleppsystem |
| Drehtisch | Drehschemel, Verlagerungsrahmen, Rollenförderer, 2 Motoren (0,45 KW) |
| Verteilerwagen | Rollenförderer, Verfahrwagen, Laufbahn, Verfahreinrichtung, 2m Verteilweg (Schienen), Motoren (0,45 KW) |
| Verteilweg | Schienen, Kabelschleppsystem |
| Rollenförderer | Tragrollen, Bahngerüst, Stützböcke, Motor (0,45 KW) |
| Bereitstellplätze | Rollbahnen (Tragrollen, Bahngerüst, Stützböcke) |
| Folien-Stretch-Station | Folie aus Polyethylen oder Polypropylen |
| Lagenpalettierer | Leistung: 125 Lagen / Std. (Slip-Sheet-Verfahren) |
| Konturenkontrolle | Lichtschranken, Reflektoren, Grundrahmen, Gerüstteile |
| Waage | Einbindung in Materialfluß, geeicht, PC-Schnittstelle |
| Gabelstapler | Standdardausführung, leistungsfähige Batterie für Kälteeinsatz |

| Lfd. Nr. | Transporttechnik | | Alternative B2 | | Alternative C2 | |
|---|---|---|---|---|---|---|
| 0 | 1 | 2 | 3 | 4 | 3 | 4 |
| 1 | Merkmal | DM/Einheit | Anzahl | Kosten | Anzahl | Kosten |
| 2 | Etagenförderer | 200.000 | 6 | 1.200.000 | 6 | 1.200.000 |
| 3 | Verschiebewagen | 150.000 | 27 | 4.050.000 | 27 | 4.050.000 |
| 4 | Verschiebehubwagen | 31.800 | 19 | 604.200 | 19 | 604.200 |
| 5 | Verschiebeweg [m] | 430 | 54 | 23.220 | 91 | 39.130 |
| 6 | Verteilerwagen | 12.000 | 8 | 96.000 | 10 | 120.000 |
| 7 | Verteilweg [m] | 550 | 26 | 14.300 | 35 | 19.250 |
| 8 | Drehtisch | 8.800 | 4 | 35.200 | 6 | 52.800 |
| 9 | Rollenförderer [m] | 1.600 | 282 | 451.200 | 13 | 20.800 |
| 10 | Bereitstellplätze | 1.400 | 80 | 112.000 | 78 | 109.200 |
| 11 | Reibradförderer [m] | 1.000 | | | 293 | 293.000 |
| 12 | Rollpaletten | 100 | | | 20580 | 2.058.000 |
| 13 | Hubstation | 5.000 | | | 4 | 20.000 |
| 14 | Summe | | | 6.586.120 | | 8.586.380 |
| | | | | | | |
| 15 | Kommissionierung | | | | | |
| 16 | Folien-Stretch-Station | 150.000 | 1 | 150.000 | 1 | 150.000 |
| 17 | Lagenpalettierer | 300.000 | 1 | 300.000 | 1 | 300.000 |
| 18 | Waage | 15.000 | 3 | 45.000 | 3 | 45.000 |
| 19 | Konturenkontrolle | 2.500 | 3 | 7.500 | 3 | 7.500 |
| 20 | Gabelstapler | 50.000 | 6 | 300.000 | 6 | 300.000 |
| 21 | Summe | | | 802.500 | | 802.500 |

Tabelle 33   Investitionen für Transporttechnik B2 und C2

# 10 Systemplanung Einheitenlager für Tiefkühlartikel

Zugrundegelegter Transporttechnik- und Kommissionierungsstandard:

| | |
|---|---|
| Etagenförderer | Förderhöhe bis ca. 30 m, Belastung bis 1500 kg, Drehtechnik |
| Verschiebehubwagen | Rollenförderer und Laufbahn, Hubtisch, Verfahreinrichtung, 2m Verschiebeweg (Schienen), 3 Motoren (0,45 KW) |
| Verschiebeweg | Schienen, Kabelschleppsystem |
| Drehtisch | Drehschemel, Verlagerungsrahmen, Rollenförderer, 2 Motoren (0,45 KW) |
| Verteilerwagen | Rollenförderer, Verfahrwagen, Laufbahn, Verfahreinrichtung, 2m Verteilweg (Schienen), Motoren (0,45 KW) |
| Verteilweg | Schienen, Kabelschleppsystem |
| Reibradförderer | Reibräder, Ketten, Stützböcke, Motor (0,45 KW) |
| Bereitstellplätze | Rollbahnen (Tragrollen, Bahngerüst, Stützböcke) |
| Folien-Stretch-Station | Folie aus Polyethylen oder Polypropylen |
| Lagenpalettierer | Leistung: 125 Lagen /Std. (Slip-Sheet-Verfahren) |
| Konturenkontrolle | Lichtschranken, Reflektoren, Grundrahmen, Gerüstteile |
| Waage | Einbindung in Materialfluß, geeicht, PC-Schnittstelle |
| Gabelstapler | Standdardausführung, leistungsfähige Batterie für Kälteeinsatz |

Tabelle 33 faßt die Ergebnisse der Investitionsrechnung zusammen und zeigt in Form einer Rangfolge, welches Planungskonzept die Aufgabenstellung am günstigsten realisiert.

| Lfd. Nr. | Investitionen [DM] | A1 | B2 | C2 |
|---|---|---|---|---|
| 0 | 1 | 2 | 3 | 4 |
| 1 | Baumaßnahmen | 10.064.510 | 11.198.125 | 11.031.080 |
| 2 | Transporttechnik | 6.698.620 | 6.586.120 | 8.586.380 |
| 3 | Kommissionierung | 802.500 | 802.500 | 802.500 |
| 4 | Brandschutz | 1.889.400 | 1.471.100 | 1.565.100 |
| 5 | Hard- und Software | 700.000 | 700.000 | 700.000 |
| 6 | Kältetechnik | 3.000.000 | 3.000.000 | 3.000.000 |
| 7 | Zwischensumme | 23.155.030 | 23.757.845 | 25.685.060 |
| 8 | Unvorhergesehenes | 1.157.752 | 1.187.892 | 1.284.253 |
| 9 | Gesamtsumme | 24.312.782 | 24.945.737 | 26.969.313 |
| 10 | Rang | 1 | 2 | 3 |

Tabelle 34  Zusammenfassende Darstellung der Investitionsrechnung

Erläuterungen zu den Investitionen:

| | |
|---|---|
| Brandschutz | Sprinkleranlage als Trockenschnellanlage konzipiert, vorgesteuert, Wirkfläche pro Sprinkler: 9 m², Bezugsfläche: Bruttolagerfläche, Preis pro Sprinkler: 470 DM (Installation der kompletten Anlage, Material, Brandmeldeanlage) |
| | Nicht im Preis: Wassertanks für Wasserbevorratung, große Brandschutzwand in der Lagerhalle |
| Hard- und Software | Hard- und Software für die Steuerung der Lagerabläufe, Preis: 600.000-800.000 DM, Durchschnittspreis: 700.000 DM |
| Kältetechnik | Bemessungsgrundlage: 100.000 m³ Kühlvolumen, Betriebstemperatur: -28°C, Kühlmittel: Ammoniak ($NH_3$), Preis: 2-4 Millionen DM, Durchschnittspreis: 3 Millionen DM |
| Unvorhergesehenes | 5 % der Gesamtinvestitionssumme für bei Planung z.B. nicht einkalkulierte Transporttechnik, Baumaßnahmen, etc. |

Die auffallend höheren Investitionsbeträge, die zur Realisierung der Planungskonzepte C2 notwendig sind, haben ihre Ursache in der notwendigen Anschaffung der Rollwagen (Anzahl Lagerplätze multipliziert mit 100 DM).

Im Gegensatz zur verkürzten Nutzertanalyse bei der A1 am schlechtesten abgeschnitten hat und B2 am besten lag, ergibt sich die geringste Investition bei A1 gefolgt von B2 (2,6% Mehrkosten).

Tabelle 35 gibt für die einzelnen Planungskonzepte – in Betriebskostenarten aufgeschlüsselt – die jährlichen Betriebskosten an und ermittelt daraus eine Rangfolge für die alternativen Planungskonzepte.

Der Energieverbrauch (und damit die Energiekosten eines Tiefkühllagers) hängt von vielen Faktoren ab und wird deshalb hier nur mit den oben angesetzten 10 % der Betriebskosten (in guter Näherung) angenommen. Im folgenden werden nur einige Faktoren genannt, von denen die Energiekosten eines Tiefkühllagers abhängen:

- Öffnungszeiten der Thermoschleusen
- Temperatur der angelieferten Rohware
- Qualität der Isolierung bzw. Dämmung
- Art der gelagerten Materialien
- Kühlvolumen.

| Lfd. Nr. | Betriebskosten [DM / Jahr] | A1 | B2 | C2 |
|---|---|---|---|---|
| 0 | 1 | 2 | 3 | 4 |
| 1 | Personalkosten | 900.000 | 900.000 | 900.000 |
| 2 | Kalkulatorische Abschreibungen (pro Jahr, linear) | | | |
| 3 | Baumaßnahmen | 503.226 | 559.906 | 551.554 |
| 4 | Transporttechnik | 669.862 | 658.612 | 858.638 |
| 5 | Kommissionierung | 80.250 | 80.250 | 80.250 |
| 6 | Brandschutz | 188.940 | 147.110 | 156.510 |
| 7 | Hard- und Software | 70.000 | 70.000 | 70.000 |
| 8 | Kältetechnik | 300.000 | 300.000 | 300.000 |
| 9 | Kalkulatorische Zinsen | 607.820 | 623.643 | 674.233 |
| 10 | Wartung | | | |
| 11 | Baumaßnahmen | 50.323 | 55.991 | 55.155 |
| 12 | Transporttechnik | 200.959 | 197.584 | 214.660 |
| 13 | Kommissionierung | 40.125 | 40.125 | 40.125 |
| 14 | Brandschutz: 2x/Jahr | 16.000 | 16.000 | 16.000 |
| 15 | Hard- und Software | 35.000 | 35.000 | 35.000 |
| 16 | Kältetechnik | 45.000 | 45.000 | 45.000 |
| 17 | Zwischensumme | 3.707.503 | 3.729.221 | 3.997.125 |
| 18 | Energiekosten | 370.750 | 322.578 | 349.748 |
| 19 | **Summe Betriebskosten** | 4.078.254 | 4.051.799 | 4.346.873 |
| 20 | Rang | 2 | 1 | 3 |

**Tabelle 35** Betriebskosten der Planungskonzepte

Eine Schwierigkeit bei der Berechnung der Betriebskosten entsteht dadurch, daß für die kalkulatorischen Zinsen, Wartung und Energiekosten pauschale Prozentsätze verwendet werden. Daraus folgt, daß die tatsächlichen Betriebskosten erheblich von den hier errechneten Werten abweichen können. Hier soll lediglich die generelle Vorgehensweise bei der Betriebskostenrechnung demonstriert werden. Dieses rechtfertigt den Ansatz mit pauschalen Prozentsätzen.

Die Betriebskostenrechnung ergibt, daß das Planungskonzept B2 bei seiner Realisierung mit Abstand die niedrigsten Betriebskosten pro Jahr aufweist.

Aus den Betriebskosten werden nun zwei weitere Kennzahlen für eine weitere Entscheidungsgrundlage ermittelt (Tabelle 36 und Tabelle 37):

- Lagerungskosten einer Ladeeinheit in DM pro Monat
- Umschlagskosten einer Ladeeinheit in DM pro Ein- bzw. Auslagerung.

| | |
|---|---|
| Personalkosten | Durchschnittswert: 90.000 DM pro Person und Jahr (inklusive Zulagen für erschwerte Arbeitsbedingungen in der Kälte) |
| Kalkulatorische Abschreibungen (Abschreibungszeit-raum: mindestens 10 Jahre) | Baumaßnahmen : 5 % der Investitionssumme<br>Transporttechnik : 10 % der Investitionssumme<br>Kommissionierung : 10 % der Investitionssumme<br>Brandschutz : 10 % der Investitionssumme<br>Hard- und Software : 10 % der Investitionssumme<br>Kältetechnik : 10 % der Investitionssumme |
| Kalkulatorische Zinsen | 5 % von halber Gesamtinvestitionssumme |
| Wartung | Baumaßnahmen : 0,5 % der Investitionssumme<br>Transporttechnik : 3 % der Investitionssumme (A1 - B3)<br>: 2,5 % der Investitionssumme (C2 - C3)<br>Kommissionierung : 5 % der Investitionssumme<br>Hard- und Software : 5 % der Investitionssumme<br>Kältetechnik : 1,5 % der Investitionssumme |
| Energiekosten | 10 % der gesamten Betriebskosten, gewichtet mit der Kennzahl „Energieverbrauch"<br>Gewichtungsfaktoren  A1: 1,000  B1: 0,962  B2: 0,865  B3: 0,802<br>C2: 0,875  C3: 0,819 |

| Lfd. Nr. | Lagerungskosten [DM/LE und Monat] | A1 | B2 | C2 |
|---|---|---|---|---|
| 1 | 1 | 2 | 3 | 4 |
| 2 | Wartung | | | |
| 3 | Baumaßnahmen | 50.323 | 55.991 | 55.155 |
| 4 | Kommissionierung | 40.125 | 40.125 | 40.125 |
| 5 | Brandschutz: 2x/Jahr | 16.000 | 16.000 | 16.000 |
| 6 | Hard- und Software | 35.000 | 35.000 | 35.000 |
| 7 | Kältetechnik | 45.000 | 45.000 | 45.000 |
| 8 | Energiekosten | 370.750 | 322.578 | 349.748 |
| 9 | Summe | 557.198 | 514.693 | 541.029 |
| 10 | **Lagerungskosten** | **2,30** | **2,08** | **2,19** |
| 11 | Rang | 3 | 1 | 2 |

Tabelle 36  Lagerungskosten in DM/Monat für eine Lagereinheit

| Lfd. Nr. | Umschlagskosten [DM/LE und Umschlag] | A1 | B2 | C2 |
|---|---|---|---|---|
| 0 | 1 | 2 | 3 | 4 |
| 1 | Personalkosten | 360.000 | 360.000 | 360.000 |
| 2 | Transporttechnik | 200.959 | 197.584 | 257.591 |
| 3 | **Summe** | 560.959 | 557.584 | 617.591 |
| 4 | **Umschlagskosten** | **2,24** | **2,23** | **2,47** |
| 5 | Rang | 2 | 1 | 3 |

Tabelle 37  Umschlagkosten in DM/Lagereinheit

Die Umschlagskosten beziehen sich auf 250 Betriebstage des Tiefkühllagers im Jahr mit 1.000 umzuschlagenden Ladeeinheiten pro Tag (je 500 An- und Auslieferungen).

Die beiden Tabellen 36 und 37 zeigen, daß das Planungskonzept B2 mit 2,08 DM Lagerungskosten pro Ladeeinheit und Monat und 2,23 DM pro umgeschlagener Ladeeinheit die geringsten Kosten beim Vergleich der Planungsalternativen aufweist.

*Ermittlung des optimalen Planungskonzeptes*

Die Aufgabe des Planers besteht darin, eine Entscheidungsgrundlage und eine Entscheidungsvorbereitung durchzuführen, auf der die Entscheidung z.B. vom Planungsausschuß getroffen werden kann.

Grundlage dafür sind die Entscheidungskriterien:

- Verkürzte Nutzwertanalyse
- Gesamtinvestitionen
- Betriebskosten
- Lagerungskosten
- Umschlagskosten.

| Lfd. Nr. | Entscheidungskriterium | Einheit | A1 | B2 | C2 |
|---|---|---|---|---|---|
| 0 | 1 | 2 | 3 | 4 | 5 |
| 1 | Verkürzte Nutzwertanalyse | Punkte | 207 | 241 | 229 |
| 2 | Rang | | 3 | 1 | 2 |
| 3 | Investitionsrechnung | DM | 24.312.782 | 24.945.737 | 26.969.313 |
| 4 | Rang | | 1 | 2 | 3 |
| 5 | Betriebskosteneinschätzung | DM/Jahr | 4.078.254 | 4.051.799 | 4.346.873 |
| 6 | Rang | | 2 | 1 | 3 |
| 7 | Lagerungskosten (pro Monat) | DM/Pal | 2,30 | 2,08 | 2,19 |
| 8 | Rang | | 3 | 1 | 2 |
| 9 | Umschlagskosten | DM/Pal | 2,24 | 2,23 | 2,47 |
| 10 | Rang | | 2 | 1 | 3 |

Tabelle 38   Zusammenfassung der Ergebnisse

Aus Tabelle 38 ist zu erkennen, daß **die Planungsalternative B2 als optimales Konzept zur Realisierung vorgeschlagen wird.**

# 11 Optimierung des Kommissionierlagers eines Buchgroßhändlers

## 11.1 Aufgabe: Planung eines Kommissionierlagers mit belegloser Kommissionierung

Die Planung eines Kommissionier- und Versandsystem für einen Buchgroßhandel ist in vorhandenen Gebäuden unter Berücksichtigung vorgegebener Daten durchzuführen.

*Gebäudeabmessungen:*

Halle 1:

| | |
|---|---|
| L x B x H (lichte Maße): | 70,0 x 40,0 x 15,0 m |
| davon auf 3 Etagen Büros, Treppenhaus, Kantine und Pausenräume auf einer Fläche von L x B x H (lichte Maße): | 10,0 x 40,0 x 15,0 m |
| Stützenraster: | freitragend |
| Bodentragfähigkeit: | 5 t/m² |
| Ausführung des Hallenbodens: | 5 mm Estrich |

Halle 2:

| | |
|---|---|
| L x B x H (lichte Maße): | 70,0 x 90,0 x 5,0 m |
| Stützenraster: | 10,0 x 15,0 m |
| Bodentragfähigkeit: | 2,5 t/m² |
| Ausführung des Hallenbodens: | 10 mm Estrich |

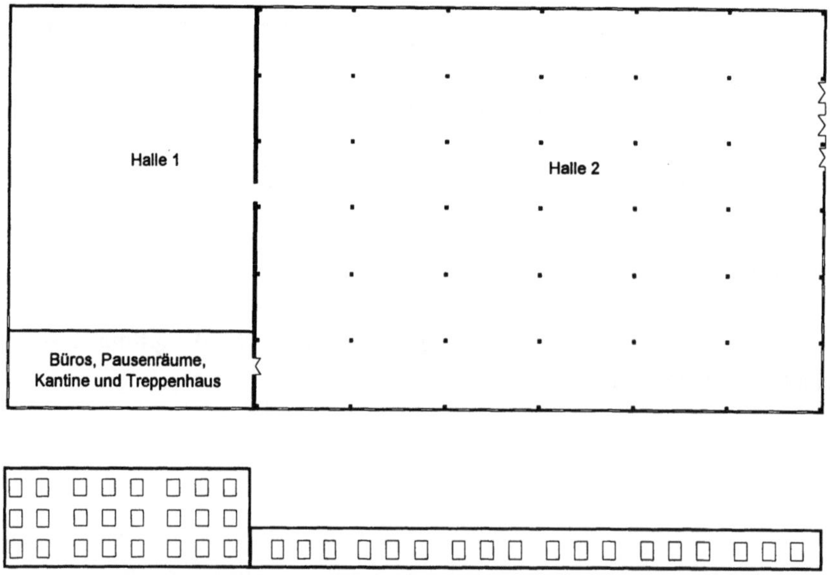

Bild 81 Gebäudegrundriß und Gebäudeseitenansicht (unten)

# 11 Optimierung des Kommissionierlagers eines Buchgroßhändlers

*Sortimentsstruktur:*

Die verschiedenen Buchtitel werden nach Umschlagshäufigkeit in A-, B- und C-Artikel eingeteilt.

| | |
|---|---|
| Anzahl von A-Artikeln: | ca. 750 |
| Anzahl von B-Artikeln: | ca. 6.500 |
| Anzahl von C-Artikeln: | ca. 60.000 |
| Abmessungen der Artikel (L x B): | Min. 9 cm x 6 cm |
| | Max. 33 cm x 25 cm |
| Minimalgewicht einer Position | 0,02 bis 9,4 kg |
| in Dehnfolie verpackte Bücher: | < 20 % |
| Bücher mit ISBN-Nr. als Strichcode: | < 17% |

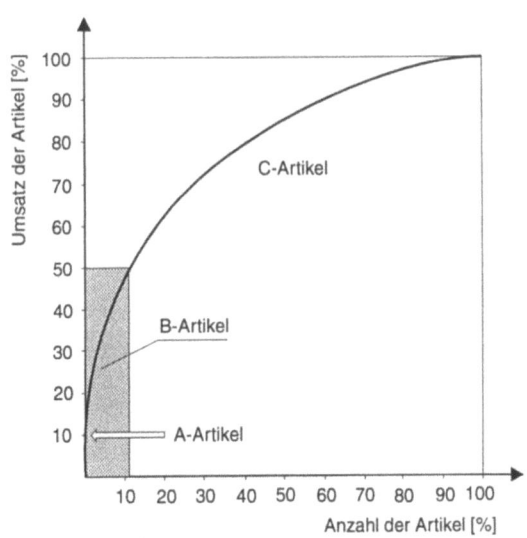

**Bild 82** Diagramm der ABC-Analyse

*Auftragsstruktur:*

- durchschnittlich 4.000 Normalaufträge pro Tag
- durchschnittlich 500 Kleinaufträge pro Tag
- durchschnittlich 7 Positionen/Normalauftrag
- maximal 3 Positionen pro Kleinauftrag
- Kommissionierung von durchschnittlich 29.000 Positionen/Tag. Davon entfallen auf:
  - A-Artikel: ca. 5.750 Positionen/Tag
  - B-Artikel: ca. 8.750 Positionen/Tag
  - C-Artikel: ca. 14.500 Positionen/Tag
- Im Saisonhochbetrieb (Weihnachts- und Osterzeit) erhöht sich die Anzahl der täglich zu bearbeitenden Positionen um ca. 30 Prozent.

Arbeitszeit

- 2 Schichten à 5,5 Stunden
- 1. Schicht: 11.00 – 16.30 Uhr
- 2. Schicht: 16.30 – 22.00 Uhr
- Aufteilung der Kommissionieraufträge: 1. zu 2 . Schicht wie 30 zu 70 Prozent
- Aufteilung der Einlagerungsaufträge: 1. zu 2. Schicht wie 85 zu 15 Prozent

*Lagerplatzgrößen*

A-Artikel
- alle Lagerplätze für mindestens 300 Exemplare à 330 x 250 x 30 mm (L x B x H)

B-Artikel
- 1.625 Lagerplätze für mindestens 25 Exemplare à 330 x 250 x 30 mm (L x B x H) (Abb.: 3-3)
  4.875 Lagerplätze für mindestens 50 Exemplare à 250 x 180 x 30 mm (L x B x H)

C-Artikel
- 15.000 Lagerplätze für mindestens 10 Exemplare à 330 x 250 x 30 mm (L x B x H) (Abb.: 3-3)

  45.000 Lagerplätze für mindestens 20 Exemplare à 250 x 180 x 30 mm (L x B x H)

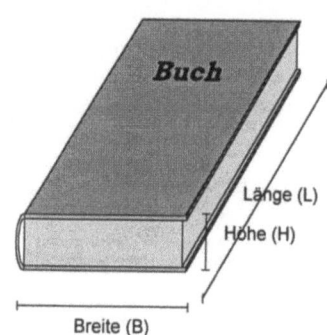

**Bild 83 Buchabmessungen**

*Ablauforganisation / Materialfluß*

- Wareneingang
- Einlagerung
- artikelorientierte Kommissionierung
- Titelkontrolle
- Auftragszuordnung

- Drucken von Rechnung- und Versandpapieren
- Auftragskontrolle
- Verpacken der Bücher
- Versand
- Warenausgang

# 11 Optimierung des Kommissionierlagers eines Buchgroßhändlers

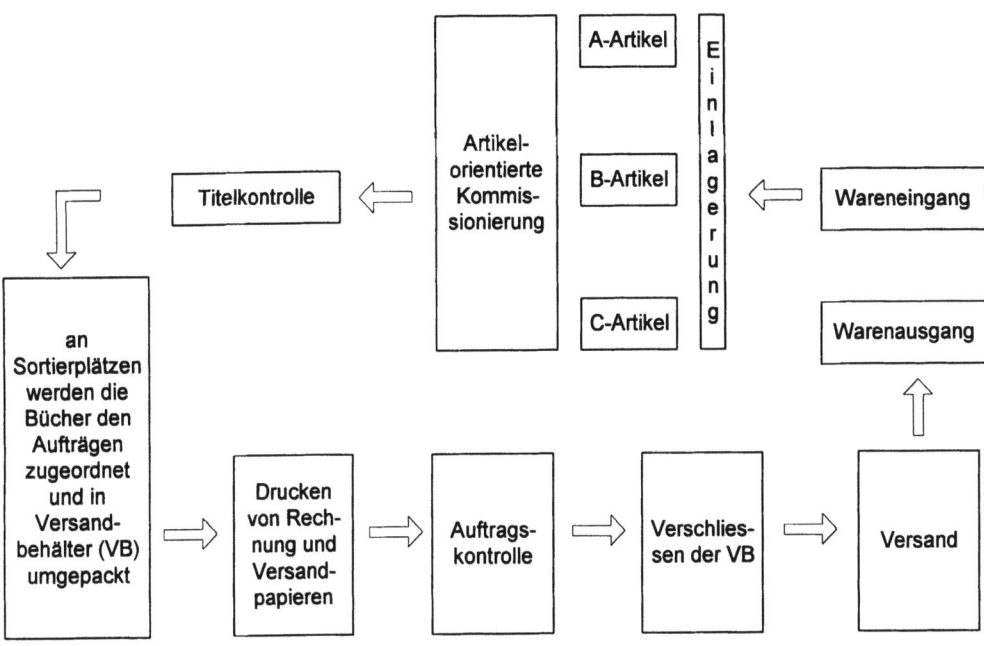

Bild 84 Ablauforganisation – Materialfluß

*Geforderte Mindestleistungen:*

| | |
|---|---|
| Wareneingang: | 200 Titel/Stunde |
| Einlagerung: | |
| A-Artikel: | 12 Titel/Stunde |
| B-Artikel: | 120 Titel/Stunde |
| C-Artikel: | 400 Titel/Stunde |
| Kommissionieren: | |
| A-Artikel: | 1.000 Positionen/Stunde |
| B-Artikel: | 1.500 Positionen/Stunde |
| C-Artikel: | 2.500 Positionen/Stunde |
| Titelkontrolle: | 5.000 Positionen/Stunde |
| Auftragszuordnung: | |
| Sortierplätze für Normalaufträge: | 4.700 Positionen/Stunde |
| Packplätze für Kleinaufträge: | 150 Kartons/Stunde |
| Druckplätze: | 550 VB/Stunde |
| Auftragskontrolle | 550 VB/Stunde |
| Nachbearbeitung: | 100 VB/Stunde |
| Versand: | 550 VB/Stunde |

*Randbedingungen:*

Die Aufbauorganisation sieht für jede Artikelgruppe einen eigenen Kommissionierlagerbereich vor. Frei wählbar sind:

- der Regaltyp,
- die Lagerhilfsmittel für Ein- und Auslagerung und
- die Lagereinheiten

Weitere Randbedingungen sind:

- in jedem Lager besteht freie Lagerplatzwahl
- Transport der Bücher aus dem Lager erfolgt lose oder in Behältern
- alle Bücher müssen mit einem selbstklebenden Etikett versehen werden, das den Warenwirtschaftscode (ISBN-Nr.) als Strichcode beinhaltet (Forderung der Buchhändler: siehe Bild 86.)
- Umfang der Aufträge ist so zu gestalten, daß alle Positionen des Auftrages in <u>einem</u> Versandbehälter (VB) zusammengefaßt werden können, gegebenenfalls muß ein Großauftrag einer Buchhandlung in mehrere Aufträge (Teilaufträge) aufgeteilt werden.
- für jeden Gesamtauftrag einer Buchhandlung wird nur <u>eine</u> Rechnung gedruckt
- jeder Versandbehälter wird verschlossen und mit einer Lieferanschrift versehen – Versandbehälter, die die Positionen eines Teilauftrages enthalten, werden gekennzeichnet.
- Abmessungen eines Versandbehälters (Bild 85)

**Maße:**

Außenmaße:

| | |
|---|---|
| Höhe: | 26 cm |
| Länge: | 52 cm |
| Breite: | 37 cm |

| | |
|---|---|
| Gewicht beladen max.: | 30 kg |
| Gewicht beladen min.: | 5 kg |
| Gewicht leer: | 2 kg |

An jeder Längsseite befindet sich ein Strichcode, mit dessen Hilfe der VB eindeutig identifiziert werden kann.

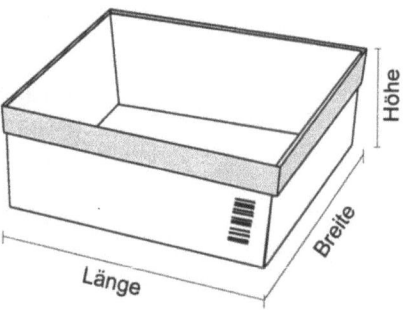

**Bild 85 Versandbehälter (VB)**

Kleinaufträge werden an gesonderten Packplätzen in Kartons verpackt.

Remittenden, Bücher, die an den Großhandel zurückgegeben werden, weil sie falsch geliefert oder von Kunden nicht abgeholt wurden, müssen eine Qualitätskontrolle durchlaufen und wieder ihrem Lagerplatz zugeführt werden.

## 11.2 Lösungsmöglichkeiten alternativer Sortier- und Kommisionierungssysteme

*Sortieranlagen:*

Sortieranlagen übernehmen beim Kommissionieren die Aufgabe, in einer zweiten Stufe, die aus einem bereitgestellten Sortiment im Hochregallager artikelorientiert entnommenen Gütern (Bücher) Aufträgen oder Auftragsgruppen automatisch zuzuordnen.

Anforderungen an Sortieranlagen:

- Hohe Sortierleistung
- Viele Zielkanäle
- Geringer Platzbedarf
- Technisch unkomplizierte Zuteilstrecken
- Geringe Fehlerrate (zielgenaue Sortierung)
- Schonende Sortierung
- Hohe Automatisierung
- Geringe Störanfälligkeit der Gesamtanlage
- Verschleiß- und wartungsarm

### 11.2.1 Alternative I: Stahlband mit Ausschleusern und Kommissionierliste

Das Kommissisoniersystem besteht aus 3 Kommissionierstufen unter Verwendung einer Kommissionierliste. Die Sortierung geschieht mittels Stahlband und Ausschleuseeinrichtung. Das 3-Stufige Kommissionieren ist wie folgt aufgebaut:

*1. Kommissionierstufe:*

Bücher werden aus den Lagern entnommen und mit einem selbstklebenden Etikett versehen. Buchetikett dient zur Identifizierung und Auftragszuordnung (Bild 86). Jede Position wird in einen Kommissionierbehälter (KB) gelegt.

Die Abarbeitung erfolgt in Serien, d.h. es wird stets nur eine bestimmte Anzahl von Aufträgen bearbeitet. Maximale gleichzeitig zu bearbeitende Aufträge einer Serie entsprechen den maximal vorhandenen Auftrags-(Versandbehälter-)plätzen. Erst nach Fertigkommissionierung kann eine neue Serie gestartet.

*2. Kommissionierstufe:*

Sortieranlage: Stahlband mit Ausschleusern (Bild 87)

- Stetigförderer, bestehend aus: endlosem Stahlband (glatte Oberfläche, verschleißarm); 90°-Ausschleusern (schwenkbare Arme)

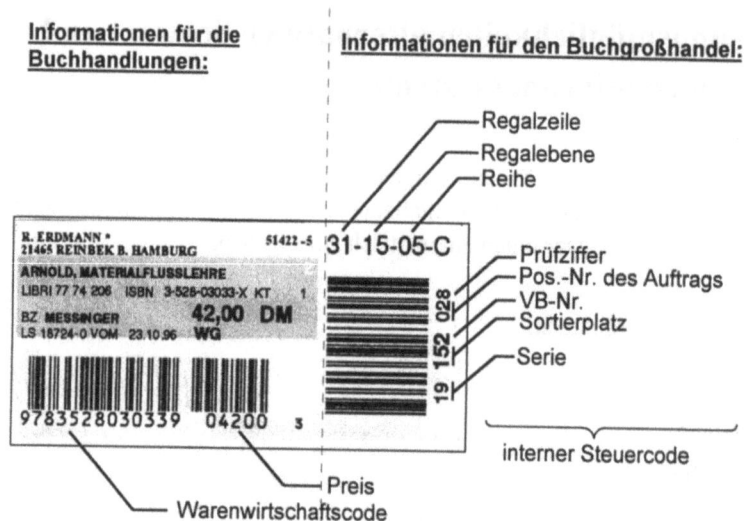

**Bild 86** Selbstklebendes Etikett auf einem Buch

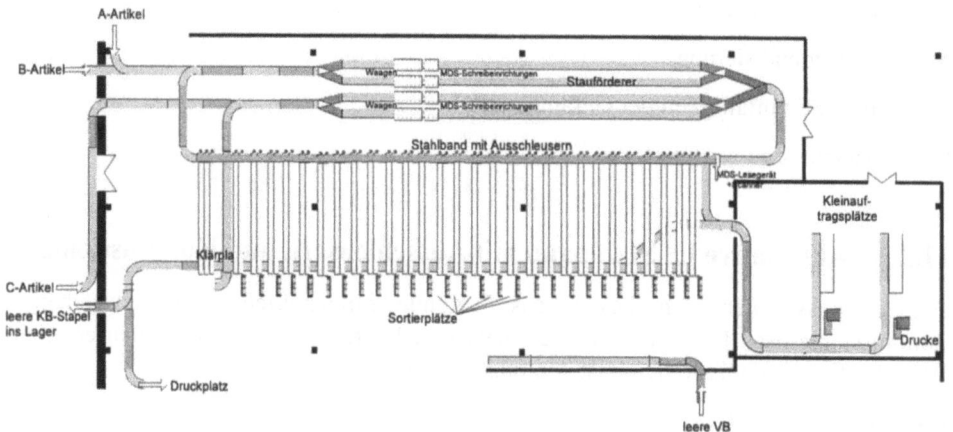

**Bild 87** Layout zur Alternative I

*Eigenschaften:*

- Komplizierte Zusammenführung der Zuteilstrecken; geringe Transportgeschwindigkeit
- Relativ großer Abstand zwischen zwei Gütern
- Ausschleusung nur zu einer Seite; Ausschleusvorgang zu ungenau
- Geringe Kommissionierleistung; störanfällig

*3. Kommissionierstufe:*

Die Draufsicht der Sortieplätze des Layoutes Bild 87 ist in Bild 88 vergrössert dargestellt. Das Bild 89 zeigt die Seitenansicht eines Sortierplatzes im Punkt „5". Die Kommissionierung in dieser 3. Stufe geschieht mit einer Kommisionierliste.

11 Optimierung des Kommissionierlagers eines Buchgroßhändlers  217

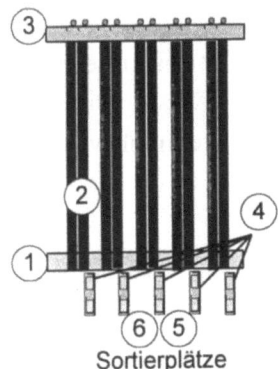

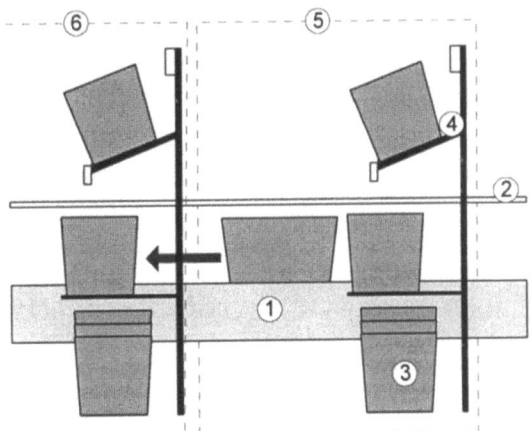

① Gurtförderer zum Abtransport
  voller VB und leerer KB-Stapel
② Rollenbahnen zur Pufferung der
  vollen KB
③ Stahlband mit Ausschleusern
④ Regal, in dem sich auf 2 Ebenen
  verteilt, 3 VB befinden
⑤ Sortierplatz "n"
⑥ Sortierplatz "n+1"

① Gurtförderer zum Abtransport voller VB und leerer
  KB-Stapel
② Rollenbahnen zur Pufferung der vollen KB
③ Lagerung leerer VB
④ Regal, in dem sich auf 2 Ebenen verteilt, 3 VB
  befinden
⑤ Sortierplatz "n"
⑥ Sortierplatz "n+1"

**Bild 88 Sortierplätze Draufsicht**

**Bild 89 Sortierplätze Seitenansicht**

*Arbeitsablauf der Kommissionierung mit Kommissionierliste:*

- Entnahme eines vollen KB von einer der beiden Rollenbahnen (Zielkanäle) (gerade Seriennummer: rechte, ungerade Seriennummer: linke Rollenbahn) und

- Zuordnung der Position über den numerisch aufgeführten internen Steuercode auf dem Buch zu einem der 3 VB, wobei jede Position mit dem Etikett nach oben in den entsprechenden VB gelegt wird.

- Streichen dieser Position von der Kommissionierliste.

- Sobald alle Positionen gestrichen sind, ist der Auftrag fertig, und der VB wird wie die leeren KB-Stapel auf den Gurtförderer geschoben.

## 11.2.2  Alternative II:  Kippschalensorter und belegloses Kommissionieren

In dieser Lösung der gestellten Aufgabe geschieht die Sortieung mit einem Kippschalensorter und bezüglich der Ablauforganisation mit einer dreistufigen Kommissionierung.

*1. Kommissionierstufe:*

- Bücher werden aus den Lägern entnommen und mit einem selbstklebenden Etikett versehen.

- Buchetikett dient zur Identifizierung und Auftragszuordnung.

- Jede Position wird in einen Kommissionierbehälter (KB) gelegt.
- Im Boden jedes Kommissionierbehälters befindet sich ein mobiler Datenspeicher, der eine dezentrale Datenhaltung ermöglicht.
- Die Abarbeitung erfolgt in Serien, d.h. es wird stets nur eine bestimmte Anzahl von Aufträgen bearbeitet. Erst danach wird eine neue Serie gestartet.

2. *Kommissionierstufe:*

Hierfür wird ein Kippschalensorter (Bild 90 und Bild 91) eingesetzt. Der Aufbau des Anlagenlayoutes dieser Alternative II ist in Bild 92 dargestellt.

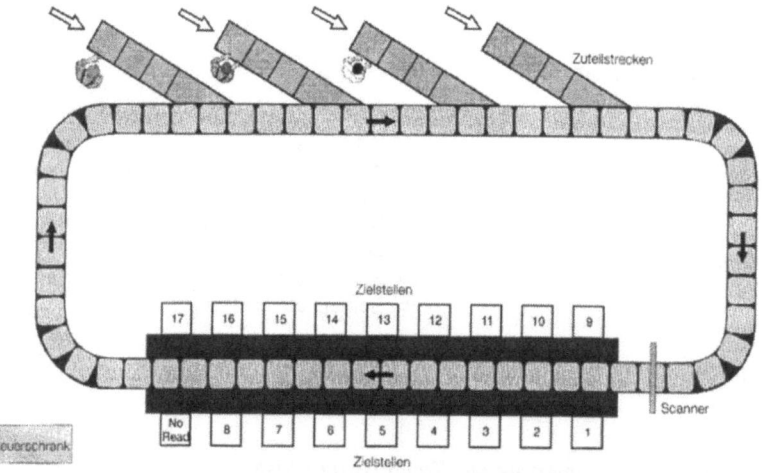

**Bild 90 Anlagenlayout Kippschalensorter** (Quelle: Fa. Mannesmann-Dematic)

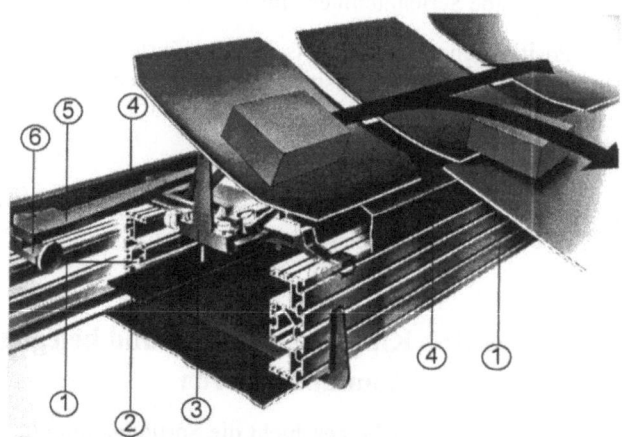

① Aluminium-Profile der Sorterbahn
② Sekundärleiter des Linearantriebs
③ Kipper auf Kettenglied mit Quertraversenfahrwerk
④ Sorterbahnabdeckung
⑤ Ausschleusweiche
⑥ Auslösemagnet

**Bild 91 Aufbau Kippschalensorter -Detail** (Quelle: Fa. Mannesmann-Dematic)

# 11 Optimierung des Kommissionierlagers eines Buchgroßhändlers

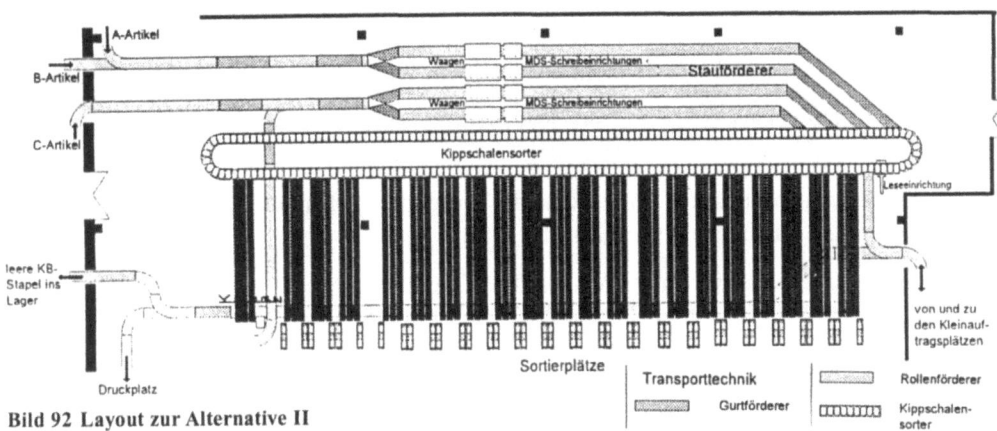

**Bild 92** Layout zur Alternative II

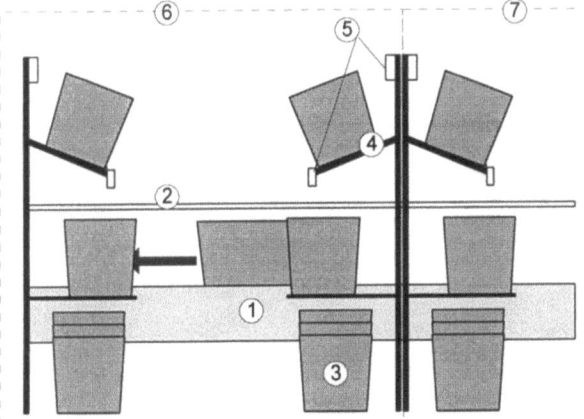

① Gurtförderer zum Abtransport voller VB und leerer KB-Stapel
② Rollenbahnen zur Pufferung der vollen KB
③ Lagerung leerer VB
④ Regal, in dem sich auf 2 Ebenen verteilt, 5 VB befinden
⑤ Leuchtdiode und Schalter
⑥ Sortierplatz "n"
⑦ Sortierplatz "n-1"

### 3. Kommissionierstufe:

Alternativ zur Lösung I mit Kommissionierliste wird in den Alternativen II die Kommissionierung beleglos (papierlos) durchgeführt. Pro Regal erhöhen sich die Versandbehälter (= Aufträge) von 3 auf 5, so daß ein Sortierplatz gleichzeitig 10 Aufträge bearbeiten kann. Die Bild 93 und Bild 94 zeigen den Aufbau der Sortierplätze.

**Bild 93** Sortierplätze Seitenansicht

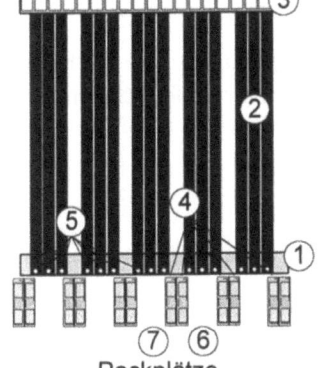

Packplätze

① Gurtförderer zum Abtransport voller VB und leerer KB-Stapel
② Rollenbahnen zur Pufferung der vollen KB
③ Kippschalensorter
④ Regal, in dem sich auf 2 Ebenen verteilt, 5 VB befinden
⑤ SLG
⑥ Sortierplatz "n"
⑦ Sortierplatz "n+1"

**Bild 94** Sortierplätze Draufsicht

*Ablauf der beleglosen Kommissionierung:*

- Leuchtdiode unterhalb des Zielkanals signalisiert, welcher KB entnommen werden soll.
- Die Entnahme eines vollen KB aus dem Zielkanal führt zu einer Trennung des Kontaktes zwischen MDS und der Leseeinrichtung.
- Die Trennung sorgt für ein Aufleuchten der Leuchtdiode oberhalb des Versandbehälters, in den das Buch hineingelegt werden soll.
- Hineinlegen der Position in den VB mit dem Etikett nach oben.
- Sortiervorgang mit jedem KB stets wiederholen.
- Sobald ein VB vollständig kommissioniert ist, beginnt die Leuchtdiode oberhalb des VB zu blinken.
- Die vollen VB und die leeren KB-Stapel werden auf den Gurtförderer zum Abtransport geschoben.

### 11.2.3 Alternative III: Klappschalensorter und belegloses Kommissionieren

Die Alternative III löst die Aufgabe mit Hilfe eines Klappschalensorters bei einer 2-stufigen Ablauforganisation.

*1. Kommissionierstufe:*

- Bücher werden aus den Lagern entnommen und mit einem selbstklebenden Etikett versehen.
- Buchetikett dient zur Identifizierung und Auftragszuordnung
- Die entnommenen Bücher werden in Packbehältern (PB) gesammelt.
- Die vollen Packbehälter werden über Rollenförderer in die Vorsortierung transportiert.
- Vereinzelung der Bücher
- Die Abarbeitung erfolgt in Serien, d.h. es wird stets nur eine bestimmte Anzahl von Aufträgen bearbeitet. Erst danach wird eine neue Serie gestartet.

*2. Kommissionierstufe:*

Unter den Klappschalen befinden sich die Versandbehälter (=Aufträge), so daß die Bücher direkt in die VBs fallen. Damit kann die personalintensive 3. Kommissionierstufe entfallen. Bild 95 zeigt das Gesamtlayout der Sortierung und Kommissionierung.

11 Optimierung des Kommissionierlagers eines Buchgroßhändlers 221

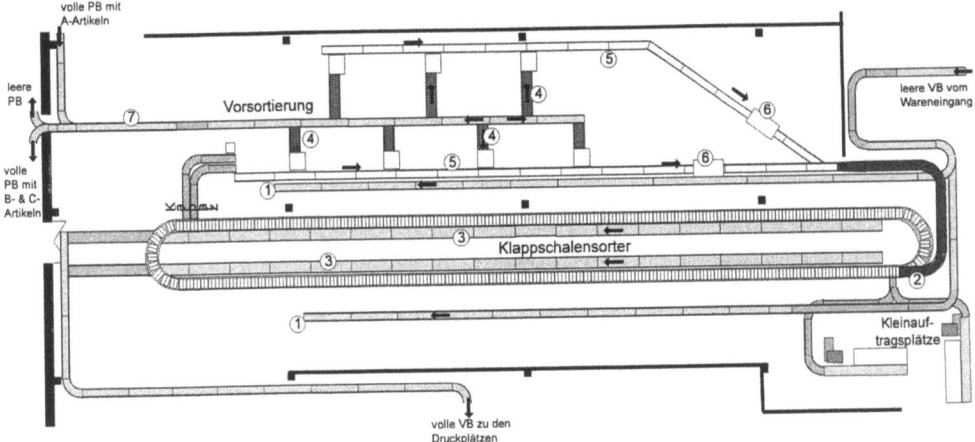

① Anlieferung leerer VB aus dem Wareneingang.

② Die einzelnen Bücher werden an den Klappschalensorter übergeben.

③ Abtransport der kompletten VB zu den Druckplätzen.

④ Vorsortierung; die über Rutschen in PB ankommenden Bücher werden vereinzelt.

⑤ Gurtförderer, optisch in viele gleichgroße Segmente aufgeteilt.

⑥ Titelkontrolle durch Gewichts- und Volumenausgleich.

⑦ Auf 2 übereinanderlaufenden Transportstrecken gelangen die vollen PB zur Vorsortierung und die leeren PB zurück in die Läger und den WE.

**Bild 95 Layout zur Alternative III**

# 12 Systemplanung des Kommissionierlagers eines Pharmagroßhändlers

## 12.1 Aufgabe: Planung eines automatischen Kommissioniersystems für Artikel mit hohem Umschlag

Der pharmazeutische Großhandel ist verpflichtet ein sehr großes Artikelsortiment vorrätig zu halten, obwohl nur ein Teil davon regelmäßig von den Apotheken nachgefragt wird. Das Artikelsortiment des Pharmagroßhandels besteht aus den typischen apothekenpflichtigen Arzneimitteln, den homöopathischen Präparaten, den Betäubungsmitteln (Opiate), deren Lagerung und Auslieferung detaillierten gesetzlichen Vorschriften unterliegt, Chemikalien, Reagenzien, Verbandstoffen, orthopädischen Artikeln und dem Ergänzungssortiment.

Ein Pharmagroßhändler betreut ca. 1.200 Apotheken, die täglich bis zu dreimal beliefert werden. Die Bestellungen erfolgen in der Weise, daß jede Apotheke ihre gewünschten Arzneimittel und anderen Artikel mit Bestellmengen in ihren Computer eingibt. Der Pharmagroßhandel ruft die Bestellung der Apotheken einer bestimmten Region (sog. Tour) zu bestimmten Zeiten über das Telefonnetz ab. Dadurch kann der Pharmagroßhandel alle Aufträge einer Tour gleichzeitig kommissionieren. Die Durchlaufzeit der Aufträge einer Tour vom Eingang der Bestellung bis zur Versandbereitstellung beträgt durchschnittlich 40 Minuten. Fremdfirmen übernehmen dann die Versandbehälter und liefern die Ware sofort aus.

### 12.1.1 Aufgabenstellung

Es sollen alternative teil- und vollautomatisierte Lösungskonzepte zur Kommissionierung von 4000 schnelldrehenden Artikeln erarbeitet und hinsichtlich Fläche, Bedienungspersonal, Anzahl der Lagerplätze und Leistung miteinander verglichen werden. Die für die Lagerung und Kommissionierung der A-Artikel zur Verfügung stehende Fläche ist 50 x 32 m groß. Der Abtransport der abgearbeiteten Aufträge in Versandbehältern erfolgt an einer der Stirnseiten. Bis zu 4.200 Positionen (ca. 8.400 Entnahmeeinheiten) müssen pro Stunde kommissioniert werden.

Desweiteren ist ein Gesamtkonzept eines Kommissionier- und Versandsystems für das relativ homogene Artikelsortiment im vorhandenen Gebäude unter Berücksichtigung weiterer Daten durchzuführen. Opiate, homöopathische Arzneimittel, temperaturempfindliche Artikel oder sperrige Güter (Krücken, Windeln) sind in der Planung nicht zu berücksichtigen.

*Gebäudeabmessungen*

| | |
|---|---|
| L x B x H (lichte Maße): | 105,0 x 90,0 x 5,00 m |
| Stützenraster: | 10,0 x 15,0 m |
| Bodentragfähigkeit: | 2,5 t/m² |
| Ausführung des Hallenbodens: | 10 mm Estrich |

## 12 Systemplanung des Kommissionierlagers eines Pharmagroßhändlers

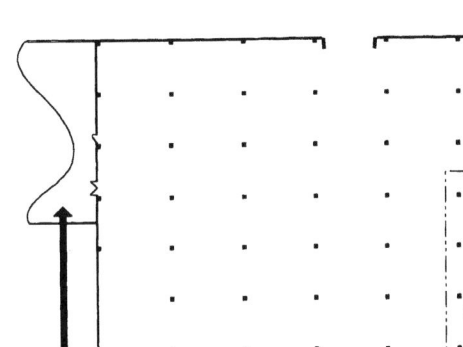

Bild 96  Gebäudegrundriß

*Sortimentsstruktur*

Die „Standardartikel" werden nach Umschlagshäufigkeit in A-, B- und C-Artikel eingeteilt. Sie sind entweder in Schachteln, kleinen Glas- und Kunststoffflaschen (Shampoo) oder in kleinen Döschen verpackt.

| | |
|---|---|
| Anzahl von A-Artikeln: | 4.000 |
| Anzahl von B-Artikeln: | 10.000 |
| Anzahl von C-Artikeln: | 40.000 |
| Abmessungen der Artikel (L x B x H): | min. 40 x 20 x 8 mm |
| | max. 300 x 200 x 60 mm |
| Ø Artikelgröße (L x B x H): | 50 x 60 x 100 mm |
| Gewicht der Artikel: | min. 10 g |
| | max. 600 g |

Da den Arzneimittelherstellern die Umschlagshäufigkeit ihrer Produkte bekannt ist, kann davon ausgegangen werden, daß die Verpackungen aller A- und B-Artikel für eine automatische Kommissionierung ausgelegt sind.

*Auftragsstruktur*

- durchschnittlich 2.500 Aufträge pro Tag
- durchschnittlich 20 Positionen/Auftrag
- Kommissionierung von durchschnittlich
  50.000 Positionen/Tag. Davon entfallen auf:
  - A-Artikel: ca. 35.000 Positionen/Tag
  - B-Artikel: ca. 8.000 Positionen/Tag
  - C-Artikel: ca. 7.000 Positionen/Tag
- durchschnittlich 2 Entnahmeeinheiten/Position

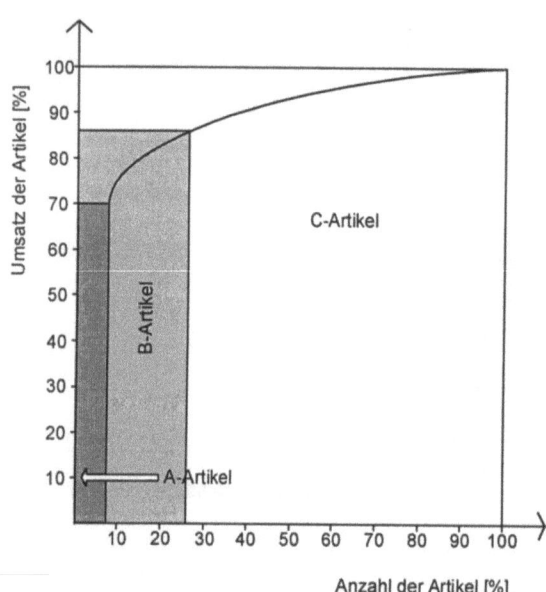

Bild 97  Diagramm der ABC-Analyse

*Arbeitszeit*

- 2 Schichten      à 7 Stunden
- 1. Schicht:      07.00 - 14.00 Uhr
- 2. Schicht:      14.00 - 21.00 Uhr

*Kommissionierleistung*

Der Wunsch der Apotheken, morgens zwischen 9.30 - 11.30 Uhr, mittags vor 14.30 Uhr und abends vor Ladenschluß um 18.30 Uhr beliefert zu werden, führt zu mehreren Stoßzeiten bei der Kommissionierung.

Die Anlage ist daher für 300 Aufträge pro Stunde auszulegen.

*Kommissionieren*

A-Artikel:    4.200 Positionen/Stunde
B-Artikel:      960 Positionen/Stunde
C-Artikel:      840 Positionen/Stunde

*Ablauforganisation / Materialfluß*

- Wareneingang
- Trennung in sortenreine Gebinde und Ermittlung des Lagerplatzes
- Einlagerung im Einheitenlager
- Beschickung der Kommissionierregale (-automaten)

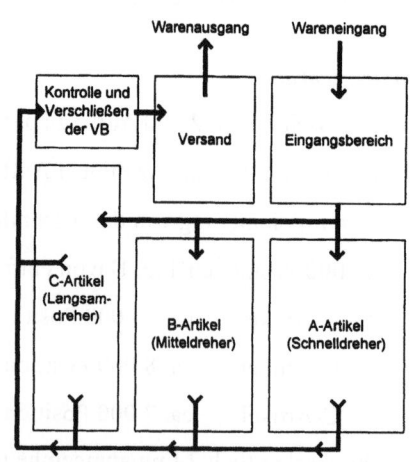

Bild 98  Ablauforganisation, MF

12 Systemplanung des Kommissionierlagers eines Pharmagroßhändlers        225

- Entgegennahme der Kommissionieraufträge
- Zuordnung des Auftrags zu einem Versandbehälter
- automatisches Durchlaufen der einzelnen Lagerbereiche
- auftragsorientierte Kommissionierung
- automatische Gewichtskontrolle nach jedem Lagerbereich
- Auftragskontrolle bei Abweichung des Soll- vom Istgewicht nach vollständiger Kommissionierung
- Verschließen der Versandbehälter
- Versand
- Warenausgang

*Randbedingungen*

- die Aufbauorganisation sieht für jede Artikelumschlagsgruppe einen eigenen Kommissionierlagerbereich vor
- der Regaltyp, die Lagerhilfsmittel für Ein- und Auslagerung und die Lagereinheiten sind frei wählbar
- in jedem Lager besteht feste Lagerplatzordnung
- die Kommissionierung erfolgt auftragsorientiert direkt in einen Versandbehälter
- nach jedem Kommissionierbereich muß eine Gewichtskontrolle durchgeführt werden, um aufgrund des geringen Gewichts der einzelnen Artikel und der Toleranz der Waagen Kommissionierfehler feststellen zu können
- es stehen zwei verschiedene Versandbehältergrößen (VB) zur Auswahl. Sie unterscheiden sich nur in ihrer Höhe. An den Längsseiten ist jeder VB mit einem Strichcode gekennzeichnet. Er ist somit eindeutig identifizierbar

**Bild 99   Versandbehälter (VB), Versandbehälterstapel und VB-Deckel (Quelle: Fa. Bito)**

*Abmessungen der Versandbehälter:*

| | |
|---|---|
| Außenmaße oben: | 600 x 400 mm |
| Außenmaße unten: | 505 x 335 mm |
| Höhe: | 323 bzw. 223 mm |
| Inhalt: | 58 bzw. 30 Liter |

- Die Größe des Versandbehälter wird der Auftragsgröße angepaßt. Große Aufträge werden in mehrere Aufträge (Teilaufträge) geteilt.

- Für jeden VB wird eine Pickliste (Kommissionierliste) gedruckt. Sie dient gleichzeitig als Lieferschein. 14-tägig wird den Apotheken eine Gesamtrechnung per Post zugestellt.

- Die Kommissionierliste ragt beim Verschicken aus dem VB so heraus, daß die Versandanschrift gelesen werden kann.

- Remittenden, Artikel, die an den Großhandel zurückgegeben werden, weil sie falsch geliefert oder von Kunden nicht abgeholt wurden, beschädigt sind oder das Haltbarkeitsdatum abgelaufen ist, müssen eine Qualitätskontrolle durchlaufen und werden aussortiert oder wieder ihrem Lagerplatz zugeführt.

### 12.1.2 Lösungsmöglichkeiten mittels verschiedener Kommissioniersysteme

Für die 4.000 Schnelldreher wird der Lagerbereich und die Kommissionierung geplant für

- die manuelle Entnahme aus einem Durchlaufregal
- die Entnahme mittels Kommissionierroboter
- den Einsatz eines Datamobils
- die Verwendung eines Schachtkommissionierers
- den Einsatz eines Spezial-Schachtkommissionierer
- den Einsatz eines S-Roboters, der hier nicht weiter betrachtet wird.

Dabei werden die einzelnen Verfahren beschrieben und anschließend direkt miteinander verglichen.

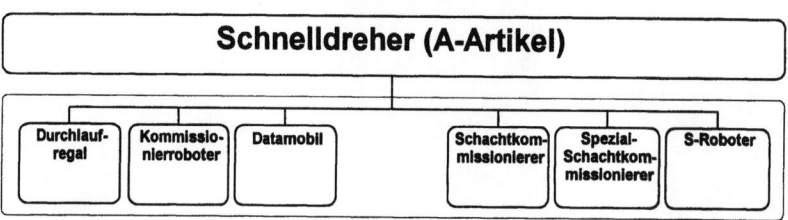

Bild 100  Kommssioniersysteme für Schnelldreher

## 12.2 Alternative I : Durchlaufregale mit Zonenbildung

In speziellen Behältern werden die Schnelldreher in 6 Durchlaufregalblöcken gelagert. Die Transporttechnik, die aus nicht angetriebenen und angetriebenen Rollenförderern besteht, ist teilweise in die Regalkonstruktion integriert (Bild 102). Die Kommissionierung in den Durchlaufregalen wird nach dem Prinzip „Picking by light" durchgeführt, d.h. jeder Lagerplatz in den Durchlaufregalen ist an einen Lagerbereichsrechner angeschlossen, der die Kommissionierung für die Schnelldreher regelt. Die zu kommissionierenden Mengen eines Artikels leuchten am entsprechenden Lagerplatz auf. Mit Hilfe kleiner Schalter am Lagerplatz kann nicht nur die Entnahme quittiert, sondern gegebenenfalls auch eine Abweichung von der Auftragsmenge eingegeben werden. Der Steuerrechner ist somit stets auf dem aktuellsten Stand der Auftragsbearbeitung.

**Abmessungen:**

|  | großer Behälter: | kleiner Behälter: |
|---|---|---|
| Außenmaße (L x B x H): | 500 x 315 x 200 mm | 350 x 210 x 200 mm |
| Innenmaße (L x B x H): | 447 x 281 x 186 mm | 299 x 186 x 188 mm |
| Inhalt: | 24,0 Liter | 10,4 Liter |

**Bild 101** Behälter für die Lagerung in Durchlaufregalen (Quelle: Fa. Bito)

*Kommissioniervorgang*

Jeder der 6 Durchlaufregalblöcke ist in 3 Lagerbereiche aufgeteilt. Sind in einem bestimmten Lagerbereich Waren für den Auftrag zu kommissionieren, werden die VB am Anfang des Lagerbereichs ausgeschleust. Mit einem Handscanner scannen die Mitarbeiter den Strichcode eines VB zum Bearbeiten des Kommissionierauftrags. Dadurch wird der zu kommissionierende Auftrag vom Rechner abgerufen. Lichtmodule an den Lagerplätzen des Lagerbe-

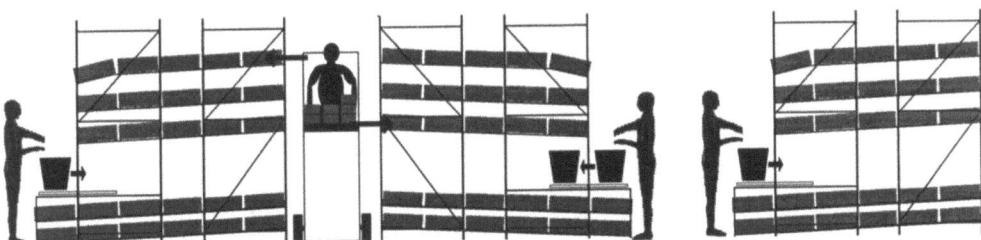

**Bild 102** Schnitt durch den Kommissionierbereich von Bild 103

reichs signalisieren die Menge zu kommissionierender Artikel. Die Herausnahme wird quittiert. Ist in dem Lagerbereich ein Auftrag vollständig kommissioniert, wird der VB auf die angetriebene Abtransportstrecke geschoben und zum nächsten Lagerbereich befördert.

- Leere Lagerbehälter werden wie die VB auf die angetriebenen Abtransportstrecken gestellt. Lichtschranken führen eine automatische Trennung von leeren Lagerbehältern und vollen VB durch. Die leeren Behälter werden in den Eingangsbereich transportiert, in dem die von den Pharmaherstellern in Kartons gelieferten Artikel in die entsprechenden Behälter umgepackt werden. 8 Mitarbeiter pro Schicht müssen für das Umpacken und Einlagern abgestellt werden. Eine Fläche von 200 m² ist dafür bereitzuhalten.

*Vor- und Nachteile*

Vorteile

- Lagerung nach dem Prinzip: first in – first out
- Gute Übersichtlichkeit
- Trennung von Ein- und Auslagerung
- Zugang zu jedem Artikel
- Keine Körperdrehungen erforderlich
- Große Artikelvielfalt auf engstem Raum
- Vermeidung von Kommissionierfehlern durch Einsatz von Kommissionieranzeigen
- Einfache und schnelle Aktualisierung der Lagerbestandsinformation im Host durch Einsatz von „Picking by light"-Modulen
- Host stets in Kenntnis vom Fortschritt der Auftragsbearbeitung
- Kurze Wegzeiten zwischen zwei Entnahmeorten

Nachteile

- Einfacher Abtransport leerer Lagerbehälter
- Einfaches und schnelles Beschicken
- Volumenverlust durch Neigung der Kanäle
- Hohe Anforderungen an den Steuerrechner durch „Picking by light"
- Erfordert spezielle Lagerbehälter
- Aneinanderstoßen der Behälter
- Hoher Verkabelungsaufwand
- Hoher Platzbedarf für die in die Regalkonstruktion integrierten Förderstrecken
- Hoher Personalbedarf

*Charakeristika*

| | |
|---|---|
| Bruttolagerfläche: | 1.440 m² |
| Kommissionierzonen (Anzahl): | 18 |
| Kommissionierleistung: | 320 Positionen je Mitarbeiter und Stunde |
| Kommissionierleistung insgesamt: | 6.300 Positionen pro Stunde bei 18 Mitarbeitern |
| Lagerplätze (LP) Anzahl: | 2.560 für 315 mm breite Behälter |

12 Systemplanung des Kommissionierlagers eines Pharmagroßhändlers

| | |
|---|---|
| Lagerplätze (LP) Anzahl: | 1.920 für 210 mm breite Behälter |
| Lagerplätze (LP) Anzahl: | 2.560 für 315 mm breite Behälter |
| Lagerplätze insgesamt (Anzahl): | 4.480 |
| Hintereinanderliegende LP: | 6 (9) bzw. 5 (7) bei großen (kleinen) Behältern |

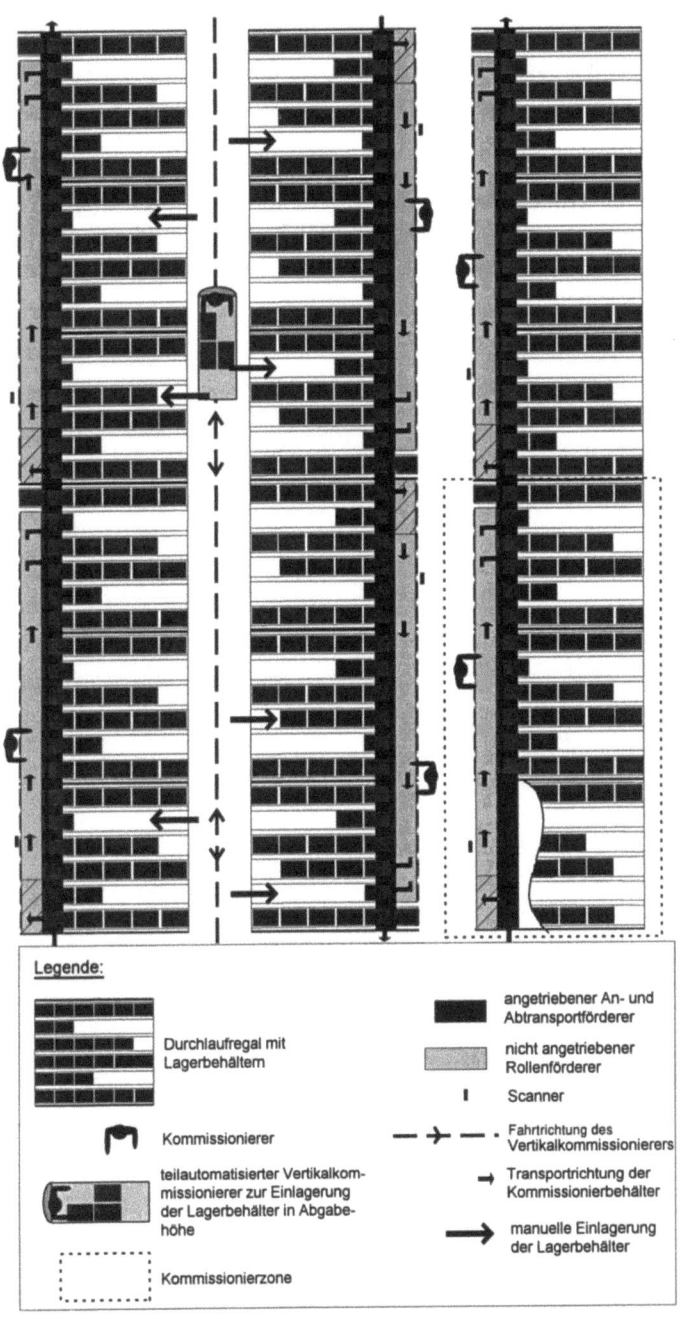

Bild 103  Lagerbereich und Kommissionierzone in einem Durchlaufregal (Draufsicht)

## 12.3 Alternative II : Kommissionierroboter

*Merkmale und Aufbau*

Ein Kommissionierroboter ist ein bodengeführtes fahrerloseses „Regalbediengerät" mit einem teleskopierbarem Roboterarm zum Entnehmen von Artikeln (Schachteln, Dosen usw.) aus einem Fachbodenregal. Die Beschickung des Fachbodenregals geschieht manuell von der Rückseite des Fachbodenregales aus. Zur Ablage der vom Teleskoparm gegriffenen Artikel ist als „Lastaufnahmemittel" ein Karussellspeicher vorhanden, d.h. ein Zylinder ist in mehrere Segmente z.B. 8 Segmente unterteilt. Jedes Segment nimmt die Artikel eines Auftrages auf.

Hierauf beruht die Ablauforganisation des Kommissioniersystems :

Der Roboterarm entnimmt artikelorientiert die Artikel und gibt sie auftragsorientiert in den mobilen drehbaren Auftragsspeicher ab. Nach vollständiger Auftragsbearbeitung werden die im Karussellspeicher zwischengelagerten Aufträge an die Versandbehälter vor dem Regal – auf Rollenförderer laufend – abgegeben.

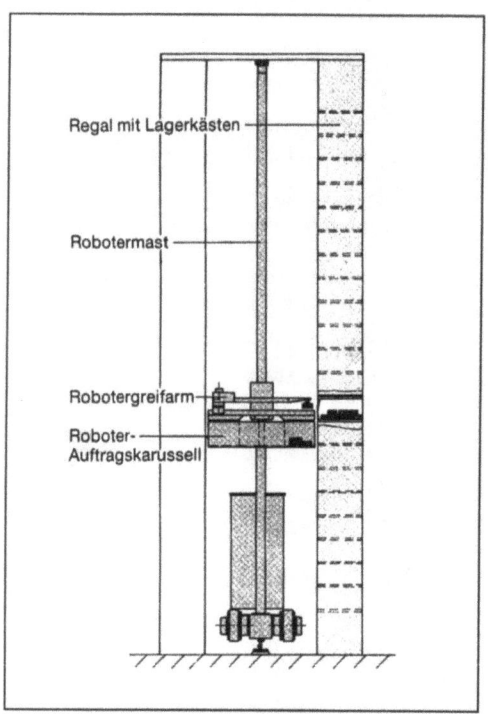 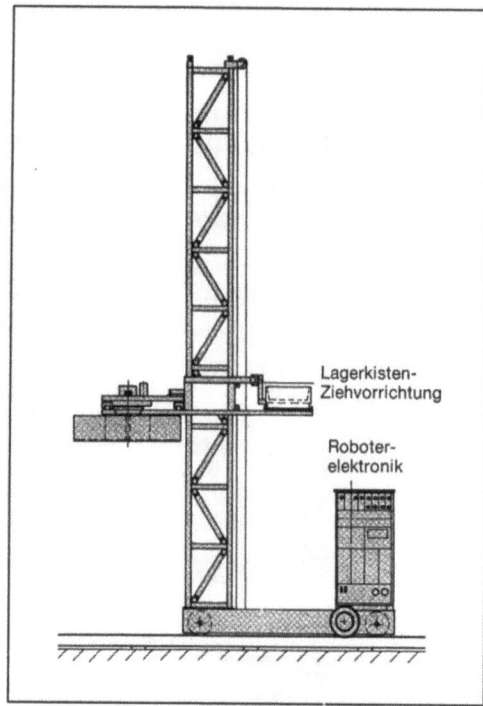

a) Querschnitt mit Fachbodenregal  b) Seitenansicht

**Bild 104** Kommissionierroboter (Quelle: Fa. KHT)

## 12 Systemplanung des Kommissionierlagers eines Pharmagroßhändlers

*Aufbau des Greifsystems:*

- Bestehend aus einem horizontalen Teleskoparm, der für den Regalseitenwechsel drehbar ist und einer senkrecht beweglichen Achse, an der sich das Saugsystem befindet.
- Saugsystem ist entsprechend den Formen und Verpackungsarten der Ware gestaltet und mit Infrarotsensorik ausgestattet.

*Arbeitsweise*

- Frühzeitige Identifikation der Aufträge, da gleichzeitig bis zu 8 Aufträge wegoptimiert kommissioniert werden (ca. 10 m vor der Artikelübergabe an die VB).
- Aufbereitung der Aufträge während des Kommissionierens der vorangehenden 8 Aufträge
- Wegoptimiertes Anfahren der Lagerplätze
- Ansaugen der gewünschten Anzahl an Artikeln aus einer ungeordneten Lage
- Artikelkontrolle durch Wiegen während der Entnahme
- Abgabe der Artikel im entsprechenden Segment des sich drehenden mobilen Karussellspeichers
- Nach vollständiger Abarbeitung der Aufträge werden die kommissionierten Artikel an den stationären Karussellspeicher am Ende der Regalgasse abgegeben.
- Abgabe der Artikel an die Versandbehälter durch Unterfahren des stationären Karussellspeichers. Dieser dreht sich über eine Öffnung, so daß der Inhalt der einzelnen Segmente in die entsprechenden Versandbehälter hineinfallen kann.

*Vor- und Nachteile*

| Vorteile | Nachteile |
|---|---|
| Automatische Kommissionierung | Geringe Kapazität eines Lagerplatzes |
| Ausschluß menschlicher Fehler | Häufiges Beschicken der Lagerplätze |
| Sehr geringe Fehlerquote durch doppelte Gewichtskontrolle | Einheiten- bzw. Überhangläger erforderlich |
| Hohe Anzahl an Lagerplätzen | Geringe Kommissionierleistung |
| Gleichzeitiges Kommissionieren von 8 Aufträgen (kurze Wegzeiten) | Bei Änderung der Auftragsstruktur hohe Kosten durch Modifizierung der Karussellspeicher und der Software |
| Kein Personalbedarf zum Kommissionieren notwendig | |

*Charakteristika*

| | |
|---|---|
| Bruttolagerfläche: | 1398 m² |
| Kommissionierroboter (Anzahl): | 4 |
| Kommissionierleistung: | 500 Positionen je Anlage und Stunde |
| Kommissionierleistung insgesamt: | 2.000 Positionen/h |
| Lagerplätze (LP) Anzahl: | 7.936 |
| Höhe des Fachbodenregals mit 8 Ebenen: | 2.400 mm; Tritt zum Beschicken erforderlich |

Anlegen von Einheiten- bzw. Überhangläger
Schlechte Entsorgung von Umverpackungen, in denen die Einheiten gelagert werden

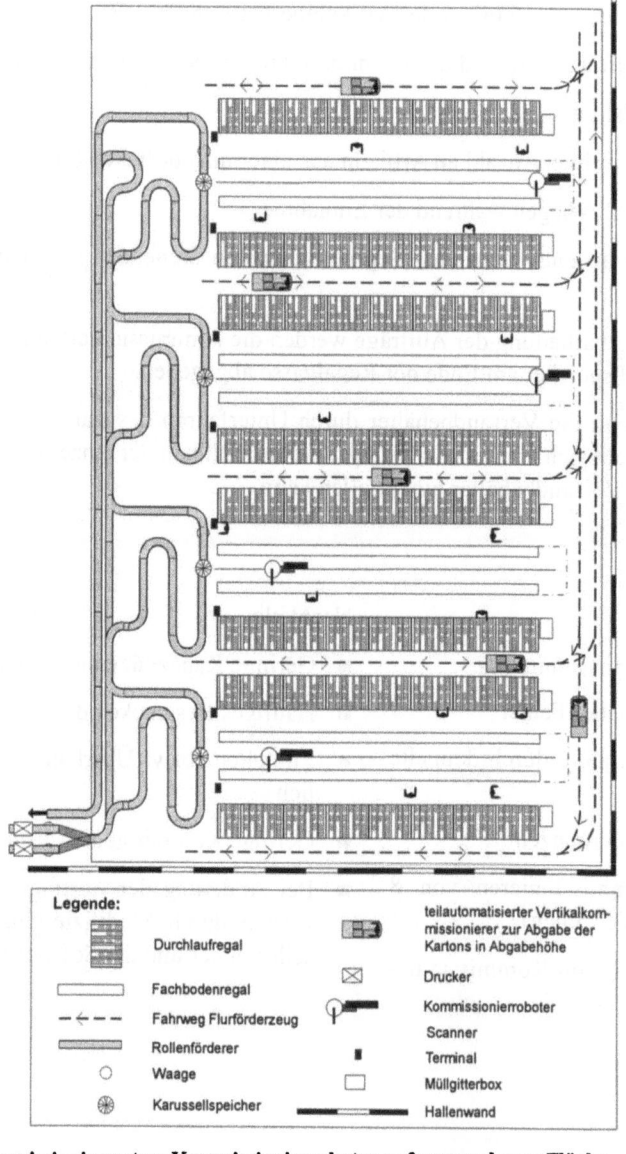

Bild 105  Kommissioniersystem Kommissionierroboter auf vorgegebener Fläche

## 12.4 Alternative III : Datamobil

*Merkmale und Aufbau*

- Kommissionierung der Artikel aus Behältern in Durchlaufregalen
- Anfahren der Lagerplätze durch Verwendung eines personenbesetzten Datamobils
- Manuelle Entnahme der Positionen
- Kommissionierung direkt in den Versandbehälter
- Stromversorgung über ein Dreileitersystem oberhalb des Fahrzeugs
- Führung über einen im Boden eingelassenen Leitdraht (induktiv aktiv)
- Jeder VB-Stellplatz auf dem Datamobil ist mit einer Waage zur sorfortigen Artikelkontrolle ausgestattet.
- Automatischer Stop am Entnahmeort
- Display zeigt Lagerort, Entnahmemenge und VB an.

*Arbeitsweise*

- An einem I-Punkt werden die bereits mit einem Auftrag „verheirateten" VB aufgenommen.
- Das Display am Datamobil zeigt an, auf welchen Stellplatz die VB auf dem Datamobil abzustellen sind.

Bild 106 Datamobil für die gleichzeitige Bearbeitung von 12 Aufträgen (Quelle: Fa. Bitp)

- Die für die Aufträge notwendigen Kommissionierdaten werden automatisch per Infrarot an das Datamobil übertragen.
- Das Datamobil fährt durch die Regalgänge, stoppt automatisch an den Entnahmeorten.
- Der Kommissionierer entnimmt die auf dem Display angezeigten Waren, quittiert die Entnahmen am Display, gegebenenfalls werden die Daten korrigiert und legt die Waren in den auf dem Display angezeigten Versandbehälter; eine automatische Artikelkontrolle wird durchgeführt.
- Nach Durchfahren des Lagerbereichs werden die vollständig kommissionierten VB an die Fördertechnik übergeben und die aktuellen Daten über eine Infrarotschnittstelle an den Host übertragen.

*Vor- und Nachteile*

Vorteile

- Weitgehender Ausschluß von Kommissionierfehlern durch sofortige Artikelkontrolle
- Durch automatischen Stop entfällt Suchen im Lager
- Anzeigen aller Informationen auf dem Display am Datamobil
- Kommissionierung direkt in den Versandbehälter
- Hoher Informationsfluß und ständige Aktualisierung des Host
- Gleichzeitiges Kommissionieren mehrerer Aufträge (kurze Wegzeiten)

Nachteile

- Hoher Personalbedarf
- Geringe Kommissionierleistung
- Überholmöglichkeiten nur an den Enden der Regalzeilen
- Abstellplatz für Datamobile erforderlich
- Einbringen von Leitdrähten in den Boden

*Charakteristika*

| | |
|---|---|
| Bruttolagerfläche: | 1.260 m² |
| Regalzeilen (RZ) Anzahl: | 6 |
| Übereinanderliegende Ebenen (Anzahl): | 3 RZ mit 5 Ebenen, 3 RZ mit 6 Ebenen |
| Kommissionierleistung: | 280 Positionen je Datamobil und Stunde |
| Lagerplätze (LP) Anzahl: | 4.144 für 315 mm breite Behälter |
| Lagerplätze (LP) Anzahl: | 1.1848 für 210 mm breite Behälter |
| Lagerplätze insgesamt (Anzahl): | 5.992 |
| max. Entnahmehöhe: | 1.850 mm |

- Kein Anlegen von Einheiten- bzw. Überhanglägern erforderlich
- Einfacher Abtransport leerer Lagerbehälter durch in die Regalkonstruktion integrierte Transporttechnik

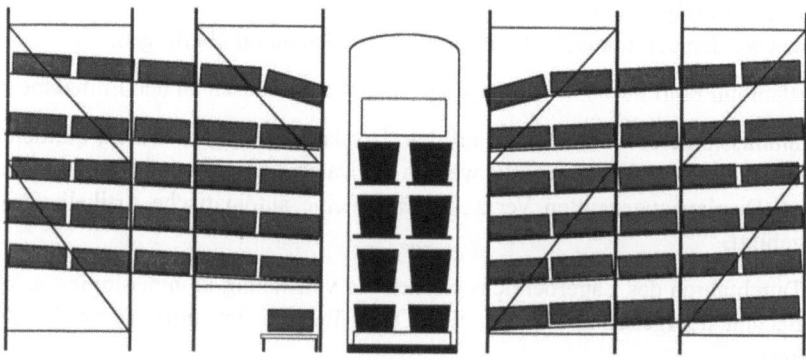

Bild 107   Teil-Querschnitt des Kommissioniersystems mit Datamobil und Durchlaufregalen

12 Systemplanung des Kommissionierlagers eines Pharmagroßhändlers

**Bild 108  Kommissioniersystem mit Datamobil auf vorgegebener Fläche**

## 12.5 Alternative IV: Schachtkommissionierer

*Merkmale und Aufbau:*

- Zur Kommissionierung eines aus quader- und würfelförmigen Artikeln bestehenden Sortiments entwickeltes Kommissioniersystem
- Lagerung der Artikel in vertikalen, räumlich geneigten Schächten (Produktkanälen)
- Jeder Schacht ist mit einem Ausschieber versehen
- Auswurf auf ein Gurtband, das mittig zwischen den beiden Schachtreihen hindurchläuft
- Schachtkommissionierer können aufgrund von Modulbauweise an den Umfang des Sortiments und die räumlichen Gegebenheiten angepaßt werden
- Ein- und doppelstöckige Ausführung

**Bild 109** Schachtkommissionierer (Quelle: Fa. Siemens)

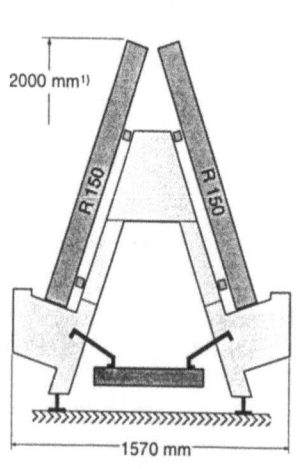

a) einstöckiger Auswurf auf Gurt

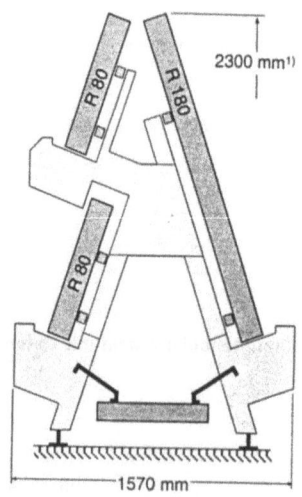

b) doppelstöckiger Auswurf auf Gurt

**Bild 110** Querschnitt durch Schachtkommissionierer (Quelle: Fa. Knapp)

## 12 Systemplanung des Kommissionierlagers eines Pharmagroßhändlers

*Arbeitsweise:*

- Durch Lesen des VB-Strichcodes wird der Auftrag vom Host abgerufen und aufbereitet.
- Für jeden Kommissionierauftrag wird eine bestimmte Länge des Gurtes reserviert.
- Mit der Bearbeitung des Auftrags läuft dieser Abschnitt von hinten nach vorne durch den Schachtkommissionierer.
- Werden Kanäle passiert, aus denen Produkte benötigt werden, wirft der Ausschieber die verlangte Stückzahl auf den reservierten Gurtabschnitt.
- Am vorderen Ende des Schachtkommissionierers befindet sich die Übergabestation, bei der die Produkte in den wartenden Versandbehälter fallen.

*Vor- und Nachteile*

Vorteile

- Hoher Auftragsdurchsatz durch gleichzeitiges Kommissionieren mehrerer Aufträge
- Sehr hohe Kommissionierleistung
- Besonders geeignet für Aufträge mit vielen Entnahmeeinheiten je Position
- Vollautomatische Kommissionierung
- Schonender Umgang mit den Produkten durch Hinterlegung eines Auswurfcodes im Anlagensteuerrechner für jedes Produkt
- Ausschluß menschlicher Fehler
- Kompakte, wartungsfreundliche Bauweise
- Sehr genaue akustische und visuelle Mengenanzeige
- Einfaches Nachfüllen
- Bequeme Entsorgung von Umverpackungen durch speziellen Gurtförderer oberhalb des Kommissionierautomaten
- Automatische Aktualisierung der Auftragsdaten bei Abweichungen
- Hoher Lagerflächennutzungsgrad

Nachteile

- Begrenzte Lagerkapazität je Produktkanal
- Einheiten- bzw. Überhanglager erforderlich
- Nur für Schachteln, zylinder- und quaderförmige Produkte geeignet
- Keine großen Abmessungen der Artikel, z.B. Medikamentenschachteln

Die vier Phasen eines Auswurfs zeigen, wie die Sensoren zu reagieren haben, um einen korrekten Auswurf zu werten.

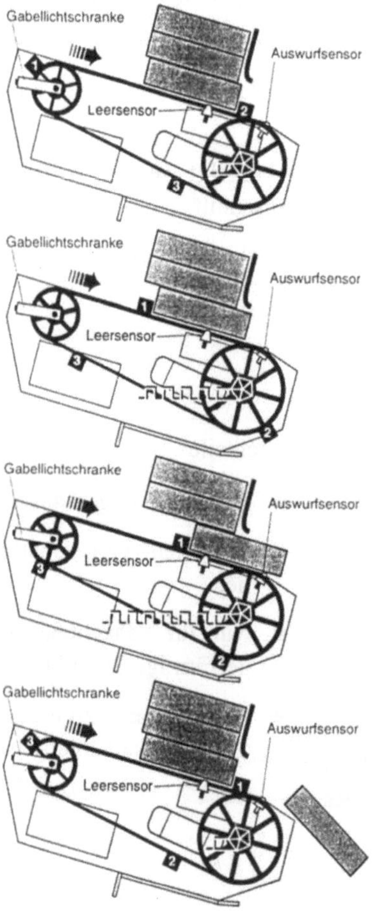

**PHASE 1**

Ruhe
Leersensor aktiviert
Auswurfsensor frei (inaktiv)

**PHASE 2**

Noppe bewegt sich zum Produkt
Impulsgeber-Takte werden gezählt

**PHASE 3**

Produkt wird ausgeworfen
Auswurfsensor aktiviert
Impulsgeber-Takte werden gezählt

**PHASE 4**

Nächste Noppe passiert die Lichtschranke
Leersensor aktiviert
Auswurfsensor wieder frei (inaktiv)

→ **Korrekter Auswurf**

Nur wenn diese Bedingungen erfüllt sind, wird der Auswurf als korrekt gewertet. In allen anderen Fällen wird eine Fehlermeldung ausgegeben.

**Bild 111 Auswurf-Vorrichtung für Artikel beim Schachtkommissionierer (Quelle: Fa. Knapp)**

*Charakteristika*

| | |
|---|---|
| Bruttolagerfläche: | 1.260 m² |
| Schachtkommissionierer (Anzahl): | 2, jeweils einseitig doppelstöckig |
| Lagerplätze (LP) Anzahl: | 4.200 |
| Kapazität eines Schachtes: | ø 36 Einheiten beim hohen Schacht |
| | ø 16 Einheiten beim kurzen Schacht |
| Auswurfrate: | für 2 bis 5 Stück/s einstellbar |
| Kommissionierleistung: | 800 Versandbehälter pro Stunde |

- Anlegen von Einheiten- bzw. Überhangläger erforderlich

- Einfacher Abtransport von Umverpackungen durch speziellen Gurtförderer oberhalb des Kommissionierautomaten

## 12 Systemplanung des Kommissionierlagers eines Pharmagroßhändlers

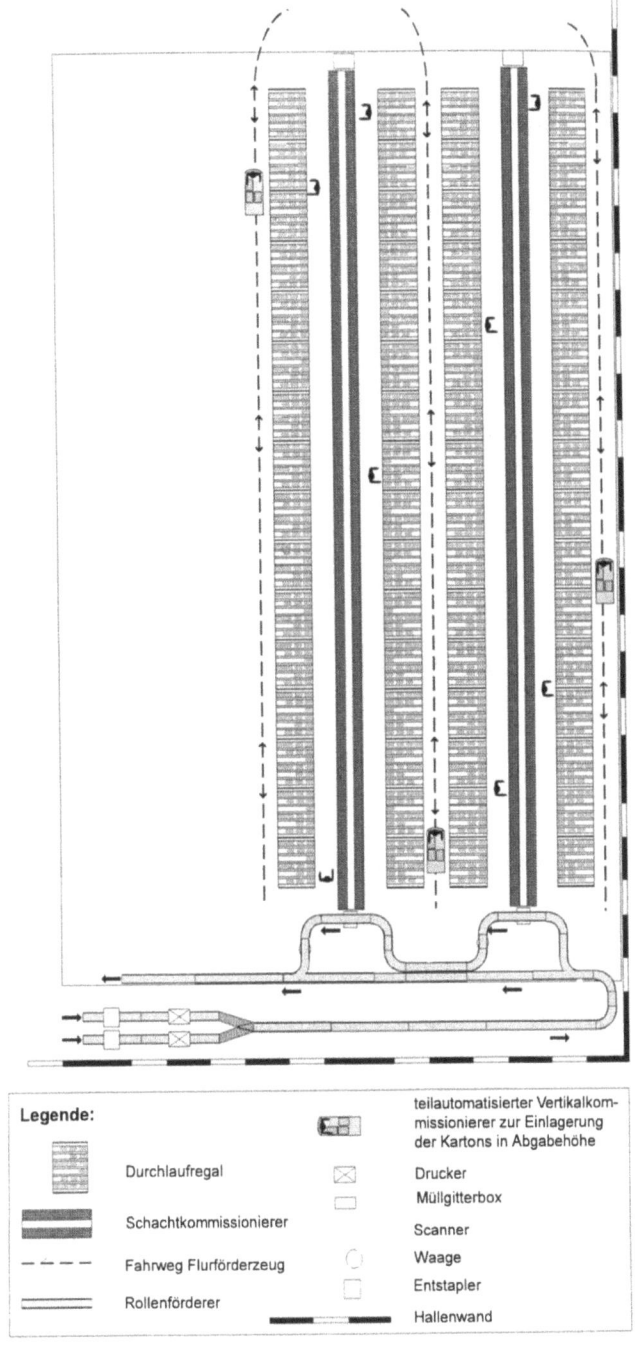

**Bild 112 Schachtkommissionierer auf vorgegebener Fläche**

## 12.6 Alternative V: Spezial-Schachtkommissionierer

*Merkmale und Aufbau:*

- Zur Kommissionierung eines großen quader- und zylinderförmigen Sortiments mit kleinen Abmessungen entwickelt.
- Lagerung der Artikel in Produktkanälen auf geneigten Fachböden, die sich oberhalb eines Zentralgurtes befinden.
- Auswurf der Artikel auf einen Zentralgurt
- Produktkanäle werden den Artikelabmessungen angepaßt.
- Jeder Produktkanal ist mit einem Auswerfer versehen.
- Spezial-Schachtkommissionierer können aufgrund von Modulbauweise an den Umfang des Sortiments und die räumlichen Gegebenheiten angepaßt werden.

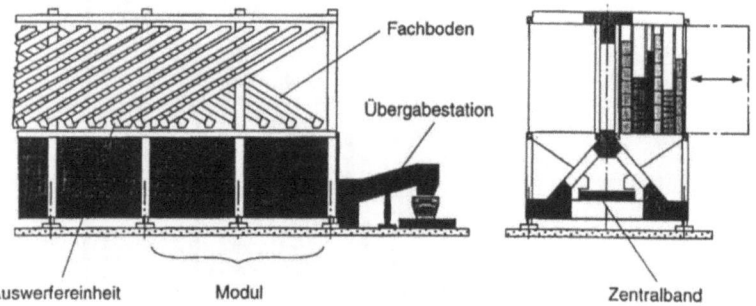

**Bild 113** Seitenansicht und Querschnitt eines Spezial- Schachtkommissionierers (Quelle: Fa. Knapp)

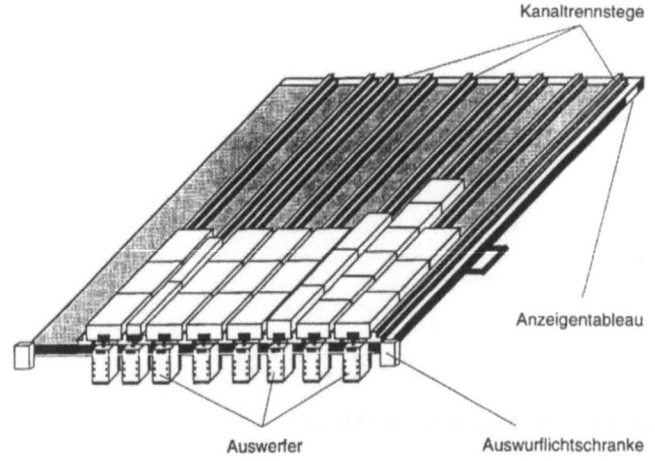

**Bild 114** Fachboden zur Aufnahme der Artikel eines Spezial- Schachtkommissionierers (Quelle: Fa. Knapp)

12 Systemplanung des Kommissionierlagers eines Pharmagroßhändlers 241

*Gestaltung der Lagerplätze*

- Anzahl der Lagerplätze auf einem Fachboden wird bestimmt von der Produktbreite der Artikel.
- Die Anzahl der Fachböden je Modul ist abhängig von der Produkthöhe (-tiefe).
- Eine hohe Anzahl an Fachböden in einem Modul erreicht man, indem man auf einem Fachboden Artikel mit möglichst ähnlichen Produkthöhen (-tiefen) anordnet. Das Leervolumen zwischen zwei Fachböden wird dadurch minimiert.

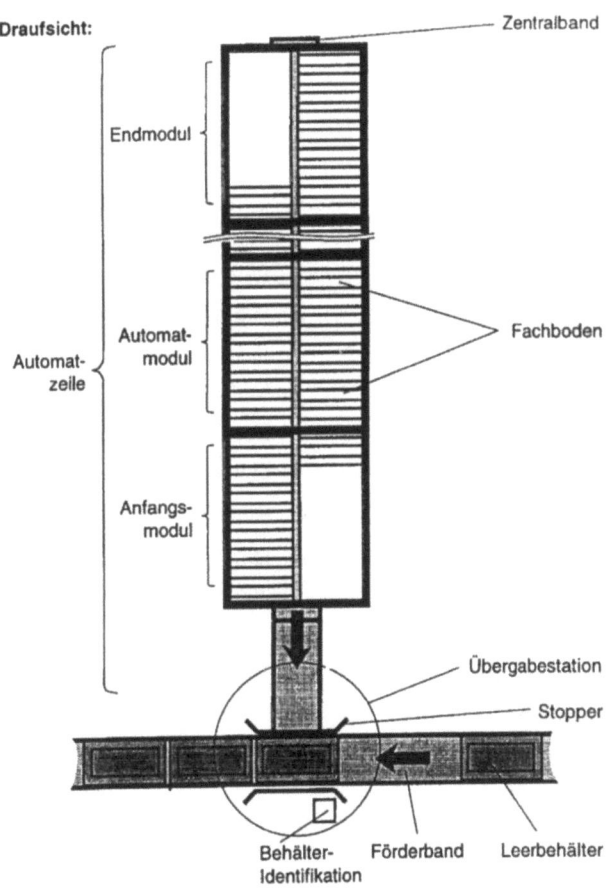

**Bild 115 Schematische Darstellung eines Spezial- Schachtkommissionierers (Draufsicht) (Quelle: Fa. Knapp)**

*Arbeitsweise*

- Durch Lesen des VB-Strichcodes wird der Auftrag vom Host abgerufen und aufbereitet.
- Für jeden Kommissionierauftrag wird eine bestimmte Länge des Gurtes reserviert.
- Mit der Bearbeitung des Auftrags läuft dieser Abschnitt von hinten nach vorne durch den Spezial-Schachtkommissionierer.
- Werden Fachböden passiert, aus denen Produkte benötigt werden, wirft der Auswerfer die verlangte Stückzahl auf den reservierten Gurtabschnitt.
- Am vorderen Ende des Spezial-Schachkommissionierers befindet sich die Übergabestation, bei der die Produkte in den wartenden Versandbehälter fallen.

*Vor- und Nachteile*

Vorteile

- Sehr hohe Produktdichte
- Besonders geeignet für Aufträge mit vielen Entnahmeeinheiten je Position
- Vollautomatische Kommissionierung
- Ausschluß menschlicher Fehler
- Hohe Kommissionierleistung
- Schonender Umgang mit den Produkten durch Hinterlegung eines Auswurfcodes im Anlagensteuerrechner für jedes Produkt
- Sehr genaue akustische und visuelle Mengenanzeige
- Bequeme Entsorgung von Umverpackungen durch speziellen Gurtförderer oberhalb des Kommissionierautomaten
- Automatische Aktualisierung der Auftragsdaten bei Abweichungen
- Sehr hoher Lagerflächennutzungsgrad

Nachteile

- Umständliches Beschicken der Lagerplätze auf den Fachböden durch Herausziehen der Böden.
- Während des Nachfüllens kann kein Produkt auf entsprechendem Fachboden kommissioniert werden.
- Begrenzte Lagerkapazität je Produktkanal
- Einheiten- bzw. Überhanglager erforderlich
- Nur für Schachteln, zylinder- und quaderförmige Produkte geeignet.

*Charakteristika*

| | |
|---|---|
| Bruttolagerfläche: | 987 m² |
| Spezial-Schachtkommissionierer (Anzahl): | 2 |
| Lagerplätze (LP) Anzahl: | 6.000 |
| Kapazität eines Produktkanals: | ø 18 Einheiten |
| Auswurfrate: | für 1 bis 3 Stück/s einstellbar |
| Kommissionierleistung: | 500 Versandbehälter pro Stunde |

- Anlegen von Einheiten- bzw. Überhanglägern erforderlich
- Einfacher Abtransport von Umverpackungen durch speziellen Gurtförderer oberhalb des Kommissionierautomaten

## 12 Systemplanung des Kommissionierlagers eines Pharmagroßhändlers

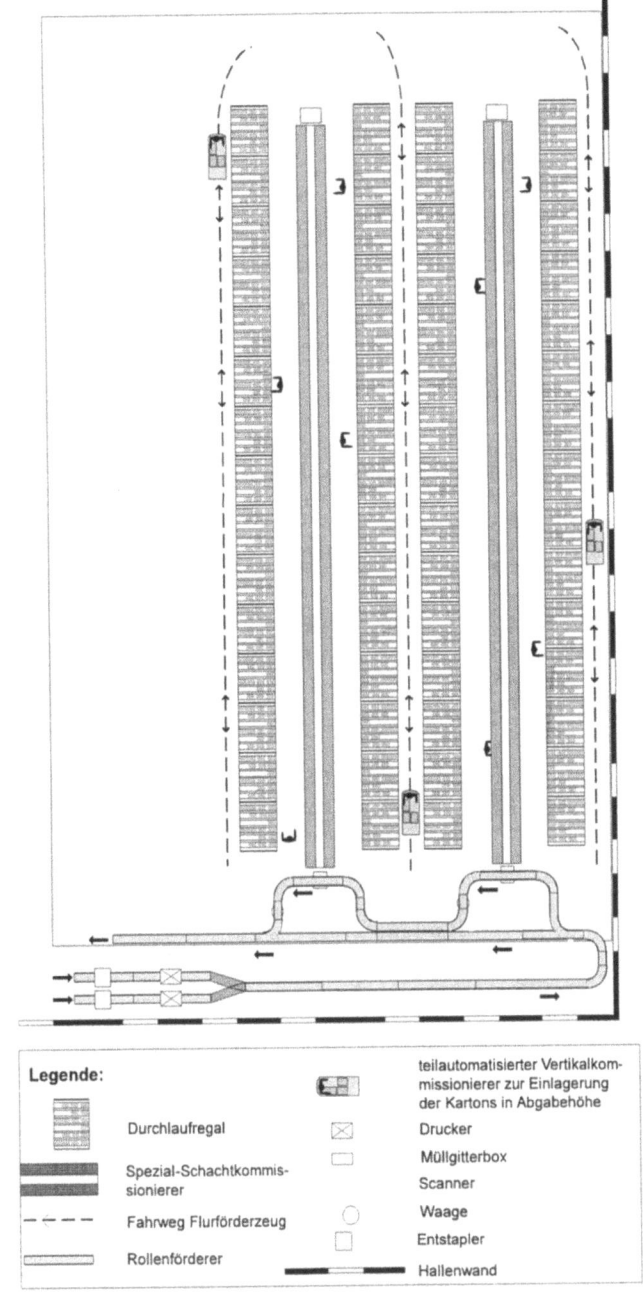

Bild 116  Spezial- Schachtkommissionierer auf vorgegebener Fläche

## 12.7 Nutzwertanalyse

Mit Hilfe der zweistufen Punktewertung (verkürzte Nutzwertanalyse) wird die optimale Alternative ermittelt. Die Mindestanforderungen, die zu erfüllen waren, sind:

- Minimum 4.000 Lagerplätze
- Maximal zur Verfügung stehende Fläche 1.500 m² (50 x 30 m); kein Stützenraster
- Minimale Kommissionierleistung: 4.000 Positionen/h (8.000 Entnahmeeinheiten/h) bzw. 400 Aufträge/h
- Anlegen von Einheitenlägern unmittelbar neben den Kommissionieranlagen
- Beschickung der Kommissionieranlagen bzw. Einheitenläger durch teilautomatisierte Flurförderzeuge
- Abtransport der kommissionierten Waren an einer der Stirnseiten
- Durchschnittliche Artikelabmessungen: 100 x 60 x 50 mm

| Nutzwertanalyse zur Bestimmung der Vorteilhaftigkeit eines Kommissioniersystems zur Kommissionierung von Schnelldrehern im Pharmagroßhandel | Gewichtungsfaktor [G] | Durchlaufregal | | Kommissionierroboter | | S-Kommissionierroboter | | Datamobil | | Schachtkommissionierer | | Spezial-Schachtkommissionierer | |
|---|---|---|---|---|---|---|---|---|---|---|---|---|---|
| | | Bewertung [B] | G x B | Bewertung [B] | G x B | Bewertung [B] | G x B | Bewertung [B] | G x B | Bewertung [B] | G x B | Bewertung [B] | G x B |
| Kommissionierleistung | 5 | 4 | 20 | 5 | 25 | 6 | 30 | 2 | 10 | 10 | 50 | 8 | 40 |
| Anzahl der Lagerplätze | 4 | 4 | 16 | 7 | 28 | 9 | 36 | 4 | 16 | 5 | 20 | 6 | 24 |
| Kapazität eines Lagerplatzes | 3 | 10 | 30 | 3 | 9 | 3 | 9 | 10 | 30 | 6 | 18 | 4 | 12 |
| benötigtes Personal für die Kommissionierung und Beschickung der Einheitenläger und Kommissionierautomaten | 4 | 2 | 8 | 6 | 24 | 6 | 24 | 2 | 8 | 8 | 32 | 7 | 28 |
| Flächenbedarf | 3 | 4 | 12 | 4 | 12 | 7 | 21 | 3 | 9 | 7 | 21 | 6 | 18 |
| Entsorgung leerer Behälter oder Umverpackungen | 2 | 9 | 18 | 4 | 8 | 6 | 12 | 9 | 18 | 7 | 14 | 7 | 14 |
| Artikelkontrolle | 4 | 4 | 16 | 8 | 32 | 4 | 16 | 10 | 40 | 7 | 28 | 7 | 28 |
| Beschicken | 2 | 6 | 12 | 3 | 6 | 3 | 6 | 6 | 12 | 7 | 14 | 5 | 10 |
| Verkabelungsaufwand | 1 | 1 | 1 | 6 | 6 | 6 | 6 | 3 | 3 | 6 | 6 | 6 | 6 |
| Anpassbarkeit der Lagerplätze an die Umschlagshäufigkeit der Artikel | 2 | 4 | 8 | 4 | 8 | 10 | 20 | 4 | 8 | 4 | 8 | 8 | 16 |
| Summe | 31 | | 141 | | 158 | | 180 | | 154 | | 211 | | 196 |
| **Rang** | | | **6** | | **4** | | **3** | | **5** | | **1** | | **2** |

Tabelle 38 Bewertungsmatrix Alternativen (einschl. des nicht behandelten S-Kommissionierroboters)

Nach der Auswertung der Bewertungsmatrix (Tabelle 1) ergibt sich die **Alternative IV Schachtkommissionierer als optimale Lösung**, d.h. hier sind die Anforderungen der gestellten Aufgabe am besten erfüllt.

# 13 Systemplanung eines Reife- und Distributionslagers

## 13.1 Aufgabe: Planung alternativer Lagersysteme mit Wirtschaftlichkeitsvergleich

Ein Reife- und Distributionslagers ist für Molkereiprodukte und Fruchtsäfte in drei Blocklageralternativen zu planen und zu begutachten:

- zwei Palettenregale mit doppelter Regaltiefe unterschiedlicher Konstruktion
- und ein Satellitenregal.

Die auf DIN- Paletten lagernden Güter sind sterilisiert und unterliegen keinen besonderen Lagerbedingungen. Das bestehende Distributionslager liegt in ca. 12 km Entfernung in einer angemieteten Halle und soll auf das Firmengelände in eine als Reifelager genutzte Halle verlagert werden, da die Mietkosten überproportional gestiegen sind. Dieses Lager ist als Durchlaufregal ausgeführt und besitzt eine Kapazität von ca. 5.000 Paletten.

Die Bezeichnung „Reifelager" resultiert daraus, daß das Lagergut eine definierte Zeit vor der Auslagerung in dem Lager verbringen muß, die der Überprüfung auf Keimfreiheit dient. Nach der Pasteurisierung der Lagergüter können die Produkte bei der Abfüllung und Verpackung durch Bakterien infiziert werden. Eventuell vorhandene Bakterien haben eine Inkubationszeit von fünf bis sieben Tagen. Diese „Reifezeit" muß das Gut mindestens im Lager verbringen. Von jeder Produktionscharge werden Proben gezogen und separat gelagert. Falls Teile einer Charge verdorben sein sollten, ist dies an den Proben durch eine einfache Sichtprüfung zu erkennen, da die verdorbene Ware Gas entwickelt und die Verpackung ausbeult. In diesem Fall werden alle Paletten der entsprechenden Charge (Lagerplätze sind dem DV-System bekannt) ausgelagert und überprüft. Die verdorbenen Pakete werden ausgesondert, danach werden die Paletten auf das geforderte Volumen aufgefüllt und wieder eingelagert.

Die Güter werden nur palettenweise kommissioniert, das Kommissionierlager ist ein Einheitenlager. Als Lagerhilfsmittel dienen DIN-Paletten der Größe 1.000 mm x 1.200 mm, die zur Transportsicherung mit Stretchfolie umwickelt sind. So verpackt werden sie mit Gabelstaplern zum I-Punkt gebracht und von dort aus über einen Rollenförderer zur Einlagerung an das RBG transportiert. Das Lager ist aus folgenden Gründen in drei Baustufen auf seine endgültige Größe zu bringen:

1. Das bestehende Durchlauf-Reifelager muß bis zum Umzug in die fertiggestellte 1. Baustufe in Betrieb bleiben.
2. Die maximale Lagerkapazität stellt eine mittelfristige Planungsgröße dar, deren Realisierung als nicht gesichert anzusehen ist.
3. Durch Aufteilung in mehrere Stufen kann die Investition
   a: zeitlich gestreckt und so leichter finanziert werden,
   b: besser an die tatsächlichen Kapazitätsanforderungen angepaßt werden.

Hier wird nur die erste Baustufe betrachtet, in der ein Distributionslager für 3.000 Paletten gebaut werden soll. Das bestehende Reifelager muß bis zur Fertigung der 1. Baustufe in Betrieb bleiben. Lagergut und Lagereinheit bleiben in der Zukunft konstant. Es muß aber sichergestellt sein, daß die geplante Endgröße von 8.000 Paletten Lagerkapazität realisiert werden kann.

Für die Planung sind folgende Daten bekannt oder gegeben:

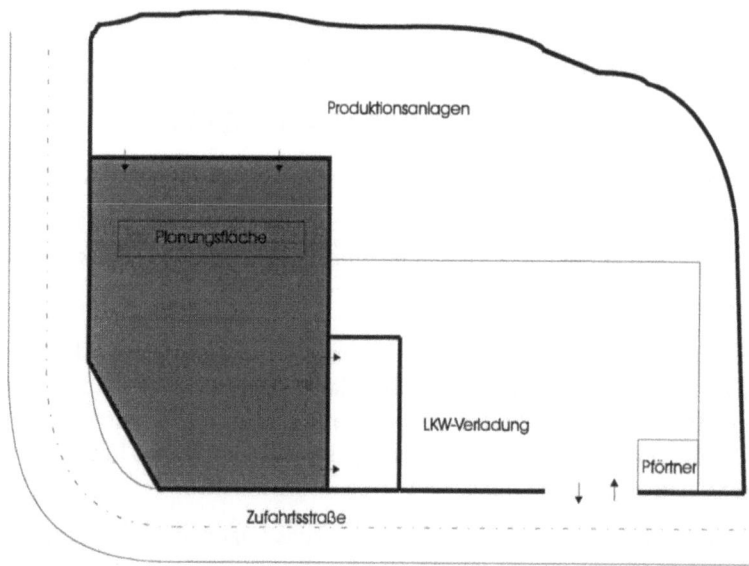

**Bild 117  Lageplan Grundstück mit Lagerhalle**

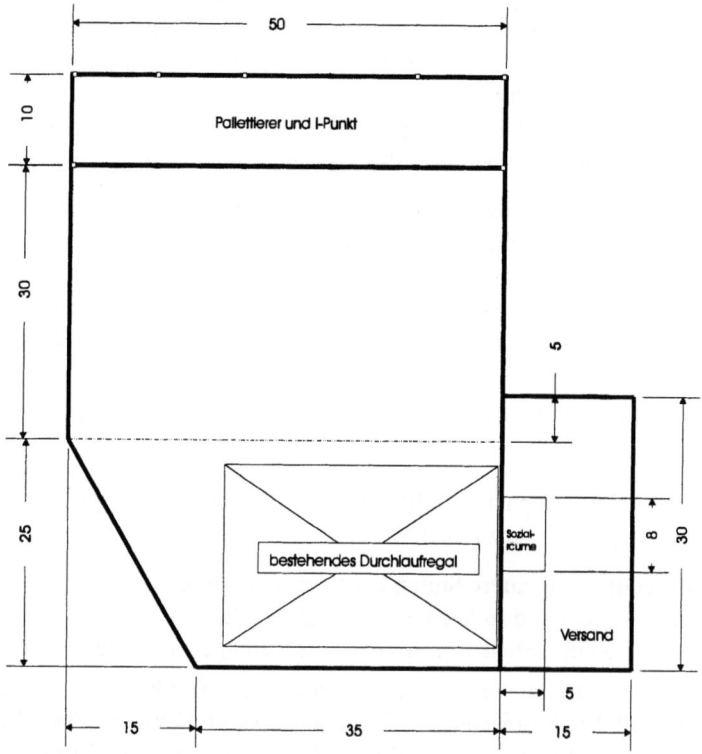

**Bild 118  Grundriß der Lagerhalle**

## 13 Systemplanung eines Reife- und Distributionslager

*Bauliche Gegebenheiten*

Lage und Grundriß der bestehenden Halle   nach Bild 12-1 und 12-2 :
    Hallengröße für die 1. Baustufe
L x B:   40 x 50 m, Bauhöhe maximal 25 m
Davon für Palettierung und I- Punkt freizuhalten:
    L x B: 10 x 50 m,
    in diesem Bereich Stützenraster 10 x 10 m
Wareneingangs- und Lagerbereich durch tragende Mauer getrennt

*Lagergüter*

- Maße der Lagereinheit inkl. Palette L x B x H:   1.200 mm x 1.000 mm x 1.250 mm
- Gewicht der Lagereinheit inkl. Palette:   1.200 kg
- DIN-Paletten nach DIN 15 146 T 3 aus Holz
- Lagergüter temperaturunempfindlich, nicht stapelbar, maximal 6 Monate haltbar
- Kein Ladungsüberstand; Ladungssicherung gewährleistet
- Durch die verwendete Stretchfolie entsteht keine besondere Brandgefahr.

*Lagerkapazität und -umschlag*

Anzahl der Palettenplätze im Endausbau:   8.000 davon in 1. Baustufe: 3.000
Maximalzahl Einlagerungen in 24 Stunden:   360 Paletten
    (15 Einlagerungen pro Stunde)
Maximalzahl Auslagerungen in 10 Stunden:   600 Paletten (60 Auslagerungen/h)
Gesamtzahl Lagervorgänge pro Stunde:   75 Paletten zzgl. Umlagervorgänge
Anzahl der Artikel im Sortiment   ca. 35 Anzahl an Paletten je Artikel hoch
Geringer Umschlag je Arbeitsgang

*Lagerorganisation*

- Zuführung von der Palettiermaschine und Vorlagerzonenförderer zum Einlagerungspunkt
- Abführung der ausgelagerten Paletten zum Versand oder zur Aussonderungsspur mittels Stapler, Verschiebewagen oder Rollenbahn. Im Versand LKW-Verladung durch Stapler
- Lagerdauer mindestens sieben Tage (Inkubationszeit)
- FIFO- Prinzip nicht zwingend, aber anzustreben
- Freie Lagerplatzwahl
- Alle Kapazitäten sind auf die geplante Endgröße von 8.000 Paletten vorzubereiten.
- Aufträge bestehen nur aus ganzen Lagereinheiten.
- Dreischichtbetrieb des Lagers, Versand täglich von 10:00 bis 18:00 Uhr. Auslagerung nur während der Versandzeiten.

*Investitionsrechnung*

- Verrechnung der Liquidationserlöse der Altanlagen mit den Umbaukosten
- Mindestrendite (kalkulatorische Zinsen) 5 % der halben Gesamtinvestition
- Lebensdauer der Regale 20 Jahre, der RBG 10 Jahre
- Finanzierung aus Eigenmitteln und eingesparten Mietkosten
- Vergleich auf der Basis der Kosten je Lagerplatz
- Einbeziehung von Lohnkosten und Instandhaltungskosten

## 13.2 Alternative 1: Doppelt tiefes Palettenregal

### 13.2.1 Konzeption

Die Alternative 1 hat folgende Merkmale:

- doppelt tiefes Palettenregal nach dem Einplatzprinzip mit RBG in jedem Arbeitsgang
- Ein- und Auslagerbereich ist in einer Ebene der Lagervorzone / Längseinlagerung der Paletten
- freie Lagerplatzwahl / Transport zum Versand durch Stetigförderer
- Arbeitsgänge längs zur Hallenrichtung angeordnet

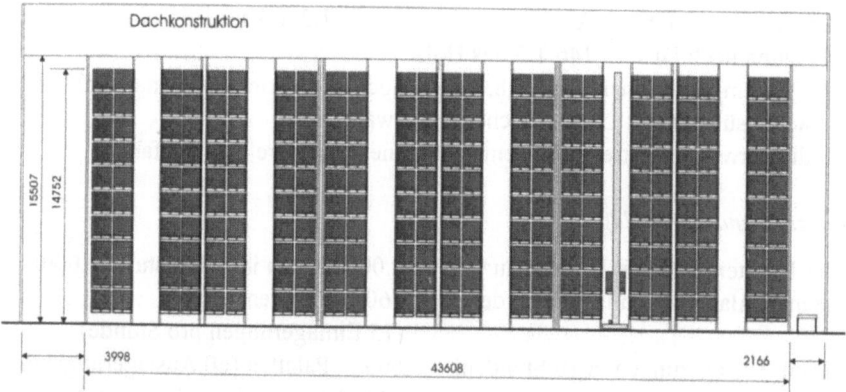

**Bild 119** Alternative 1, Querschnitt, Endausbau

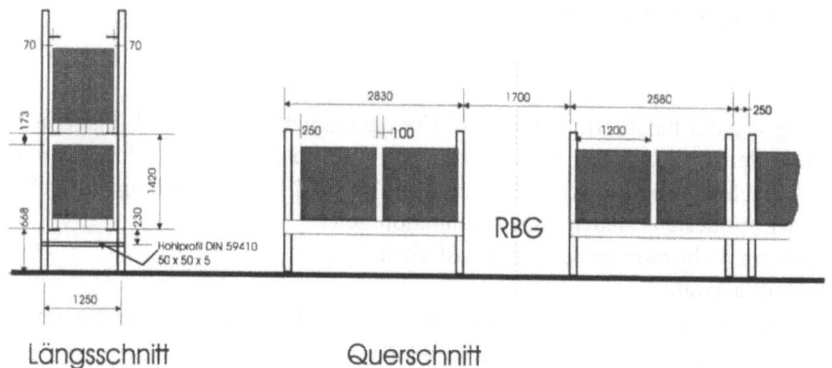

**Bild 120** Alternative 1, Regalkonstruktion

# 13 Systemplanung eines Reife- und Distributionslager

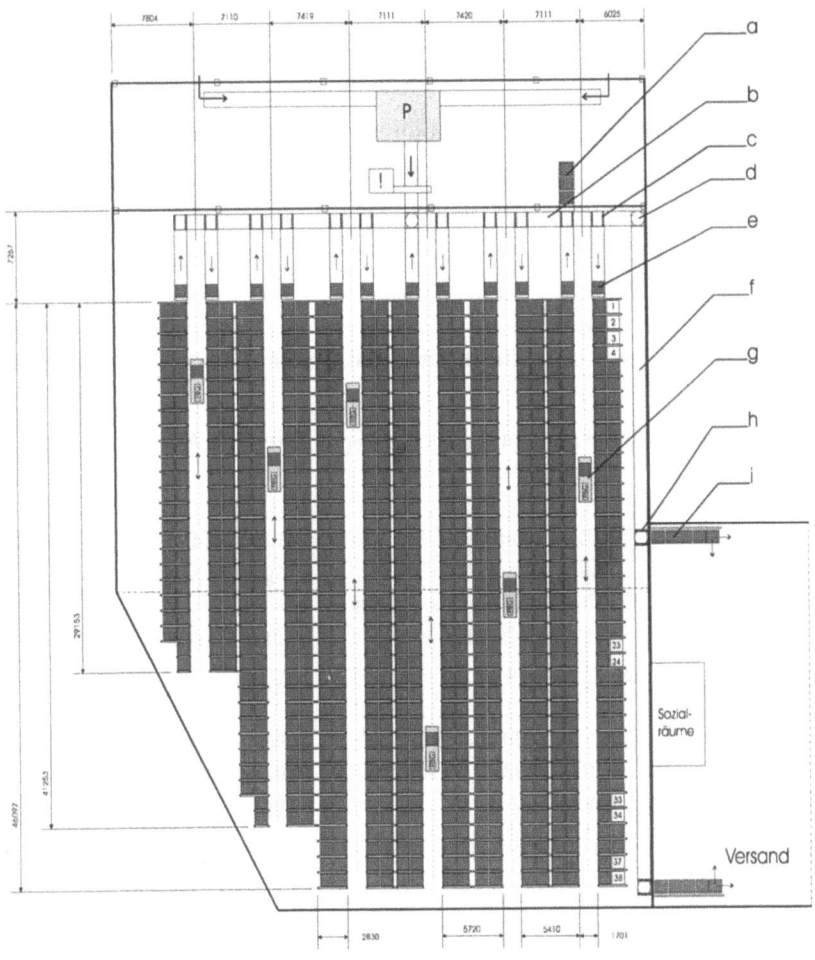

| Legende | P | Pallettierer | c | Kettenförderer | g | Regalbediengerät |
|---|---|---|---|---|---|---|
| | I | I-Punkt | d | Drehtisch | h | Drehtisch m. Kettenförderer |
| | a | Aussonderungsspur | e | Rollenhubtisch | i | Stauförderer |
| | b | Rollenförderer | f | Rollenförderer | 1-38 | Palettenplätze |

**Bild 121  Alternative 1, Grundrißlayout, Endausbau**

## 13.2.2 Grobdimensionierung des Lagersystems

*Endausbaustufe:*

- Bei Längseinlagerung und Einplatzprinzip können 16 Reihen á 38 Paletten, 2 Reihen á 34, 2 Reihen á 33, 2 Reihen á 24 und 2 Reihen á 23 Paletten auf der gegebenen Fläche realisiert werden, 836 Paletten / Ebene

- Die Regalhöhe ergibt sich aus der geforderten Endkapazität und den Stellplätzen pro Ebene zu $8.000 \div 836 = 9{,}57$ Ebenen, also 10 Regalebenen. 360 Leerplätze werden zur Umlagerung verwendet.

- 1,2 m Höhe werden für die Sprinkleranlage zwischen Oberkante Regal und der Dach vorgesehen.

*Erste Baustufe:*

- Der Betrieb des bestehenden Lagers ist während der Bauphase problemlos möglich.

- Die erste Baustufe mit einer geforderten Kapazität von 3.000 Stellplätzen wird mit 4 Arbeitsgängen, also 8 Regalreihen bei 10 Ebenen mit 19 doppelt tiefen Palettenplätzen erreicht und ergibt 3.040 Palettenplätze : 8 x 10 x 19 x 2 = 3.040.

Die RBG haben eine Bauhöhe von 15,5m und eine Tragfähigkeit von 1250kg ( Einsäulenausführung). Gleis und Führungsschienen des RBG müssen im Arbeitsgang exakt nivelliert werden. Ein Schleppkabelsystem ist für die Steuerung und Energieversorgung des RBG notwendig.

Wichtige Kennzahlen sind die Nutzungsgrade und Spielzeiten der Alternative:

*Nutzungsgrade:*

| | | | |
|---|---|---|---|
| Flächennutzungsgrad | Bruttofläche: 972,78m² | Nettofläche: 513,95m² | **0,528** |
| | Länge: 19 x 1,25 + 7,27 | Länge: 19 x 1,25 | |
| | Breite: 6,03m + 2 x 7,11m | | |
| | + 7,42m + 3,71m | Breite: 4 x 2,83 + 4 x 2,58m | |
| Höhennutzungsgrad | Brutto: 14,75m | Netto: 10 x 1,25m | **0,847** |
| Raumnutzungsgrad | Bruttovolumen: 14.349m³ | Nettovolumen: 6.424,4m³ | **0,448** |
| | Bruttofläche: 972,78m² | Nettofläche: 513,95m² | |
| | Höhe: 14,75m | Höhe: 12,5m | |

*Spielzeiten*

Die Umschlagleistung wird mit dem Minimum der beteiligten Komponenten angesetzt und die Spielzeiten nach VDI- Richtlinie 3561, Blatt 1 berechnet. Der Rollenförderer ist als Stetigförderer ohne weiteres in der Lage, die Mindestanforderungen zu erfüllen. Bei Transportgeschwindigkeiten von 0,5 – 1 m/s dauert der Transport einer Palette maximal 2 Minuten, da aber die Paletten in kurzen Abständen hintereinander transportiert werden, hat die relativ geringe Geschwindigkeit keinen negativen Einfluß auf die Umschlagleistung. Daher wird nur das RBG untersucht :

| Gerät | Einzelspielzeit | Doppelspielzeit | Einzelspiele/h | Doppelspiele/h |
|---|---|---|---|---|
| RBG | 60s | 105s | 60 | 34 |

Für den geforderten Umschlag von 75 Paletten/h werden 15 Doppel- und 60 Einzelspiele in der Stunde benötigt. Da jedes einzelne RBG schon 60 Einzelspiele leistet, in der Anlage vier RBG eingeplant sind, werden die Mindestanforderungen mehr als erfüllt.

*Vorteile der Alternative 1*

- Die Lösung ist erweiterbar, weil die Regalzeilen quer zur Lagervorzone ausgerichtet sind.

- Die RBG sind ausreichend leistungsfähig, um bei Ausfall eines Gerätes den geforderten Umschlag auch mit den restlichen Geräten sicherzustellen (vgl. Spielzeiten).

- Durch die Anordnung der Arbeitsgänge quer zur Lagervorzone ist der automatische Bereich leicht durch Zäune von den Mitarbeitern zu trennen. Auch das Transportmittel zum Versand ist leicht abzuschirmen.
- Wieder aufgefüllte Paletten können von der Aussonderungsspur aus problemlos wieder eingelagert werden.

*Nachteile der Alternative 1*

- Durch die langen Ein- und Auslagerungsförderer wird der Flächennutzungsgrad verringert, es gehen ca. 200m² verloren.
- Die RBG sind schlecht ausgelastet, die Regale ändern sich nicht beim Endausbau.
- Die Paletten haben nur 70mm Abstand zu den Regalständern, bei verdorbener Ware dehnt sich die Ladeeinheit aus und kann verkanten.

## 13.2.3 Investition

Alle Investitionen werden inklusive der für Fracht und Montage anfallenden Kosten gerechnet. Für Unvorhergesehenes ist ein Posten von 10% der Investitionssumme vorgesehen. Pauschal wird für Gleis und Schleppkabel 2.000 DM je Meter Arbeitsgang angesetzt. Für Rollenförderer in der Lagervorzone werden je Meter 1.500 DM veranschlagt. Ein Kettenförderer in der benötigten Länge kostet ca. 7.500 DM, ein Rollenhubtisch 10.000 DM. Die Bereitstellplätze der Aussonderungsspur und im Versand werden als Rollbahnen mit Schwerkraftantrieb und Bremsrollen ausgeführt. Ein Dreirad- Elektrostapler mit 1.250kg Tragfähigkeit und einer Hubhöhe von etwa 2m kostet ca. 50.000 DM. Sie werden zur Beladung der am Versandbereich angedockten LKW eingesetzt.

Ingesamt verursacht die Alternative 1 folgende Investitionen:

- 2 Elektrostapler   100.000 DM
- 4 RBG   1.200.000 DM
- Transportmittel   291.770 DM
- Regalsystem   409.400 DM

Die Gesamtinvestition inkl. Zuschläge für Lagersteuerung (15%), Brandschutz (6%) und für unvorhergesehene Ausgaben (10%) beträgt **2.621.533 DM.**

## 13.2.4 Betriebskosten

Personalbedarf Alternative 1:

- 2 Staplerfahrer im Versandbereich,
- 1 Person am I- Punkt
- 1 Person für die Prüfung ausgesonderter Paletten
- 1 Elektriker für anfallende Arbeiten im Lager z.B. Reparaturarbeiten

Im Versand und im Wareneingang wird täglich von 10:00 bis 18:00 gearbeitet. In beiden Bereichen fallen bei 20 Arbeitstagen je Monat 200 Arbeitsstunden je Arbeiter an. Das Lager soll 24 Stunden täglich in Betrieb sein, außerhalb der Versandzeiten läuft es unbeaufsichtigt.

| Lfd. Nr. | Bereich | Betriebsstunden täglich | Arbeitsstunden monatlich |
|---|---|---|---|
| 1 | Lager | 24 | 160 |
| 2 | Wareneingang | 10 | 400 |
| 3 | Versand | 10 | 400 |

Bei einer wöchentlichen Arbeitszeit von 40 Stunden werden insgesamt 6 Arbeiter für das Lagersystem benötigt ( je Arbeiter werden 90.000 DM veranschlagt).

Die genaue Berechnung der Betriebskosten erfolgt im Kapitel ???. Eine Abschätzung ergibt:

Die laufenden Kosten setzen sich aus den Kosten für Personal und Energie zusammen.. Als monatliche Instandhaltungskosten werden pauschal 5% der jeweiligen Investitionssumme für Stapler, RBG, Transport-mittel und Regalsystem angesetzt. Die Energiekosten pro Stunde werden für die E- Stapler mit 11 DM, für die RBG mit 15 DM und für die Transportmittel mit 2 DM festgelegt.

Die gesamten Betriebskosten werden aufgeteilt in

- Lagerungskosten =    Energiekosten, Personalkosten, Instandhaltung des Regalsystems : 416.070 DM p.a.
- Umschlagkosten =    Instandhaltungskosten der Transportmittel, Personalkosten : 349.589 DM p.a.
- Abschreibungen und kalkulatorische Zinsen : 245.185 DM p.a.

Der Maximalumschlag liegt bei 360 Einlagerungen und 600 Auslagerungen am Tag. Bei 20 Arbeitstagen im Monat ergibt sich ein Gesamtumschlag von maximal 19.200 Paletten im Monat. Die Lagerungskosten je Palette und Monat liegen für die Alternative 1 bei 1,81 DM, die Umschlagkosten bei 1,52 DM. Aus den Betriebskosten p.a. und den Einsparungen p.a. ergibt sich folgende Zahlungsreihe:

| Jahr k | Einzahlung $EZ_k$ | Auszahlung $AZ_k$ | Cash Flow $Z_k$ | Cash flow, kumuliert |
|---|---|---|---|---|
| 0 | 0 | 2.621.533 | -2.621.533 | -2.621.533 |
| 1 | 1.742.000 | 1.010.844 | 731.156 | -1.890.377 |
| 2 | 1.742.000 | 1.010.844 | 731.156 | -1.159.221 |
| 3 | 1.742.000 | 1.010.844 | 731.156 | -428.065 |
| 4 | 1.742.000 | 1.010.844 | 731.156 | 303.091 |

Tabelle 39   Zahlungsreihe Alternative 1

Bei Einsparungen von 1.742.000 DM p.a. und Betriebskosten von 1.010.844 DM p.a. ergibt sich eine statische Amortisationsdauer von **3,59 Jahren**. Bewertung und Vergleich der Alternativen siehe Kapitel

## 13.3 Alternative 2: Doppelt tiefes Palettenregal mit Umsetzer

### 13.3.1 Konzeption

Die Alternative 2 hat folgende Merkmale
- doppelt tiefes Palettenregal nach Mehrplatzprinzip / Längseinlagerung der Paletten
- für 3 Gassen zwei RBG / Umsetzer für RBG mit Pufferplätzen für Einlagerung
- Lage der Ein- und Auslagerungstechnik in einer Ebene an der Hallenlängswand
- Verteilwagen für Transport der Paletten zum Versand / Arbeitsgänge quer zur Hallenlängsrichtung
- freie Lagerplatzwahl

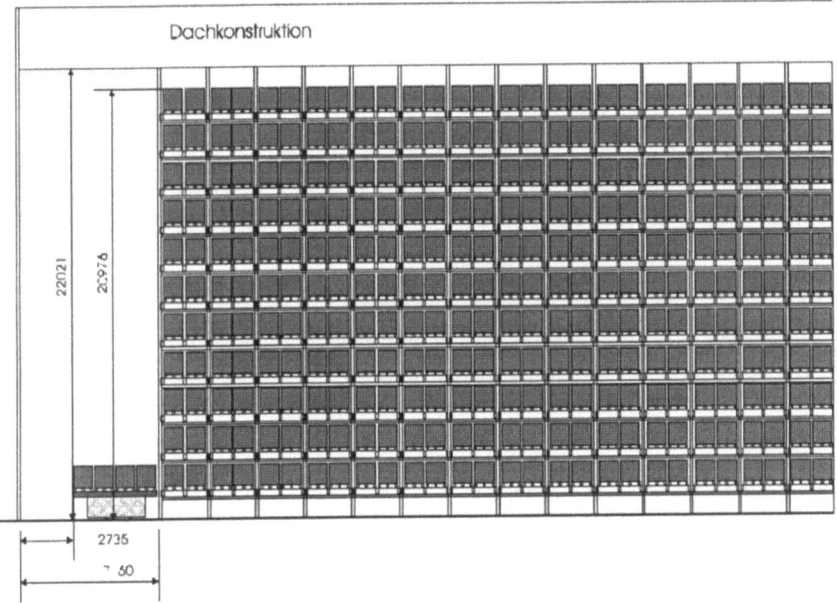

Bild 122  Alternative 2, Querschnitt

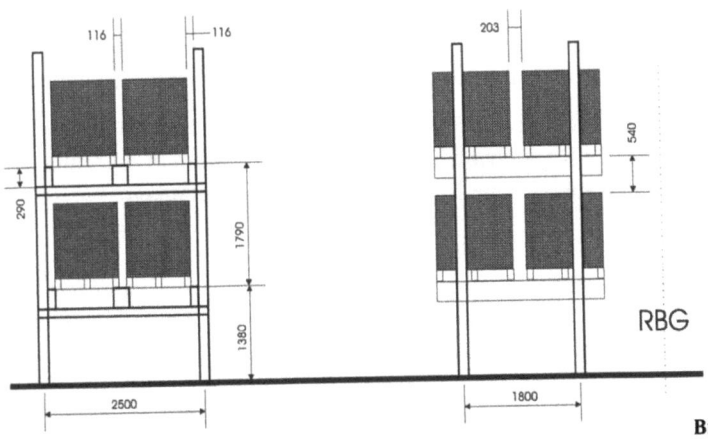

Seitenansicht längs   Seitenansicht quer

Bild 123
Alternative 2, Regalkonstruktion

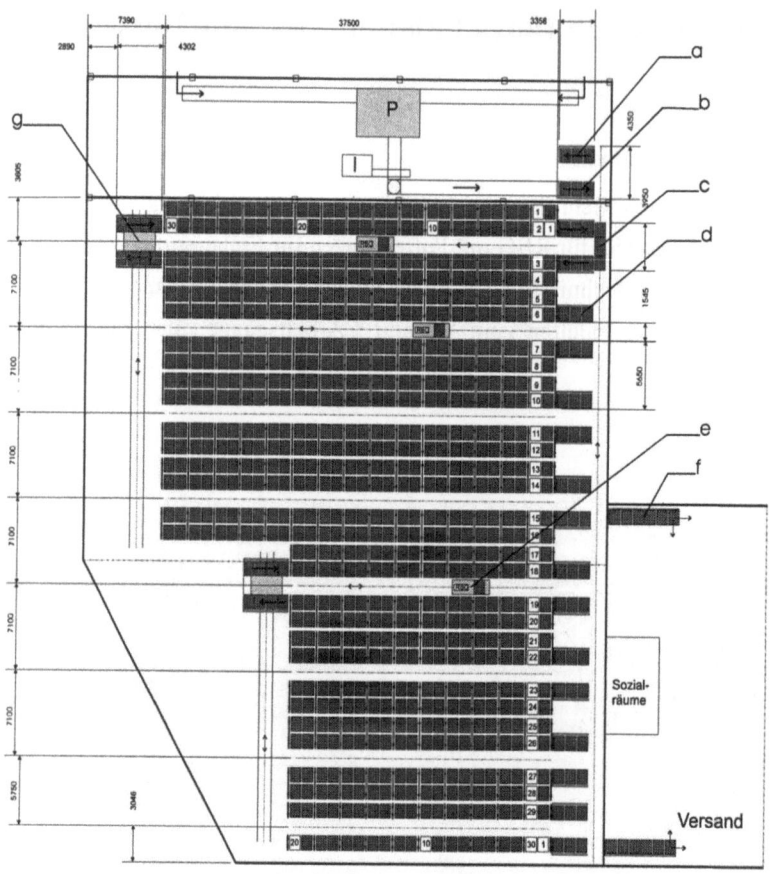

Bild 124  Alternative 2, Grundrißlayout, Endausbau

### 13.3.2 Grobdimensionierung des Lagersystems

*Endausbaustufe:*

- Bei Längseinlagerung und Mehrplatzprinzip können 16 Zeilen á 30 Paletten und 14 Zeilen á 20 Paletten auf der gegebenen Fläche realisiert werden, das sind 760 Paletten je Regalebene.

- Die Bauhöhe ergibt sich aus der geforderten Endkapazität und den Stellplätzen pro Ebene zu $8.000 \div 760 = 10{,}53$ Ebenen : also 11 Regalebenen. Die 360 Leerplätze werden zur Umlagerung verwendet. Über der obersten Regalebene ist Platz für eine Sprinkleranlage.

*Erste Baustufe:*

- Die erste Baustufe mit einer geforderten Kapazität von 3.000 Stellplätzen kann mit 10 Regalreihen zu je 30 Paletten nebeneinander bei 11 Ebenen und doppelt tiefer Lagerung realisiert werden, die dann 3.300 Paletten Platz bieten : $10 \times 11 \times 30 = 3300$. Die letzte Reihe hat nur einseitige RBG- Bedienung.

13 Systemplanung eines Reife- und Distributionslager

*Nutzungsgrade:*

| | | | |
|---|---|---|---|
| Flächennutzungsgrad | Bruttofläche: 929m² | Nettofläche: 522,375m² | **0,562** |
| Höhennutzungsgrad | Brutto: 20,9m | Netto: 11 x 1,25m = 13,75m | **0,658** |
| Raumnutzungsgrad | Bruttovolumen: 19.416,1 m³ | Nettovolumen: 7.182,7 m³ | **0,370** |

*Spielzeiten:*

Für die Berechnung der Umschlagleistung wird wie im vorigen Kapitel verfahren. Die Berechnung der Spielzeiten erfolgt nach VDI- Richtlinie 3561, Blatt 1 und 2.

| Gerät | Einzelspielzeit | Doppelspielzeit | Einzelspiele/h | Doppelspiele/h |
|---|---|---|---|---|
| RBG ohne Gangwechsel | 80s | 136s | 45 | 26 |
| RBG mit Gangwechsel | - | 200s | - | 18 |
| Verteilerwagen | 65 | 105s | 55 | 34 |

Für den geforderten Umschlag von 75 Paletten/h werden 15 Doppel- und 60 Einzelspiele in der Stunde benötigt. Der Verteilerwagen leistet dies innerhalb von 2738s oder 46min, wenn bei jeder Fahrt zwei Paletten transportiert werden. Im zwei der drei Regalgänge werden RBG benötigt, weil ein RBG allein die Mindestforderung von 60 Einzelspielen je Stunde nicht erfüllen kann. Umsetzerzeiten werden nur für 3 Doppel- und 4 aufeinander folgende Einzelspiele ungefähr 10 % aller Lastspiele einbezogen, da sich nur 20 % aller Palettenplätze im dritten Arbeitsgang befinden und auch einige Lastspiele allein in diesem Gang stattfinden werden. Mit diesen Annahmen werden die Mindestforderungen exakt erfüllt.

*Vorteile der Alternative 2:*

- Die Puffer für 6 Paletten auf dem Umsetzer erhöhen die Flexibilität. Über diese ist eine Einlagerung auch bei überlastetem Verteilerwagen möglich. Die Übernahme erfolgt dann durch den Schubmaststapler.
- Die RBG werden durch die Verwendung in mehreren Arbeitsgängen gut ausgelastet.

*Nachteile der Alternative 2:*

- Die Umsetzer verursachen einen Flächenverlust von ca. 180m².
- Eine Erweiterung des Lagers muß wegen der notwendigen Umsetzergleise von vornherein mit eingeplant werden und kann nicht stufenlos erfolgen.
- Es ist nur schwer möglich, den automatischen Bereich durch Zäune von den Mitarbeitern zu trennen. Hier ist es nicht möglich, eine Einlagerung in den automatisierten Bereich durch Stapler zu vermeiden, Die Sicherheitsvorschriften müssen durch teure Einrichtungen erfüllt werden.
- Durch die Nutzung der Umsetzer als Lagerungspuffer wird auf die Umsetzer ein Zusatzgewicht von maximal 8 x 1.200 kg = 9.600 kg aufgebracht. Damit wird es notwendig, zur Gewichtsverteilung den Umsetzer in eine Grube einzubauen, was erhebliche bauliche Veränderungen mit sich bringt.

### 13.3.3 Investition

*Vorgaben und Annahmen wie Alternative 1.*

Ein Umsetzer kostet ca. 150.000 DM zuzüglich der Kosten für den Umsetzerweg (entspricht Gleis und Schleppkabel bei RBG). Rollenförderer werden im Lagerbereich der Alternative 2 nicht benötigt. Die Bereitstellplätze der Ein- und Auslagerungsförderer, der Aussonderungsspur und der im Versand werden wie in der Alternative 1 ausgeführt.

In der Alternative 2 wird zusätzlich zu den Staplern im Versand ein Schubmaststapler benötigt, um Paletten auf dem Umsetzer zur Einlagerung bereitzustellen.

Insgesamt hat die Alternative 2 folgende Investitionen:

- 3 Elektrostapler   150.000 DM
- 2 RBG              600.000 DM
- Transportmittel    262.910 DM
- Regalsystem        472.500 DM

Die Gesamtinvestition inkl. Zuschläge für Lagersteuerung (15%), Brandschutz (6%) und für unvorhergesehene Ausgaben (10%) beträgt **1.945.887 DM**.

### 11.3.4 Betriebskosten

Personalbedarf Alternative 2:

- 2 Gabelstaplerfahrer im Versandbereich,
- 1 Person am I- Punkt
- 1 Person im Wareneingang sowie als Fahrer des Schubmaststaplers
- 1 Elektriker für anfallende Reparaturarbeiten

Im Versand und im Wareneingang wird täglich von 10:00 bis 18:00 gearbeitet. Das Lager soll 24 Stunden täglich in Betrieb sein, während der Versandzeiten werden zwei, außerhalb der Versandzeiten wird jedoch nur ein Arbeiter benötigt. Der Elektriker steht täglich 8 Stunden zur Verfügung.

| Lfd. Nr. | Bereich | Betriebsstunden täglich | Arbeitsstunden monatlich |
|---|---|---|---|
| 1 | Lager | 24 | 440 |
| 2 | Wareneingang | 10 | 400 |
| 3 | Versand | 10 | 400 |

Bei einer wöchentlichen Arbeitszeit von 40 Stunden werden insgesamt 8 Arbeiter im Lager benötigt.

13 Systemplanung eines Reife- und Distributionslager

Bedarf an Gabelstaplern:

- 2 Dreirad- Elektrostapler, Tragfähigkeit 1.250kg, Hubhöhe ca. 2m im Versand
- 1 Schubmaststapler, Tragfähigkeit 1.250kg, Hubhöhe ca. 2m im Wareneingang und zur Einlagerung

Die genaue Berechnung der Betriebskosten erfolgt in wie in Kap. 13.3.4. Es werden die gleichen Annahmen wie für Alternative 1 getroffen. Ein Abschätzen der Betriebskosten ergibt :

- Lagerungskosten = Energiekosten, Personalkosten, Instandhaltung des Regalsystems : 531.225 DM p.a.
- Umschlagkosten = Instandhaltungskosten der Transportmittel, Personalkosten : 410.646 DM p.a.
- Abschreibungen und kalkulatorische Zinsen : 173.563 DM p.a.

Bei einem maximalen Gesamtumschlag von 19.200 Paletten im Monat liegen die Lagerungskosten je Palette und Monat für die Alternative 2 bei 2,31 DM, die Umschlagkosten bei 1,78 DM. Aus den Betriebskosten p.a. und den Einsparungen p.a. ergibt sich folgende Zahlungsreihe:

| Jahr k | Einzahlung $EZ_k$ | Auszahlung $AZ_k$ | Cash Flow $Z_k$ | Cash flow, kumuliert |
|---|---|---|---|---|
| 0 | 0 | 1.945.887 | -1.945.887 | -1.945.887 |
| 1 | 1.742.000 | 1.115.434 | 626.566 | -1.319.521 |
| 2 | 1.742.000 | 1.115.434 | 626.566 | -692.755 |
| 3 | 1.742.000 | 1.115.434 | 626.566 | -66.189 |
| 4 | 1.742.000 | 1.115.434 | 626.566 | 560.377 |

Tabelle 40  Zahlungsreihe Alternative 2

Bei Einsparungen von 1.742.000 DM p.a. und Betriebskosten von 1.115.434 DM p.a. ergibt sich eine statische Amortisationsdauer von 3,11 Jahren. Bewertung und Vergleich der Alternativen siehe Kapitel

## 13.4 Alternative 3: Satellitenregal mit Blocklagerung

### 13.4.1 Konzeption

Die Alternative 3 hat folgende Merkmale:

- Blocklagerung im Einplatzprinzip in vielen Kanälen / Längseinlagerung
- Rollenförderer für die Ein- und Auslagerung im Tunnel (1. und 2.Ebene umfassend)
- freie Lagerplatzwahl / Transport zum Versand durch Verschiebewagen
- Regalgassen quer zur Hallenrichtung

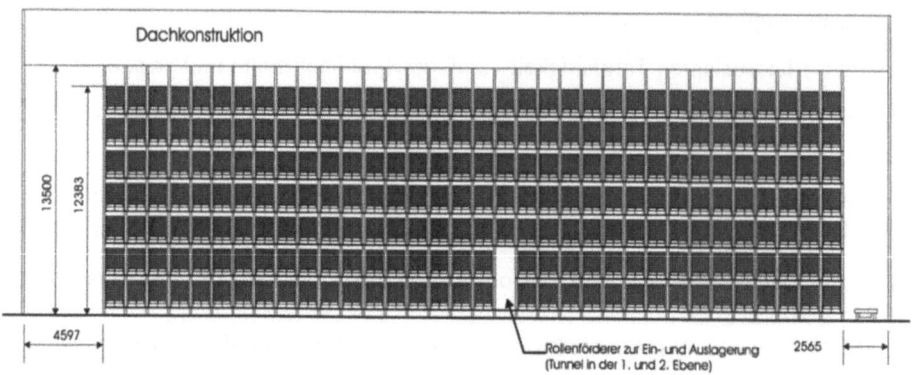

Bild 125   Alternative 3, Querschnitt, Endausbau

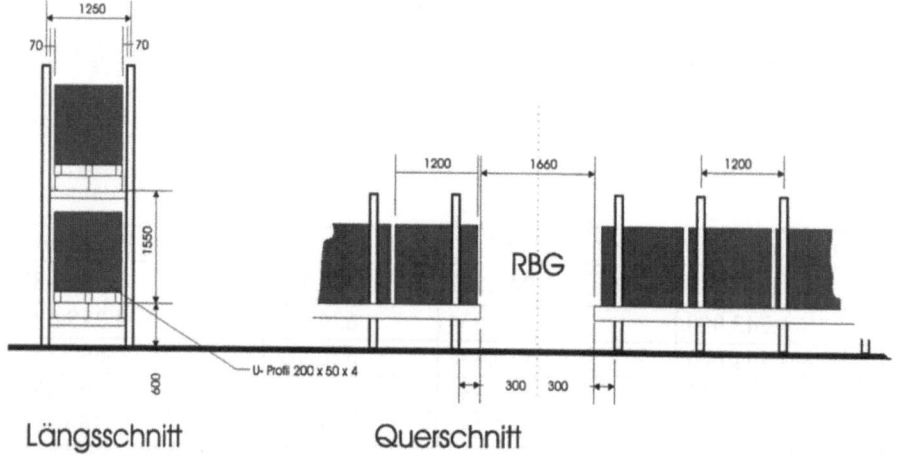

Bild 126   Alternative 3, Regalkonstruktion

## 13.4.2 Grobdimensionierung des Lagersystems

Endausbaustufe:

- Bei Längseinlagerung im Einplatzprinzip können zwei Regalblöcke mit jeweils achtfach tiefer Lagerung und eines mit zwei- bzw. vierfach tiefer Lagerung realisiert werden. Bei Anpassung an die Hallengrundfläche ergeben sich je ein System mit 34, 33 und 26 Kanälen. Dabei sind die notwendigen Rollenförderer zur Ein- und Auslagerung in Kanälen in der 1. und 2. Ebene das Regalsystem integriert. Der Tunnel ist zwei Ebenen hoch. In den ersten beiden Ebenen stehen je 1.062 Plätze, in den höheren je 1.217 Palettenplätze zur Verfügung.

- Die Regalhöhe ergibt sich aus der geforderten Endkapazität und den Stellplätzen pro Ebene. Abzüglich der in den ersten zwei Ebenen vorhandenen Plätze werden

  $8.000 - 2 \times 1.062 = 5.876$ Plätze

  benötigt, d.h. $5.876 : 1217 = 4,82$ Ebenen: also insgesamt 7 Regalebenen. Die 209 Leerplätze sind Umlagerungsplätze.

- Für die einzubauende Sprinkleranlage sind 0,4 m vorzusehen.

13 Systemplanung eines Reife- und Distributionslager 259

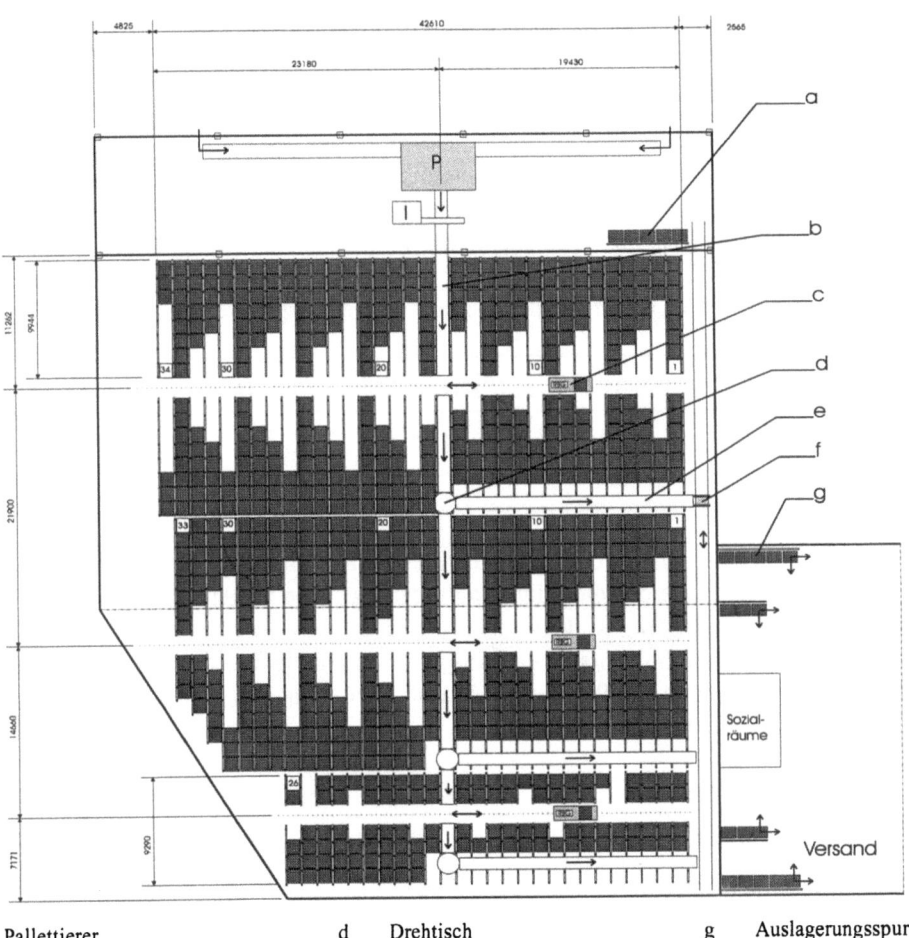

| P | Palettierer | d | Drehtisch | g | Auslagerungsspuren |
| I | I-Punkt | e | Rollenförderer | 1-34 | Palettenplätze |
| a | Aussonderungsspur | | (Tunnel 1.+2. Ebene) | | |
| b | Rollenförderer | f | Verschiebehubwagen | | |
| c | Regalbediengerät | | | | |

**Bild 127 Alternative 3, Grundrißlayout, Endausbau**

*Erste Baustufe:*

- Der Betrieb des bestehenden Lagers ist während der Baustufe problemlos möglich.

- Die erste Baustufe mit einer geforderten Kapazität von 3.000 Stellplätzen kann mit einem zweiseitig achtfach tiefen System mit 29 Kanälen realisiert werden und hat 29 x 8 x 7 x 2 + 1.062 = 3.382 Palettenplätze (vereinfachte Rechnung).

Nutzungsgrade:

| Flächennutzungsgrad | Bruttofläche: 853,65 m² | Nettofläche: 722,1 m² | **0,846** |
| Höhennutzungsgrad | Brutto: 12,38 m | Netto: 7 · 1,25 = 8,75 m | **0,707** |
| Raumnutzungsgrad | Bruttovolumen: 10.568,2 m³ | Nettovolumen: 6.318,4 m³ | **0,598** |

In der Nettofläche sind die für die Transportmittel innerhalb des Regals benötigten Flächen berücksichtigt.

*Spielzeiten*

Die Umschlagleistung wird mit dem Minimum der beteiligten Komponenten angesetzt. Dafür werden die Spielzeiten berechnet. Die Berechnung erfolgte nach VDI-Richtlinie 3561, Blatt 4 (Ein- und Auslagerungspunkt sind identisch; gewichtetes Mittel).Annahme Verschiebehubwagen : gleich häufig werden die Auslagerungsspuren des Versands bedient und nur etwa 10% aller Paletten werden direkt von der Aussonderungsspur zum Versand transportiert.

| Gerät | Einzelspielzeit | Doppelspielzeit | Einzelspiele/h | Doppelspiele/h |
|---|---|---|---|---|
| RBG | 46,0s | 81,6s | 78 | 44 |
| Verschiebehubwagen | 47,6 | - | 76 | - |

Für den geforderten Umschlag von 75 Paletten/h werden 15 Doppel- und 60 Einzelspiele in der Stunde benötigt. Damit werden die Mindestanforderungen von der Alternative 3 erfüllt. Die in dem System integrierten Rollenförderer erfüllen die Anforderungen (Transportgeschwindigkeiten von 0,5 - 1 m/s ); der Transport einer Palette dauert maximal 20 Sekunden. Der Verschiebewagen kann die Paletten sowohl zu der Aussonderungs- und Prüfspur transportieren als auch zum Versand ( v = 240 m/s).

Vorteile der Alternative 3

- durch den modularen Aufbau ist das Regalsystem leicht erweiterbar
- guter Flächennutzungsgrad von 0,846

Nachteile der Alternative 3

- die in das Regal integrierte Transporttechnik ist nur schwer zu warten und zu reparieren
- durch Satellitenschienen schlechterer Höhennutzungsgrad

### 13.4.3 Investition

Für die Alternative 3 werden nur zum geringen Teil ähnliche Komponenten wie für die anderen Alternativen verwendet. Allerdings werden auch hier alle Kosten inklusive Fracht und Montage gerechnet. Die Bereitstellplätze der Aussonderungsspur und im Versand werden wie in der Alternative 1 ausgeführt. Es wird zusätzlich zu den Staplern im Versand ein Stapler im Wareneingang benötigt, um aufgefüllte Paletten teilweise verdorbener Chargen von der Aussonderungsspur zum Einlagerungspunkt zu transportieren.

Insgesamt verursacht die Alternative 3 folgende Investitionen:

- 3 Elektrostapler   150.000 DM
- 1 RBG              500.000 DM
- Transportmittel    147.360 DM
- Regalsystem        727.800 DM

13 Systemplanung eines Reife- und Distributionslager

Die Gesamtinvestition inkl. Zuschläge für Lagersteuerung (15%), Brandschutz (6%) und für unvorhergesehene Ausgaben (10%) beträgt **1.997.960 DM**.

### 13.4.4 Betriebskosten

Personalbedarf der Alternative 3:

- 2 Fahrer für Gabelstapler im Versandbereich,
- 1 Person am I-Punkt
- 1 Person für die Prüfung und Handhabung ausgesonderter Paletten
- 1 Elektriker für anfällige Reparaturarbeiten

Wie in Alternative 1 werden bei einer Arbeitszeit von 40 Stunden/Woche 6 Arbeiter im Lager benötigt.

Bedarf an Gabelstaplern:

- 2 Dreirad-Elektrostapler, Tragfähigkeit 1.250kg, Hubhöhe ca. 2m im Versand
- 1 Dreirad-Elektrostapler, Tragfähigkeit 1.250kg, Hubhöhe ca. 2m im Wareneingang und zur Einlagerung

Die genaue Berechnung der Betriebskosten erfolgt in Kap. 13.3.4. Es werden die gleichen Annahmen wie für Alternative 1 getroffen. Eine Abschätzung der Betriebskosten ergibt:

- Lagerungskosten = Energiekosten, Personalkosten, Instandhaltung des Regalsystems : 453.990 DM p.a.
- Umschlagkosten = Instandhaltungskosten der Transportmittel, Personalkosten : 309.868 DM p.a.
- Abschreibungen und kalkulatorische Zinsen : 162.325 DM p.a.

Bei einem maximalen Gesamtumschlag von 19.200 Paletten im Monat liegen die Lagerungskosten je Palette und Monat für die Alternative 3 bei 1,97 DM, die Umschlagkosten bei 1,34 DM. Aus den Betriebskosten p.a. und den Einsparungen p.a. ergibt sich folgende Zahlungsreihe:

| Jahr k | Einzahlung $EZ_k$ | Auszahlung $AZ_k$ | Cash Flow $Z_k$ | Cash flow, kumuliert |
|---|---|---|---|---|
| 0 | 0 | 1.997.960 | -1.997.960 | -1.997.960 |
| 1 | 1.742.000 | 926.183 | 815.817 | -1.182.143 |
| 2 | 1.742.000 | 926.183 | 815.817 | -366.326 |
| 3 | 1.742.000 | 926.183 | 815.817 | 449.491 |

Tabelle 41  **Zahlungsreihe Alternative 3**

Bei Einsparungen von 1.742.000 DM p.a. und Betriebskosten von 926.183 DM p.a. ergibt sich eine statische Amortisationsdauer von 2,45 Jahren. Bewertung und Vergleich der Alternativen siehe Kapitel.

## 13.5 Wirtschaftlichkeitsvergleich

Jede Lageralternative hat spezifische Vor- und Nachteile, die z.T. nur schwer miteinander vergleichbar sind. So ist zwischen einem qualitativen und einem quantitativen Vergleich zu unterscheiden. Vorteil des qualitativen Vergleiches z.B. mit dem zweistufigen Punktsystem sind verschiedene Bewertungskriterien mit unterschied-lichen Einheiten gleichzeitig beurteilen zu können. Der quantitative Vergleich kann mit der Amortisationsrechnung erfolgen. Bild 128 zeigt eine Vorgehensweise, wie man zu der optimalen Lösung gelangt.

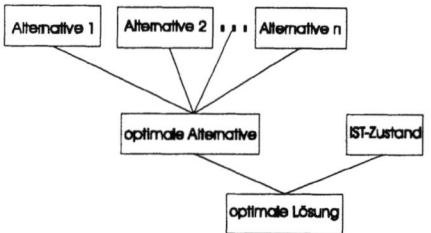

**Bild 128**
Vergleichsverfahren Soll-Ist-Zustand

Zur Ermittlung der Betriebskosten müssen teilweise Größen geschätzt werden, so wird z.B. für die Lagersteuerung für jede Alternative ein Zuschlag von 15% der für Regale, RBG, Transporttechnik und Elektrostapler anfallenden Investitionssumme gerechnet. Analog werden für den Brandschutz weitere 6% aufgeschlagen. Für unvorhergesehene Ausgaben muß ein Posten gebildet werden, der mindestens 10% der oben genannten Summe umfassen sollte. Die so entstandene Gesamtinvestition dient als Basis der kalkulatorische Zinsen. Abschreibungen erfolgen auf Basis der für das Gerät anfallenden Kosten. Die Lebensdauer wurde für Elektrostapler, RBG und Transportmittel mit 10 Jahren, für das Regal mit 20 Jahren angesetzt. Für die Ermittlung der jährlichen laufenden Kosten wird ein Arbeitsjahr mit 200 Arbeitstagen á 8 Stunden verwendet. Für die einzelnen Posten werden folgende Werte angesetzt:

| | |
|---|---|
| RBG | Betriebskosten 15 DM/Std. zzgl. 5% der Investitionssumme für Wartungskosten |
| Transporttechnik | Betriebskosten 2 DM/Std. zzgl. 5% der Investitionssumme für Wartungskosten |
| Personalkosten | Durchschnittswert 90.0000 DM, jeweils 50% auf Lagerungs- und Umschlagkosten |

Wartungskosten werden mit pauschalen Sätzen abgegolten werden. Zusätzlich sind die Betriebskosten pro Arbeitsstunde geschätzte Werte. Die zu erwartenden Einnahmen sind jährliche Einsparungen in folgender Höhe:

# 13 Systemplanung eines Reife- und Distributionslager

| | | |
|---|---|---|
| Miete | 12 x 5,00 DM/m² x 1500m² | 90.000 DM |
| Transportkosten inkl. LKW-Kosten | 240 x 20 DM/Fahrt x 15 Fahrten tägl. | 72.000 DM |
| Reparaturen Durchlaufregal | | 50.000 DM |
| Personal im lokalen Lager | 8 Arbeiter | 720.000 DM |
| Personal im entfernten Lager | 7 Arbeiter + 2 Fahrer | 810.000 DM |
| | Summe | 1.742.000 DM |

In dem Betrag von 20,00 DM je Fahrt sind alle für die Instandhaltung der LKWs anfallenden Kosten enthalten. Die Fahrzeuge können nach Auflösung des entfernten Lagers verkauft werden, sämtliche Liquidationserlöse werden mit den Umbaukosten für das neue Lager verrechnet. Die z.Z. im lokalen Lager beschäftigten Arbeiter können z.T. weiter beschäftigt werden, sie sind dann im Personalbedarf der jeweiligen Alternativen enthalten.

Eine Zusammenstellung der Investitionen und Betriebskosten gibt die Tabelle 42:

| | | Alternative 1 | Alternative 2 | Alternative 3 |
|---|---|---|---|---|
| Investitionen | E-Stapler | 100.000 | 150.000 | 150.000 |
| | RBG | 1.200.000 | 600.000 | 500.000 |
| | Transportmittel | 291.770 | 262.910 | 147.360 |
| | Regalsystem | 409.400 | 472.500 | 727.800 |
| | **Gesamtinvestition** | **2.621.533** | **1.945.887** | **1.997.960** |
| Betriebskosten | Lagerungskosten | 416.070 | 531.225 | 453.990 |
| | **je Palette und Monat** | **1,81** | **2,31** | **1,97** |
| | Umschlagkosten | 349.589 | 410.646 | 309.868 |
| | je Palette und Monat | 1,52 | 1,78 | 1,34 |
| | Abschreibungen | 245.185 | 173.563 | 162.325 |
| | Summe | 1.010.844 | 1.115.434 | 926.183 |
| | stat. Amortisationsdauer | 3,59 | 3,11 | 2,45 |

Tabelle 42 Zusammenstellung der Investitionen und Betriebskosten

Zur Ergänzung und um weitere Sicherheit zu erhalten, wird das zweistufige Punktsystem zur Beurteilung und Vergleich der Alternativen verwendet. Die Schritte sind :

- 8 bis 12 Bewertungskriterien ermitteln
- Gewichtungsmatrix erstellen und die Kriterien gewichten
- Benotungssystem mit angepaßtem Wertebereich aufbauen
- Bewertung der Kriterien in den einzelnen Alternativen in der Bewertungsmatrix durchführen
- Matrix ausrechnen und Optimum über Rangreihe bestimmen

Die Gewichtung der Kriterien erfolgt durch Vergleich und Bewertung jedes Kriterium mit jedem anderen, ob es wichtiger (1 Punkt), gleich wichtig (0,5 Punkte) oder weniger wichtig (0 Punkte) ist. Die entstehende Dreiecksmatrix wird an ihrer Diagonalen gespiegelt. Die Punktsumme jeder Zeile gibt die Gewichtung des entsprechenden Kriteriums an.

| | Kriterium | 1 | 2 | 3 | 4 | 5 | 6 | 7 | 8 | 9 | Summe | Rang |
|---|---|---|---|---|---|---|---|---|---|---|---|---|
| | 1 | 2 | 3 | 4 | 5 | 6 | 7 | 8 | 9 | 10 | 11 | 12 |
| 1 | Raumnutzungsgrad | * | 0,5 | 1 | 0,5 | 0,5 | 0,5 | 0 | 0 | 0 | 3 | 6 |
| 2 | Erweiterbarkeit | 0,5 | * | 0 | 0 | 0 | 0,5 | 0,5 | 0 | 0 | 1,5 | 7 |
| 3 | Flexibilität | 0 | 1 | * | 0 | 0 | 0 | 0 | 0 | 0 | 1 | 8 |
| 4 | Umschlagleistung | 0,5 | 1 | 1 | * | 1 | 0,5 | 0,5 | 0,5 | 0,5 | 5,5 | 2 |
| 5 | Personalbedarf | 0,5 | 1 | 1 | 0 | * | 0 | 0 | 0,5 | 0,5 | 3,5 | 5 |
| 6 | Störungssicherheit | 0,5 | 0,5 | 1 | 0,5 | 1 | * | 0,5 | 0,5 | 0,5 | 5 | 3 |
| 7 | Investitionssumme | 1 | 0,5 | 1 | 0,5 | 1 | 0,5 | * | 0 | 0 | 4,5 | 4 |
| 8 | Lagerungskosten | 1 | 1 | 1 | 0,5 | 0,5 | 0,5 | 1 | * | 0,5 | 6 | 1 |
| 9 | Umschlagkosten | 1 | 1 | 1 | 0,5 | 0,5 | 0,5 | 1 | 0,5 | * | 6 | 1 |

Tabelle 43   Gewichtungsmatrix der Kriterien

Für jede der Alternativen wird in der Bewertungsmatrix eine Benotung der Lösung der einzelnen Kriterien durchgeführt und das Optimum als Maximum der gewichteten Notensummen bestimmt.

| Kriterium | Gewichtung G | Alternative 1 Note | N x G | Alternative 2 Note | N x G | Alternative 3 Note | N x G |
|---|---|---|---|---|---|---|---|
| Raumnutzungsgrad | 3 | 2 | 6 | 1 | 3 | 3 | 9 |
| Erweiterbarkeit | 1,5 | 3 | 4,5 | 1 | 1,5 | 3 | 4,5 |
| Flexibilität | 1 | 3 | 3 | 1 | 1 | 2 | 2 |
| Umschlagleistung | 5,5 | 3 | 16,5 | 2 | 11 | 2 | 11 |
| Perrsonalbedarf | 3,5 | 3 | 10,5 | 2 | 7 | 3 | 10,5 |
| Störungssicherheit | 5 | 2 | 10 | 3 | 15 | 2 | 10 |
| Investitionssumme | 4,5 | 1 | 4,5 | 3 | 13,5 | 3 | 13,5 |
| Lagerungskosten je Palette | 6 | 3 | 18 | 1 | 6 | 2 | 12 |
| Umschlagkosten je Palette | 6 | 2 | 12 | 2 | 12 | 3 | 18 |
| | Summe | | 85 | | 70 | | 90,5 |
| | Rang | | 2 | | 3 | | 1 |

Tabelle 44   Bewertungstabelle der Alternativen

Nach der Bewertungstabelle 44 ist zu sehen, daß auch dieses Bewertungsverfahren die 3. Alternative als die optimale ansieht. Die niedrige Gesamtinvestition führte zu dieser Bewertung, da sie über die pauschalen Sätze für Energie- und Instandhaltungskosten auch auf Lagerungs- und Umschlagkosten durchschlägt.

Die Empfehlung des Planers lautet also, **die Alternative 3   als Blocklagerung mit dem Satellitenregal zu realisieren.**

# C Planungsunterlagen

Zu den täglichen Aufgaben eines Planers gehört es nicht nur Systeme für gegebene Aufgaben zu entwerfen, sondern er muß sie auch dimensionieren und Kosten ermitteln. In der Systemplanung sind die zeichnerischen Darstellungen i.d.R. mit einem Maßstab von 1: 200 zu erarbeiten, d.h. es handelt sich hier um eine Grobplanung. Dies schließt aber nicht aus, daß ein bestimmtes Detail auch in der Systemplanung im Maßstab der Ausführungsplanung 1: 50 schon zu überlegen ist.

Für die Grobplanung sind u.a. zu erarbeiten und festzulegen:

- Maße wie Abmessungen, Volumen, Flächen, Gewichte, Flächendruck
- Leistungen wie Volumen-, Massen- und Stückstrom
- Größen wie Geschwindigkeit, Beschleunigung, Empfindlichkeit
- Kennzahlen wie Nutzungsgrade, Auslastung, Reichweite
- Kosten wie Investition, Betriebskosten, Kapitalbindungskosten, Einsparungen

Diese und weitere Daten und Informationen werden für die Berechnung unterschiedlichster Größen benötigt, um die optimale, d.h. auf die Anforderungen genau zugeschnittene und den Randbedingungen angepaßte Lösung der gestellten Aufgabe zu erhalten. Es sind Einzelgrößen zu ermitteln wie Personalzahl und -kosten, Instandhaltungskosten, Energie- und Mietkosten, Abschreibungen und Kapitalverzinsung, Umschlagkosten in DM/Palette, Ein- und Auslagerungsleistung, Lagerungskosten in DM/Palette und Monat, Betriebsstunden pro Jahr z.B. bei einem Stapler, um darauf bezogen die Full-Service-Kosten ermitteln zu können, Auslastung von Transportmitteln, Fehlerrate beim Kommissionieren, Flächen- und Höhennutzungsgrade einer Halle, Amortisationsdauer oder Sicherheitsbestände sind festzulegen. Alle diese Kennzahlen, Einzelgrößen und Werte dienen sowohl der Planung als auch dem quantitativen und qualitativen Vergleich, der Auswahl und der Entscheidungsvorbereitung von alternativen Teil- und/oder Gesamtkonzepten.

Verfahren und Methoden zur Kennzahlenermittlung, zur statischen und dynamischen Investitionsrechnung, zur Berechnung von Betriebskosten sowie zur Bewertung von Alternativen werden in dem Kapitel „B Beispiele" aufgezeigt und benutzt.

Um die Ermittlung eines Großteiles der oben genannten Größen schnell und einfach durchführen zu können, werden Hilfen in diesem Kapitel, die auf Erfahrung, auf Firmenunterlagen und auf Richtlinien bzw. Vorschriften beruhen strukturiert zusammengestellt. Anregungen werden durch Aufzeigen und Darstellen von Planungsmöglichkeiten im Materialfluß mittels Fotos, Strukturbilder, Tabellen und Diagrammen gegeben. Die angegebenen Daten sind Richtwerte für Grobplanung (Systemplanung).Bei Firmenangaben sind technische Änderungen vorbehalten. Jede übernommene Größe ist generell in der Feinplanung zu überprüfen. Aufgrund der begrenzten Seitenzahl des Buches ist hier nur eine beschränkte Auswahl an Planungsunterlagen zu finden.

Der Aufbau und die Gliederung dieses Kapitels „C Planungsunterlagen" entspricht dem des Kapitels „A Planungsgrundlagen".

# 1 Planung

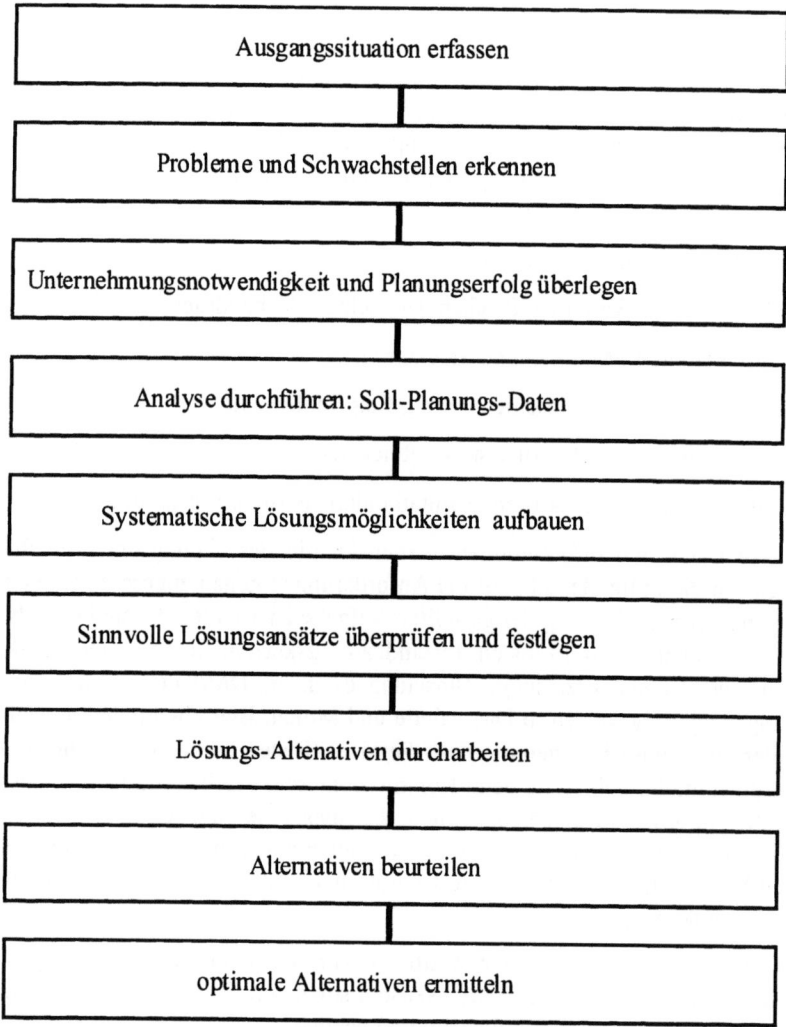

Bild 1  Methodische Vorgehensweise zum Ablauf einer Systemplanung

# 1 Planung

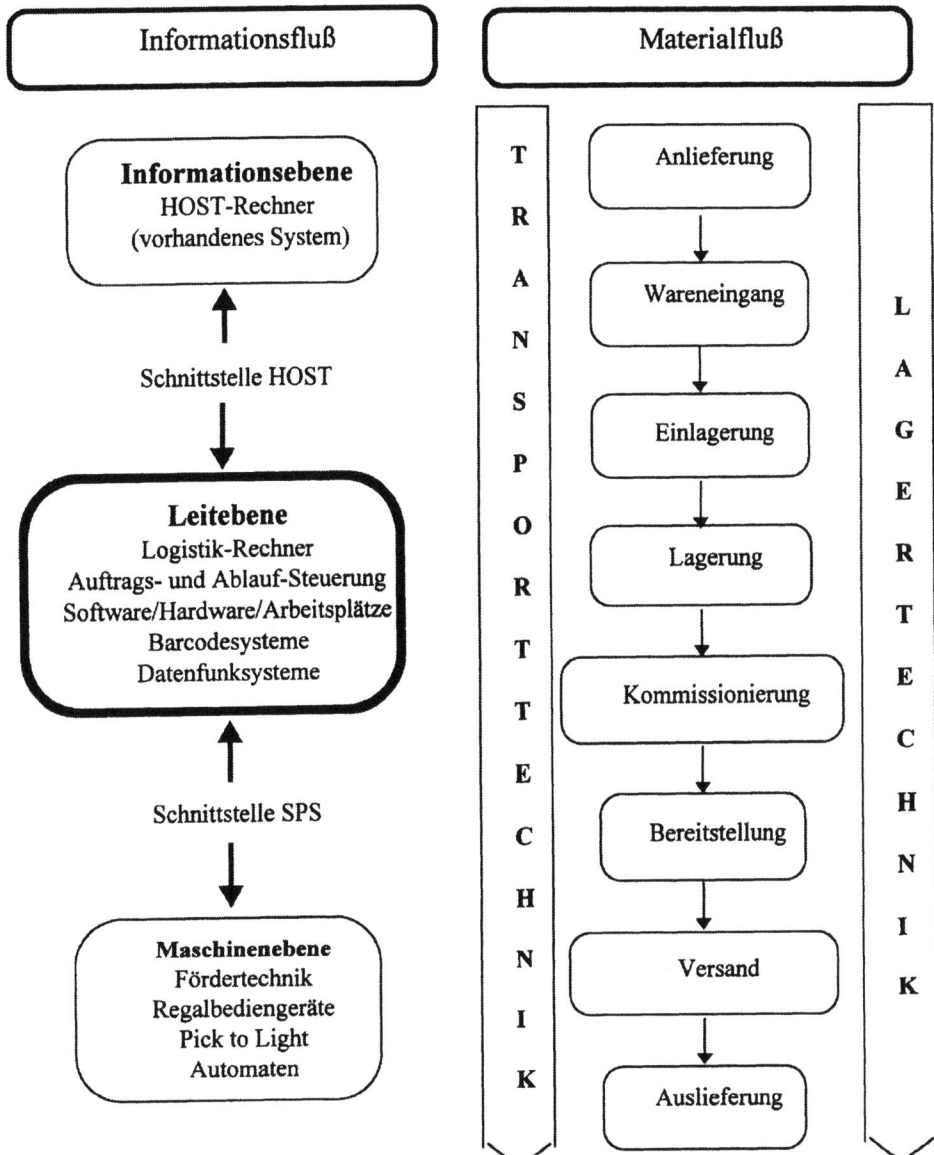

Bild 2 Darstellung der Abläufe von Informations- und Materialfluß bei Lagerbereichen
(Quelle: Fa. GEPA SYSTEM)

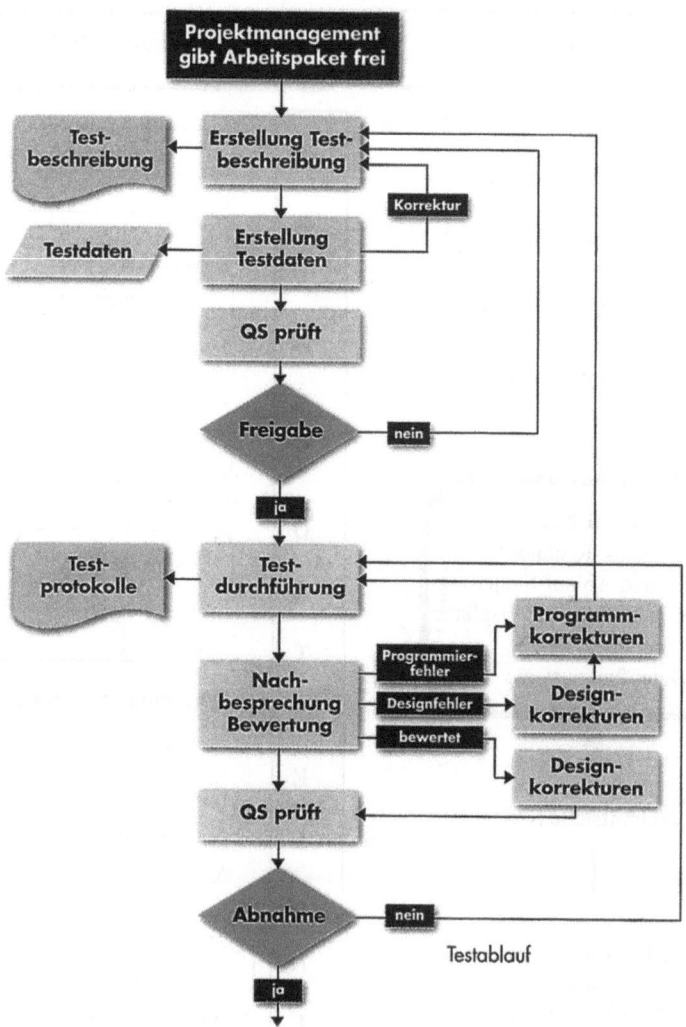

Bild 3  Möglichkeit der Vorgehensweise bei einem Integrationstest (Quelle: Fa. NOELL)

1 Planung 269

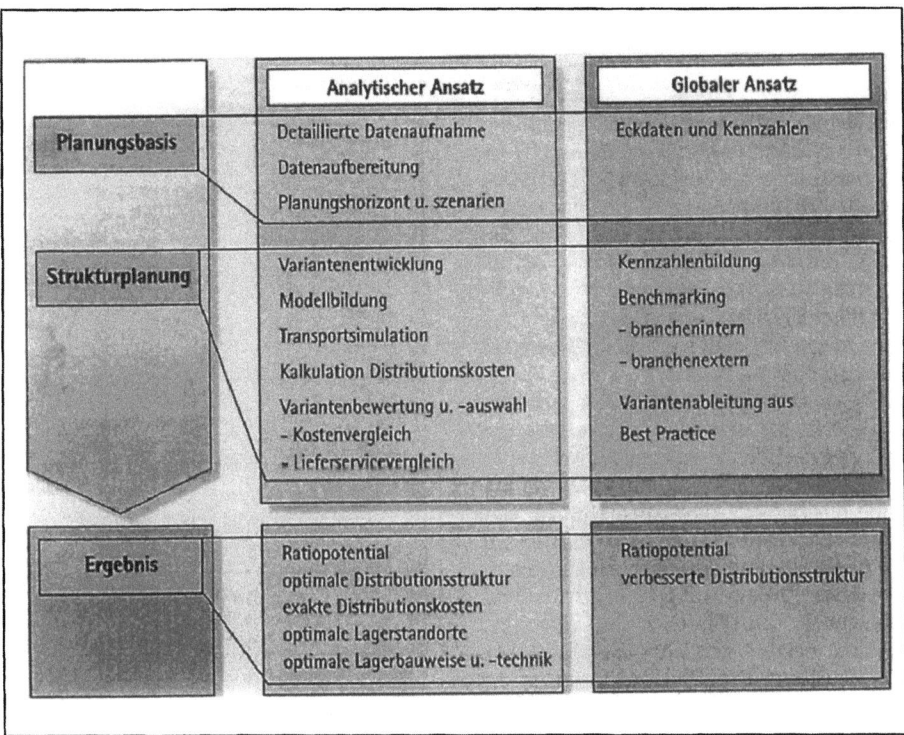

Bild 4  Prinzipielle Abläufe einer Distributionsplanung (Quelle: Fa. Agiplan)

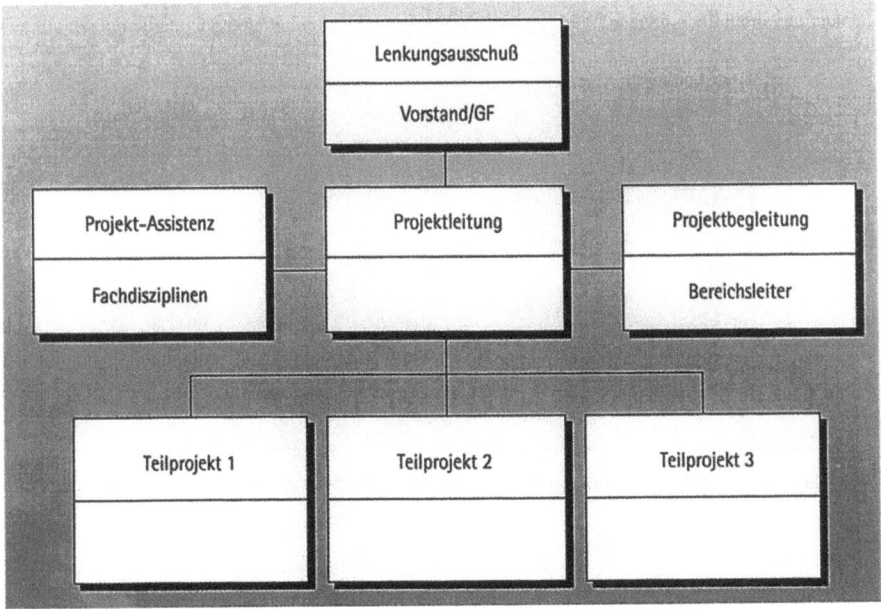

Bild 5  Projektorganisation (Quelle: Fa. Agiplan)

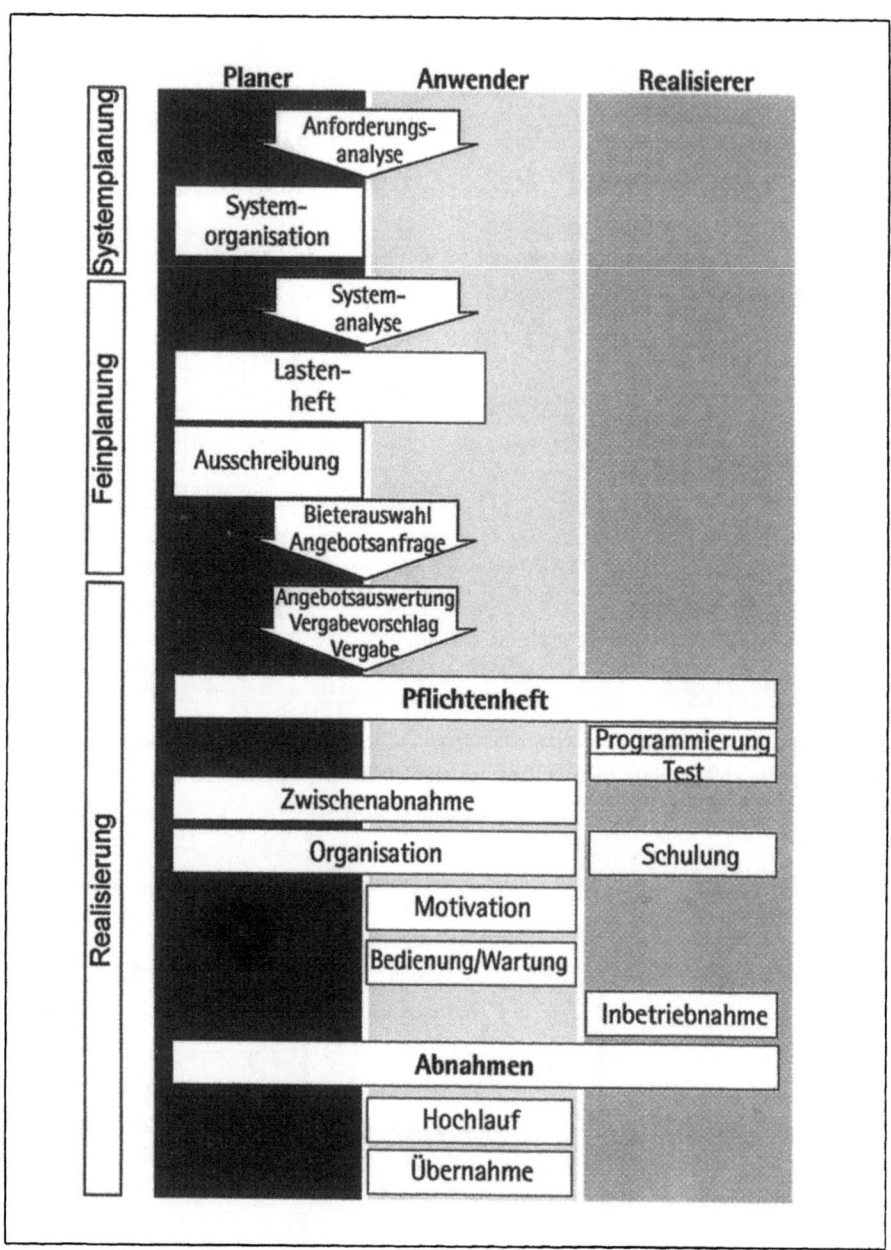

Bild 6  Projektablauf und Zuständigkeiten von Planung und Realisierung (Quelle : Fa. Agiplan)

# 1 Planung

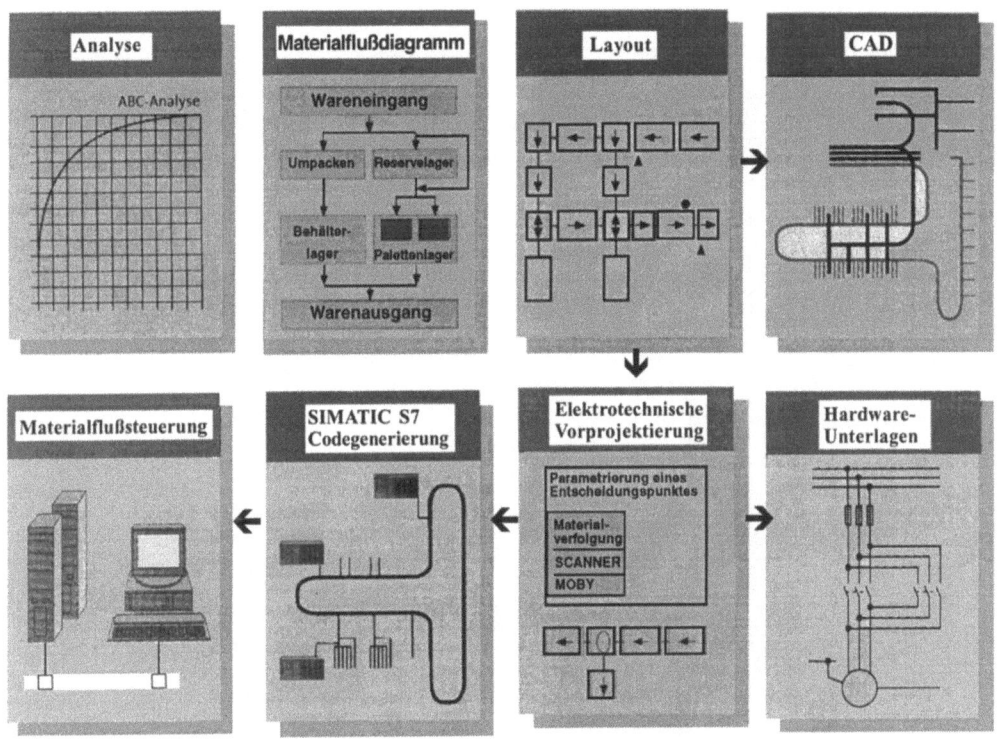

**Bild 7** Verfahrenskette des Logistics Automation Architekture (LAA-)- Engineering-Systems zur schrittweisen und integrierten Planung und Realisierung von Logistikanlagen (Quelle : Fa. SIEMENS)

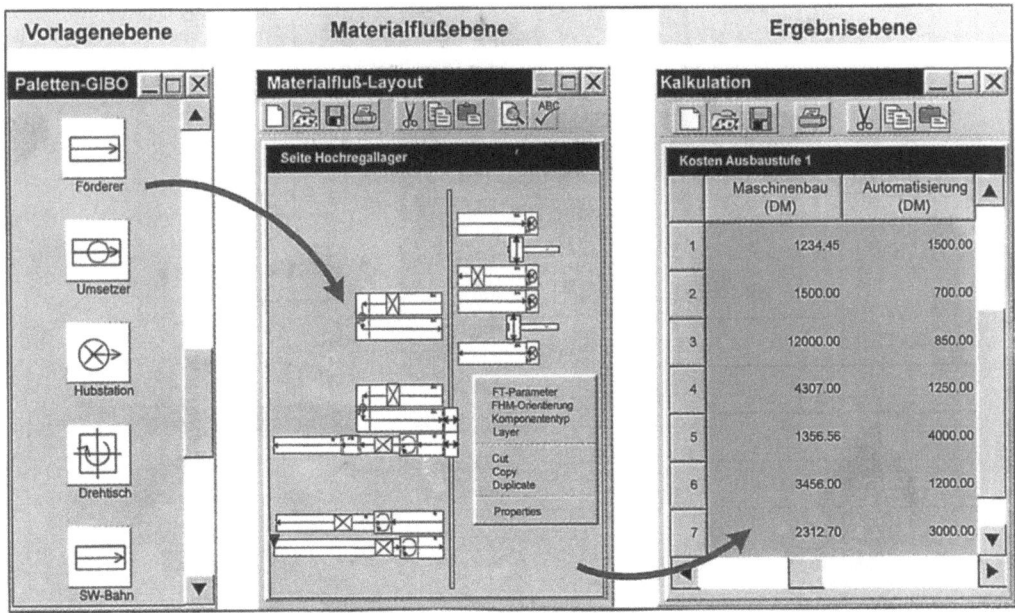

**Bild 8** Materialflußplanung mit dem LAA- System auf der Basis standardisierter Förderelemente und Generierung der Projektergebnisse (Quelle : Fa. SIEMENS)

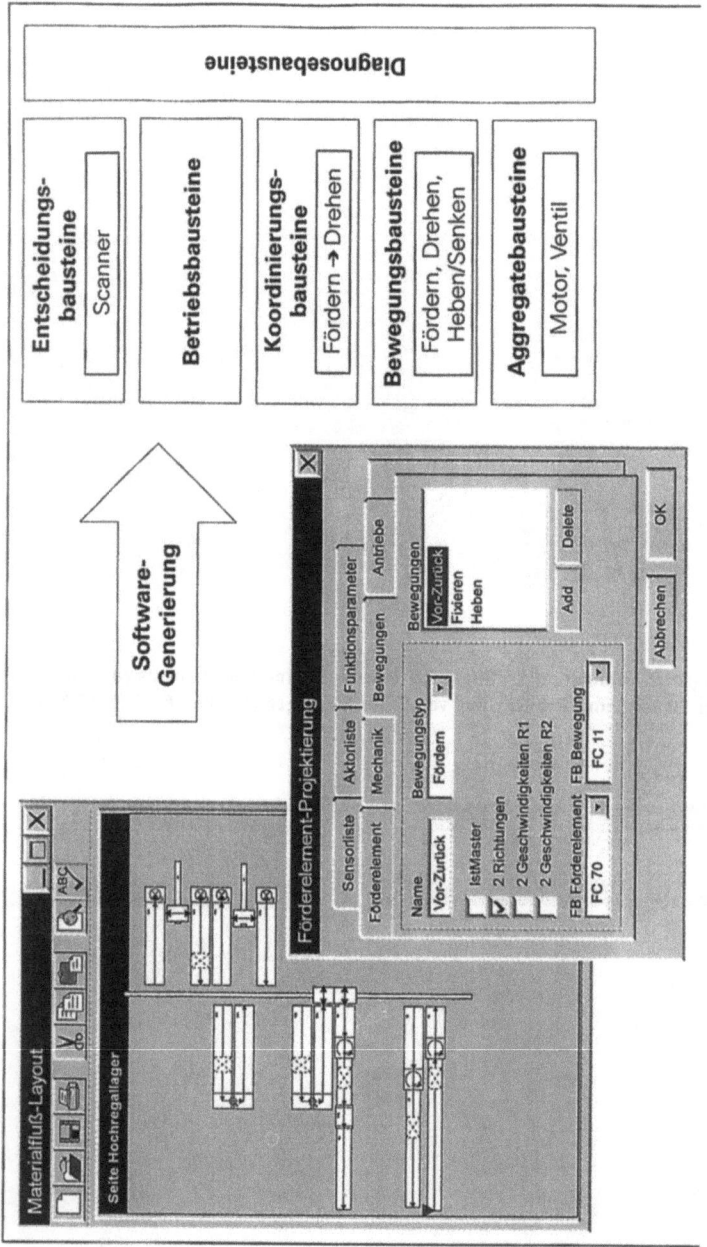

**Bild 9** Projektierung der Basisautomation mit dem LAA- System auf der Basis des Materialflußlayouts und vorgefertigter Bibliotheken von Funktionsbausteinen für Förder-, Betriebs- und Diagnosefunktionen (Quelle : Fa. SIEMENS)

# 2 Materialflußsystem

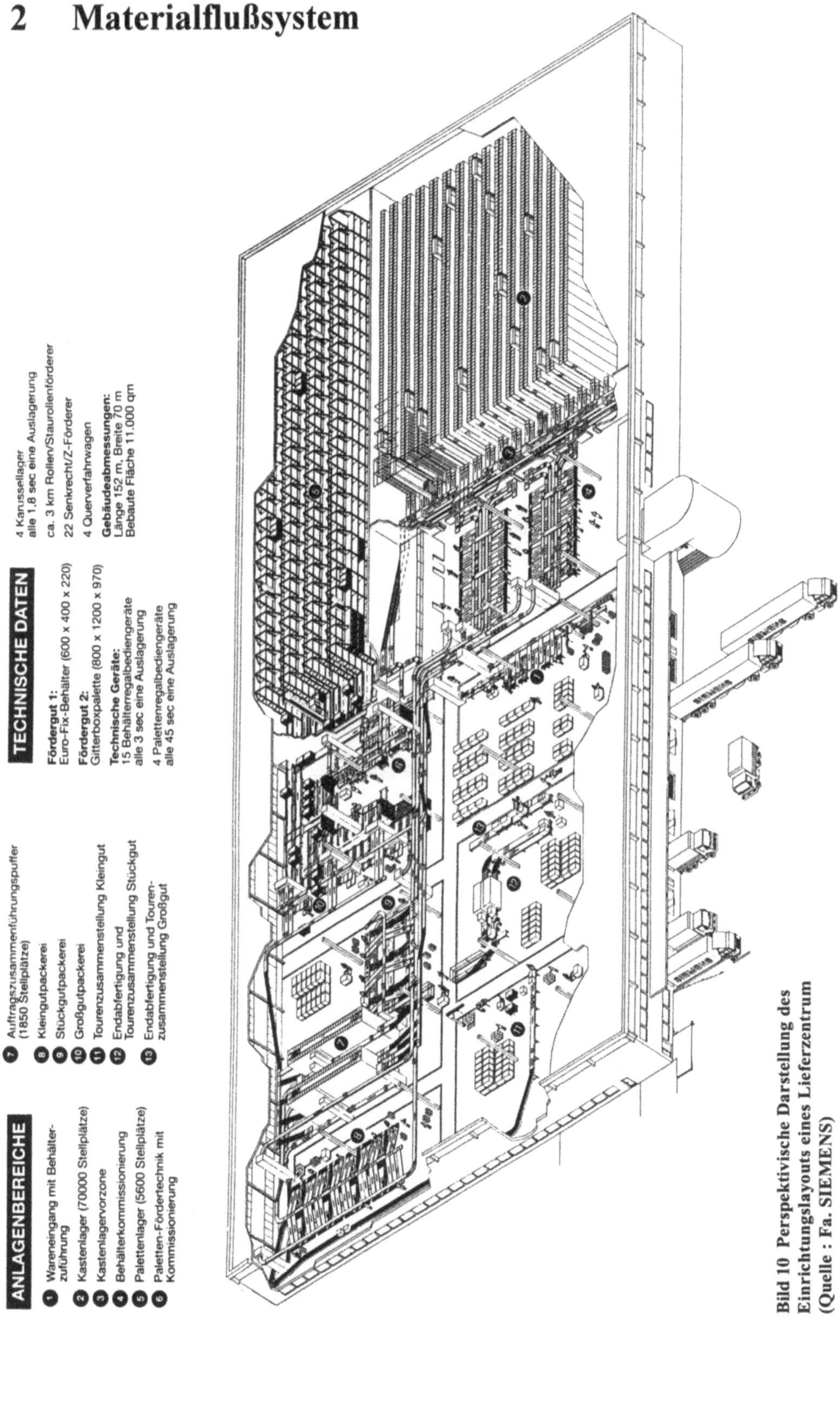

## ANLAGENBEREICHE

1. Wareneingang mit Behälterzuführung
2. Kastenlager (70000 Stellplätze)
3. Kastenlagervorzone
4. Behälterkommissionierung
5. Palettenlager (5600 Stellplätze)
6. Paletten-Fördertechnik mit Kommissionierung
7. Auftragszusammenführungspuffer (1850 Stellplätze)
8. Kleingutpackerei
9. Stückgutpackerei
10. Großgutpackerei
11. Tourenzusammenstellung Kleingut
12. Endabfertigung und Tourenzusammenstellung Stückgut
13. Endabfertigung und Tourenzusammenstellung Großgut

## TECHNISCHE DATEN

**Fördergut 1:**
Euro-Fix-Behälter (600 x 400 x 220)

**Fördergut 2:**
Gitterboxpalette (800 x 1200 x 970)

**Technische Geräte:**
15 Behälterregalbediengeräte
alle 3 sec eine Auslagerung
4 Palettenregalbediengeräte
alle 45 sec eine Auslagerung
4 Karusellager
alle 1,8 sec eine Auslagerung
ca. 3 km Rollen/Staurollenförderer
22 Senkrecht/Z-Förderer
4 Querverfahrwagen

**Gebäudeabmessungen:**
Länge 152 m, Breite 70 m
Bebaute Fläche 11.000 qm

**Bild 10 Perspektivische Darstellung des Einrichtungslayouts eines Lieferzentrum (Quelle: Fa. SIEMENS)**

## 3 Transportsystem

| Tragfähigkeit kg | Profilgröße KBK | Einschienenbahn | | | Typ PK/PM | Kettenzug | | C Maß mm |
|---|---|---|---|---|---|---|---|---|
| | | Aufhängeabstand $l_w$ m | Bauhöhe H mm | Aufhängebelastung $kg^1$) | | Hakenweg[2]) m | Hubgeschwindigkeit m/min | |
| 50 | 100 | 3,7 | 260 | 95 | PM 5 | 2,8 | 18/3 | 695 |
| 80 | | 3,0 | | 120 | PM 8 | | 12/2 | |
| | I | 5,0 | 285 | 145 | | | | |
| 125 | 100 | 2,4 | 270 | 160 | PK 1 N-1 PK 1 N-1F | | 8 8/2 | 420 |
| | I | 4,5 | 285 | 185 | | | | |
| | II-L | 7,0 | 405 | 265 | | | | |
| 250 | I | 2,5 | 285 | 305 | PK 1 N-2 PK 1 N-2F | | 4 4/1 | 440 |
| | II-L | 5,8 | 405 | 385 | | | | |
| | II, II-R | 7,0 | 435 | 450 | PK 2 N-1 PK 2 N-1F | | 10 10/2,5 | 490 |
| 500 | I | 1,5 | 350 | 575 | PK 2 N-2 PK 2 N-2F | 3 | 5 5/1,25 | 520 |
| | II-L | 3,5 | 405 | 610 | | | | |
| | II, II-R | 5,5 | 435 | 680 | PK 5 N-1 PK 5 N-1F | | 10 10/2,5 | 560 |
| 1000 | II-L | 1,8 | 420 | 1110 | PK 5 N-2 PK 5 N-2F | | 5 5/1,25 | 655 |
| | | 3,0 | 450 | 1150 | PK 10 N-1 PK 10 N-1F | | 12 8/2 | 650 |
| 1500 | II, II-R | 1,5 | 550 | 1655 | PK 10 N-2 PK 10 N-2F | | 6 4/1 | 760 |
| 2000 | | | | 2155 | | | | |

Einschienen-Hängebahn

Gewindestangen bis 3 m Länge in den pendelnden Aufhängungen ermöglichen eine problemlose Höheneinstellung der Bahn

[1]) Tragfähigkeit der Oberkonstruktion kundenseitig überprüfen
[2]) andere Hakenwege möglich

**Bild 11** Abmessungen Einschienen- Hängebahn (Quelle : Fa. MANNESMANN- DEMATIC)

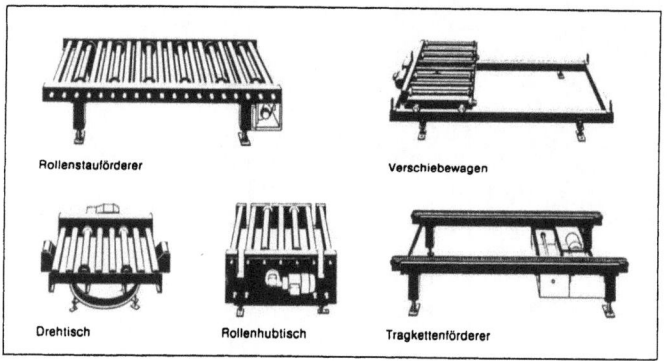

Rollenstauförderer — Verschiebewagen — Drehtisch — Rollenhubtisch — Tragkettenförderer

| Tragfähigkeit kg | Typ | Bezeichnung | Fördererbreite mm | Bahnlänge m | Fördergeschwindigkeit m/s |
|---|---|---|---|---|---|
| bis 2000 pro Palette | Förderer schwerkraft/ angetrieben | Rollenbahn Rollenförderer | | 1,4 bis 14,0 | 0,16 0,21 0,3 |
| | Stauförderer | Rollenstauförderer | | 2,8 bis ~ | 0,16 0,21 0,3 |
| | Verschiebewagen Verschiebehubwagen | | 975 1175 | 1,35 | 0,16 0,21 0,3 |
| | Drehtisch | | | 1,30 | |
| | Rollenhubtisch | | | 1,50 | |
| | Tragkettenförderer | | 700 870 1050 (Spurweite) | 1,5 bis 12,0 | |

**Bild 12** Transportmittel für schweres Stückgut (Quelle : Fa. MANNESMANN- DEMATIC)

# 3 Transportsystem

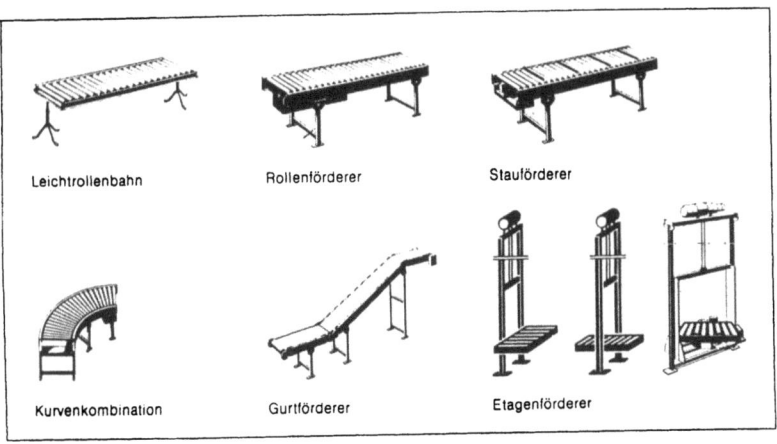

| Tragfähigkeit kg/m | Typ | Bezeichnung | Fördererbreite cm | Bahnlänge m | Fördergeschwindigkeit m/s | Rollenteilung mm | Hubgeschwindigkeit m/s |
|---|---|---|---|---|---|---|---|
| bis 200[1]) | Schwerkraftförderer | Röllchenbahn Leichtrollenbahn Rollenbahn Kugeltisch | 30–110 | 1 1,5 2 3 | | 50 75 100 | |
| bis 100 | angetriebener Rollenförderer | Rollenförderer – gurtangetrieben | | bis 30 | 0,17 0,35 0,5 0,7 1,0 | 62,5 125 | |
| | Kurvenkombination | Rollenförderer Schrägzulauf Kurvenstück 45/90° | 40–110 | bis 10 | | 62,5 | |
| bis 40 | Gurtförderer | | 30–110 | bis 50 | | | |
| bis 100 | Stauförderer | | | bis 30 | | 62,5 125 | |
| bis 500 | Etagenförderer in leichter und schwerer Ausführung | | 30–90 | 1,0 | | | 0,19–1,07 |

[1]) auf Anfrage bis 500 kg/m

Bild 13   Transportmittel für leichtes Stückgut (Quelle : Fa. MANNESMANN- DEMATIC)

| | | Traglast kg | Bauhöhe m | Geschwindigkeit Fahren m/min | Geschwindigkeit Heben m/min | Bauart 1 Säule | Bauart 2 Säulen | Lagerung einfach tief | Lagerung doppelt tief | Lastaufnahme mehrfach 1x | 2x | 3x | 4x | Symbol |
|---|---|---|---|---|---|---|---|---|---|---|---|---|---|---|
| AKL ❶ | Carryfix | 10 | 3 | 240 | 120 | X | | X | | X | X | X | X | |
| AKL | 50-6 | 50 | 6 | 240 | 120 | X | | X | | X | | | | |
| AKL | 50-10 | 50 | 10 | 240 | 120 | X | | X | | X | | | | |
| AKL | 300 | 300 | 12 | 230 | 90 | X | | X | | X | X | | | |
| AKL ❷ | Multistore 1 | 50 | 16 | 240 | 120 | | X | X | X | X | | | | |
| AKL ❷ | Multistore 2 | 2 x 50 | 16 | 240 | 120 | | X | X | X | | X | | | |
| AKL ❷ | Multistore 3 | 3 x 50 | 16 | 240 | 120 | | X | X | X | | | X | | |

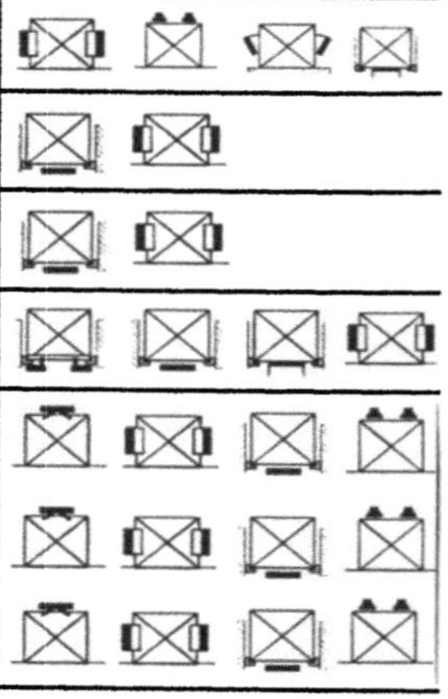

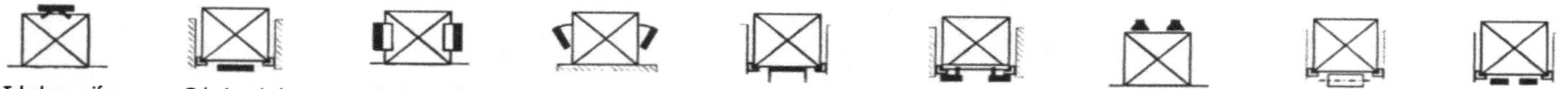

Teleskopgreifer — Teleskoptisch — Backengreifer — Schwertgreifer — Gurtförderer — Ziehvorrichtung — Sauggreifer — Rollenförderer — Teleskopgabel

❶ Bis 30 kg und 6 m auf Anfrage

❷ Lastangaben mit 50 kg gelten für genormte Behälter und Kartons entsprechender Stabilität:
- max. Tragfähigkeit einschließlich Lastaufnahmemittel 340 kg
- max. Einzellast 200 kg
- weitere Varianten der Mehrfachlastaufnahme auf Anfrage

**Bild 14 Technische Daten und Lastaufnahmemöglichkeiten von Regalbediengeräten für Automatische- Kleinteile- Lager AKL (Quelle : MANNESMANN- DEMATIC)**

## Technische Daten RBG:

**Tragfähigkeit:**
1200 kg

**Ladehilfsmittel:**
800 x 1200 mm
Europalette
Gitterboxpalette

**Betriebsart:**
vollautomatisch
- geradeausfahrend
- kurvenverfahrbar

**Spielrate:**
je nach Anlagenkonzept
Einzelspiele 40 - 50 / Std.
Doppelspiele 25 - 40 / Std.

**E-Anschluß:**
20 kW
an 400 V, 50 Hz

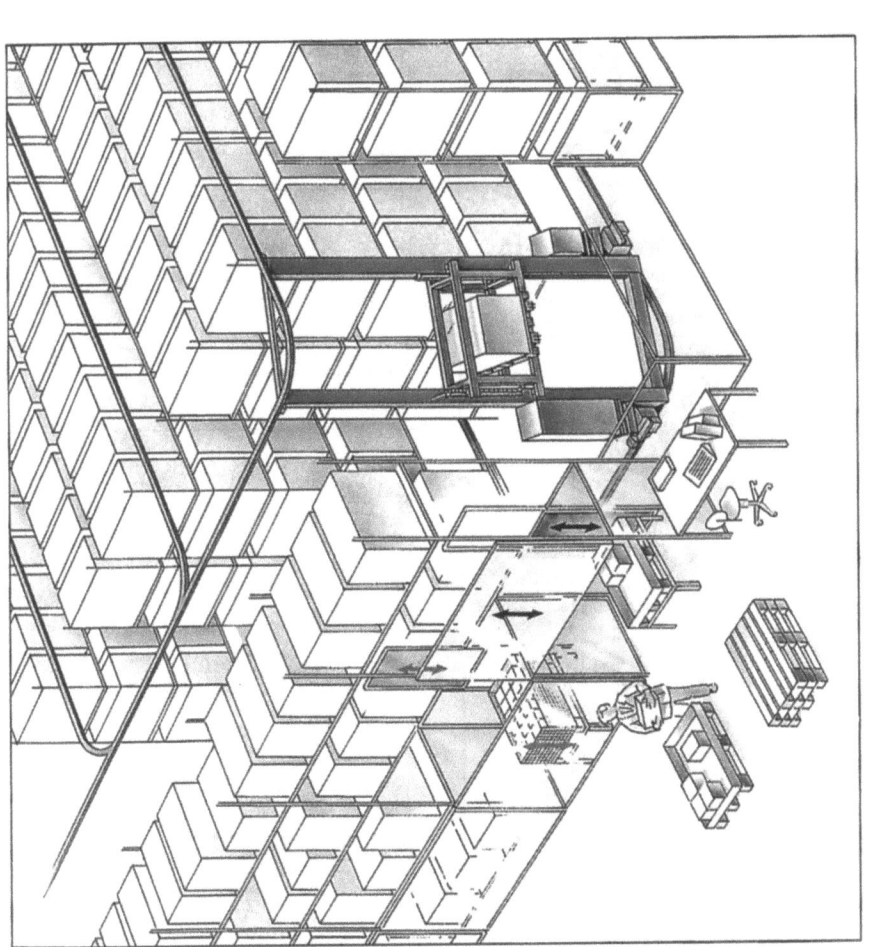

**Bild 15** Kurvengängiges Regalbediengerät (Quelle : Fa. KÖTTGEN)

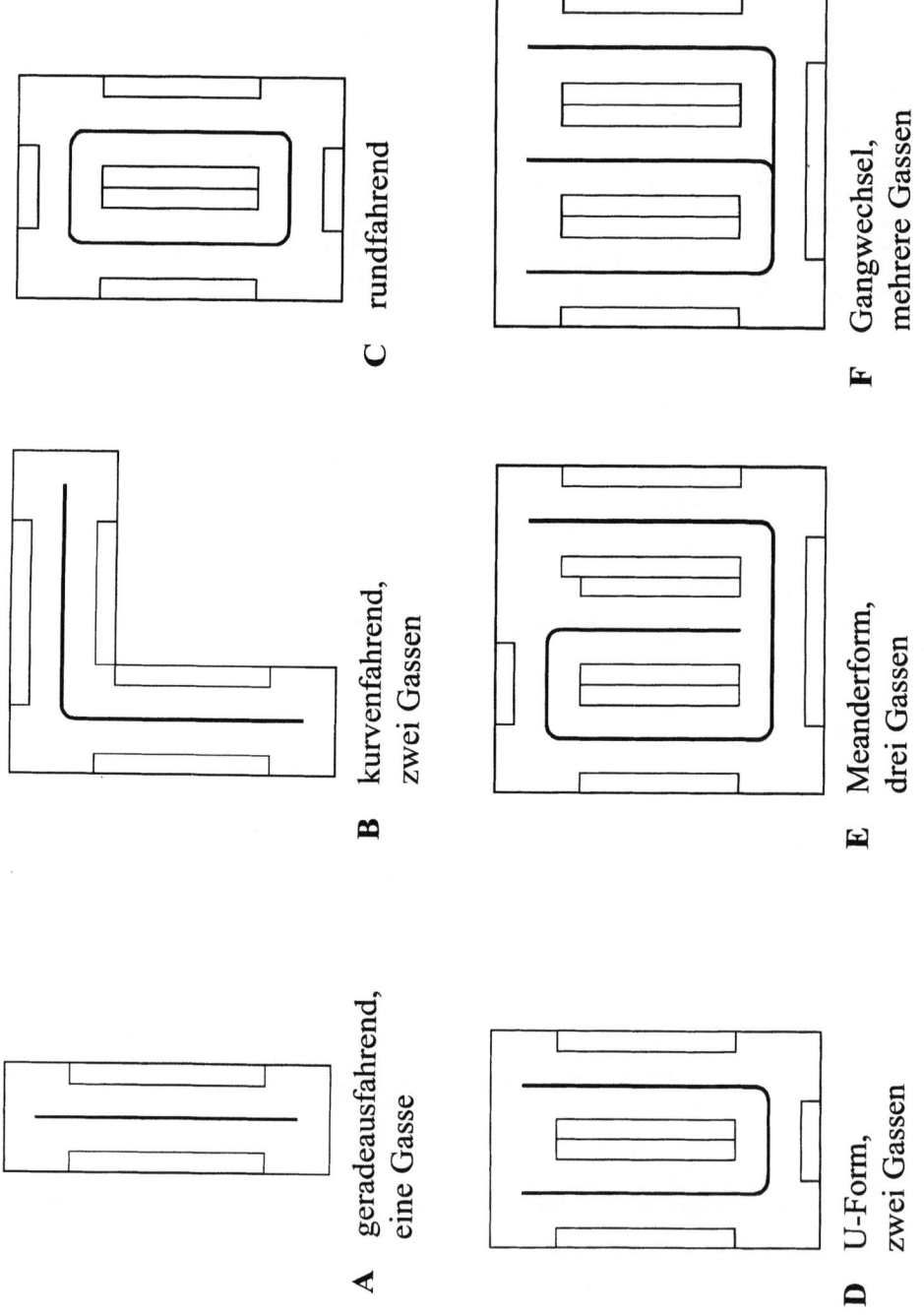

**Bild 16 A – F: Verschiedene Ausführungsmöglichkeiten eines Kommissionierlagers mit kurvengängigen RBG (Quelle: Fa. KÖTTGEN)**

A geradeausfahrend, eine Gasse
B kurvenfahrend, zwei Gassen
C rundfahrend
D U-Form, zwei Gassen
E Meanderform, drei Gassen
F Gangwechsel, mehrere Gassen

3 Transportsystem

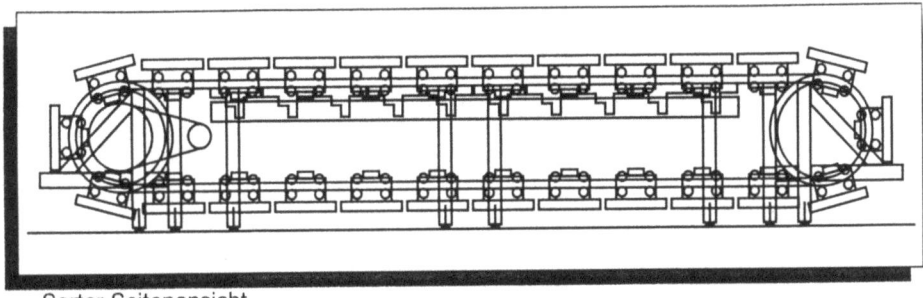

Sorter-Seitenansicht

**Bild 17** Sorter Querschnitt

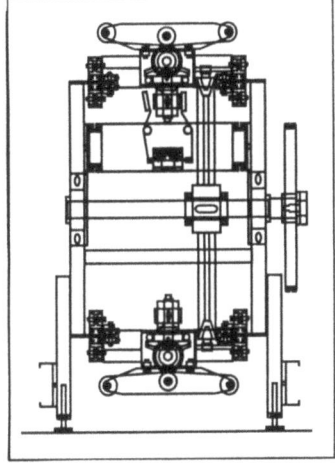

Technische Daten:

| | |
|---|---|
| Abmessungen Transportgut: | LxBxH |
| | min. 100x80x5 |
| | max.400x400x400 mm |
| Gewicht : | max. 15 kg |
| Quergurt: | LxB 400x400 mm |
| Bauhöhe: | 1.100 mm |
| Länge: | bis 50 m |
| Transportgeschwindigkeit: | max. 2,0m/s |
| Sortierleistung: | 12.000 Stück/Stunde |

**Bild 18** Vertikal umlaufender Wandertisch mit Quergurtausschleusung als Sorter (Quelle : Fa. AXMANN)

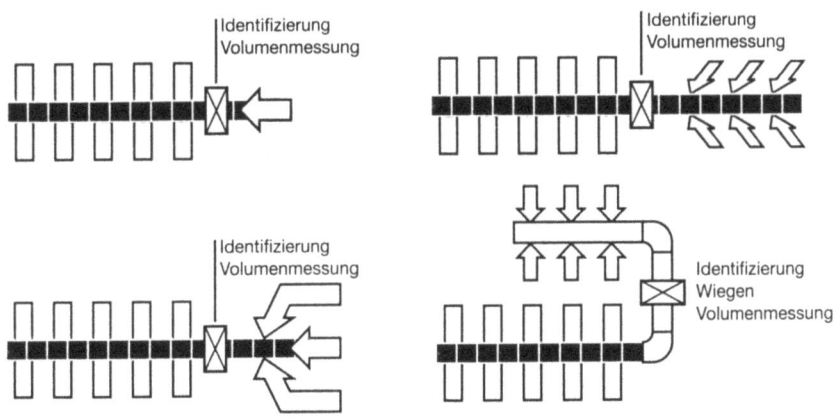

**Bild 19** Systembeispiele für obigen Sorter (Quelle : Fa. AXMANN)

## Tragfähigkeiten R 60-35 Tele/NIHO-Hubgerüst

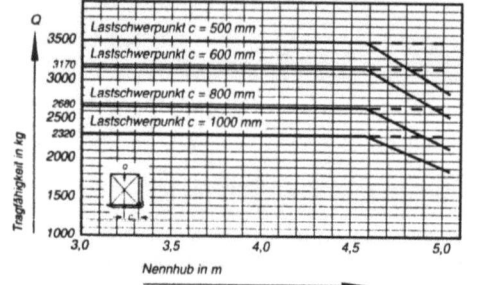

— Luft-Bereifung
---- SE- und Vollgummi-Bereifung

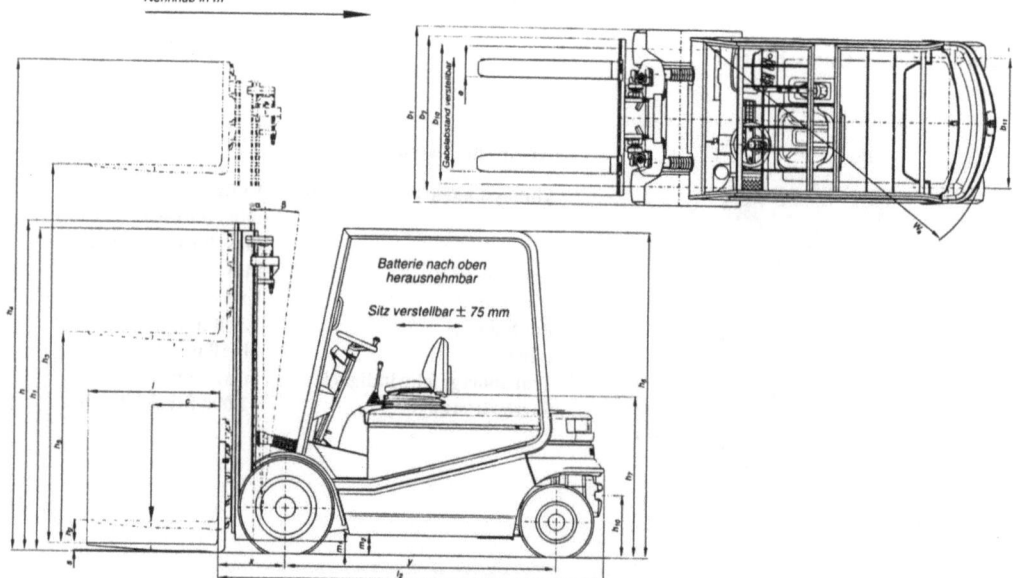

**Steigungen** (trockene Rauhbetonfahrbahn = Reibbeiwert 0,80)

|  |  | R 60-35 | |
|---|---|---|---|
|  |  | L/SE | V |
| ohne Last | 23% 1mal innerhalb einer Stunde | 23% | 290 m | 
|  |  | 20% | 390 m | 380 m |

| | | L/SE | V |
|---|---|---|---|
| ohne Last | 23% | 290 m | 300 m |
|  | 20% | 390 m | 380 m |
|  | 15% | 780 m | 850 m |
|  | 10% | 2720 m | 3060 m |
|  | 5% | 13930 m | 14490 m |
| mit Last | 13% | 310 m | 325 m |
|  | 9% | 670 m | 790 m |
|  | 7% | 1340 m | 1730 m |
|  | 5% | 3630 m | 4570 m |

**Beispiel:**
Ein R 60-35 mit SE-Bereifung kann bei einer Last von 3.500 kg und einer Steigung von 15% die Strecke von 78 m 10 mal pro Stunde fahren.

| | | | Teleskop-Hubgerüst | | NI-HO-Hubgerüst | |
|---|---|---|---|---|---|---|
| Nennhub | | $h_3$ | 2220-4120 | 4220-5020 | 2370-4270 | 4370-4770 |
| Bauhöhe | SE/L | $h_1$ | 1825-2775 | 2805-3225 | 1825-2775 | 2825-3025 |
| | V | | 1782-2735 | 2782-3182 | 1782-2732 | 2782-2982 |
| Freihub | SE/L | $h_2/h_5$ | 160 | | 1045-1995 | 2045-2245 |
| | V | | 160 | | 1002-1952 | 2002-2202 |
| größte Höhe | | $h_4$ | 3030-4930 | 5030-5830 | 3180-5080 | 5180-5580 |
| Neigwinkel | | v/h | 3/9 | 3/7 | 3/9 | 3/7 |
| Breite | SE/L | $b_1$ | 1196 | 1300 | 1196 | 1300 |
| | V | | 1340 | | 1340 | |
| Spur, vorn | SE/L | $b_{10}$ | 972 | 1062 | 972 | 1062 |
| | V | | 1034 | | 1034 | |
| Länge | | $l_2$ | 2670 | | | |
| Lastabstand | | x | 484 | | | |
| Arbeitsgangbreite | | $A_{st}$ | 3996/4196 | | | |

**Bild 20**  Ansichten, Tragfähigkeiten, Hubgerüste und Steigfähigkeit eines Elektrogabelstaplers für 3,5 t Tragfähigkeit Typ R60-35 (Quelle : Fa. STILL)

# 3 Transportsystem

| | | | | | |
|---|---|---|---|---|---|
| **Kennzeichen** | 1.1 | Hersteller | | STILL GmbH | |
| | 1.2 | Typzeichen des Herstellers | | R 60-35 | |
| | 1.3 | Antrieb Elektro, Diesel, Benzin, Treibgas, Netzelektro | | Elektro | |
| | 1.4 | Bedienung Hand, Geh, Stand, Sitz, Kommissionierer | | Sitz | |
| | 1.5 | Tragfähigkeit / Last | $Q$ (kg) | 3500 | |
| | 1.6 | Lastschwerpunkt | $c$ (mm) | 500 | |
| | 1.8 | Lastabstand | $x$ (mm) | 484 | |
| | 1.9 | Radstand | $y$ (mm) | 1843 | |
| **Gewichte** | 2.1 | Eigengewicht | kg | 5671 | |
| | 2.2 | Achslast mit Last vorn | kg | 8567 | |
| | 2.2.1 | Achslast mit Last hinten | kg | 904 | |
| | 2.3 | Achslast ohne Last vorn | kg | 2899 | |
| | 2.3.1 | Achslast ohne Last hinten | kg | 2772 | |
| **Räder, Fahrwerk** | 3.1 | Bereifung Vollgummi, Superelastik, Luft, Polyurethan | | SE/L | V |
| | 3.2 | Reifengröße, vorn | | 250-15 (18 PR) | 645/300-410z |
| | 3.3 | Reifengröße, hinten | | 21x9-8 (14 PR) | 18x7x12 |
| | 3.5 | Räder, Anzahl vorn (x = angetrieben) | | 2x | |
| | 3.5.1 | Räder, Anzahl hinten (x = angetrieben) | | 2 | |
| | 3.6 | Spurweite, vorn | $b_{10}$ (mm) | 972 | 1034 |
| | 3.7 | Spurweite, hinten | $b_{11}$ (mm) | 920 | 920 |
| **Grundabmessungen** | 4.1 | Neigung Hubgerüst / Gabelträger, vor | Grad | 3 | |
| | 4.1.1 | Neigung Hubgerüst / Gabelträger, zurück | Grad | 9 | |
| | 4.2 | Höhe Hubgerüst eingefahren | $h_1$ (mm) | 2375 | 2332 |
| | 4.3 | Freihub | $h_2$ (mm) | 160 | |
| | 4.4 | Hub | $h_3$ (mm) | 3320 | |
| | 4.5 | Höhe Hubgerüst ausgefahren | $h_4$ (mm) | 4130 | |
| | 4.7 | Höhe über Schutzdach (Kabine) | $h_6$ (mm) | 2317 | 2280 |
| | 4.8 | Sitzhöhe / Standhöhe | $h_7$ (mm) | 1183 | 1149 |
| | 4.12 | Kupplunghöhe | $h_{10}$ (mm) | 438/550 | 428/540 |
| | 4.19 | Gesamtlänge | $l_1$ (mm) | 3670 | |
| | 4.20 | Länge einschl. Gabelrücken | $l_2$ (mm) | 2670 | |
| | 4.21 | Gesamtbreite | $b_1$ (mm) | 1196 | 1340 |
| | 4.22 | Gabelzinkendicke | $s$ (mm) | 50 | |
| | 4.22.1 | Gabelzinkenbreite | $e$ (mm) | 100 | |
| | 4.22.2 | Gabelzinkenlänge | $l$ (mm) | 1000 | |
| | 4.23 | Gabelträger DIN 15173, Klasse / Form A, B | | FEM III B | |
| | 4.24 | Gabelträgerbreite | $b_3$ (mm) | 1100 | |
| | 4.31 | Bodenfreiheit mit Last unter Hubgerüst | $m_1$ (mm) | 96 | 80 |
| | 4.32 | Bodenfreiheit Mitte Radstand | $m_2$ (mm) | 160 | 128 |
| | 4.33 | Arbeitsgangbreite bei Palette 1000 x 1200 quer | $A_{st}$ (mm) | 3996 | |
| | 4.34 | Arbeitsgangbreite bei Palette 800 x 1200 längs | $A_{st}$ (mm) | 4196 | |
| | 4.35 | Wenderadius | $W_a$ (mm) | 2312 | |
| | 4.36 | kleinster Drehpunktabstand | $b_{13}$ (mm) | 604 | |
| **Leistungsdaten** | 5.1 | Fahrgeschwindigkeit mit Last | km/h | 14 | |
| | 5.1.1 | Fahrgeschwindigkeit ohne Last | km/h | 16 | |
| | 5.2 | Hubgeschwindigkeit mit Last | m/s | 0,33 | |
| | 5.2.1 | Hubgeschwindigkeit ohne Last | m/s | 0,46 | |
| | 5.3 | Senkgeschwindigkeit mit Last | m/s | 0,6 | |
| | 5.3.1 | Senkgeschwindigkeit ohne Last | m/s | 0,45 | |
| | 5.5 | Zugkraft mit Last | N | 3395 | |
| | 5.5.1 | Zugkraft ohne Last | N | 4115 | |
| | 5.6 | max. Zugkraft mit Last | N | 13790 | |
| | 5.6.1 | max. Zugkraft ohne Last | N | 14500 | |
| | 5.7 | Steigfähigkeit mit Last | % | 5,5 | |
| | 5.7.1 | Steigfähigkeit ohne Last | % | 10 | |
| | 5.8 | max. Steigfähigkeit mit Last | % | 14 | |
| | 5.8.1 | max. Steigfähigkeit ohne Last | % | 25 | |
| | 5.9 | Beschleunigungszeit mit Last | s | 5,1 | |
| | 5.9.1 | Beschleunigungszeit ohne Last | s | 4,6 | |
| | 5.10 | Betriebsbremse | | elektr./hydr. | |
| **E-Motor** | 6.1 | Fahrmotor, Leistung KB 60 min | kW | 15 | |
| | 6.2 | Hubmotor, Leistung bei 15% ED | kW | 20 | |
| | 6.3 | Batterie nach DIN 43531/35/36 A, B, C, nein | | 43536 A | |
| | 6.4 | Batteriespannung | U (V) | 80 | |
| | 6.4.1 | Batteriekapazität | K 5 (Ah) | 500 | 600 | 750 |
| | 6.5 | Batteriegewicht | kg | 1536 | 1872 | 1872 |
| | 6.6 | Energieverbrauch nach VDI-Zyklus | kWh/h | | |
| **Sonstiges** | 8.1 | Art der Fahrsteuerung | | Stilltronic-Impuls | |
| | 8.2 | Arbeitsdruck für Anbaugeräte | bar | 170 | |
| | 8.3 | Ölmenge für Anbaugeräte | l/min | | |
| | 8.4 | Schallpegel, Fahrerohr | dB (A) | | |
| | 8.5 | Anhängekupplung, Art / Typ DIN | | Bolzen | |

**Bild 21** Typenblatt des Elektro-Staplers Typ R60-35 mit 3,5 t Tragfähigkeit (Quelle : Fa. STILL)

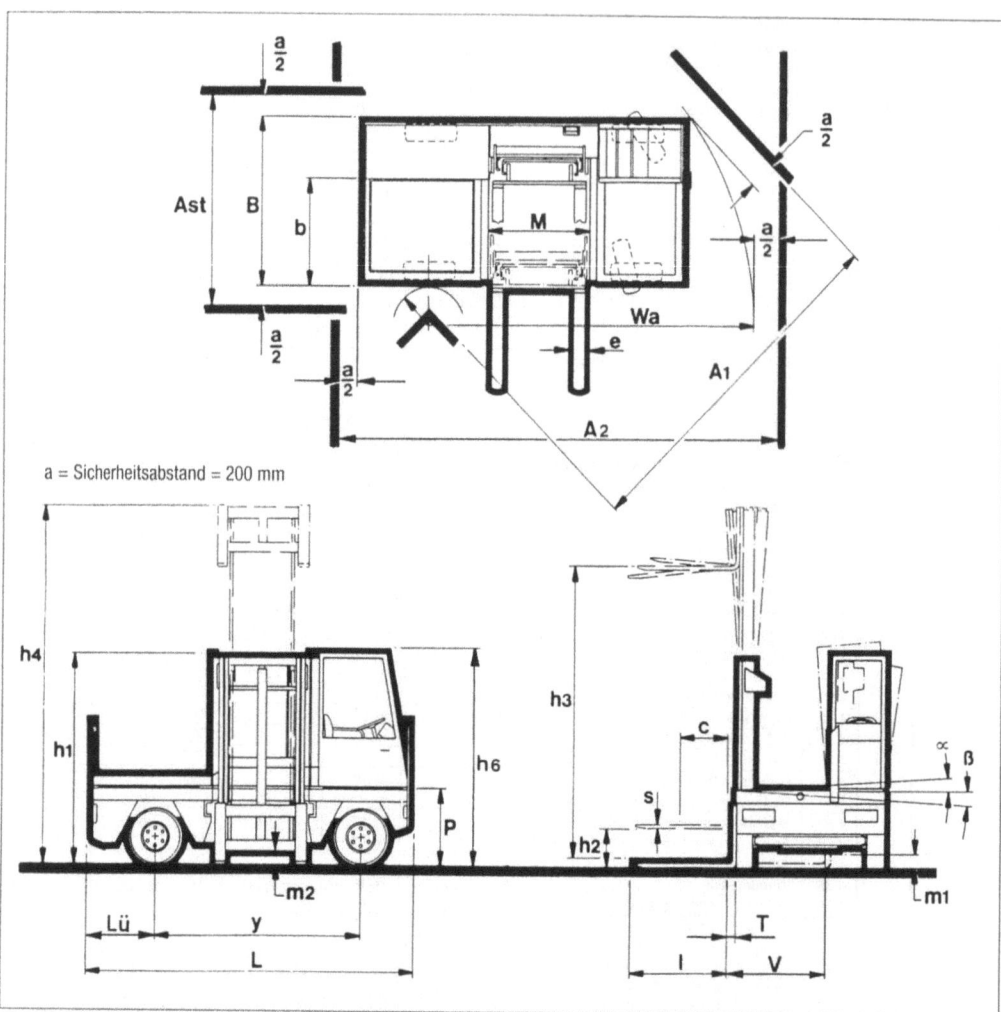

| Hubgerüstdaten Teleskop | | | | Tragfähigkeit bei Nenn-Lastschwerpunkt und senkrecht stehendem Hubgerüst |
|---|---|---|---|---|
| Hub | Freihub | Bauhöhe eingefahren | Bauhöhe ausgefahren | Typ 336 |
| $h_3$ mm | $h_2$ mm | $h_1$ mm | $h_4$ mm | |
| 3000 | 120 | 2220[1] | 3835 | 3000 |
| 3500 | 120 | 2470[1] | 4335 | 3000 |
| 4000 | 120 | 2720[1] | 4835 | 3000 |
| 4500 | 120 | 3020[1] | 5335 | 2660 |
| 5000 | 120 | 3295[1] | 5835 | 2390 |
| 5500 | 120 | 3570[1] | 6335 | 2170 |
| 6500 | 120 | 4120[1] | 7335 | 1840 |
| 3500 Z | 1660 | 2495 | 4330 | 3000 |
| 4000 Z | 1910 | 2745 | 4830 | 3000 |
| 5000 Z | 2460 | 3295 | 5830 | 2390 |
| 5550 D[2] | 1840 | 2555 | 6265 | 1900 |
| 5950 D[2] | 1990 | 2705 | 6665 | 1800 |
| 6650 D[2] | 2255 | 2970 | 7365 | 1600 |

[1] bei einem Freihub von 150 mm erhöht sich die Bauhöhe eingefahren um 15 mm
[2] Plattform Nutzbreite und Gabelzinkenauflagefläche um 50 mm reduziert

**Bild 22** Diesel-/ Treibgas- Quergabelstapler Typ 336H mit Paletten- Transporteinrichtung
(Quelle : Fa. STEINBOCK- BOSS)

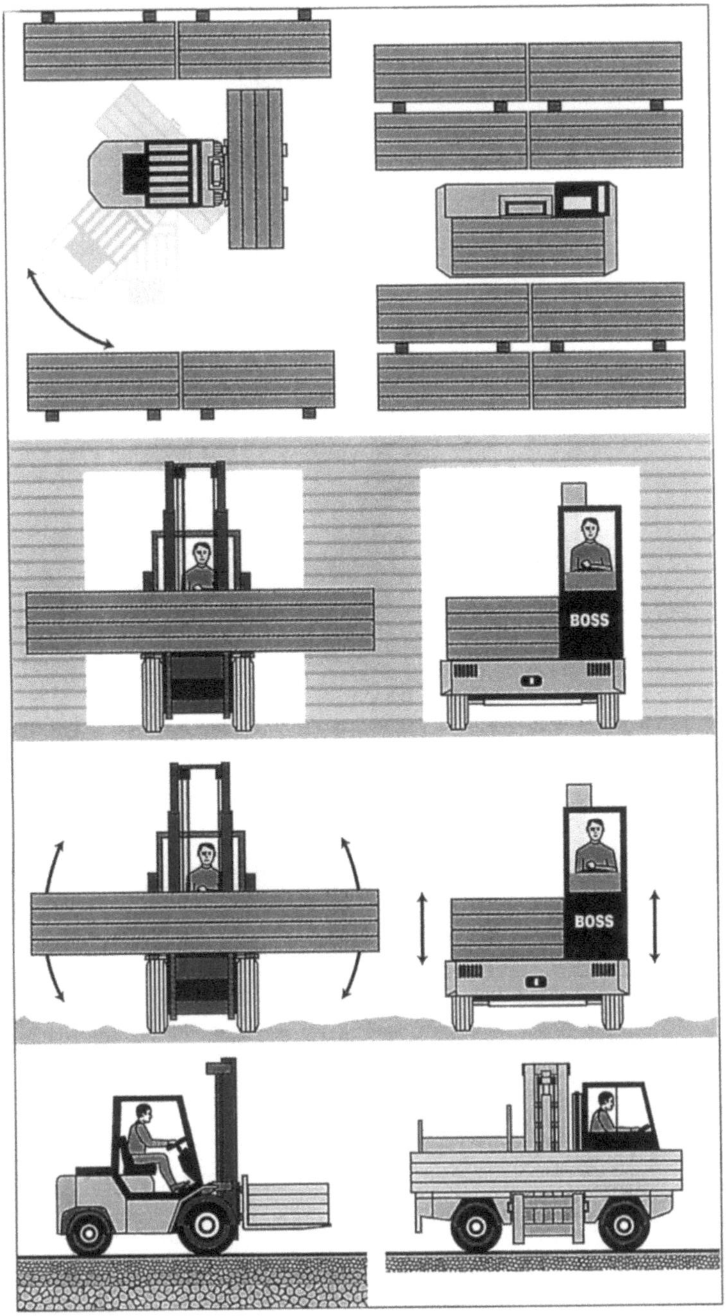

3 Transportsystem

**Bild 23** Vergleich der Arbeitsweisen von Front- und Quergabelstapler beim Langguttransport
(Quelle : FA. STEINBOCK- BOSS)

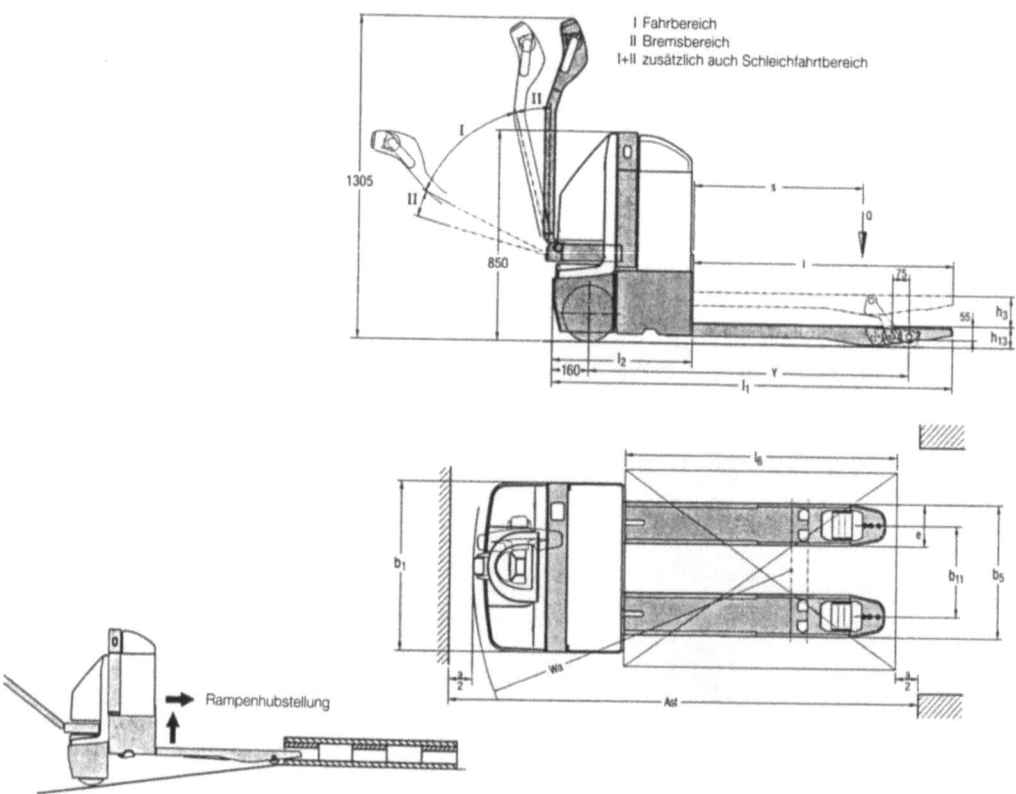

### Leistungsdaten

|  |  | ohne Last | 2000 kg | 2200 kg |
|---|---|---|---|---|
| Fahrgeschwindigkeit | km/h = | 6,0 | 6,0 | 6,0 |
| Hubgeschwindigkeit | cm/s = | 6,7 | 5,1 | 4,9 |
| Max. Steigvermögen | % = | 20 | 10 | 9 |
| Eigengewicht einschl. 200 Ah Panzerplattenbatterie 581 kg. | | | | |

### Arbeitsgangbreiten (mm)

| Palettengröße | Lage/Fahrbereich | Ast* incl. 200 mm Sicherheitsabstand | |
|---|---|---|---|
|  |  | lang | XL |
| 800 x 1200 | längs/Normalfahrt | 2130 | 2200 |
| 800 x 1200 | längs/Schleichfahrt | 1900 | 1970 |

* diagonal nach VDI + 196

### Technische Daten

| | | | | | |
|---|---|---|---|---|---|
| Q | – | Tragfähigkeit | kg = | 2000 | 2200 |
| s | – | Lastschwerpunktabstand | mm = | 600 | 600 |
| y | – | Radstand lang/XL, Lastteil gehoben* | = | 1340 | 1340/1410 |
| $b_1$ | – | Breite über alles | = | 690 | 600 |
| $l_2$ | – | Vorderbaulänge lang/XL | = | 610 | 610/680 |
| $l_1$ | – | Fahrzeuglänge | = | $l_2 + 1$ | $l_2 + 1$ |
| $b_5$ | – | Gabelaußenabstand | = | 540 | 540 |
| e | – | Gabelbreite | = | 170 | 170 |
| $b_{11}$ | – | Spurweite Lastteil | = | 370 | 370 |
| $h_{13}$ | – | gesenkte Höhe | = | 85 | 85 |
| $h_3$ | – | Hub | = | 125 | 125 |
| Wa | – | Wenderadius lang/XL, Lastteil gehoben* | = | 1620 | 1620/1690 |
|  | – | Wenderadius lang/XL, Lastteil gehoben* Schleichfahrt | – | 1390 | 1390/1460 |
| a | – | Sicherheitsabstand | = | 200 | 200 |
| l | – | Standardgabellänge | = | 1150 | 1150 |
| $l_6$ | – | Lastlänge | | | |

* Lastteil gesenkt + 75 mm

**Bild 24** Ansichten und technische Daten eines Elektro- Gabelhubwagen mit Tragfähigkeit bis 2,2 t und Rampenhub Typ EJE20/22 -R 20/22 (Quelle : Fa. JUNGHEINRICH)

3 Transportsystem

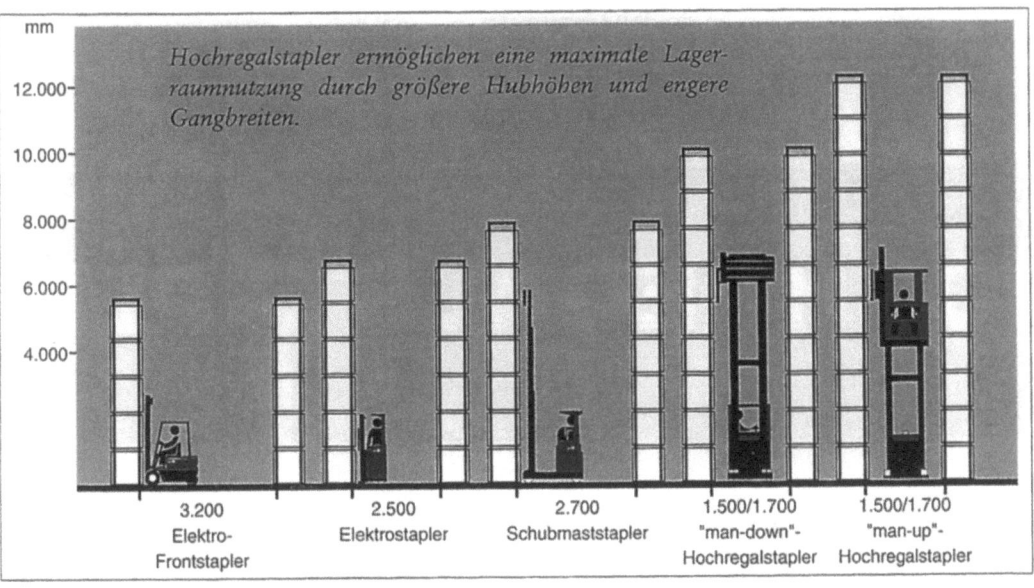

Bild 25  Darstellung von Hubhöhen und Arbeitsgangbreiten verschiedener Staplertypen (Quelle : Fa. BT)

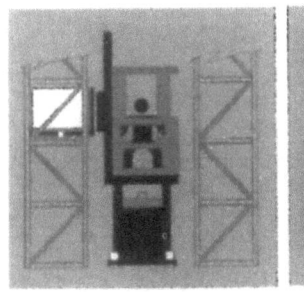 

Bild 26 Hochregalstapler in „man-up" und „man-down" Ausführung (Quelle : Fa. BT)

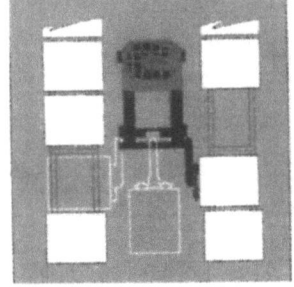 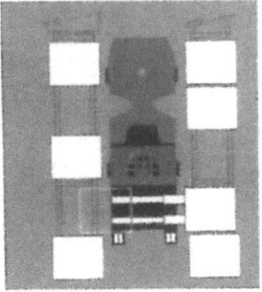

Bild 27 Hochregalstapler mit Schwenkschub- und Teleskopgabel als Lastträger (Quelle : Fa. BT)

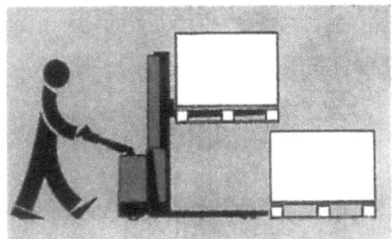 

Bild 28  Doppelstockbeladung mit einem deichselgeführten Hochhubwagen (Quelle : Fa. BT)

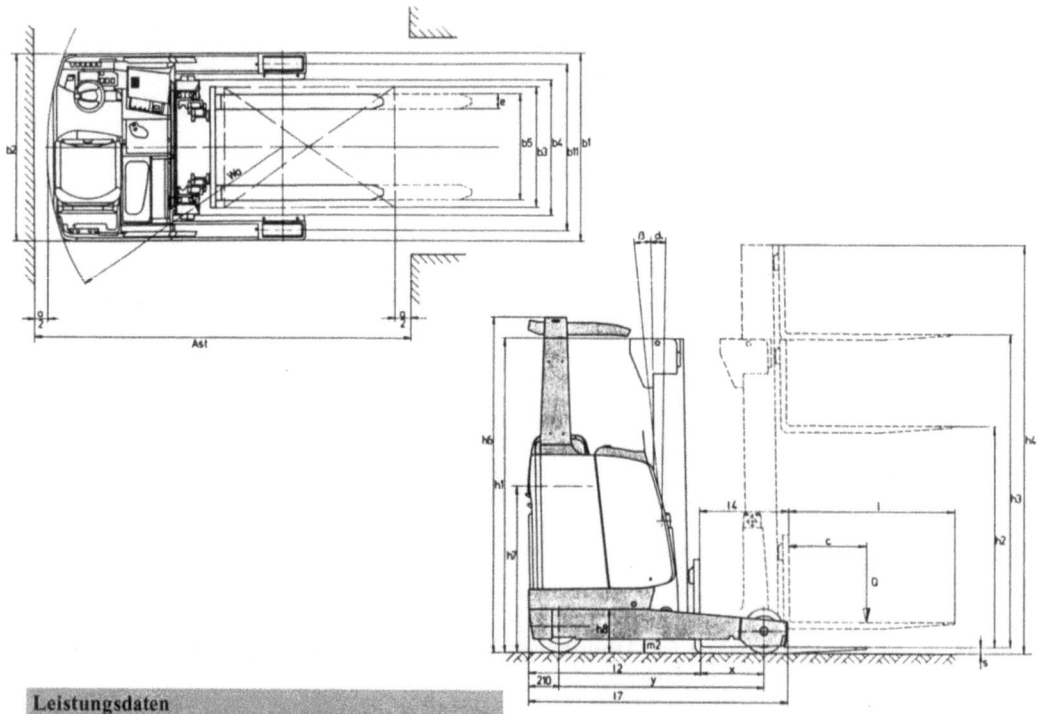

### Leistungsdaten

| Tragfähigkeit | | kg | = | 1600 |
|---|---|---|---|---|
| Fahrgeschwindigkeit | ohne Last | km/h | = | 10,6 |
| | mit Last | km/h | = | 10,3 |
| Hubgeschwindigkeit | ohne Last | m/s | = | 0,54 |
| | mit Last | m/s | = | 0,34 |
| Senkgeschwindigkeit | ohne Last | m/s | = | 0,50 |
| | mit Last | m/s | = | 0,50 |
| Max. Steigermögen | ohne Last | % | = | 15 |
| | mit Last | % | = | 10 |
| Eigengewicht (ETM/ETV) mit | | kg | = | 3000/3040 |
| $h_3$ = 5300 mm und 360 Ah Batterie | | | | |
| Batterievarianten (DIN 43531-B) | | Ah | = | 360/480/600 |

### Standard-Hubgerüst-Ausführungen*

Zweifach-Hubgerüste-ZT

| $h_1$ mm | $h_3$ mm | $h_2$ mm | $h_4$ mm | MN $\alpha°/\beta°$ | GN $\alpha°/\beta°$ |
|---|---|---|---|---|---|
| 1950 | 2900 | 80 | 3544 | 2/5 | – |
| 2050 | 3100 | 80 | 3744 | 2/5 | – |
| 2200 | 3400 | 80 | 4044 | 2/5 | – |
| 2300 | 3600 | 80 | 4244 | 2/5 | – |
| 2400 | 3800 | 80 | 4444 | 1/5 | – |
| 2500 | 4000 | 80 | 4644 | 1/5 | – |
| 2700 | 4400 | 80 | 5044 | 1/5 | – |

### Arbeitsgangbreiten

| Palettengröße | Lage | Ast inkl. 200 mm Sicherheitsabstand bei ZT-/DZ-Hubgerüst | | |
|---|---|---|---|---|
| | | 360 Ah | 480 Ah | 600 Ah |
| 800 x 1200 | quer | 2213/2235 | 2303/2325 | 2393/2415 |
| | längs | 2613/2635 | 2703/2725 | 2793/2815 |
| 1000 x 1200 | quer | 2413/2435 | 2503/2525 | 2593/2615 |
| | längs | 2613/2635 | 2703/2725 | 2793/2815 |

*Angaben für ETV 16 bis $h_3$ = 5900 mm. Bei ETM 16: Werte -12 mm

### Technische Daten

| Q | – | Tragfähigkeit | kg = 1600 |
|---|---|---|---|
| c | – | Lastschwerpunktabstand | mm = 600 |
| $l_2$ | – | Länge einschl. Gabelrücken (ZT/DZ) | = 1167*/1190* |
| $l_4$ | – | Vorschub (ZT/DZ) | = 666*/644* |
| $l_7$ | – | Länge über die Radarme | = 1802 |
| $b_1$ | – | Größte Breite (ETM/ETV) | = 1120/1238 |
| $b_2$ | – | Breite an der Fahrerseite (ETM/ETV) | = 1106/1186 |
| $b_3$ | – | Gabelträgerbreite | = 800 |
| $b_4$ | – | Breite zwischen den Radarmen (ETM/ETV) | = 782/900 |
| $b_5$ | – | Gabelaußenabstand, max. | = 717 |
| $b_{11}$ | – | Spurweite (ETM/ETV) | = 986/1104 |
| $h_6$ | – | Höhe Fahrerschutzdach | = 2075 oder 2190 |
| $h_7$ | – | Sitzhöhe | = 995 |
| $h_8$ | – | Höhe Radarme (mit Lastradabdeckung) | = 300 |
| Wa | – | Wenderadius (ETM/ETV) | = 1663/1675 |
| s/e | – | Gabelzinkendicke/-breite | = 40/120 |
| l | – | Standard-Gabelzinkenlänge | = 800/950/1150 |
| x | – | Lastabstand (ZT/DZ) | = 462*/440* |
| y | – | Radstand | = 1420 |
| $m_2$ | – | Bodenfreiheit Mitte Radstand | = 80 |
| a | – | Sicherheitsabstand | = 200 |

**Bild 29** Elektro- Schubmaststapler, Typ ETM16/ETV16 Tragfähigkeit 1,6 t mit 2- fach Teleskophubgerüst (Quelle : Fa. Still)

# 4 Lager- und Kommissioniersystem

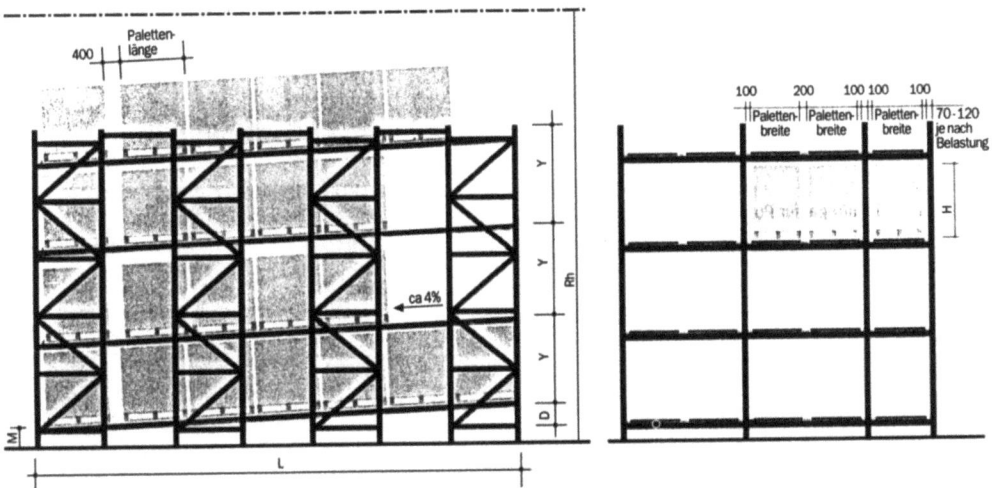

**Zeichenerklärung:**

- L : Bahnlänge in mm
- D : Neigungsdifferenz in %
- Y : Abstand der Rollenbahnen in mm
- Rh : erforderliche Raumhöhe in mm
- M : untere Auslaufhöhe in mm
- H : Palettenhöhe mit Ladung in mm
- $L_E$ : Bahnlänge für Einschub in mm

**Abstand der Rollenbahnen Y**

Y = H (Palette + Ladung) + 250 mm
Y = 900 mm + 250 mm
Y = 1150 mm

**Bahnlänge L für Durchlauflager**

L = Anzahl Paletten x Palettenlänge in mm + 400 mm
L = 5 x 1200 mm + 400 mm
L = 6400 mm

**Bahnlänge $L_E$ für Einschublager**

$L_E$ = Palettenanzahl x Palettenlänge + 100 mm
$L_E$ = 5 x 1200 mm + 100 mm
$L_E$ = 6100 mm

**Berechnungsbeispiel mit folgenden Vorgaben:**

- Palettenlänge: 1200 mm
- Anzahl der Paletten hintereinander: 5
- Anzahl der Etagen: 4
- Neigungsdifferenz: 4 %
- untere Auslaufhöhe: 100 mm
- Palettenhöhe mit Ladung: 900 mm

**Neigungsdifferenz D**

D = Gefälle (ca. 4 %) x L in mm
D = 4 mm/100 mm x 6400 mm
D = 250 mm

**erforderliche Raumhöhe Rh**

Rh = M + D + (Anzahl Etagen x Y) - 150 mm
Rh = 100 + 250 + (4 x 1150) - 150
Rh = 4800 mm

**untere Auslaufhöhe M**

M = mind. 90 mm, 65 mm bei Handhubwagenentnahme

**Bild 30** Berechnungsbeispiel für ein Palettendurchlaufregal bei längslaufender Palette
(Quelle : Fa. SSI- SCHÄFER)

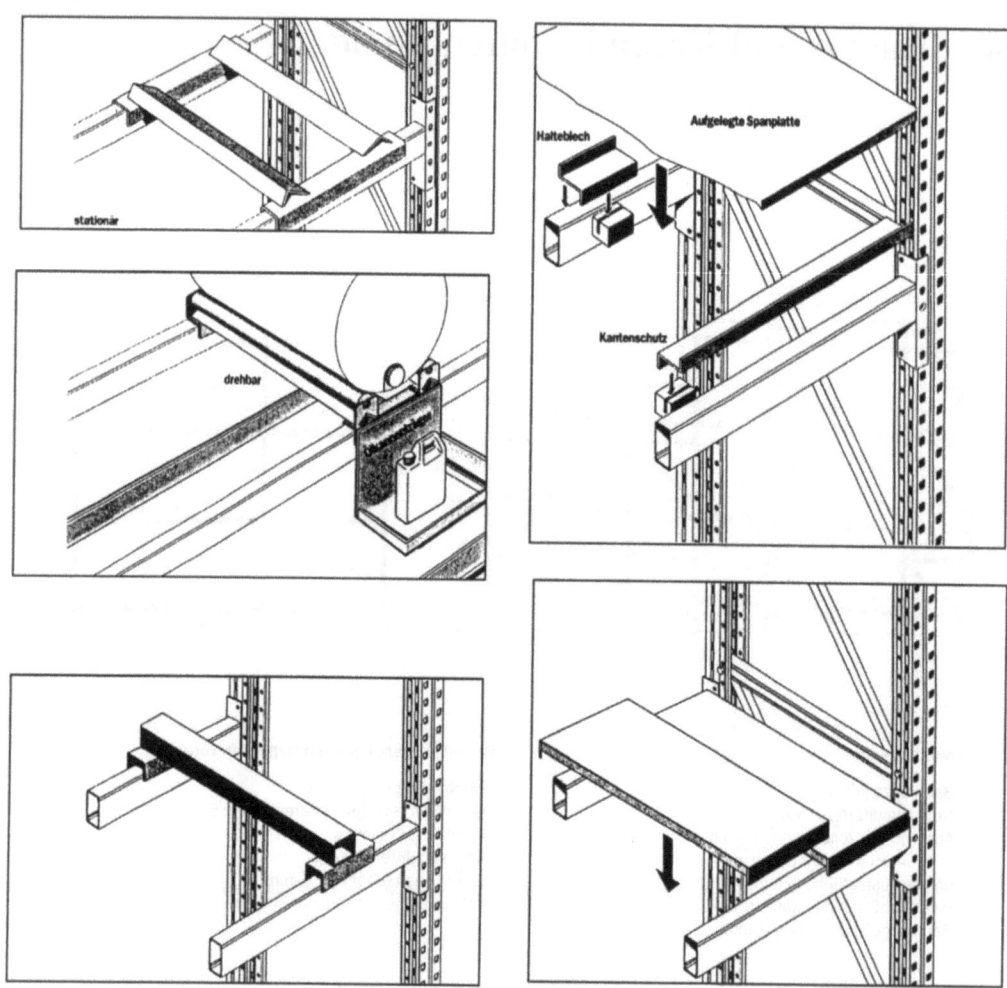

Bild 31 Palettenregal mit Spezialzubehör zur Faß- und Palettenqueraufnahme sowie zur Aufnahme verschiedener Paletten- und Behältertypen mittels Auflagen (Quelle : Fa. SSI- SCHÄFER)

4 Lager- und Kommissioniersystem

## Datenblatt
Kragarm - Regal
System K40 / K60
Armverstellraster 100:100

| Lagergut | | Aufstellort | innen |
|---|---|---|---|
| | | | außen |
| Pos. | | System | |
| Regal(e) | | | -seitig |
| Armlänge | | mm | mm |
| Lastschwerpunkt | | mm | mm |
| Tragfähigkeit/Arm | | kg | kg |
| Rundabweiser | | mit | ohne |
| Teleskoparme | | Typ | gem. Blatt A |
| Abrollsicherungen | | Typ | gem. Blatt B |
| Arm-Brücken | | Typ | gem. Blatt C |
| Verschiebearme | | Typ | gem. Blatt D |
| Lagerebenen | einschl. Fuß | | |
| Anzahl der Arme | | Stck. | Stck. |
| Ständerhöhe | | | mm |
| Tragfähigkeit | Ständer je Seite | | kg |
| Reifenschutz | | mit | ohne |
| Ständeranzahl | | | Stck. |
| Ständerabstand | | | mm |
| Fusstiefe | | mm | mm |
| Ständerbrücke | | Typ | gem. Blatt E |
| Führgs.schiene | | Typ | gem. Blatt F |
| Dach | | Typ | gem. Blatt G |
| Schneelast | nach Höhenlage | | kg/qm |
| Oberfläche | | lackiert RAL | feuerverzinkt |
| Anker | | | Stck. |
| Klebeanker | | | Stck. |
| Erdnägel | | | Stck. |

**Bild 32** Datenblatt zur Spezifizierung eines Kragarmregals (Quelle : Fa. OHRA)

**Bild 33** Bedienung Palettenregal mittels Stapelkran (Quelle : Fa. SAAR- LAGERTECHNIK)

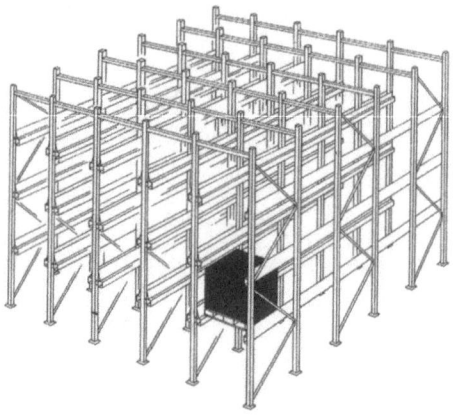

**Bild 34** Prinzipskizze Einfahrregal (Quelle : Fa. SAAR- LAGERTECHNIK)

# 4 Lager- und Kommissioniersystem

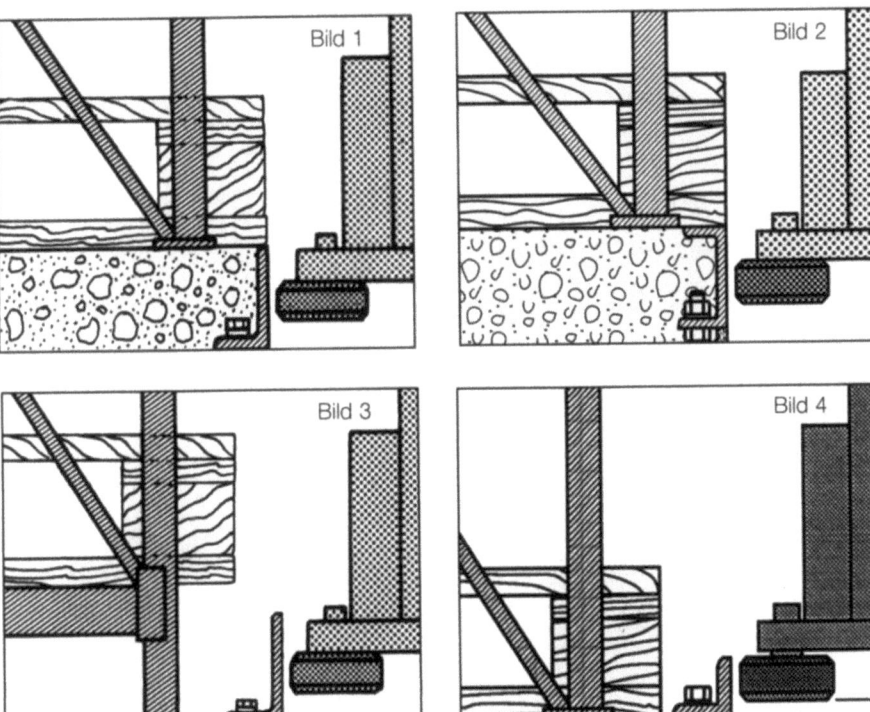

**Bild 35** Anordnungsvorschläge zur mechanischen Zwangsführung von Staplern
(Quelle : Fa. SAAR- LAGERTECHNIK)

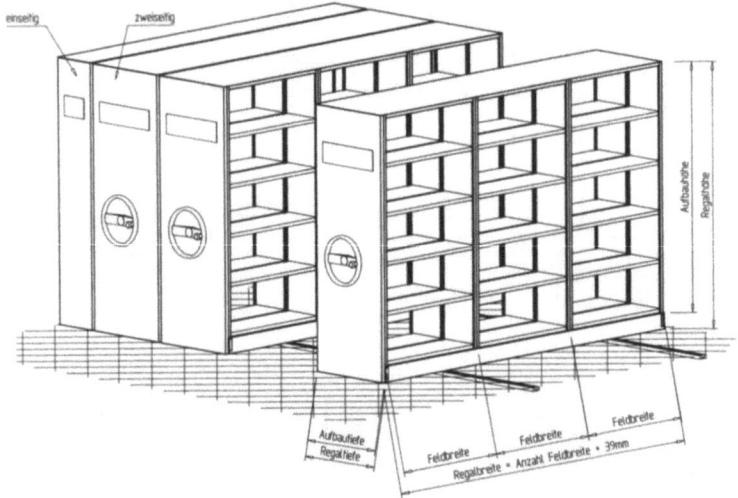

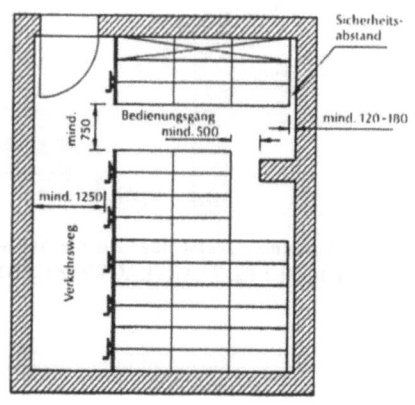

| Lagergut | Gewicht ca. kg/lfdm | Aufbautiefe (in mm) |
|---|---|---|
| Bücher | 50 | 250 |
| Zeitschriften | 60 | 300 |
| Ordner DIN A4 hoch | 30 | 350 |
| Pendelregistratur A4 quer | 35 | 350 |
| Archiv-Boxen | 40 | 350 |
| Magnetbänder | 60 | 350 |
| Archiv-Kartons | 75 | 400 |
| Röntgenfilme lateral | 100 | 450 |

| Aufbauhöhe (in mm) | | 1830 | 1950 | 2190 | 2310 | 2550 | | |
|---|---|---|---|---|---|---|---|---|
| Feldbreite (in mm) | | 930 | 1000 | 1100 | 1200 | | | |
| Aufbautiefe | einseitig | 300 | 350 | 400 | 450 | 500 | 600 | |
| (in mm) | doppelseitig | 600 | 700 | 800 | 900 | 1000 | 1200 | |
| Regalhöhe ab Oberkante Schiene | | Aufbauhöhe + 116 mm Profilrahmen | | | | | | |
| Regaltiefe | | Aufbautiefe + 30 mm Sicherheitsabstand | | | | | | |
| Regalbreite | | Feldbreite x Feldanzahl + 39 mm Blende | | | | | | |

| bei Nutzung von: | | A4 Ordner | A4 Pendel | A4 Hänge-mappen | Röntgen-filme |
|---|---|---|---|---|---|
| Regaltiefe | einseitig | 380 | 380 | 430 | 480 |
| (in mm) | doppelseitig | 730 | 730 | 830 | 930 |
| bei Regalhöhe (in mm): | | Anzahl Nutzebenen: | | | |
| 1946 | | 5 | 5 | 6 | 3 |
| 2066 | | 5 | 6 | 6 | 4 |
| 2306 | | 6 | 7 | 7 | 4 |
| 2426 | | 6 | 7 | 7 | 4 |
| 2666 | | 7 | 8 | 8 | 5 |

Bild 36   Prinzipskizze Fachboden- Verschieberegal, Grundriß, Datenblätter (Quelle : Fa. Zambelli)

# 4 Lager- und Kommissioniersystem

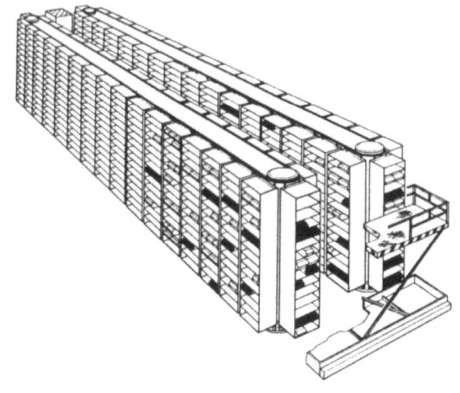

Technische Daten:

Abmessungen: Höhe 4 m x
 Breite 4,3 m x
 Länge 16,5 m
Kapazität: 80 Stück Regalelemente
Nutzlast: 500 kg/Element, total 40 t
Steuerung: EDV mit On-line-Anschluß
 zum HOST
Einzelzugriff: max. 50 sec
 durchschnittlich 20 – 30 sec

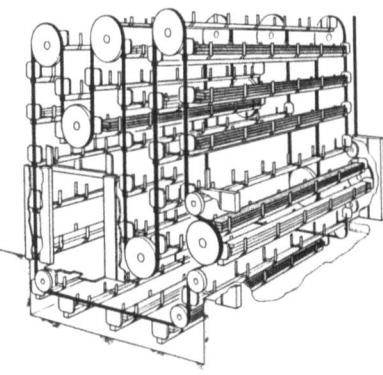

Technische Daten:

Abmessungen: Höhe 6,7 m x Breite 6,9 m x
 Länge 5,7 m
Kapazität: 40 Stück Gondelkassetten
Nutzlast: 1.000 kg/Kassette, total 40 t
Steuerung: elektronische Selektion
Einzelzugriff: max. 3 min
 durchschnittlich 1,5 min

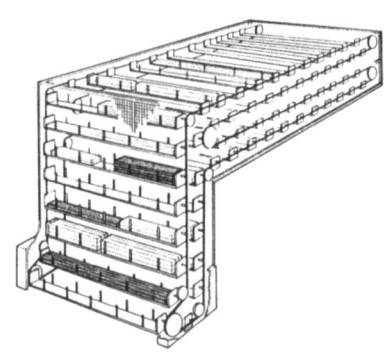

Technische Daten:

Abmessungen: Höhe 9 m x
 Breite 7,5 m Länge 20 m
Kapazität: 70 Stück Gondelkassetten
Nutzlast: 1,5 t/Kassette, total 105 t
Steuerung: Microprozessor-Steuerung mit
 integrierter Lagerverwaltung
Einzelzugriff: max. 7 min
 durchschnittlich 3,5 min

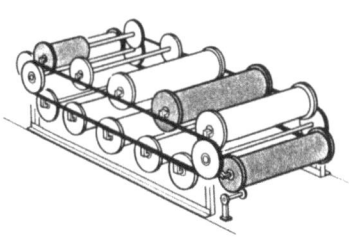

Technische Daten:

Abmessungen: Höhe 1,9 m x Breite 2,4 m x
 Länge 5,4 m
Kapazität: 12 Stück Blechrollen
Durchmesser: 800 mm
Nutzlast: 1.200 kg/Lagerstelle, total 15 t
Steuerung: Drucktasten
Einzelzugriff: max. 1 min
 durchschnittlich 30 sec

**Bild 37** Beispiele für vertikale und horizontale Umlaufregale
 (Quelle : Fa. SYSTEM SCHULTHEIS)

294 C  Planungsunterlagen

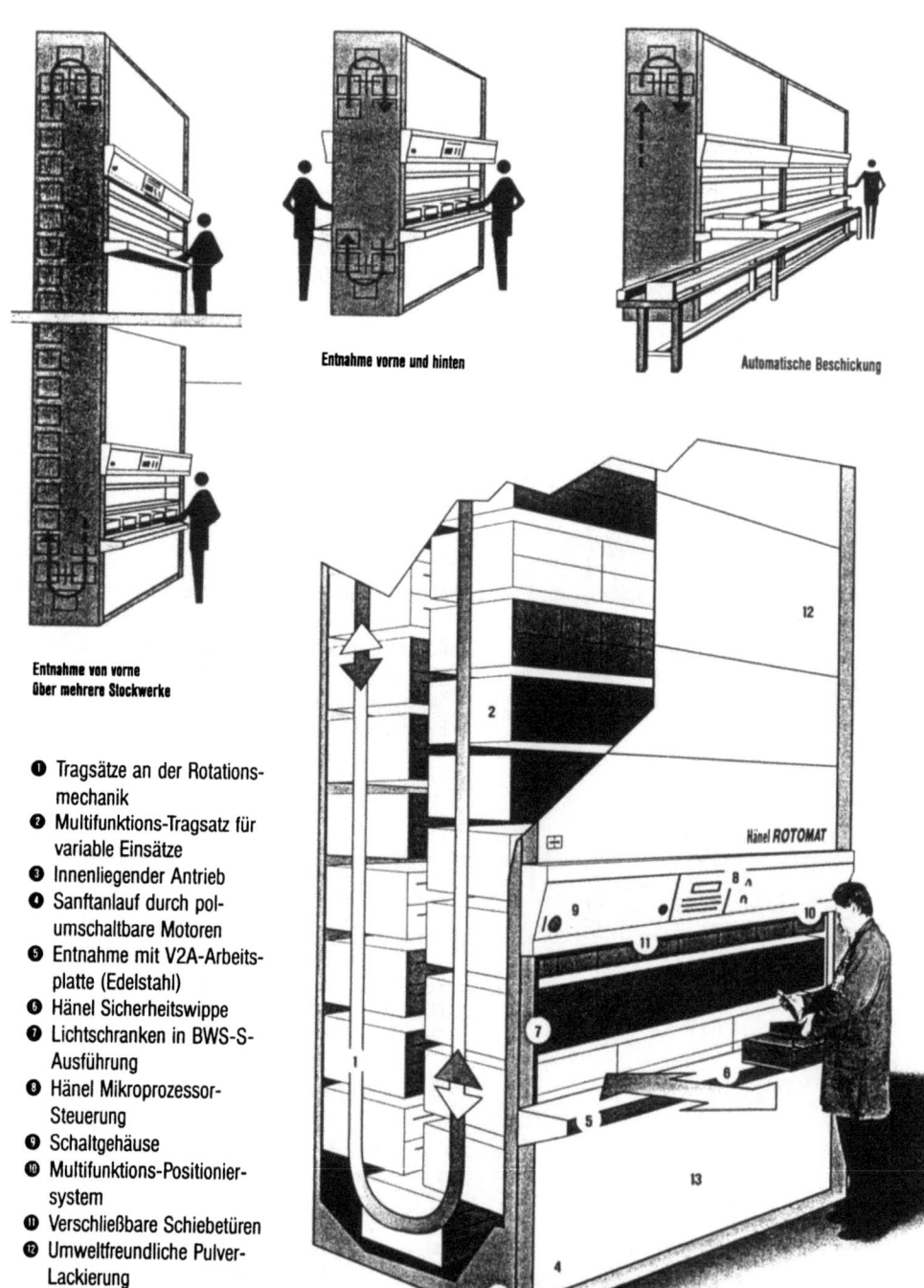

Entnahme vorne und hinten

Automatische Beschickung

Entnahme von vorne
über mehrere Stockwerke

❶ Tragsätze an der Rotations-
mechanik
❷ Multifunktions-Tragsatz für
variable Einsätze
❸ Innenliegender Antrieb
❹ Sanftanlauf durch pol-
umschaltbare Motoren
❺ Entnahme mit V2A-Arbeits-
platte (Edelstahl)
❻ Hänel Sicherheitswippe
❼ Lichtschranken in BWS-S-
Ausführung
❽ Hänel Mikroprozessor-
Steuerung
❾ Schaltgehäuse
❿ Multifunktions-Positionier-
system
⓫ Verschließbare Schiebetüren
⓬ Umweltfreundliche Pulver-
Lackierung
⓭ Wartungs-Zugang bequem
von vorne

Bild 38  Verschiedene Ausführungsformen von Paternosterregalen (Quelle : Fa. HÄNEL)

# 5 Informationssystem

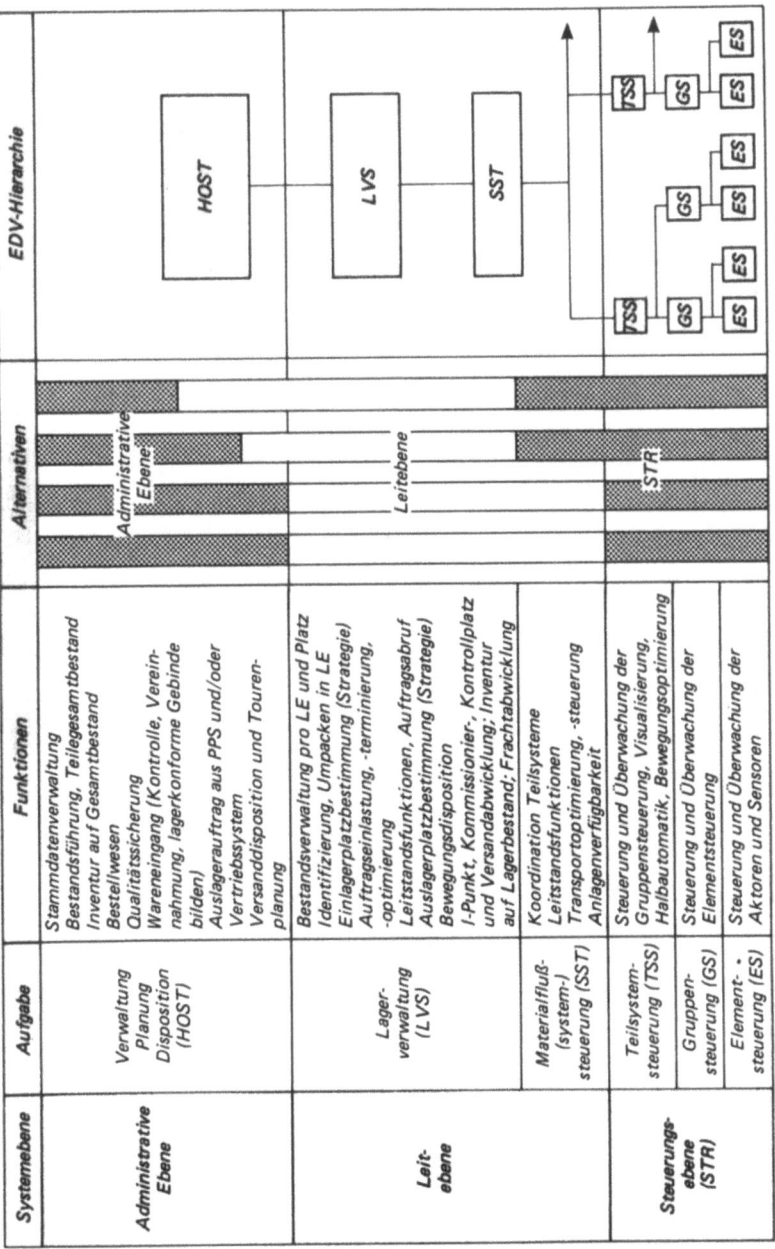

Bild 39   Varianten der Funktionsverteilung in Materialfluß-, Steuerungs- und Lagerverwaltungssystemen (Quelle: Fa. Agiplan)

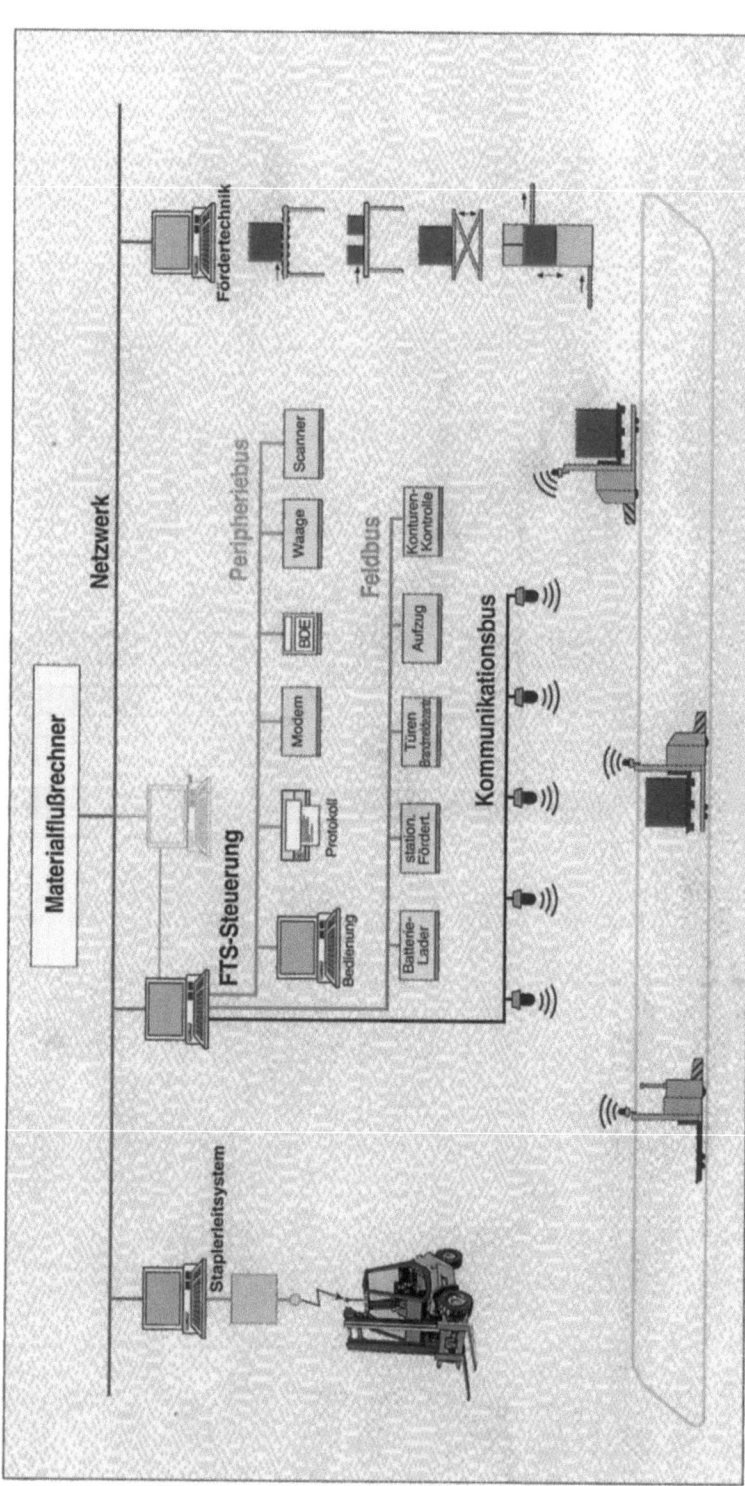

Bild 40  Konfiguration einer Materialflußsteuerung für Stapler, FTS und anderen Transportmitteln (Quelle : Fa. INDUMAT)

5 Informationssystem

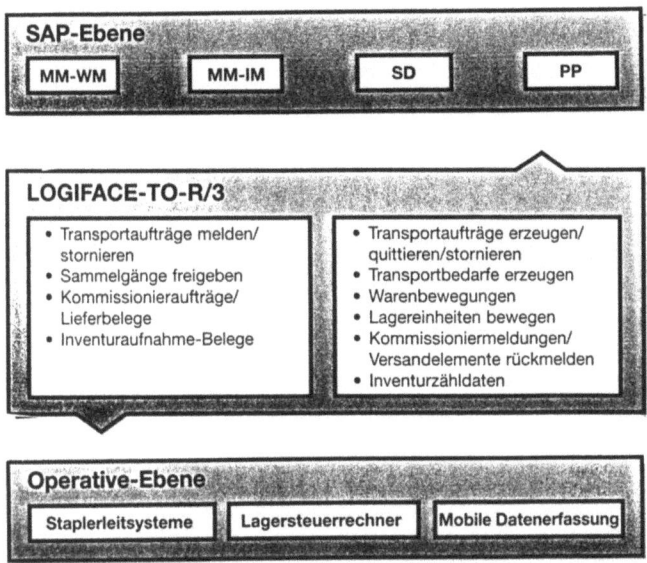

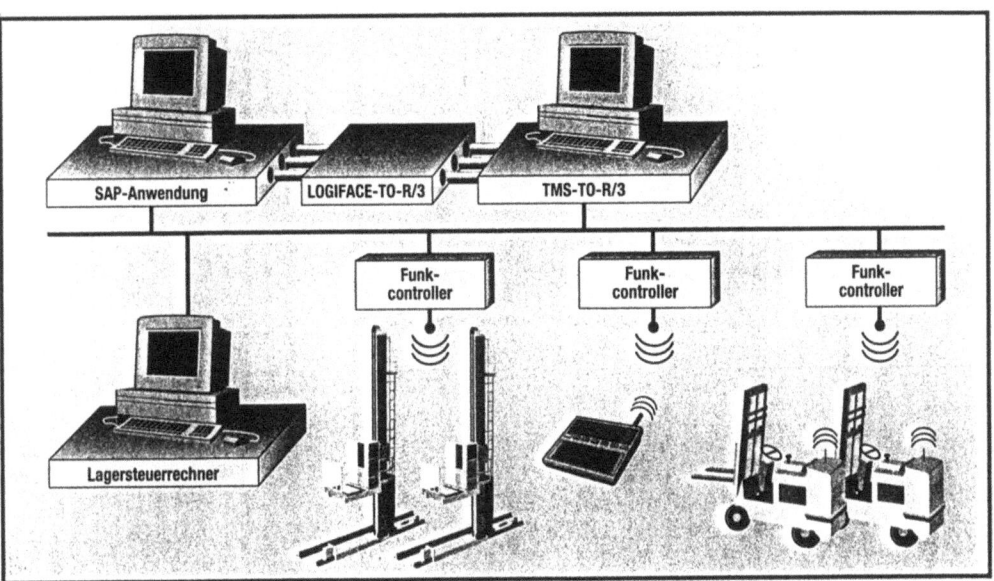

Bild 41   Struktur einer typischen Logistikintegration (Quelle : Fa. WITRON)

# 6 Weitere Planungsgrößen

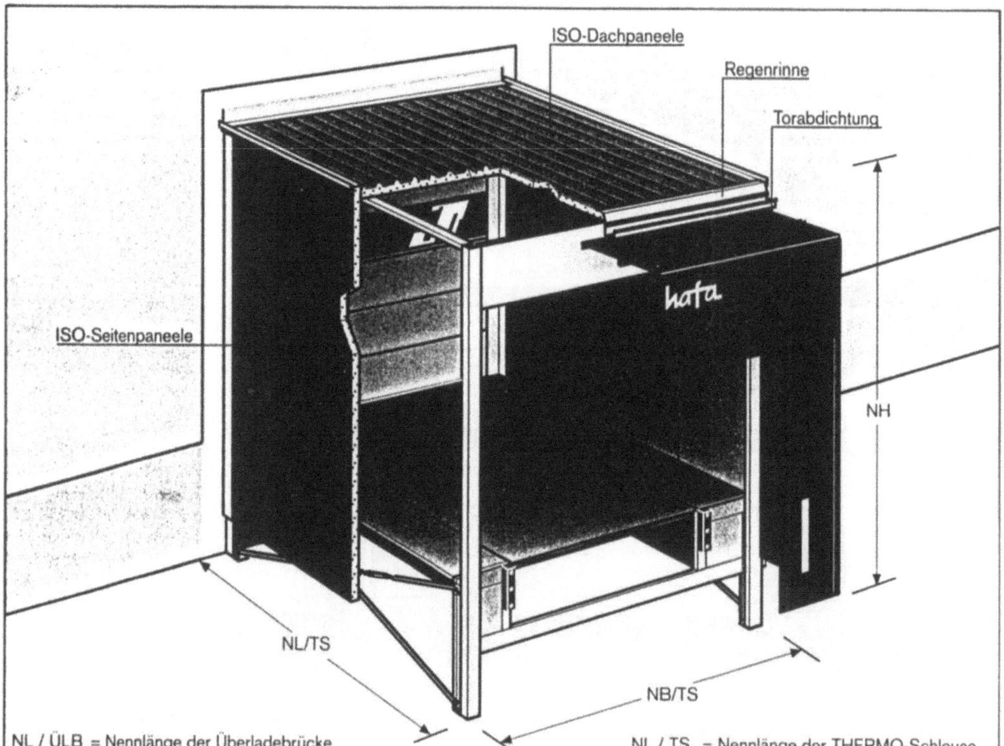

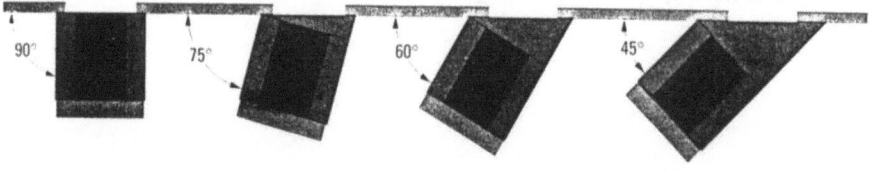

| NL / ÜLB<br>in mm | NL / TS<br>in mm | NH<br>in mm | NB / TS<br>in mm | NB / TAD<br>in mm | OP<br>in mm | SP<br>in mm | NT<br>in mm |
|---|---|---|---|---|---|---|---|
| 2000 | 2070 | 4620 | 3300/3500 | 3250/3450 | 1000 | 600/700 | 600 |
| 2500 | 2570 | 4620 | 3300/3500 | 3250/3450 | 1000 | 600/700 | 600 |
| 3000 | 3070 | 4620 | 3300/3500 | 3250/3450 | 1000 | 600/700 | 600 |

Breite der Überladebrücken für alle Größen: 2000 mm, 2250 mm

NL / ÜLB = Nennlänge der Überladebrücke
NH = Nennhöhe der THERMO-Schleuse
NB / TAD = Nennbreite der Torabdichtung
SP = Breite der seitlichen Planen
NL / TS = Nennlänge der THERMO-Schleuse
NB / TS = Nennbreite der THERMO-Schleuse
OP = Länge der oberen Plane
NT = Nenntiefe der Torabdichtung

Technische Änderungen vorbehalten.

| Nennlänge | Nennhöhe | Nennbreite |
|---|---|---|
| 2.070 mm | 4.620 mm | 3.300 mm/3500 mm |
| 2.570 mm | 4.620 mm | 3.300 mm/3500 mm |
| 3.070 mm | 4.620 mm | 3.300 mm/3500 mm |

Breite der Überladebrücke für alle Größen 2.000 oder 2.250 mm

**Bild 42** Thermo-Schleuse in modularer Bauweise als Anbaueinheit mit Überladebrücke
(Quelle : Fa. ALTEN GERÄTEBAU)

# 6 Weitere Planungsgrößen

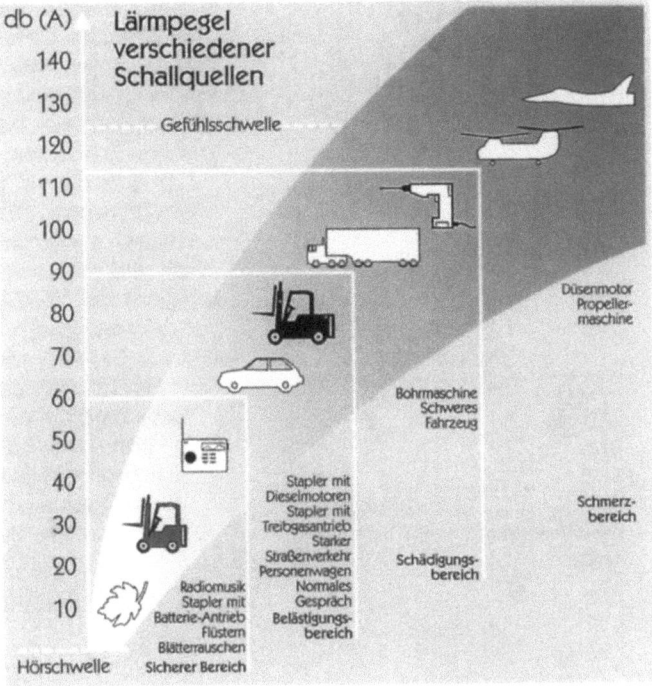

Bild 43    Lärmpegel verschiedener Schallquellen (Quelle : Fa. VARTA)

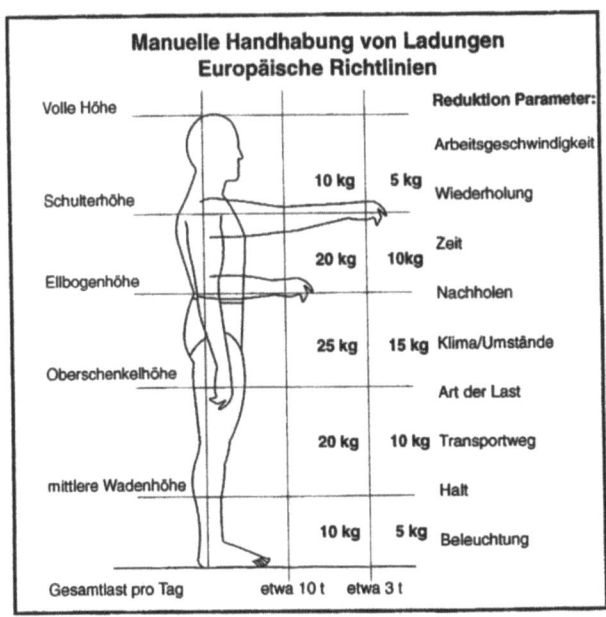

Bild 44    Manuelle Handhabungsgewichte; Gesamtlast pro Tag (Quelle : Fa. CALJAN)

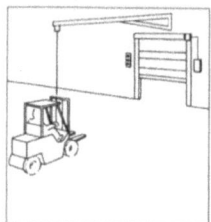 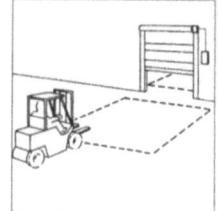

Zugschalter/ Drucktaster · Induktionsschleifen

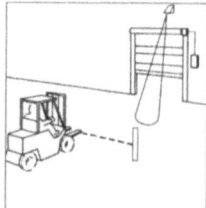 

Lichttaster/ Lichtschranke · Radarbewegungsmelder

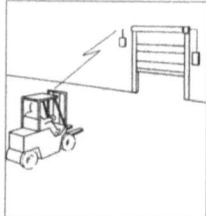 

Funkfernsteuerung · Ampelanlage/ Schleusentor

**Bild 45** Öffnungsmöglichkeiten bei Schnellauftoren durch Fernsteuerung (Quelle : Fa. SEUSTER)

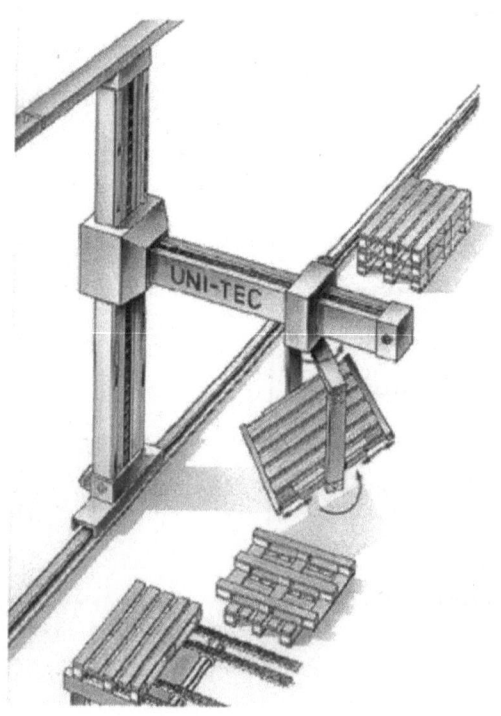

**Bild 46** Multifunktionaler Palettenspender in Kragarm- Bauweise (Quelle : Fa. UNI-TEC)

# 7 Firmenverzeichnisse

## 7.1 Produkt - Lieferanten- Matrix

| Lfd. Nr. | Lieferanten | 3 Lager- und Transporthilfsmittel (z.B.Paletten, Behälter) | 4 Palettierer / Depalettierer | 5 Transportsicherungen (z.B. Schrumpfen, Stretchen) | 6 Stetigförderer: -Rollen-/Kettenförderer | 7 -Gurtförderer | 8 Unstetigförderer: -Hängebahnen, Krane | 9 -Flurförderzeuge (z.B. Stapler, Wagen) | 10 Regalarten: -Linienlagerung: Fachbodenregale | 11 Paletten- Behälterregale | 12 Langgutregale | 13 -Blocklagerung: Durchlauf-/Verschieberegal | 14 Umlaufregale | 15 Satelliten-/Rollwagenregal | 16 Regalbediengeräte: -frei verfahrbar | 17 -schienengeführt | 18 Transport-/Lagersteuerung; Verwaltungssysteme | 19 Identifikations- und Datenübertragungssysteme | 20 Beratung und Planung | 21 Batterien | 22 Vorbeugender Brandschutz | 23 Fahrerlose Transportsysteme |
|---|---|---|---|---|---|---|---|---|---|---|---|---|---|---|---|---|---|---|---|---|---|---|
| 1 | agiplan Aktiengesellschaft | | | | | | | | | | | | | | | | | | X | | | |
| 2 | Atlet Flurförderzeuge GmbH | | | | | | | X | | | | | | | | | | | X | | | |
| 3 | AXMANN Fördertechnik GmbH | | X | X | X | X | | | | | | X | | | | | X | X | X | | | |
| 4 | Baust Fördertechnik GmbH | | | | X | | | | | | | | | | | | | | X | | | |
| 5 | BITO Lagertechnik Bittmann GmbH | X | | | | | | | X | X | X | | | | | | | | X | | | |
| 6 | BT Deutschland GmbH | | | | | | | X | | | | | | | X | X | | | X | | | |
| 7 | DAMBACH-INDUSTRIEANLAGEN GmbH | | | | | | | X | | | | | | | X | X | X | | X | | | |
| 8 | DEXION GmbH | X | | | X | X | X | | X | X | X | X | | | | | | | X | | X | |
| 9 | EILERS & KIRF GmbH | | | | | | | X | | | | | | | | | | | X | | | X |
| 10 | FISCHER GmbH & Co. KG Lagertechn. + Regalsysteme | | | | | | | | X | | X | X | | | | X | X | | X | | | |
| 11 | GEPA SYSTEM GmbH Computergestützte Systeme | | | | | | | | | | | | | | | | X | X | X | | | |
| 12 | H.G.L. BARCODESYSTEME GmbH | | | | | | | | | | | | | | | | X | X | X | | | |
| 13 | Habasit AG | | | | X | X | | | | | | | | | | | | | | | | |
| 14 | Hänel GmbH & Co. KG | | | | | | | | | | | | X | | | | X | | X | | | |
| 15 | Indumat GmbH & Co. KG | | | | | | | X | | | | | | | | | X | | X | | | |
| 16 | ITM Industrie Consult GmbH & Co. KG | | | | | | | | | | | | | | | | | | X | | | |
| 17 | Jungheinrich Aktiengesellschaft | | | | | | X | X | X | X | X | X | X | | X | X | X | X | X | X | | X |
| 18 | KASTO Maschinenbau GmbH & Co. KG | X | | | | | | | | | X | | | | | | X | X | X | | | |
| 19 | Klug GmbH integrierte Systeme | | | | | | | | | | | | | | | | X | X | X | | | |
| 20 | KNAPP Logistik Automation GmbH | | | | X | X | | | | | | | | | | | X | X | X | | | |
| 21 | KÖTTGEN Lagertechnik GmbH & Co. KG | | | | | | | | | | | | | X | X | | | | X | | | |
| 22 | LINPAC stucki Kunststoffverarbeitung GmbH | X | | | | | | | | | | | | | | | | | | | | |
| 23 | MAN Logistics GmbH | | | | X | | | | | X | | | | | X | | | | X | | | |
| 24 | Mannesmann Dematic AG | | | | X | X | X | | | X | | | | | | X | X | X | X | | | |
| 25 | Metroplan Logistik GmbH | | | | | | | | | | | | | | | | X | | X | | | |
| 26 | Noell Stahl- und Maschinenbau GmbH | | | X | | X | X | X | | | | | | | | X | X | X | X | | | |
| 27 | OHRA Regalanlagen GmbH | | | | | | | | X | X | X | X | | | | | | | X | | | |
| 28 | prologistik GmbH + Co. KG | | | | | | | | | | | | | | | | X | X | X | | | |
| 29 | PSI AG | | | | | | | | | | | | | | | | X | X | X | | | |
| 30 | Saar Lagertechnik GmbH | X | | | | | | | X | X | X | X | | | | | | | X | | | |
| 31 | Fritz Schäfer GmbH | X | | | | | | | X | X | X | X | | | | | | | X | | | |
| 32 | SIEMAG Transplan GmbH | | | | | | | X | | | | | | | | X | X | | X | | | |
| 33 | Siemens AG, PL, Nürnberg | | | | | | | | | | | | | | | | X | X | X | | | |
| 34 | R. STAHL FÖRDERTECHNIK GmbH | | | | | | | X | | | | | | | | | | | | | | |
| 35 | STILL GmbH | | | | | | | X | | | | | | | | X | | | X | X | | |
| 36 | Teklogix GmbH | | | | | | | | | | | | | | | | | X | | | | |
| 37 | UNI-TEC Sondermaschinenbau u. Automat.techn. GmbH | X | X | | X | X | X | X | X | X | X | X | X | X | | | | | X | | | |
| 38 | Vetter Fördertechnik GmbH | | | | | X | | | | | | | | | | | | | | | | |
| 39 | Westfalia-WST-Systemtechnik GmbH & Co. KG | | | | X | | | | | | | X | | | | X | X | | X | | | |
| 40 | zambelli Stahlmöbel GmbH & Co. | | | | | | | | X | | X | | | | | | | | | | | |

## 7.2 Firmenanschriften

Agiplan AG
Zeppelinstraße 301
45470 Mülheim /Ruhr
Tel.: (0208) 99 25-0
Fax: (0208) 99 25-222

ALTEN GERÄTEBAU GmbH
Gottlieb-Daimler-Straße 12/21
30974 Wennigsen
Tel.: (05103) 701-0
Fax: (05103) 701-234

ATLET Flurförderzeuge
GmbH
Lessingstraße 4
46149 Oberhausen
Tel.: (0208) 6567-0
Fax: (0208) 6567-115

AXMANN
FÖRDERTECHNIK GmbH
Untere Au 4
74889 Sinsheim-Steinsfurt
Tel.: (07261) 9380
Fax: (07261) 938124

H.G.L. BARCODESYSTEME
GmbH
Naabstraße 4
90542 Eckental
Tel.: (09126) 2559-0
Fax: (09126) 2559-24

BAUST SYSTEME für den
MATERIALFLUß GmbH
Kurfürstenweg 24
40764 Langenfeld
Tel.: (02173) 2709-0
Fax: (02173) 2709-40

BITO LAGERTECHNIK
GmbH
Obertor 29
55590 Meisenheim
Tel.: (06753) 122-0
Fax: (06753) 122-399

BT DEUTSCHLAND
GmbH
Grovestraße 16
30853 Langenhagen
Tel.: (0511) 7262-0
Fax: (0511) 7262-137

CALJAN GmbH
Industriestraße 7
65439 Flörsheim-Weilbach
Tel.: (06145) 9349-0
Fax: (06145) 9349-30

DAMBACH- INDUSTRIE-
ANLAGEN GmbH
Adolf-Dambach-Straße
76571 Gaggenau
Tel.: (07225) 6401
Fax: (07225) 64170

DEXION GmbH
Dexion Straße 1 - 5
35321 Laubach
Tel.: (06405) 80-0
Fax: (06405) 1422

EILERS & KIRF GmbH
Bermer Straße 53
21244 Buchholz i. d. N.
Tel.: (041 81) 93 34-0
Fax: (04 181) 381 87

FISCHER GmbH & Co.
Am Hasenbiel 36
76297 Stutensee- Blankenloch
Tel.: (07244) 9642-0
Fax: (07244) 9642-77

FRITZ SCHÄFER GmbH
Fritz-Schäfer-Straße 20
57290 Neunkirchen
Tel.: (02735) 70-1
Fax: (02735) 70-396

GEPA SYSTEM GmbH
Uhlandstraße 7
73773 Aichwald
Tel.: (0711) 3620 61
Fax: (0711) 3639 55

Habasit AG
Römerstr. 1
CH-4153 Reinach-Basel
Tel.: ++ 41617151515
Fax: ++ 41617151555

HÄNEL GmbH & Co. KG
Kocherwaldstraße 25
74177 Bad Friedrichshall
Tel.: (0 71 36) 277-0
Fax: (0 71 36) 277-33

INDUMAT GmbH & Co. KG
Dieselstraße 6
72770 Reutlingen
Tel.: (07121) 514-100
Fax: (07121) 514-299

IPTA GmbH
Im Seesengrund 16
64372 Ober- Ramstadt
Tel.: (06154) 6342-0
Fax: (06154) 6301-60

ITM INDUSTRIE CONSULT
Poppenbütteler Weg 25
22339 Hamburg
Tel.: (040) 53 846-64
Fax: (040) 53 824-67

JUNGHEINRICH AG
Friedrich-Ebert-Damm 129
22047 Hamburg
Tel.: (040) 6948-0
Fax: (040) 6948-777

KASTO Maschinenbau
GmbH & Co.KG,
Industriestr. 14
77845 Achern
Tel.: (07841) 61-0
Fax: (07841) 61-388

KHT Kommissionier- und
Handhabungssysteme GmbH
Uferstraße 10
45881 Gelsenkirchen
Tel.: (0209) 941-1720
Fax: (0209) 941-1717

KLUG GmbH
INTEGRIERTE SYSTEME
Lindenweg 13
92552 Teunz
Tel.: (09671) 9216-0
Fax: (09671) 9216-12

KNAPP LOGISTIK
AUTOMATION GmbH
Günter-Knapp-Straße 5 - 7
A-8075 Hart bei Graz
Tel.: ++ 43316 495-0
Fax: ++ 43316 491-395

KÖTTGEN GmbH & Co. KG
LAGERTECHNUK
Otto- Brenner- Straße 1
51503 Rösrath

Tel.: (02205) 9238-0
Fax: (02205) 9238-15

90475 Nürnberg
SIEMAG TRANSPLAN GmbH
Obere Industriestraße 8
57250 Netphen

Tel.: (02738) 21-0
Fax: (02738) 21-297

LINPAC STUCKI GmbH
Schötmarsche Straße 22
32107 Bad Salzuflen

Tel.: (05222) 970-0
Fax: (05222) 970-126

STEINBOCK- BOSS
GmbH FÖRDERTECHNIK
Steibockstraße 38
85368 Moosburg

Tel.: (08761) 80-360
Fax: (08761) 80-88360

LISTA GmbH Betriebs- und
Lagereinrichtungen
Brückenstraße 1
51702 Bergneustadt

Tel.: (02261) 403-203
Fax: (02261) 403-171

STILL GmbH
Berzelliusstraße 10
22113 Hamburg

Tel.: (040) 73 39-0
Fax: (040) 73 39-1622

MAN LOGISTICS GmbH
Hans-Riesser-Straße 7
74076 Heilbronn

Tel.: (07131) 1360
Fax: (07131) 13-6210

ADOLF SEUSTER GmbH
Postfach 2504
58475 Lüdenscheid

Tel.: (07472) 27162
Fax: (07472) 27163

MANNESMANN
DEMATIC AG
Postfach 67 Abt. 7332
58286 Wetter

Tel.: (02335) 92-0
Fax: (02335) 92-7676

SYSTEM SCHULTHEIS AG
Brauereiweg
CH-8640 Rapperswil

Tel.: (055) 220 64-64
Fax: (055) 220 64-50

METROPLAN Logistik mbH
Pappelallee 22 - 26
22083 Hamburg

Tel.: (040) 200007-03
Fax: (040) 200007-59

TEGLOGIX GmbH
Jakob-Kaiser-Straße 3
47877 Willich

Tel.: (02154) 9282-0
Fax: (02154) 9282-59

OHRA Regalanlagen GmbH
Alfred- Nobel- Straße 24-44
50169 Kerpen

Tel.: (02237) 64-0
Fax: (02237) 64-152

UNI- TEC GmbH
Dingelstädter Straße 66
37308 Heilbad Heiligenstadt

Tel.: (03606) 692-0
Fax: (03606) 692-200

Noell GmbH
Alfred-Nobel-Straße 20
97080 Würzburg

Tel.: (0931) 903-0
Fax: (0931) 903-1000

VHW GmbH (VARTA)
INDUSTRIEBATTERIEN
Dickstr. 42
58089 Hagen

Tel.: (02331) 126-0
Fax: (02331) 126-884

Prologistik
GmbH & Co. KG
Untere Brinkstraße 69- 73
44141 Dortmund

Tel.: (0231) 5194-0
Fax: (0231) 5194-94

VETTER FÖRDERTECHNIK
GmbH
Siegtalstr. 22-24
57080 Siegen-Eiserfeld

Tel.: (0271) 3502-61
Fax: (0271) 3502-86

PSI AG
Boschweg 6
63741 Aschaffenburg

Tel.: (06021) 366488
Fax: (06021) 366122

WESTFALIA Systemtechnik
GmbH & Co KG
Industriestraße 11
33829 Borgholzhausen

Tel.: (05425) 8080
Fax: (05425) 5964

R. STAHL
FÖRDERTECHNIK GmbH
Daimlerstraße 6
74653 Künzelsau

Tel.: (07940) 128-0
Fax: (07940) 128-300

WITRON LOGISTIK +
INFORMATION GmbH
Neustädter Straße 21
92711 Parkstein

Tel.: (09602) 600-0
Fax: (09602) 600-211

SAAR LAGERTECHNIK
GmbH
Herrnbaustraße 17
65812 Bad Soden

Tel.: (06196) 560550
Fax: (06196) 560599

Zambelli Stahlmöbel
GmbH & Co.
Kasberger Straße 31
94110 Wegscheid

Tel.: (08592) 89-0
Fax: (08592) 89-33

SIEMENS AG - PLLF
Produktions-u
Logistiksysteme
Gleiwitzer Straße 555

Tel.: (0911) 895-50
Fax: (0911) 895-4857

# 8 Literaturverzeichnis

[1] Aggteleky, B.: Fabrikplanung, Bd. 1 bis 3, Hanser-Verlag 1981

[2] Arnold, D.: Materialflußlehre, Vieweg-Verlag, Braunschweig/Wiesbaden 1995

[3] Axmann, N. : Handbuch Materialflußtechnik, expert-verlag, Ehningen 1993

[4] Bäune, R.; Martin, H.; Schulze, L.: Handbuch der innerbetrieblichen Logistik, Band 1: Logistiksysteme mit Flurförderzeugen, Resch-Verlag, Gräfeling 1992

[5] Bäune, R.; Martin, H.; Schulze, L.: Handbuch der innerbetrieblichen Logistik, Band 2: Auswahl von Flurförderzeugen, Jungheinrich AG 1998

[6] Baumgarten / Ziebell: Trends in der Logistik, Huss- Verlag, München 1993

[7] Dolezalek; Warnecke: Planung von Fabrikanlagen, Springer- Verlag, Berlin 1981

[8] Hansen, H.-G.; Lenk, B. : Codiertechnik, Ident- Verlag, Neuss 1996

[9] Kettner, H.; Schmidt,J.; Greim,H.: Leitfaden der systematischen Fabrikplanung, Carl Hanser Verlag, München 1984

[10] Martin, H.: Materialfluß- und Lagerplanung, Springer- Verlag, Berlin 1979

[11] Martin, H.: Transport- und Lagerlogistik, Vieweg- Verlag, Braunschweig/Wiesbaden 1998 2. Aufl.

[12] Martin, H.: Unternehmenserweiterung, Springer- Verlag, Berlin 1982

[13] Pfeifer, H.: Grundlagen der Fördertechnik, Vieweg- Verlag, Braunschweig/Wiesbaden 1981 / Neuauflage1995, Fördertechnik

[14] Pfohl, H.-Ch. : Logistiksysteme, Springer- Verlag, Berlin 1990

[15] RKW- Handbuch Logistik, Bd. 1 bis 3, Erich Schmidt Verlag, Berlin 1981

[16] Schmidt (Hrsg.) : Logistik, Vieweg-Verlag, Braunschweig/ Wiesbaden, 1993

[17] Schulze, L.: Logistikwelt 1995/ 1996/ 1997/ 1998, Verlagsgesellschaft Grütter

[18] VDI-Handbuch Materialfluß und Fördertechnik, Beuth- Verlag, Berlin

## 9 Quellennachweis für Bilder aus Büchern

Bücher:

- Teil A : [8] Bilder 17 und 18
- Teil A : [11] Bilder 3 / 8 rechts und 12

## 10 Quellennachweis für überarbeitete Beispiele, Bilder und Tabellen aus Studien- und Diplomarbeiten

[a] Brüning, R.: Aufbau einer seminaristischen Darstellung alternativer Systemplanungen im Bereich von Transport- und Lagersystemen an praxisrelevanten Beispielen, Studienarbeit 1996: Beispiel 3

Bilder 10 bis 20 in Beispiel 2 auf der Grundlage von Studienarbeit Jähn, M. : Analyse und Planung des Fertigwarenlagers und Versandbereiches eines Lebensmittelbetriebes, 1994

Bilder 35 bis 39 in Beispiel 4 ‚aus Diplomarbeit Neidenberger, U. / Struckmeier, R.: Analysieren, optimieren und planen eines Fertigwarenlagers, 1995

[b] Buchholz, Carolin: Entwicklung von Lager-, Kommissionier- und Transportalternativen für Behälter, Paletten und Papierrollen in seminaristischer Form, Studienarbeit 1996: Beispiel 6 und 7

[c] Dittmer, E.: Entwicklung alternativer Planungskonzepte für ein Tiefkühllager unter Berücksichtigung wirtschaftlicher, logistischer und ablauforganisatorischer Gesichtspunkte, inklusive vorbeugender Brandschutz, Diplomarbeit 1997: Beispiel 10

[d] Eickhoff, Ch.: Wirtschaftsuntersuchungen dreier möglicher Planungsalternativen für eine Reife- und Distributionslager Studienarbeit 1997: Beispiel 13

[e] Goschke, A.: Aufbau von Strukturdiagrammen für den Transport, Umschlag und Lagerung von Containern sowie Einteilung eines Containerterminals, unter wirtschaftlichen Gesichtspunkten, Studienarbeit 1998: Bilder 20 und 21

[f] Heißler L.: Vergleichende Planung zwischen Linien und Blocklagersystemen nach betriebswirtschaftlichen und technischen Aspekten, Studienarbeit 1997: Tabellen 2 und 3

[g] Messinger, R.: Systemplanung von Lager- und Kommissionieranlagen unter Berücksichtigung der Kopplung von Material- und Informationsflüssen, Diplomarbeit 1997: Beispiel 11 und 12

[h] Schulz, Dagmar: Systemplanung von Transport- und Sortieranlagen nach logistischen Gesichtspunkten, Studienarbeit 1997: Beispiel 8

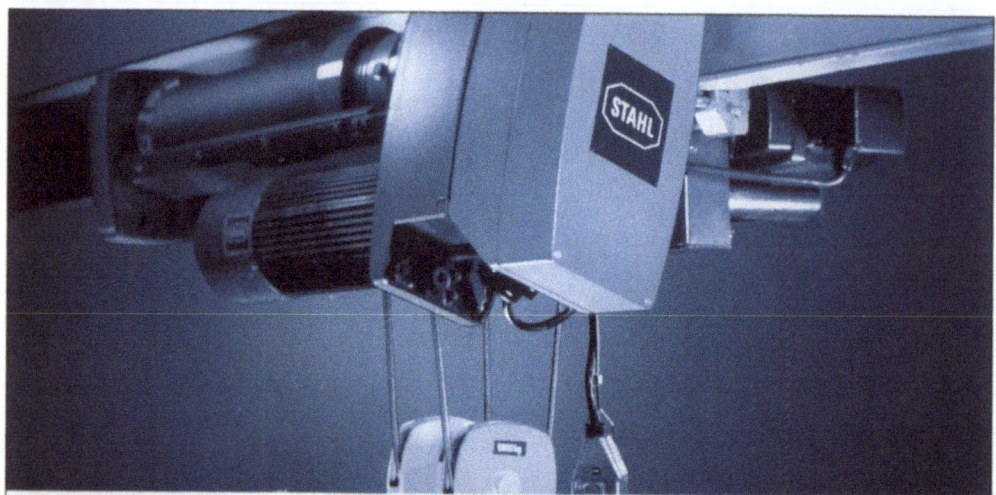

## WIR FÖRDERN IHREN MATERIALFLUSS

Die unternehmerische Konzeption der R. STAHL UNTERNEHMENSGRUPPE folgt einer langen Tradition. Das Produktprogramm ist auf Spezialgebiete mit anspruchsvoller Technologie ausgerichtet. Ein Schwerpunkt ist die flurfreie FÖRDERTECHNIK. Mit Komponenten und Systemen lösen wir viele Materialflußaufgaben. Mit engagierten Mitarbeitern, Kompetenz und Kundennähe sind wir weltweit erfolgreich. Wenn Sie mehr über R. STAHL und seine innovativen Produkte wissen wollen, dann faxen Sie uns. Wir schicken Ihnen gerne aktuelle Informationen:

- ❏ Geschäftsbericht
- ❏ Videofilm
- ❏ Unternehmensportrait
- ❏ Historie
- ❏ Produktinfos
- ❏ CD-ROM

**R. STAHL FÖRDERTECHNIK GMBH**
Postfach 11 61 · D-74641 Künzelsau
ServiceFax: 0 79 40 / 1 28-3 00
E-Mail-Adresse: fw@r-stahl-f.de
Internet: http://www.stahl.de

# Maßgeschneiderte Lösungen
## Die komplette Fördertechnik aus einer Hand.

**mannesmann** engineering Dematic

Lasten heben, stetig fördern, flexibel fertigen, wirtschaftlich lagern oder Herstell- und Verteilprozesse intelligent verknüpfen – das sind Aufgaben, die Mannesmann Dematic täglich weltweit löst.

Mit einer breiten Produktpalette aus eigener Entwicklung und Fertigung. Von mechanischen und elektrischen Bauteilen über Hubwerke, Krane, Einschienenbahnen, Stückgutförderer, Regalbediengeräte bis hin zu Mobilkranen und Anlagen für den Containerumschlag.

Mit eigener Steuerungshardware und Steuerungssoftware. Modular aufgebaut für die Verknüpfung autonomer Funktionseinheiten zu Insellösungen oder zu komplexen Materialflußsystemen.

Mit einer Unternehmensphilosophie, die der Qualität und Funktionssicherheit der Erzeugnisse höchsten Stellenwert einräumt.

Sprechen Sie mit dem kompetenten Partner für fördertechnische Aufgaben. Wir bieten Ihnen die komplette Fördertechnik aus einer Hand.

**Dematic.**
**Der Name für Fördertechnik.**

Mannesmann Dematic AG
Postfach 67 · D-58286 Wetter
Telefon (0 23 35) 92-0
Telefax (0 23 35) 92 76 76
Internet http://www.dematic.com

# Materials Handling

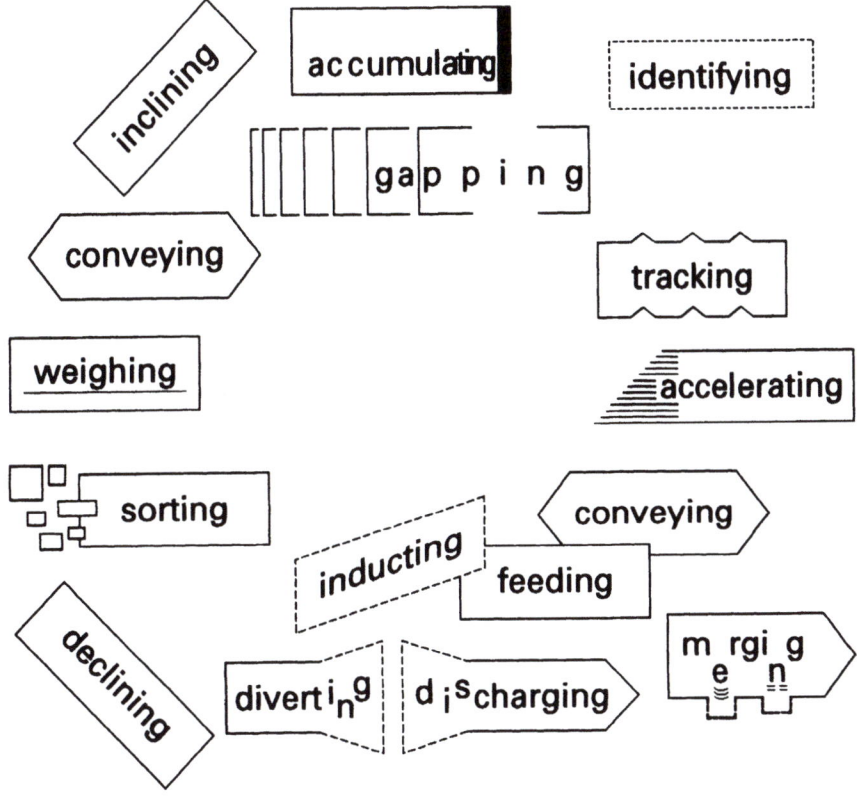

Habasit AG
Römerstrasse 1
CH - 4153 Reinach-Basel
Switzerland
Phone + + 41 61/715 15 15
Fax + + 41 61/715 15 55
www.habasit.com

**Worldwide on the move**

# Was man in der Logistik an Grundlagen braucht

## Materialflußlehre

von Dieter Arnold

2., verb. Auflage 1998.
XII, 315 Seiten mit
209 Abbildungen und
23 Tafeln (Studium Technik)
Broschiert DM 49,80
ISBN 3-528-13033-4

Aus dem Inhalt:
Begriffe - Definitionen - Durchsatzbetrachtungen - Verzweigen und Zusammenführen - Lagern und Kommissionieren - Puffern - Speichern - Warten - Materialflussanalysen - Simulation - Layoutplanung - Information und Identifikation.

Lehrbuch für Studenten des Maschinenbaus nach dem Vordiplom in den Fächern: Fördertechnik, Materialfluss, Logistik, Produktionstechnik.

Neben Präzisierungen und Verbesserungen des Bildmaterials wurden Druckfehler im Text und im Formelsatz beseitigt.

vieweg

Abraham-Lincoln-Straße 46
D-65189 Wiesbaden
Fax (0180) 5 78 78-80
www.vieweg.de

Stand Januar 1999
Änderungen vorbehalten.
Erhältlich beim Buchhandel oder beim Verlag.

# Fortschrittlich lagern in allen Dimensionen

- Aufgabenorientierte Beratung nach den neuesten logistischen Kenntnissen der jeweiligen Branche
- Individuelle, kostengünstige Lösungen durch systemgerechte Regaltechnik
- Exakte Planungen mit CAD-Zeichnungen bis ins Detail
- Perfekter, termingerechter Aufbau, mit behördlicher Bauabnahme, durch eigene, geschulte Montagetrupps
- Bau von kompletten Systemlagerhallen und Pavillons in kürzester Zeit

**Saar Lagertechnik GmbH**
Herrnbaustraße 17
65812 Bad Soden
Telefon: 0 61 96/56 05 50
Telefax: 0 61 96/2 43 32

saar lagertechnik

# Innovationsschub durch Technologiesprung.

Jungheinrich setzt auf Innovation. Ein richtungweisendes Beispiel des Pioniers der Lagertechnik: der Schubmaststapler Retrak® (links im Bild) mit Multi-Pilot und Energierückgewinnungssystem. Damit begann eine neue Ära in der Steuerungstechnik. Zahlreiche weitere Produktentwicklungen haben ebenfalls einen beträchtlichen Innovationsschub und damit erhöhten Kundennutzen zur Folge.

Ein weiteres aktuelles Beispiel für die Umsetzung innovativer Technologien in marktgerechte Produktkonzepte: Der Drehstromstapler EFG-VD 25/30. Jungheinrich hat die Drehstromtechnik zur Serienreife gebracht: Es werden Leistungswerte erreicht wie bisher nur von verbrennungsmotorisch betriebenen Staplern. Der EFG-VD 25/30 bietet weitere Vorteile: bis zu 30% Energierückgewinnung im Alltagseinsatz und bis zu 25% Kostenreduzierung in Wartung und Service. Zudem dürfen die emissionsfreien Stapler auch in geschlossenen Räumen eingesetzt werden – und schonen die Umwelt!

Jungheinrich Aktiengesellschaft · Friedrich-Ebert-Damm 129 · 22047 Hamburg · Telefon (040) 69 48-15 50 · Telefax (040) 69 48-15 99

*Handling innovation*

# Der Weltmarktführer für Lagertechnik-Geräte.

BT Deutschland

05 11/ 72 62-0 **BT Infoline**

MIX
Papier aus verantwortungsvollen Quellen
Paper from responsible sources
FSC® C105338

If you have any concerns about our products,
you can contact us on
**ProductSafety@springernature.com**

In case Publisher is established outside the EU,
the EU authorized representative is:
**Springer Nature Customer Service Center GmbH
Europaplatz 3, 69115 Heidelberg, Germany**

Printed by Libri Plureos GmbH
in Hamburg, Germany